퇴수학

Loren A. Raymond

정공수 · 김정률 옮김

Σ 시그마프레스

역자서문

퇴적암은 지구 표면의 2/3을 차지하고 있는 암석으로서 과거의 지구 역사를 밝히는데 중요한 암석이다. 퇴적암에는 과거 지구의 기후와 해수면 변동, 해양의 특징, 생물의 서식 환경에 대한 정보, 지구조운동의 역사 등 지구의 역사에 대한 많은 정보가 포함되어 있다. 또한 퇴적암은 우리에게 가장 중요하다고 할 수 있는 에너지 자원 및 지하수 자원의 저류암으로서 역할하고 있고, 여러 가지 유용한 광물자원과 석재 자원 및 골재 자원으로서 널리 사용되고 있다.

본 역서는 Raymond 교수가 집필한 화성암석학, 퇴적암석학, 변성암석학이 통합된 암석학의 한 분야를 번역한 교재이다. 본 교재는 퇴적암과 퇴적 환경 그리고 퇴적 작용 등 퇴적암석학과 퇴적학적인 내용을 두루 포함하고 있는 점과, 많은 참고 문헌의 제시가 좋은 점이라고 여겨진다. 본 교재는 저자가 밝히고 있는 것처럼 학부 2~3학년을 겨냥해 쓰여진 교재로서 퇴적암에 대한 기본적인 내용과 최근의 진전된 연구 내용을 포함하고 있다. 그러나 이 책은 대학원생과 일반인 그리고 중·고등학교 선생님들과 대학에서 연구하고 가르치는 교수님들에게도 필요한 교재라고 생각한다.

이 책은 퇴적암석학 분야에 대한 개요를 설명하고, 보다 진보된 연구 내용을 제공하고 있다. 이 책은 대표적인 퇴적암의 산출과 기원에 대한 논의를 위해 조직, 구조, 광물 성분, 화학 성분 그리고 분류가 기재되었으며 저자는 모든 산출에 대해 요약하려고 하지 않고 대표가 될만한 예를 중심으로 설명을 제시하고 있다. 각 장의 마지막에 제시한 주석은 학생들의 이해와 지식을 넓히는 데 사용될 수 있도록 추가적인 문헌을 수록하였다.

번역의 성공 여부는 저자의 의도를 얼마만큼 정확히 파악하여 쉽게 독자들에게 전달하는가에 달려 있으며, 저자의 의도를 역자 스스로 완전히 이해하지 못하면 그 내용의 전달은 정확하게 되지 않을 가능성이 많다. 이런 관점에서 역자들은 원서의 내용을 완전히 파악하고 저자의 원래의 의도를 정확하고 쉽게 전달하려고 최선의 노력을 하였다. 그러나 혹시라도 저자의 의도를 잘못 전달한 부분이나 이해하기 어렵게 전달된 부분이 있지 않을까 두려운 마음이 앞선다.

이 책을 번역하는데 어려웠던 점은 용어의 선택이었다. 번역하면서 시종일관 지질학계에서 아직까지 표준화되지 못한 용어들의 통일이 시급함을 느꼈다. 용어의 선택은 가급적 이미 출판되어 있는 용어 사전이나 관련 교재에서 사용된 용어를 사용하였으며 이들 용어들이 서로 다를 경우 역자들이 판단하여 합리적인 것으로 생각되는 것을 선택하였다.

가급적 새로운 용어의 제정은 불가피한 경우를 제외하고는 하지 않았다.

역자들의 천학과 비재로 인한 오류는 독자들의 지도 편달로 보완되기를 기대하며, 이 책이 우리 나라 지질학 발전에 기여하기를 바란다. 이 책을 번역하는데 도움을 준 여러분들께 감사드리며, 특히 이 책의 번역을 가능하게 하여 주신 시그마프레스의 강학경 사장님과 직원 여러분들께 진심으로 감사를 드린다.

1999. 10.
역자

저자서문

암석학은 미국의 대부분 대학의 지질학과에서 필수 과목으로 지정되어 있으며, 캐나다와 세계의 많은 대학들에서 아주 중요하게 여겨지는 지질학의 한 분야이다. 암석은 지구의 대부분을 구성하고 있기 때문에 암석학의 중요성은 두말 할 필요가 없다. 나아가 지질학의 많은 분야는 암석학적 지식과 깊게 관련되어 있다. 따라서 암석학은 지구 자체와 지구의 역사 연구를 위한 기초를 제공한다고 볼 수 있다.

학부 2~3학년을 겨냥해 쓰여진 암석학 교재들은 다양한 특징을 갖는다. 어떤 교재는 원리에 중점을 두었고, 다른 교재는 화성암과 변성암을 묶어서 교재로 만들었는가 하면, 일부는 야외의 기재적인 면(암석기재학)을 강조하였다. 단지 극히 소수의 교재만이 결정 성장 연구, 동위 원소 분석, 화학 암석학, 퇴적 환경 분석 그리고 암석 지구조학 그리고 기본적인 암석기재학적 정보에 관한 최근의 연구 결과들을 반영하고 있다.

이 교재는 지질학 전공 학부 2~3학년을 위해 쓰여진 교재이며, 화성, 퇴적, 변성암에 대한 기본적인 내용과 최근의 진전된 연구 내용을 포함하였다. 이 책은 암석학 분야에 대한 개요를 제공하고, 보다 진보된 연구 내용에 대한 확실한 내용을 제공하고 있다. 화성, 퇴적, 변성의 각각의 암석을 위해, 저자는 대표적인 산출과 암석의 형성(암석의 기원)에 대한 논의를 위해 조직, 구조, 광물 성분, 화학 성분 그리고 분류를 기재하였다. 저자는 모든 산출에 대해 요약하려고 하지 않았고, 각 장의 마지막에 제시한 주석은 학생들의 이해와 지식을 넓히는데 사용될 수 있도록 추가적인 문헌을 수록하였다.

암석학적 지식의 발전은 개개인 또는 그룹의 노력을 통해 실현 가능하게 되었다. 개개인은 남과 완전히 고립되어 연구하는게 아니며, 그들은 사회적이고 정치적인 환경 안에서 작업을 하게된다. 하나의 아이디어가 받아들여지는가, 아니면 특정한 과학 사회에 영향을 주는가의 문제는, 그 아이디어의 수준 (즉, 현상을 설명할 수 있는 능력)과 그 아이디어를 지지해주는 자료의 수준에 의해 영향을 받게되며, 또한 사회적, 과학적, 그리고 정치적인 경향, 그리고 그 아이디어를 제시한 과학자의 명성에 의해서도 영향을 받는다. 일부 과학자들은 다른 사람들보다 더 원리의 발달에 영향을 미친다. 이런 이유에서, 저자는 본문에서 특별히 영향력이 있는 과학자, 독특하게 공헌한 사람, 이전의 중요하게 여겨졌던 사실을 진전시키거나 수정시킨 연구자들을 인용하였다. 특정한 분야에서 중요한 공헌을 한 사람이나 새로운 사실을 발견한 사람은 주석에 인용되었다. 인용된 사람 모두가 특정한 가설을 지지하는데 옳다고

할 수는 없으나, 그들의 생각이 틀리다는 것을 증명하기 위해 주된 생각이나 중요한 자료를 제공하거나 다른 사람을 옹호함으로써 이들 각자는 암석학에 영향을 미쳤다. 본문에서 제한된 수의 과학자를 인용함으로써 저자는 본문을 아주 읽기 쉬운 내용으로 만들고자 노력하였으며, 또한 충분한 참고 문헌을 포함시킴으로써 학생들을 위해 적절한 참고 문헌 제시에 대한 하나의 모델로서 역할하기를 시도하였다.

화성암이 처음에 소개되었다. 첫 부분에서 지각에서 부피가 가장 큰 암석인 화성암이 강조되었다. 때때로 이 가장 흔한 암석 유형(예, 현무암, 안산암, 화강암)의 기원에 대해 많은 논란이 일기 때문에, 저자는 다른 교과서에서 다루고 있는 것처럼 지구조적인 관련성, 조합 또는 같은 종류의 일부분으로 다루기보다는 각 암석유형을 독자적으로 논의하였다. 각 암석의 유형의 논의가 필요하다고 느껴지는 곳에서 저자는 관련 암석들에 대해 논의를 하였다.

암석의 기원에 대한 상충되는 견해가 여러 장에 포함되어있다. 이 논쟁의 포함은 두 가지 이유에서 중요하다. 첫째, 그들은 현재의 이론이 보다 의미가 있도록 만드는 역사적 배경을 학생들에게 제공한다. 학생들은 전에 나온 생각을 알 수 있고, 잘못이 어디에 있는 가를 알 수 있으며(과학은 스스로 수정을 해나가는 기업이다), 왜 어떤 생각은 버려지게 되었는가를 보게된다. 일부 과학자들은 암석학적 역사에 대한 지식이 결여되어 있기 때문에 수레를 다시 만든다(이전에 평가되고 거절된 하나의 생각을 다시 독자적으로 만든다). 둘째, 현재의 논쟁은 많은 해결되지 않은 질문이 있음을 보여주고 암석학적으로 해야 될 많은 연구들이 있음을 보여준다.

퇴적암은 규질쇄설암(이질암, 사암, 역암)과 생화학적이고 화학적으로 침전된 암석(예, 석회암, 역암)으로 구분된다. 분류 체계가 다양하고, 어떤 분류체계를 고수하는 사람은 그 분류 체계를 사용하고 따르기 때문에, 다양한 분류 체계가 제시되었고 논의되었다. 이질암과 와케(사암), 특히 저탁암은 일반 암석학 교재에서 보다 더 주의 깊게 다루어 졌는데, 이것은 이질암이 아주 흔하고 와케가 지구조적이고 경제적으로 중요하기 때문이다. 퇴적 암상 분석은 학생들이 다양한 퇴적암 유형 사이의 상호 작용을 이해하게 한다. 풍화 작용, 운반 작용, 그리고 속성 작용에 대한 장은 퇴적물과 그들의 퇴적 환경에 대한 장을 특정한 퇴적암 유형과 관련된 장과 연결시켜 준다.

변성암은 다른 두 종류의 암석과 마찬가지로 각 장마다 기재적인 설명을 앞부분에 오게하고, 특정한 암석들의 기원에 대한 자세한 설명을 뒷부분에 오게 하는 방법으로 제시되었다. 변성암체를 구분하고 변성암 지대에서 이들 암석체의 분포를 기술하는 근거로 Miyashiro의 암상 개념이 사용되었다. 비록 에클로자이트는 일부 맨틀 암석으로 고려되고 있고 파쇄암은 광범위하게 분포하고 있으나 이들은 대부분의 암석학 교과서에서 자세하게 취급되어지지 않기 때문에, 이 책에서는 이들에 대해 특별히 고려되었다.

에필로그는 모든 종류의 암석을 여러 판구조적 환경을 대표하는, 적절한 암석 지구조 혼합체로 나타내었다. 판구조 운동이 우선 서론에서 논의되었으며 암석의 기원이 판구조적 틀 내에서 고려되는 여러 장에서 다시 강조되어 취급되었다. 그리고 에필로그는 암석의 기원에 대한 다양한 면을 종합하였다.

중요한 용어는 본문에서 그들이 처음 정의되고 사용되는 곳에서 볼드체로 표시하였다. 정의는 용어 설명에서 제공하였다. 만일 우리가 외국어로 의사

소통을 원한다면, 어휘를 알고 있어야 하는 것처럼 어떤 주제에 대해 의사소통을 효과적으로 하기 위해서는, 우리는 그 주제의 어휘를 잘 알아야 한다는 것이 교수인 저자의 생각이다. 학생들은 용어가 해설된 교과서만 읽다가, 용어에 대한 해설이 없이 독자가 그 용어들을 안다고 가정하고 그 용어들이 곧바로 사용된, 전문서적을 보게 될 때에 흔히 당황하게 된다. 이 교재에서 사용된 많은 정의들은 학생들로 하여금 용어 해설이 없는 전문 서적을 보는데 도움이 되게 할 것이다.

이 교재에서 사용된 영어(구문과 어휘선택)는 학생들로 하여금 어휘를 개발시키고 향상시키며, 영어의 유창함을 증가시키기 위해, 쉬운 것부터 중간 단계의 수준까지 사용하였다. 아이디어의 제시는 여러 장에서 비슷한 유형(단순한 것에서부터 복잡한 것으로)을 따랐다. 추가적으로 교재의 후반부는 일부 앞부분을 이해하고 있음을 전제로 하였다. 라틴어와 생략어의 목록이 교재에 사용되었으며(예, 광의의 = sensu lato), 다른 약어가 이 책의 파트 I 앞에 제시되었다. 이것 역시 지질학도들의 어휘력을 증대시킬 목적으로 제시하였다.

저자는 이 책이 완성되기까지 도움을 준 여러 사람과 기관에 심심한 사의를 표명하는 바이다. 저자는 이 책의 완성을 가능하게 해 주신 William C. Brown사와 전 편집자들인 Jeff Hahn, Bob Fenchel, Lynne Meyers 그리고 Cathy Di Pasquale에게 사의를 표명한다. 애팔래치아 주립대학은 저자에게 한 학기 동안의 연가를 제공하여 주었으며 여러 가지로 지원을 아끼지 않았다. 저자는 특히 암석학에 대한 이해를 넓히는데 도움을 준 많은 사람들에게 감사를 드리며, 특히 R. N. Abbott, D. O. Emerson, C. V. Guidotti, M. E. Maddock, I. D. MacGregov, E. M. Moores, R. L. Rose, S. Skapinsky, C. H. Stevens,

S. E. Swanson, 그리고 F. Webb 교수님께 감사드린다. 여러 동료들은 생각을 제공해 주었고 검토에 시간을 내주었으며 그들의 논문 별쇄본을 제공해 주었다.

검토자들

Samuel E. Swanson
University of Alaska-Fairbanks

Stephen A. Nelson
Tulane University

Michael Smith
University of North Carolina- Wilmington

Daniel A. Textoris
University of North Carolina

Gail Gibson, Director
Math and Science Education Center
University of North Carolina-Charlotte

Stephan Custer
Montana State university

David Lumsden
Memphis State University

Robert Furlong
Wayne State University

Jad D'Allura
Southern Oregon State College

Gunter K. Muecke
Dalhousie University

Dexter Perkins
University of North Dakota

Calvin Miller
Vanderbilt University

Steven P. Yurkovich
Western Carolina University

Barbara Lott
University of North Carolina

Richard Heimlich
Kent State university

Edward Stoddard
North Carolina State University

강의 담당 교수에게 드리는 출판사의 제안

암석학: 화성암석학, 퇴적암석학, 변성암석학은 교수들의 암석학 과목의 필요에 따라 나눌 수 있도록 개발되었다. 강의 담당자인 교수가 필요에 따라 학생들에게 필요한 책을 살 수 있도록 몇가지 방법으로 책을 나누어서 편집하였다. 많은 교수들이 모든 암석을 포함하는 암석학 강의를 하지 않기 때문에, 강의 담당자인 교수가 맡은 암석학 분야의 교재만 학생들이 구입할 수 있도록 편집하였다.

암석학: 화성암석학, 퇴적암석학, 변성암석학은 Loren Raymond에 의해서 쓰여졌으며 각각의 암석 유형에 따라 별도로 편집되었고, 또 전체가 합해져서 하나의 책으로 편집되었다.

편집유형 설명

암석학: 화성암석학, 퇴적암석학, 변성암석학→모든 암석유형을 포함하는 암석학 교재

ISBN 0-697-00109-3

화성암석학→암석학: 화성암석학, 퇴적암석학, 변성암석학의 파트 I , II, V로 구성

ISBN 0-697-23692-7

퇴적암석학→암석학: 화성암석학, 퇴적암석학, 변성암석학의 파트 I , III, V로 구성

ISBN 0-697-23691-9

변성암석학→암석학: 화성암석학, 퇴적암석학, 변성암석학의 파트 I , IV, V로 구성

ISBN 0-697-23690-0

만일 당시 이 Laren Raymond에 의해 쓰여진 암석학 교재(화성암석학, 퇴적암석학, 변성암석학 모두 포함)에서 필요한 분야만 편집된 교재를 사용하고 있으면, 단지 목차의 일부만이 그 교재에 적용된다는 것을 주지하시기 바랍니다.

저자로부터

이 교재를 이해하는데 생기는 잘못 또는 이 교재에서 제공한 지식에 관한 어떤 잘못도 저자의 책임이다. 많은 수의 학생들이 내가 가르치는 동안 나로 하여금 새로운 도전에 당면하게 하였으며, 그들은 도서관에서 많은 자료들을 찾아주었고, 또한 다른 형태로 이 교재의 완성을 위해 공헌하였다. 특정한 임무를 위해 도움을 제공해준 사람들에는 Paul Dahlen, Vickie Owens, Elizabeth Stevens, 그리고 Susan Wilson이 있다. Paul Dahlen은 사진 작업을 도와주었다. 이 교재의 그림 작업을 해준 Tom Terranova는 뛰어난 삽화 제작을 해 주었다. Matt Raymond는 일부 사진의 스케일을 제공해 주었으며, 저자가 이 교재를 쓴 8년 동안 이 책의 완성을 위해 많은 "귀한 시간"을 바쳤다. Margarett Raymond는 사랑과 후원을 해주었고, 타이핑하는데 많은 시간을 제공해 주었으며, 이 모든 것들은 이 교재의 완성을 위해 형언할 수 없을 정도로 많은 도움이 되었다. 지금까지 언급한 모든 사람들과 기관들에게 나의 진정한 사의를 표명한다.

학생들에게 ─────────────────

본 교재에서 사용된 측정 단위 및 단위의 환산

압력(P)

1 Gpa(기가파스칼) $= 10^9$ Pa(파스칼) $= 10$ kb(킬로바) $= 10^4$ bar(바)

온도(T)

°K(절대 온도) $=$ °C(섭씨) $+ 273$°

길이(l)

1 km(킬로미터) $= 10^3$ m(미터) $= 10^5$ cm(센티미터) $= 10^6$ mm(밀리미터)

면적(A)

1 km^2(평방킬로미터) $= 10^6$ m^2(평방미터) $= 10^{10}$ cm^2(평방센티미터)

부피(V)

1 km^3(입방킬로미터) $= 10^9$ m^3(입방미터) $= 10^{15}$ cm^3(입방센티미터)

질량(m)

1 kg(킬로그램) $= 10^3$ grams(그램)

밀도(ρ)

1 kg/m^3(킬로그램/입방미터) $= 10^{-3}$ g/cm^3(그램/입방센티미터)

중력가속도(g)

0.0098 km/sec^2 $= 9.8$ m/sec^2 $= 980$ cm/sec^2

시간(t)

1 b.y.(십억년) $= 10^3$ m.y.($= 10^3$ ma)(백만년) $= 10^9$ 년 ~ 3.16×10^{16} 초

상률(Phase Rule) 및 상평형도(Phase Diagrams)

P $=$ 상의 수(number of phase)

C $=$ 계를 정의하는데 필요한 성분(component)의 수

F $=$ 자유도(degree of freedom)

X $=$ 조성(composition)

본 교재에서 사용된 화학원소의 기호 목록

Al 알루미늄

Ar 아르곤

B 붕소

Ba 바륨

Be 베릴륨

C 탄소

Ca 칼슘

Ce 세륨

Cr 크롬

Cs 세슘

Eu 유로퓸

F 플루오린, 플루오르

Fe 철

Ga 갈륨

Gd 가돌리늄

H 수소

He 헬륨

K 칼륨, 포타슘

La 란타넘

Li 리튬

Lu 루테튬

Mg 마그네슘

Mn 망간, 망가니즈

Na 나트륨, 소듐

Ni 니켈

Nd 네오디뮴

O 산소

Os 어스뮴

P 인

Pb 납

Pr 프라세오디뮴

Rb 루비듐

Re 레늄

S 황

Si 규소

Sm 사마륨

Sr 스트론튬

Ta 탄탈럼, 탄탈

Ti 티타늄, 타이타늄, 티탄

Th 토륨

U 우라늄

V 바나듐

W 텅스텐

Y 이트륨

Yb 이터븀

Zr 지르코늄

본 교재에서 사용된 흔한 약어와 접두어 및 그 의미

blasto—to bud; to sprout; hence to form anew in a metamorphic rock(새롭게 형성된, 변성암에서 새롭게 생성된)

cf—compare to(참조하라)

e.g—for example(예를 들면)

et al.—and others(그리고 다른 것)

i.e.—that is(즉)

in situ—in place(본래의 장소에, 원 위치에)

inter—between(사이, 사이의)

intra—within(내, 내의)

iso—the same(동일)

sensu lato—in the broad sense(광의의)

sensu stricto—in the strict sense(협의의)

차례

참고문헌은 시그마프레스 홈페이지(www.sigmapress.co.kr)의 일반자료실에서 다운받아 사용하실 수 있습니다.

퇴적암

퇴적암과 퇴적물은 지구 표면에 광범위하게 분포한다. 비록 퇴적암은 지구 전체 부피의 0.029%에 불과하지만 지표에 노출된 암석의 2/3를 차지한다. 심지어 화성암과 변성암 지역에서도 퇴적물은 하천이나 호수의 바닥에 분포한다.

퇴적암을 형성하는 작용은 이 작용을 관찰할 수 있는 경우가 많기 때문에 화성암이나 변성암을 형성하는 작용보다 더욱 분명하게 이해할 수 있다. 각각의 작용은 암석에게 독특한 특징을 나타내게 하며 이들은 이 책의 여러 부분에서 발견될 것이다. 주된 퇴적암의 유형은 각 장에서 별도로 논의되었으며 이 책의 에필로그 부분에서 암석의 관련성(조합)이 제시되었다.

III

유타의 Zion 국립공원 Checkerboard Mesa의 사층리가 발달한 쥬라기 Navajo 사암.

퇴적암의 구조, 조직 및 성분 1

서론

퇴적암은 저온 저압 상태의 지표에서 만들어진 암석이다. 이들은 물과 공기 또는 얼음에 의하여 운반된 **퇴적물**(sediments)이 쌓이고 굳어진 것이다. 퇴적암의 형태를 특징짓는 중요한 세 가지 퇴적물로는 (1) 규산염 파편과 관련 입자 (2) 탄산염 물질이 주를 이루는 화학적 및 생화학적 침전물 (3) 이전에 형성된 침전물의 파편인 알로켐이 있다.

규산염 파편(silicate fragment)과 관련 입자는 일부 암석학자들에 의하여 **쇄설성**(detrital) 또는 육성 기원(terrigeneous) 물질로 불려지는 것으로[1], 이미 존재하던 규산염 광물이나 암석의 자갈, 모래, 실트 및 점토 크기의 파편을 포함한다[2]. 이들은 또한 이미 존재하던 암석의 풍화 작용에 의하여 형성된 점토 광물과 같은 규산염 입자를 포함하기도 한다. 암석에서 전형적으로 규산염 광물과 수반되는 소수의 산화 광물(예, 자철석), 황화 광물(예, 황철석) 및 기타 광물들도 이에 포함된다. 규산염과 관련된 쇄설

물로 구성된 암석을 규질쇄설성 암석(siliciclastic rocks)이라고 한다. 규산염 물질은 보통 퇴적 분지 밖에 있는 지괴의 침식 작용에 의하여 유입되나, 기원지(provenance)는 분지 내의 지괴를 포함하기도 한다.

화학적(chemical) 및 **생화학적 침전물**(chemical precipitates)은 무기적 화학 작용(화학적 침전)이나 살아 있는 동·식물에 의한 화학 작용(생화학적 침전)에 의하여 형성된 결정질 조직을 갖는, 대체로 세립질 내지 은정질의 퇴적물이다. 이러한 침전물들은 그들 자체들이 모여 전체 암석을 이루기도 하며 다른 입자들을 교결하기도 한다. 두 가지 경우 모두에 있어서 침전물들은 보통 운반되어진 것이 아니라 그 자리(in place)에서 형성된 **자생적**(authigenic)인 것으로 해석된다. 흔히 침전물들은 재결정되어진다.

알로켐(allochems)은 더 이전에 형성된 화학적 또는 생화학적 침전물의 파편이다.[3] 이 범주에 속하는 것으로는 완전하거나 깨진 화석, 어란석(oolites), 유기물질 및 화학적 또는 생화학적으로 침전된 암석

의 파편들이 있다. 석회암과 쳐트 내에 풍부한 알로켐은 전형적으로 퇴적 분지 내(within)에서 기원된 것이다. 그럼에도 불구하고, 규산염 물질과 같이 이들은 퇴적 분지 밖의 공급지로부터 유입되어지기도 한다.

알로켐, 규산염과 관련된 파편 및 화학적 생화학적 침전물들은 퇴적암 내에서 다양한 비율로 나타난다. Raymond(1984c; 1993)는 암석을 특징짓는 우세한 물질에 따라서 퇴적암을 세 가지 그룹으로 구분하였다(그림 1.1). S그룹은 규질쇄설성 암석으로 규산염이 풍부한 각력암과 역암, 사암 및 이질암을 포함한다. P그룹은 침전암으로서 석회암, 돌로스톤, 쳐트, 증발암 및 주로 침전물질로 구성된 기타 암석을 포함한다. A그룹은 쇄설성 석회암과 돌로스톤 및 쳐트를 포함하는 알로켐이 주를 이루는 암석이다.

퇴적암의 구조

화산암이나 심성암을 특징짓는 특유의 구조나 조직과 마찬가지로, 어떤 구조와 조직 역시 다양한 퇴적암의 형태를 구분하게 한다. 또한 그러한 구조나 조직은 각 암석의 퇴적 환경과 기원을 알 수 있는 단서를 제공하기도 한다.

퇴적 구조는 다양한 크기로 나타난다. 수 mm 정도로 작은 크기의 구조는 조직과 혼동될 수 있다. 그러나 조직은 입자 사이의 관계를 포함하며 주어진 시료의 내부 전체에서 나타나는 경향이 있다. 반면에 구조는 각각의 입자들보다는 크며, 무늬들이 개별 또는 집단으로 나타난다. 많은 일반적인 퇴적 구조들이 여기에서 논의되나, 이들과 부가적인 퇴적 구조들은 또한 Pettijohn and Potter(1964), Conybeare and Crook(1968), Collinson and Thompson(1982) 및 Allen(1984)에 의하여 기재되어 있다.

퇴적 구조는 (1) 단위층(bed)과 층(formation)의 모양 (2) 표면 구조 (3) 내부 구조 및 (4) 기타 구조로 나뉘어진다. 단위층(beds) 또는 층(layer)은 퇴적암의 가장 특징적인 구조이다(그림 1.2). 표면 구조와 내부 구조는 색깔(color), 조직(texture) 및 성분

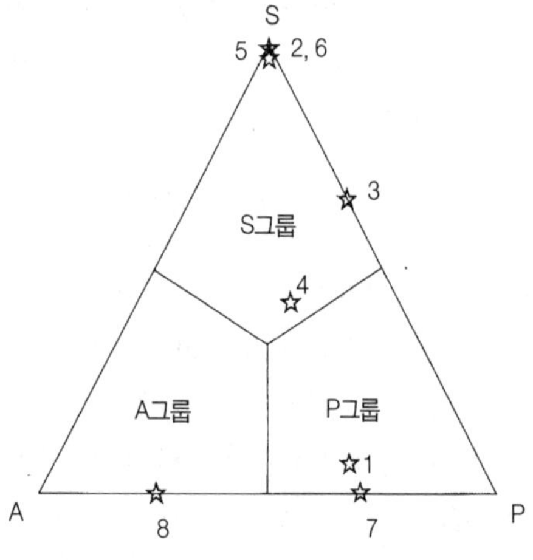

그림 1.1 퇴적암을 세 가지 중요 그룹으로 세분한 것을 나타내는 삼각 다이아그램. 각 점들은 표 1.3에 제시된 모드의 위치를 나타낸다 (Raymond, 1984c).

그림 1.2 켄터키 파인빌(Pineville) 부근의 펜실베이니아기의 암석 중 사암(밝은색), 이질암(회색) 및 석탄(흑색)의 단위층. 거의 가운데 보이는 뚜렷한 사암은 두께가 약 1m 이다.

(composition)의 차이(differences)로 인지되는 단위층을 구별하는 데 도움을 준다.

단위층리, 엽층리 및 내부 구조

단위층은 퇴적암에서 거의 도처 어디서나 나타난다. 각각의 단위층과 단위층보다 얇은 엽층(lamina)의 크기와 모양의 변화는 퇴적 작용의 역사를 반영한다. 두께로 볼 때 단위층은 임의로 정한 하한인 1cm로부터 수 m에 이르기까지 변한다(표 1.1). 엽층리(laminations)는 1cm 미만의 두께를 갖는 층리이다. 두꺼운 단위층은 얼음에 의한 격렬한 (고 에너지) 유수나 고 밀도류에 의하여 퇴적되거나 또는 장기간의 안정한 저 에너지 상태에서 퇴적된 것이다.[4]

엽층과 얇은 단위층은 퇴적층면의 굴곡과 위상이 같은 파도, 평면의 형태로 흐르는 층류(laminar flow), 변동이 심한 상태, 또는 변화가 심한 저 에너지 상태를 나타내는 경향이 있다. 엽층리나 얇은 단위층리가 생물 교란 작용(bioturbation)이나 생물의 굴착 활동(burrowing)에 의한 퇴적 후 파괴의 결과로 더 두꺼운 단위층이 만들어질 수도 있다.

평면도(위에서 바라보거나 지도 위에 그리는 것

표 1.1 지층의 분류(Ingram, 1954)

지층의 두께	이름
단위층(bed)	
>300cm (>3m)	괴상(massive)
100-300cm	매우 두꺼운 단위층(very thick bed)
30-100cm	두꺼운 단위층(thick bed)
10-30cm	중간으로 두꺼운 단위층(medium bed)
3-10cm	얇은 단위층(thin bed)
1-3cm	매우 얇은 단위층(very thin bed)
엽층(lamina)	
0.3-1cm	두꺼운 엽층(thick lamina)
<0.3(<3mm)	얇은 엽층(thin lamina)

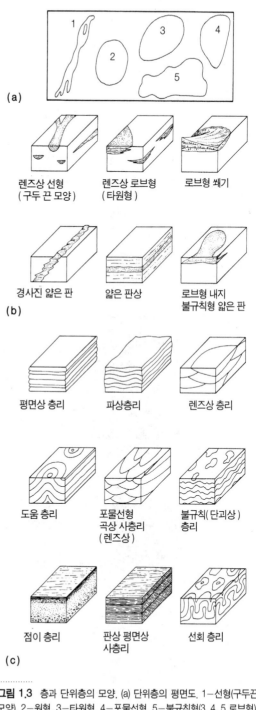

(a)

렌즈상 선형
(구두 끈 모양)　렌즈상 로브형
(타원형)　로브형 쐐기

경사진 얇은 판　얇은 판상　로브형 내지
불규칙형 얇은 판
(b)

평면상 층리　파상층리　렌즈상 층리

도움 층리　포물선형
곡상 사층리
(렌즈상)　불규칙(단괴상)
층리

점이 층리　판상 평면상
사층리　선회 층리
(c)

그림 1.3 층과 단위층의 모양. (a) 단위층의 평면도. 1−선형(구두끈 모양), 2−원형, 3−타원형, 4−포물선형, 5−불규칙형(3, 4, 5 로브형). (b) 층 모양의 3차원적 모습. (c) 내부 구조를 보이는 단위층의 단면.

과 같은)에서 단위층은 선형, 원형, 로브형(타원형 내지 포물선형), 또는 불규칙형이다(그림 1.3a).[5] 그들은 일반적으로 얇은 판 모양의 암체를 이룬다. 3차원적으로 볼 때 단위층과 엽층은 평면상, 파상, 렌즈상, 도움상, 곡상 또는 불규칙상(단괴상)이다. 기하학적으로 각각의 형태는 뚜렷하다(그림 1.3c). 예를 들면 평면상 단위층에서 상부와 하부 경계는 거의 평행을 이루고, 파상 단위층은 대체로 평행한 경계를 갖으나 자세히 보면 곳에 따라 높고 낮은 부분을 갖는다.

어떠한 단위층 또는 엽층들은 세트(set)로 조합되어 있고(McKee and Weir, 1953; Thomas et al., 1987)[6] 그들을 구분하는 내부 구조를 갖기도 한다 (그림 1.3c). 예를 들어 불규칙하고 국부적인 침식구조를 갖는 사층리(cross-beds) 또는 경사진 층리(1쪽의 사진과 그림 1.4b)는 판상 평면상 사층리와 곡상(렌즈상) 사층리로 뚜렷히 구분되는 두 가지의 형태를 갖는다. 선회층(convolute beds)은 뒤틀려 구부러진 내부층을 갖는 단위층 또는 단위층 세트이다. 점이층리(graded bedding)는 단위층의 하부에서 상부로 감에 따라 입자의 크기가 감소하는 층리이다 (그림 1.4a). 역전 점이층리에서는 하부에서 상부로 감에 따라 입자의 크기가 증가한다. 많은 퇴적물과 물이 혼합된 흐름인 저탁류에 의해 퇴적된 저탁암

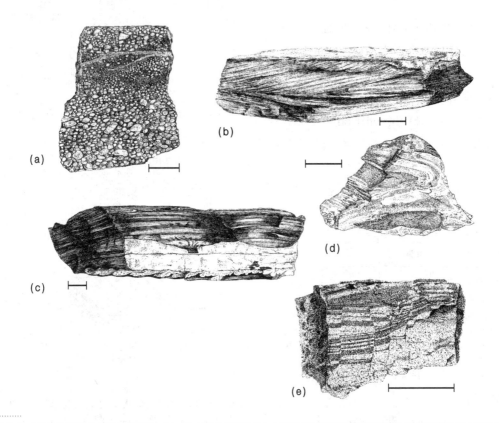

그림 1.4 퇴적암의 내부 구조. (a) 테네시 Mountain City 남쪽에 분포한 Unicoi 층(캠브리아기)의 역암 중에 나타나는 점이층리. (b) 버지니아 Lodi 지역에 분포한 Knobs층(오르도비스기)의 사엽층리가 발달된 와케(wacke). (c) 오리건 Shale City 부근 프란시스칸 복합체(백악기)의 덜 고화된 사암-이질암 층에 나타나는 단층. 모든 축척 막대의 길이는 2cm 이다(Raymond, 1984c).

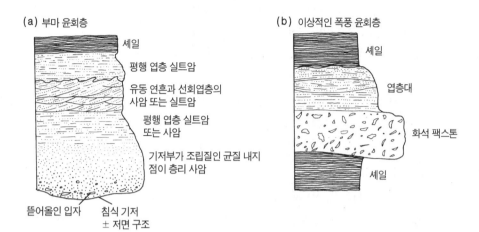

(a) 부마 윤회층

셰일

평행 엽층 실트암

유동 연흔과 선회엽층의
사암 또는 실트암

평행 엽층 실트암
또는 사암

기저부가 조립질인 균질 내지
점이 층리 사암

뜯어올인 입자   침식 기저
± 저면 구조

(b) 이상적인 폭풍 윤회층

셰일

엽층대

화석 팩스톤

셰일

그림 1.5 퇴적암에서 나타나는 두 가지의 윤회층. (a) 5개의 층(Ta, Tb, Tc, Td, Te)으로 구성된 이상적인 부마 윤회층(Bouma, 1962). (b) 언덕 사층리(hummocky cross stratification)를 갖는 이상적인 폭풍 윤회층(Kreisa, 1981).

(turbidites)은 **부마 윤회층**(Bouma sequence)으로 알려진 5개의 층으로 이루어진 단위층과 엽층의 전체나 일부를 포함하기도 한다.[7] 완전한 부마윤회층은 하부로부터 상부로 감에 따라서 점이층리가 있거나 구조가 없는 기저층(Ta), 평행한 엽층(Tb), 사엽층이나 선회층(Tc), 두 번째의 평행한 엽층(Td) 및 이질암으로 구성된 최상부층(Te)으로 이루어져 있다(그림 1.5a, 1.6). 폭풍 윤회층(그림 1.5b)과 같은 다른 윤회층도 알려져 있다.[8] 이렇게 다양한 단위층의 모양과 세트 및 윤회층은 특수한 형성 조건을 나타낸다. 예를 들어 완전한 부마 윤회층(Tabcde)은 해저선상지 수로에서 특징적으로 나타나는 반면, 불완전한 윤회층은 다른 선상지 환경에서 특징적으로 나타난다.[9]

단위층과 단위층 세트는 **층원**(members), **층**(formations) 및 **암상**(lithofacies)을 이룬다.[10] **층**(formation)은 차이를 나타내는 독특한 암석으로 구성되고 지질도에 표시될 수 있는 암체이며 독특한 층서적 위치를 차지한다. **층원**(member)은 층을 구성하는 세부 단위로서 독특한 암석학적 성질과 층

그림 1.6 캘리포니아 Keeler 부근 Keeler Canyon층(페름기)의 석회암 저탁암에서 나타나는 부마 윤회층.

서적 위치에 의하여 특징지어진다. 층원은 두께가 너무 얇아서 지질도에 표시하기에는 곤란하나 많은 것들은 그렇지 않다. 층원은 단지 규모가 더 큰 층의 세부 단위인 점에서 층과 구분된다. 단위층과 마찬가지로 층과 층원은 다양한 형태로 나타난다(그림 1.3b). 각각의 층이나 층원은 독특한 퇴적 사건, 사건들의 순서 또는 퇴적 환경을 나타낸다.[11] 상은 특히 퇴적 환경의 특징적인 퇴적층이다. 상(facies)은 물리적, 화학적 및 생물학적으로 뚜렷한 특징을

갖는 퇴적암체나 퇴적물로 정의된다(Pickering et al., 1986).[12] 암상(lithofacies)은 독특한 퇴적 환경을 나타내는 암석과 조직 및 구조를 갖는 물리 화학적 특징을 지닌 특별한 상의 형태이다. 마찬가지로, 생물상(biofacies)은 포함된 생물에 의하여 구별되는 퇴적암의 단위로서 독특한 환경 조건을 나타낸다.

각각의 단위층 내에서 암상을 정의하는 데 도움이 되는 구조적 형태는 퇴적 환경을 반영하는 구조들을 포함한다. 엽층리, 점이층리, 사층리, 선회엽층리, 그리고 온콜라이트, 스트로마톨라이트, 초, 스타일로라이트, 불꽃 구조, 굴착 구조, 생물교란 구조, 탈출 구조, 결핵체, 슬럼프 습곡(slump folds) 및 고

화전 단층(prelithification faults) (다음에 설명함)과 같은 구조들은 내부 구조로서 특징지어진다.

탄산염 암석에서 나타나는 구조로는 다음의 것들이 있다. 온콜라이트(oncolites)는 생화학적 침전에 의하여 퇴적되고 조류(algae)에 의하여 탄산염 이토가 붙잡히는 동안에 형성된 것으로, 크기가 작고(대체로 10cm 미만)[13] 동심원상의 엽층을 이루는 구형 내지 불규칙한 형태이다. 스트로마톨라이트(stromatolites)는 크기가 큰 10cm 이상의 엽층상 조류 집적체로서, 편평한 것으로부터 도움형, 원추형, 주상, 또는 불규칙한 언덕 모양에 이르기까지 다양한 모양을 이룬다(그림 1.7). 초(reefs)는 탄산염이

(a)
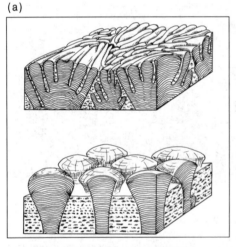

(b)

그림 1.7 스트로마톨라이트. (a) 스트로마톨라이트의 몇가지 형태 (Hoffman, 1974). (b) 몬태나 빙하국립공원 Helena층의 돌로스톤에 있는 스트로마톨라이트층.

(a)

(b)

그림 1.8 굴착 구조 (a) 버지니아주 Duffield 서부 58번 고속도로 부근 Powell산에 분포한 Clinch 사암(실루리아기)에 있는 수직의 *Skolithos*. (b) 펜실베이니아 Neelyton 부근 Tuscarora 사암층(실루리아기)의 성층면에 있는 *Cruziana*(？) 파행흔(trail).

퇴적되는 동안에 생화학적으로 탄산염 물질을 침전하는 유기물에 의하여 형성된 도움상 내지 신장형, 괴상 내지 층상의 구조이다. 초에서 유기물(예, 산호, 선태충류, 조류)은 초 주위를 둘러싸고 있는 동시적으로 쌓인 다른 퇴적물보다 지형적으로 솟아오른 초를 이루는 암석의 주요 구성 물질이다. 초는 1m 이하에서 1000m 이상에 이른 높이를 갖는다. 스타일로라이트(stylolites)는 흔히 탄산염 암석(간혹 다른 종류의 암석에서도 나타남)의 노출된 표면에 어두운 톱니 모양의 선으로 나타나는 불규칙한 표면이다(Stockdale, 1943). 그의 기원은 보통 모암이 형성된 이후에 일어난 용해에 의한 것으로 알려져 있다. 어두운 층은 불용성 잔류물이다.

추가적인 내부 구조들은 다양한 암석에서 나타난다. 불꽃 구조(flame structures)는 상부에 놓인 층으로 뚫고 들어간 휘어지고 날카로운 끝을 갖는 변형된 점토나 실트 엽층으로서 바람에 불리는 불꽃 모양을 닮았다(그림 1.4c). 이 구조는 밀도가 높은 새로운 퇴적물이 지층 위에 쌓일 때 변형이 일어나서 만들어지는 것으로서 연성 퇴적물의 변형을 나타낸다. 굴착 구조(burrows)는 고화되지 않은 퇴적물에 생물들이 구멍을 파고 들어가서 생긴 불규칙하거나 원통 모양의 관이나 패여진 구조이다(그림 1.8). 굴착 활동이 광범위한 곳에서는 엽층리가 심하게 교란되거나 완전히 파괴가 일어나며, 이러한 암석의 구조를 **생물교란 구조**(bioturbation structure)라고 한다. **탈출 구조**(escape structures)는 새롭게 쌓인 퇴적층 아래에 갇혀 있던 물이나 굴착하는 유기물이 탈출한 후 퇴적물로 채워진 층리를 절단하는 기둥이나 구멍 또는 관(tube)이다.[14]

결핵체(concretions)는 모암 내에서 나타나는 원형 또는 원반 모양의 교결된 암체로서, 흔히 산화와 환원에 의하여 형성된 다른 색깔들 또는 리제강 고

그림 1.9 캘리포니아 Berryessa 호수 부근 Wragg 협곡의 Lodoga 층(하부 백악기)의 와케에 있는 리제강 고리(liesegang rings). 동전의 지름은 17mm이다.

리(liesegang rings)라고 불려지는 착색된 고리에 의해 특징지어진다(그림 1.9). 연성 퇴적물 습곡과 단층(soft-sediment folds and faults)은 각각 지층이 휘어지고 깨진 것으로서, 퇴적물이 고화되기 전에 변형을 받아서 형성된다(Nelson and Lindsley-Griffin, 1987; Elliot and Williams, 1988; Shanmugam et al., 1988)(그림 1.4d, 1.4e).

표면 구조와 기타 구조

다양한 구조가 단위층이나 엽층의 표면에서 나타난다. 어떠한 경우에는 구조가 내부 구조를 반영하거나 내부 구조에 의하여 구조가 나타내지기도 한다. 예를 들어 표면의 연흔은 내부적으로 사엽층리에 의하여 특징지어진다. 표면 구조에는 건열, 저면 구조(sole marks), 보행흔(tracks)과 파행흔(trails) 및 연흔, 모래파(sand wave), 사구 및 반사구(antidune) 등을 포함하는 다양한 층형(bed forms)(Jordan, 1962; Bouma et al., 1980; Harms, Southard and Walker, 1982)[15] 등이 있다. 탄산염 암석에서 초나 이토언덕(mudmounds) 및 리소험(lithoherm)과 같은 커다란 구조는 내부 구조와 표

면 구조를 갖는다(Maxwell, 1968; Neuman, Kofoed, and Keller, 1979; Lees, 1982).[16]

모든 표면 구조는 아래에 놓인 단위층이나 엽층의 최상부 또는 위에 놓인 단위층이나 엽층의 최하부에 있는 형태에 의하여 나타내어진다. 연흔(ripple marks)은 진동하는 물이나 바람 또는 물의 유동에 의하여 만들어지며, 규칙적인 물결 모양의 형태를 이룬다(그림 1.10). 유수는 비대칭 연흔을 만드는 반면 진동하는 파도는 대칭 연흔을 만든다. 이들은 단위층의 최상부나 최하부에 잘 보존된다. 자갈, 막대기, 조개 또는 기타 커다란 물체를 운반하는 유수는 퇴적물과 물의 경계부에서 지층의 표면에 물체 마크(tool marks)(홈구조, grooves)를 만들기도 한다. 작은 소용돌이나 교란은 퇴적층 표면을 패이게 하여 플루트(flutes)를 만들기도 한다. 퇴적물이 눌려 다져지는 동안에 형성된 둥그렇거나 공모양의 돌기를 로드 캐스트(load casts)라고 한다. 특히 표면이 이토인 경우 홈구조와 패인 자국이 퇴적물로 채워지는 곳에서 이러한 구조들이 보존되기도 한다. 흔히 아래에 놓인 약한 층이 침식되어 위에 놓인 지층의 밑바닥에 퇴적물로 채워진 홈이나 플루트가 노출되게 된다. 이러한 구조를 저면 구조(sole marks)라고

한다(그림 1.11). 저면 구조는 유수의 방향뿐만 아니라 지층의 상·하를 결정하는 데 이용된다. 이러한 구조들은 대체로 위에 놓인 지층으로부터 아래에 놓인 지층으로 삐죽 튀어나와 있으며, 이들의 장축 방향은 유수의 방향을 나타낸다(Potter and Pettijohn, 1977). 건열(mudcracks)은 건조한 상태에서 세립질 퇴적물이 수축되어 갈라진 틈이 생기는 곳에서 발달하며 성층면에 다각형의 조각으로 나타난다(그림 1.12). 보행흔(tracks)과 파행흔(trails)은 다양한 생물이 퇴적물 표면을 걸어가거나 기어가거나 또는 움직인 행동의 흔적이 보존되어 나타난 것이다. 우흔(rain prints)은 빗방울이 충돌한 자국이 보존될 정도로 흡착력이 강한 점토질 퇴적물 위에 떨어져서 만들어진다. 건조한 상태가 주어지면 우흔이

그림 1.10 버지니아 Duffield 서부 58번 고속도로 부근 Powell산 지역에 분포한 Clinch 사암층(실루리아기)의 석영사암에 나타나는 연흔.

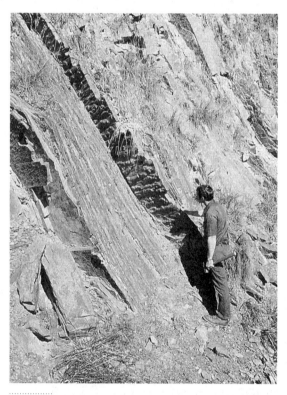

그림 1.11 버지니아 Lodi 부근 Knobs층(오르도비스기)에 나타나는 플루트 캐스트(서 있는 사람의 머리 왼쪽).

나게 되며 이후에 쌓인 퇴적물로 덮히게 되어 보존되게 된다. 사구(dunes)와 반사구(antidune)는 1m 이하에서 10m에 이르는 높이를 갖는 퇴적물이 길쭉하게 쌓아 올려진 지층의 형태로서 바람이나 물의 유동에 의하여 발달하며 적절한 조건하에서 보존되기도 한다.

앞에서 언급한 표면 구조들 이외에도 수많은 기타 구조들이 지층의 표면과 암석 중에서 나타난다. 이들 중 일부는 구조와 조직 사이의 전이적 위치에 있다. 어떤 것들은 퇴적물이 암석으로 고결되는 동안이나 이후에 만들어진 2차적인 구조이다. 화석은 아마도 이러한 것들 중 가장 중요한 것이다. 화석(fossils)은 과거 생물의 역사적 증거이다.[17] 화석에는 나뭇잎, 조개, 뼈, 보행흔과 파행흔, 몰드(molds), 캐스트(casts) 및 과거 생물에 대한 수많은 기타 증거들이 포함된다. 퇴적암에서 나타나는 추가적인 구조에는 파쇄대가 한 가지 또는 그 이상의 광물로 채워진 맥(vein)이 있다.

일부 퇴적암에서 나타나는 구형 내지 타원형의 입자는 구조와 조직 요소 사이의 전이적인 위치에 있다. 그들이 크거나 독립적으로 존재할 경우 그들은 구조로 취급될 수 있으나, 그들이 암석 내부까지 전체에 걸쳐 퍼져 있는 경우 그들은 조직적 요소로 생각될 수 있다. 어란석(oolites)(ooids)은 크기가 작고(1/4~2mm) 동심원상의 내부 구조를 갖으며 일차적 탄산염 광물이나 치환된 광물로 구성된 구형의 입자이다(그림 1.13).[18] 어란석은 조용하거나 주기적인 교란이 있고 온난한 해수가 모여 모래 입자나 조개 파편의 모든 주변에 침전이 일어나는 여울(shoal) 환경에서 만들어진다. 두석(pisolites)은 어란석과 유사한 입자이며 직경의 크기는 2mm 이상이다. 펠로이드(peloids)는

그림 1.12 펜실베이니아 Mill Creek 부근 829번 고속도로 지역에 분포하는 Catskill 층(데본기)의 이질암에 나타나는 건열.

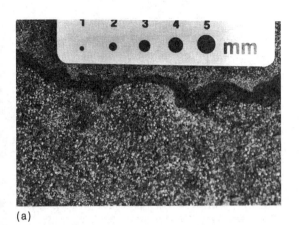

(a)

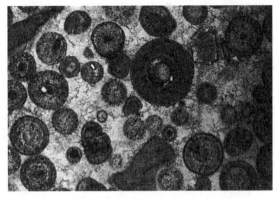

(b)

그림 1.13 어란상 석회암. (a) 테네시 Maryville에 분포한 Ottosee층(오르도비스기)의 어란상 팩스톤(packstone) 노두 사진. (b) 직교 니콜 하에서 찍은 (a)에 있는 암석의 현미경 사진. 조직은 표생쇄설성(epiclastic) 내지 표생쇄설성-포이킬로토픽(poikilotopic)이다. 사진의 가로 길이는 6.5mm이다.

일반적으로 1/4mm 이하의 크기를 갖으며, 둥글고 내부 구조가 없으며 비현정질(aphanitic)의 방해석이나 아라고나이트로 이루어진 입자이다.[19] 일부 펠로이드는 이토를 먹고 사는 벌레, 새우 및 기타 생물에 의하여 배설된 분립(pellets)이다. 포도석(grapestone)은 일부 현생 탄산염 퇴적물에서 나타나는 둥근 모양의 펠로이드들이 교결된 집합체이다(Winland and Matthews, 1974). 그들은 분명히 유공충과 기타 둥근 입자들이 교결되고 재결정되는 연속적인 역사를 통하여 만들어진다

퇴적암의 조직

퇴적암은 화성암과 마찬가지로 결정질 조직과 쇄설성 조직을 갖는다. 그러나 쇄설성 조직은 퇴적암의 제일 중요한 조직이다. 특별히 중요한 조직적 특징으로는 입도(입자의 크기), 입자의 모양, 분급 및 입자간의 관계가 있다. 입자간 관계는 퇴적암의 조직을 크게 깍지를 끼고 있는 것처럼 맞물리는 입자를 갖는 결정질 조직(crystalline texture)과 원마상(rounded) 내지 각상(angular)의 입자들이 함께 붙어있는 쇄설성 조직(clastic texture)으로 나눌 수 있게 한다.

결정질 조직과 그 기원

퇴적암의 결정질 조직은 다음의 세 가지 범주 중의 하나에 해당될 수 있다.

1. 일차적인 화학적 및 생화학적 침전물의 결정질 조직(P그룹 암석)
2. 교결물(cements)에서의 결정질 조직(S와 A 그룹)
3. 재결정된(속성 작용으로 변질된)[20] 암석에서의 결정질 조직(P와 A그룹)

범주의 1과 3의 조직은 흔히 등립-모자이크(equigranular-mosaic)(이디오토픽 조직 포함) 또는 등립-봉합상(equigranular-sutured)(제노토픽(xenotopic) 조직 포함) 조직을 이루어, 암석이 각각 직선적이거나 불규칙한 입자 경계를 갖는 같은 크기의 입자로 구성되어 있다(그림 1.14a, b). 이디오토픽(idiotopic) 조직은 직선적인 경계를 갖는 입자들이 자형(euhedral)이나 반자형(subhedral)의 결정으로 이루어진 조직이다(Gregg and Sibley, 1984). 범주 2의 조직은 범주 1과 3에 흔한 두 형태와 포이킬로토픽(poikilotopic), 신택시알(syntaxial), 빗살(comb) 모양, 섬유상-정동(drussy), 방사상-섬유상 및 구과상(spherulitic) 조직이 포함된다.[21] 뒤에 있는 모든 조직들은 가늘고 긴 입자들이 다르게 배열되어 있으며(그림 1.14c, d, e, f), 포이킬로토픽 조직은

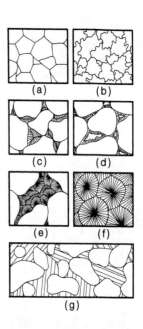

그림 1.14 퇴적암에서 나타나는 일부 조직의 모양. (a) 등립-모자이크 조직. (b) 등립-봉합상 조직. (c) 표생 쇄설성 조직을 갖는 암석의 교결물에서의 빗 모양 조직. (d) 표생 쇄설성 조직을 갖는 암석의 교결물에서의 섬유상-정동 조직. (e) 표생 쇄설성 조직을 갖는 암석의 교결물에서의 방사상-섬유상 조직. (f) 구과상 조직. (g) 포이킬로토픽 조직.

커다란 교결물 결정들이 크기가 더 작은 다양한 입자들을 둘러싸고 있다(그림 1.14g). 신택시알 조직은 이전에 존재한 중심 입자와 같은 결정학적 방향으로 새로운 교결물질이 성장한 조직이다. 부등립질 조직을 포함하는 기타 조직은 타형(anhedral), 반자형 및 자형 입자들이 다양한 비율로 다양하게 배열되어 나타난다. 범주 1의 조직은 범주 3보다 세립질인 경향이 있다. 화성암의 결정질 조직에서 이용되는 동일한 입자 크기 분류가 결정질 퇴적암의 조직을 기재하는 데 이용되기도 한다.

핵의 형성과 성장은 그들이 화성암의 결정질 조직을 형성하는 중요한 과정인 것처럼 퇴적암의 결정질 조직을 발달시키는 데 있어서 중요한 과정이다. 불균질한 핵의 형성은 퇴적암의 형성 과정에서 본질적으로 결정 작용을 좌우하는데, 그 이유는 핵의 역할을 할 수 있는 기존의 입자들이 거의 항상 존재하기 때문이다. P그룹의 암석에서 유기물은 생화학적 침전을 일으키는 핵으로서 역할을 한다. 화학적 침전이 일어나는 장소에서 모래, 점토, 조개, 또는 이미 형성된 작은 결정 입자들은 핵으로서 역할을 하기도 한다. A와 S그룹의 암석에서 생긴 교결물질(조직 범주 2)은 핵의 역할을 하는 알로켐과 규산염 입자 및 기타 쇄설물과 함께 유사하게 발달한다.[22] 조직 범주 3의 결정질 조직은 기존의 결정들이 핵의 역할을 하는 암석에서 발달한다.

핵을 중심으로 한 결정질 물질의 성장은 다양한 요인에 의하여 영향을 받을 수 있다. 이들 중에는 (1) 관련된 물(해수, 담수, 해수와 담수의 혼합수, 공극수 또는 기타 수용액)의 화학적 성분 (2) 온도 (3) 유기물의 성장 활동 (4) 증발 정도 (5) 공극률과 투수율 (6) 퇴적물 속을 통과하는 용액(또는 물)의 양과 성분 및 유속 (7) 결정과 결정 및 결정과 용액 접촉부에서 일어나는 반응 등이 있다. Longman (1980)은 유체의 흐름은 수많은 다른 요인들을 조정하기 때문에 탄산염 암석에서 유체의 흐름은 교결물의 성장을 지배하는 특별히 중요한 요인이라는 점을 강조하였다. 유사하게 유체의 흐름은 규질 쇄설성 암석의 결정 과정에서 중요하다.[23] 앞에서 제시한 요인들은 성장하는 결정 표면쪽으로(또는 반대쪽으로) 독특한 원자들의 운동을 지배하며, 따라서 결정의 성장 속도를 조절하게 되고 결정의 모양을 조정하게 된다. 많은 결정질 조직의 발달은 퇴적물이 암석으로 변하고 변성 작용이 일어나기 전까지 퇴적암이 변화하는 속성 작용의 과정에서 일어나기 때문에 제3장에서 더 상세하게 논의될 것이다.

쇄설성 조직과 그 기원

쇄설성 조직은 쇄설물들이 함께 붙어있는 조직이다. 표생쇄설성 조직(epiclastic texture)은 쌓여지는 입자들이 함께 굳어지는 지각의 표면(epi-)에서 형성된 퇴적 조직이다(그림 1.14c, d, 그림 1.15).[24] 표생쇄설성 조직과 조직적 특징에 이용되는 용어들은 결정질 암석에서 사용되는 것과는 다르다. 사용되는 입도 분류는 보통 Wentworth(1922)의 것이다(표 1.2).[25] Wentworth의 입도 등급을 다음과 같이 파이(φ) 값으로 변환하는 것은 흔한 관례이다.

$$\phi = -\log_2(d/d_0)$$

여기에서 $d_0 = 1$mm, $d =$ 입자의 지름(mm)이다 (Krumbein, 1934; McManus, 1963).[26]

분급(sorting)은 쇄설성 퇴적암의 조직을 기재하는 데 이용되는 추가적인 입도 지수이다. 이는 시료 내에서 입도의 유사성을 측정한 것이다. 만약에 모든 입자들이 엄밀하게 같은 크기라면 이 퇴적물은 분급이 매우 양호(very well sorted)하다고 한다. 이와는 대조적으로 입도가 넓은 범위를 갖으면 퇴적물

표 1.2 Wentworth 입도 등급과 ϕ 척도(Wentworth, 1922; Krumbein, 1934; McManus, 1963)

ϕ	Wentworth 등급	입도 이름		S 그룹 암석 이름	조직
−8	256mm	표력			
−6	64mm	왕자갈	자갈	역암	표생쇄설성
−2	4mm	잔자갈		각력암	역질 조직
−1	2mm	그래뉼			
		극조립 모래			
0	1mm				
1	1/2mm	조립 모래		사암	표생쇄설성
		중립 모래		(아레나이트, 와케)	사질 조직
2	1/4mm				
3	1/8mm	세립 모래			
		극세립 모래			
4	1/16mm				
8	1/256mm	실트	이토	실트암, 셰일 이암 점토암	표생쇄설성 이질 조직
		점토			

그림 1.15 캘리포니아 카보나 도폭에 분포한 Panoche 층(상부 백악기)의 사암에서의 표생쇄설성 조직.

의 분급이 매우 불량(very poor sorted)한 것이다. 암석 시료를 연구할 때 시료에서 입도의 중간 범위에 해당하는 Wentworth 입도 등급의 숫자를 고려함으로써 정성적인 분급의 측정이 가능하며 분급의 정도를 알 수 있다. 가장 세립인 입자와 가장 조립인 입자는 무시된다. 학자에 따라서 "중간(middle)"을 다르게 정의한다. 예를 들어서 Pettijohn(1975)은 중간을 50%로, Lewis(1984)는 67%로, 그리고 Compton(1962)는 80%로 생각하였다. 그림 1.16은 Lewis(1984)와 Compton(1962)의 분급 구분을 대표적인 조직의 스케치와 함께 나타내고 있다.

분급은 또한 정량적으로 정의되기도 한다. Pettijohn(1975)은 분급을 평균값으로부터 분산된 정도, 즉 표준편차로서 정의하였다. 이를 수학적으로 나타내면 다음과 같다.

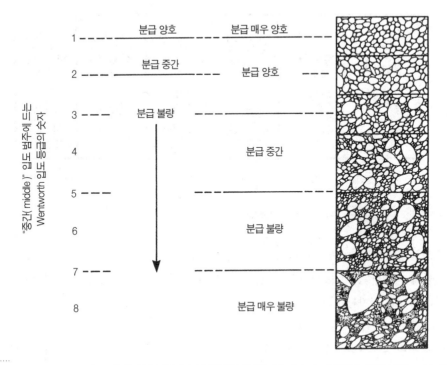

그림 1.16 분급도. Lewis(1984)는 "중간(middle)"을 중간 2/3(67%)로 정의하였고, Compton(1962)은 "중심 부분(great bulk)"을 중간 80%로 정의하였다(Raymond, 1984c; Lewis, 1984; Compton, 1962).

$$S_0 = \sqrt{Q_3 / Q_1}$$

여기에서 S_0=분급, Q_3=세째 4분위 수(시료에서 입자의 75%가 나타나는 입도), Q_1=첫째 4분위 수(시료에서 입자의 25%가 나타나는 입도)이다. 이러한 정량적인 측정을 하기 위해서는 실험실에서 입도 분포에 대한 분석이 필요하다.

입자의 모양(grain shape)은 퇴적학적 연구에서 형태, 구형도 및 원마도라는 세 가지 방법으로 기재된다. 입자의 형태(form)(일반적인 모양)는 입방체형(길이, 폭, 높이가 거의 같음), 판상(길이와 폭이 크고 높이가 낮음), 또는 막대기형(길이와 폭이 작고 높이가 큼)으로 분류될 수 있다(그림 1.17).[27] 일부 지질학자들은 네 가지 또는 그 이상의 형태를 정의하기도 하지만,[28] 여기에서 나타낸 세 가지의 형태

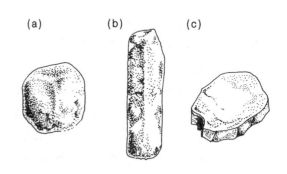

그림 1.17 퇴적물 입자의 모양: (a) 입방체형, (b) 막대기형, (c) 판상 (Raymond, 1984c).

로서 다른 사람들이 정의하는 형태들을 나타낼 수 있다. 구형도(sphericity)는 입자의 전체적인 모양이 얼마만큼 구에 가까운지를 측정한 것이다. 구형인 입자는 높은 구형도를 갖으며, 막대기형이나 판상의

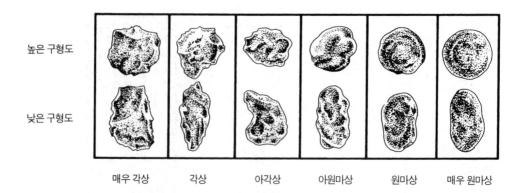

높은 구형도

낮은 구형도

매우 각상   각상   아각상   아원마상   원마상   매우 원마상

그림 1.18 높고 낮은 구형도를 갖는 입자들의 원마도(Raymond, 1984c; Powers, 1953).

입자는 낮은 구형도를 갖는다. 원마도(roundness)는 입자 모서리의 곡률을 측정한 것이다. 날카롭고 톱날같은 많은 모서리를 갖는 입자는 매우 각이 져 있다고 하고, 매끄럽고 둥근 모서리를 갖는 입자는 원마도가 매우 높다고 한다(그림 1.18). 입자의 원마도에 대한 육안적 추정은 암석 시료와 현미경을 이용한 암석학적 연구에서 이루어질 수 있으나 원마도에 대한 정량적인 연구 방법은 표준이 되는 퇴적암석학 교재에서 찾아볼 수 있다.[29]

입자의 **표면 조직**(surface textures)은 주사전자현미경(SEM)으로 조사할 수 있으며, 특정한 퇴적 환경을 특징지우는 데 어느 정도 성공적으로 기재되고 이용되어 왔다(Krinsley and Doornkamp, 1973)(그림 1.19). 입자의 표면이 깨지거나 깎아지고 화학적인 부식이 일어나면 현생의 모래 입자 표면에 독특한 자국과 모양이 나타나게 된다. 그러나 고결된 오랜 암석에서는 이러한 표면 조직이 속성 작용으로 변하거나 파괴될 수 있다.

퇴적암의 조직을 기재할 때 주목할만한 다른 두 가지 특징은 공극률과 투수율이다. **공극률**(porosity)은 암석을 구성하는 입자들 사이의 비어 있는 공간의 총계를 나타낸다. 공극률은 보통 백분율로 나타

내며, 공극의 총 부피와 퇴적물 시료의 총 부피의 비율에 100을 곱하여 다음과 같이 계산된다.

$$Ps = (V_p / V_t) \times 100$$

여기에서 Ps=공극률, V_p=공극의 총 부피, V_t=퇴적물 시료의 총 부피이다. 모든 퇴적암(A, P, S)들이 어느 정도의 공극률을 갖기는 하지만, A과 S그룹의 일부 암석들은 공극률이 35%를 넘기도 한다.[30] **투수율**(permeability)은 공극의 크기와 공극 사이의 상호 연결에 관계가 깊으며, 유체가 퇴적물이나 암석을 통하여 얼마나 흐를 수 있는지를 측정한 것이다.

어느 주어진 쇄설성 암석에서 보고되는 앞에서 언급한 모든 측정 자료들은 조직의 모습을 제공하여 준다. 필요한 경우에 이러한 조직의 모습은 정량화될 수도 있다.

쇄설성 조직은 기존의 암석이 침식과 풍화 작용을 받아서 형성된 입자들이 쌓여짐으로써 만들어진다. 입자들은 얼음, 바람, 또는 물에 의하여 운반되고, 이러한 운반 매체들이 주로 속도가 변함에 따라서 입자들을 운반할 능력이 떨어지는 장소에 퇴적된다. 쇄설성 퇴적물의 입도는 (1) 기원지에 존재하거나, 기원지의 암석이 풍화되어 만들어진 쇄설물의

그림 1.19   노스 캐롤라이나 Grandfather 산에 분포하는 하성층(신생대 제4기) 모래 입자의 주사전자현미경 사진.

크기[31]와 (2) 운반 매체의 운반, 침식 및 분급 능력에 의하여 조정된다. 기원지에서 단지 모래 크기나 더 작은 입자들만이 유입되는 곳에서는 모래 크기나 더 작은 입자들만이 운반되고 퇴적될 것이다. 특히 바람은 퇴적물을 잘 분급하여 커다란 입자들은 뒤에 남기고 작은 입자들은 공기 중에 떠있는 상태로 멀리까지 불려 보낸다. 이와는 반대로 분급을 불량하게 하는 얼음은 점토, 모래 및 표력 크기의 물질들이 분급이 매우 불량하게 혼합된 퇴적물을 운반 퇴적시킨다. 물은 중간 정도의 분급 능력을 지니고 있으나, 특수한 흐름 형태나 환경 조건에서는 분급이 양호하거나 매우 분급이 불량한 퇴적물이 쌓이게 된다.

앞으로 이 장에서는 독특한 조직과 구조에 의하여 특징지어지는 특정한 암석 형태의 기원을 개별적으로 기술하게 된다. 기원지와 퇴적 환경 및 퇴적 매체의 상호 작용이 더욱 상세하게 이 장에서 다루어진다.

퇴적암의 광물 성분

퇴적 분지는 입수 가능한 모든 물질을 모은다. 이런 이유 때문에 쇄설성 퇴적암(A와 S그룹 조합)은 흔하지 않거나 희유의 광물은 물론 모든 일반적인 조암 광물을 포함하기도 한다. 그럼에도 불구하고 어떠한 광물들은 주목할 만큼 풍부하고 다른 것들은 넓은 분포를 보인다. 이러한 이유는 그들이 풍화와 침식 작용에 대한 상대적 저항도가 크며(크거나) 지표 부근이나 지표의 상태하에서 안정하기 때문이다. 퇴적암에서 가장 흔한 광물들은 석영, 점토 광물(고령토, 몽모릴로나이트, 일라이트) 및 탄산염 광물(방해석과 돌로마이트)이다.

지표 부근 상태에서 안정하거나 풍화에 대한 저항력이 큰 흔하지 않은 광물로는 옥수, 저어콘, 백운모 및 철의 산화물(적철석, 갈철석)과 망간의 산화물(todorokite, hollandite) 등이 있다. 또한 중요한 광물로는 장석, 녹니석, 흑운모, 아라고나이트, 자철석 및 티탄 철석 등이 있다. 석류석, 스핀, 녹렴석 및 풍부하지 않은 여러 가지의 광물들은 S그룹 암석에서 소량으로 나타난다.

표생쇄설성 암석과 비교할 때 P그룹 암석에서는 광물의 범위가 제한적인데, 그러한 이유는 보다 제한적인 물리적–화학적 법칙(물리적 퇴적 작용을 조절하는 물리적 법칙과 대조)에 의하여 침전 작용이 조절되기 때문이다. 특수한 조건하에서는 방해석, 암염, 석고 및 경석고가 결정화된다. 더욱이 그들이 안정되는 보통이 아닌 특이한 조건하에서는 칼리암염(sylvite), 울렉사이트(ulexite) 및 수많은 기타 희유 광물들이 산출된다.

더욱 일반적인 퇴적 광물과 그들의 조합은 부록 A에 제시되어 있고 이용할 수 있는 암석기재학 교재에 언급되어 있다.[32] 일부 선정된 퇴적암의 광물 성분은 표 1.3에 나타나 있다. 석영은 0에서 100%까지 변하며, 사암에서는 전형적으로 40에서 100%까지 변한다. 다른 광물들도 동등하게 함량비가 변한다. 예를 들어 방해석은 어떤 사암에서는 0%를 차지하나 일부 석회암에서는 100%를 점하기도 한다. 장석은 사암에서는 흔하나, 다른 암석에서는 드물다. 점토는 부성분 광물로서 매우 흔하며, 일부 셰일에서는 100%를 차지한다.

퇴적암의 화학 성분

퇴적암의 광물 성분과 마찬가지로 퇴적암의 화학 성분도 다양하다. 표 1.4는 일부 퇴적암의 주성분 분석값을 나타낸다. 표를 제시한 목적은 성분의 총 가능한 범위를 보이거나 평균 값을 나타내기 위한 것이 아니라, 화학적 다양성에 대한 일반적인 인상을 제공하기 위한 것이다. SiO_2가 0에서부터 거의 100%까지 변하는 것을 주목하라. 산화 알루미늄은 변화가 미약하나, 탄산염 암석에서의 매우 낮은 값에서부터 셰일과 장석이 풍부한 사암(분석 3)에서의 중간 정도로 높은 값까지 변한다. 산화마그네슘은 돌로마이트가 주성분인 돌로스톤을 제외하고는 일반적으로 낮다. 유사하게 CaO는 석회암과 방해석 교결물이 풍부한 암석을 제외하고는 낮다. 알칼리는 보통 낮으나, K_2O는 K-장석이 풍부한 사암, 셰일 및 일부 증발암에서는 풍부하다. 소다(soda)는 알바이트(albite)가 풍부한 사암과 암염이나 다른 Na를 포함한 광물을 갖는 증발암에서는 중간 정도로 풍부하다. 산화철은 유사하게 매우 변화가 심하다. 이질암과 탄산염암에서 높은 연소 손실(LOI) 값은 점토 광물로부터 물이 손실되고 탄산염 광물로부터 CO_2가 손실된 결과이다.

퇴적물은 가끔 암석에 풍부한 C, S 및 기타 원소를 측정하기 위하여 분석되나 보통 주성분 분석에서는 측정되지 않는다. 유기 탄소는 일반적으로 총

표 1.3 선정된 퇴적암의 모드

	1(Ch)	2(Ss)	3(Ss)	4(Ss)	5(Ss)	6(Sh)	7(Ls)	8(Ls)
석영[a]	84.3[b]	65.3	39.7	41.6	22.2	—	—	—
단결정질	(57.6)[c]	(63.0)	(38.7)	(40.6)	(17.8)	—	—	—
복결정질	—	(2.3)	(1.0)	(1.0)	(4.4)	—	—	—
화석[d]	(26.7)	—	—	—	—	—	—	—
알칼리 장석	—	1.0	4.0	0.3	0.4[e]	—	—	—
사장석	—	2.0	6.0	0.3	23.4	—	—	—
백운모	8.0[f]	—	tr	tr	—	—	—	—
흑운모	—	—	5.7	—	—	—	—	—
녹니석	0.3	—	5.0	—	—	5	—	—
점토 광물	—[f]	25.3	—	—	—	95	—	—
고령토	—	(25.3)	—	—	—	(15)	—	—
몽모릴로나이트	—	—	—	—	—	(70)	—	—
일라이트	—	—	—	—	—	(10)	—	—
기타 광물	—	1.3	0.7	7.6[g]	1.0	—	—	—
암편	—	4.7	4.0	0.3	16.6	—	—	—
셰일과 사암	—	(1.0)	—	(0.3)	(1.6)	—	—	—
쳐트	—	(2.0)	(2.0)	(tr)	(8.2)	—	—	—
규질 화산암	—	(1.7)[h]	(1.0)	—	(4.2)	—	—	—
염기성 화산암	—	—[h]	(tr)	—	(0.8)	—	—	—
변성암	—	(tr)	(1.0)	—	(1.6)	—	—	—
기타/불명	—	—	—	—	(0.2)	—	—	—
기질	(—)[i]	1.7	0.7	—	35.8	na	(—)[J]	(—)[J]
교질물	7.0[K]	—	33.3[l]	33.3[l,m]	0.6	na	na	na
탄산염 물질								
이토	—	—	—	—	—	—	58.5	4.5
스파(spar)								
방해석	—	—	(33.3)	(19.0)	—	—	—	20.0
돌로마이트	—	—	—	—	—	—	13.5	—
알로켐[n]								
어란석	—	—	—	1.3[o]	—	—	—	34.5
내생쇄설물	—	—	—	5.0	—	—	—	1.0
화석[p]	—	—	—	10.0	—	—	28.0	40.5
합계	100.0	100.0	100.0	100.0	100.0	100	100.0	100.0
측정한 점의 수	300	300	300	300	500	x	200	200

출처:

1. 캘리포니아 The Geysers의 프란시스칸 복합체(쥬라기?) 중의 적색 방산충 쳐트. 시료 RF—77A. Raymond가 분석함.

2. 캘리포니아 카보나 도폭의 Tesla층(에오세) 중의 아녹사이트(anauxite) 사암. 시료 C18a(Raymond, 1969). Raymond가 분석함.

3. 캘리포니아 카보나 도폭의 Panoche층(백악기) 중의 운모질 장석질 사암. 시료 C1(Raymond, 1969). Raymond가 분석함.

4. 버지니아 Clinch산 야생동물관리지역의 Rose Hill층(실루리아기) 중의 화석이 풍부한 적철석질 석영사암. Raymond가 분석함.

5. 캘리포니아 Willites 서부 프란시스칸 복합체(백악기)의 Coastal Belt 중의 장석질 와케(wacke). Raymond가 분석함.

6. 캘리포니아 카보나 도폭의 Moreno층(백악기) 중의 점토 셰일(Raymond, 1969). Raymond가 X—ray 분석함.

7. 앨라베머 Huntsville 부근 Monteagle층(하부 석탄기)의 돌로마이트질 생쇄설성 와케스톤(bioclastic wackestone). Gault가 분석함.

8. 앨라베머 Huntsville 부근 Monteagle층(하부 석탄기)의 어란상의 화석이 풍부한 입자암(grainstone). Gault가 분석함.

[a]옥수와 단백석을 포함

[b]부피 %로 나타냄

[c]괄호 안의 값은 그들이 표의 다른 수에 포함되기 때문에(즉, 석영의 유형은 전체 석영에 포함되어 있음) 합계에는 포함되지 않음.

[d]여기에 제시된 화석은 방산충이다. 그들이 규질이기 때문에 "석영"에 포함되어지고, '탄산염 물질' 아래에 있는 화석에 포함되어 있지 않다.

[e]쌍정이 없는 장석은 사장석에 포함되어 있다.

[f]백색 운모는 모든 세립질의 무색 층상규산염 광물(운모, 점토 광물)을 포함한다.

[g]이 값은 4.3%의 적철석 어란석과 3.3%의 적철석질 화석 파편을 포함한다.

[h]이 시료에서의 모든 화산암편은 "규질 화산암"에 포함된다.

[i]기술적으로, 위에서 보고된 방산충 사이의 실리카(silica)는 기질이다.

[j]방해석 이토는 기질을 이루나 아래 "방해석"에 제시되어 있다.

[k]이 암석에서의 적철석은 모든 다른 입자들의 표면을 덮기 때문에 과대하게 추정될 수도 있다.

[l]방해석 스파(spar)는 교결물질을 형성하므로 교결물과 스파 모두에 제시되어 있다.

[m]14.3%의 적철석 교결물이 포함된다.

[n]여기에 제시된 알로켐은 모두 탄산염 알로켐이다. 규질 화석, 적철석 화석, 적철석, 어란석 및 기타 물질을 포함한 암석은 이 곳에 포함되어 있지 않다.

[o]여기에 제시된 어란석의 백분율은 오직 탄산염 어란석이다. 이 암석은 또한 4.3%의 적철석 어란석을 포함한다.

[p]탄산염 화석만이 포함되었고 다른 화석은 다른 성분 범주에 제시되어 있다.

Ch=쳐트, Ls=석회암, Sh=셰일, Ss=사암.

tr=미량, na=적용할 수 없음, X=X선 회절 분석

유기 탄소 또는 TOC로서 보고된다. TOC는 점토와 이질암에서 0에서 15% 이상까지 변하며(Beier and Hayes, 1989; Stein, 1990), 산소와 무산소 환경을 구분하는 데 이용될 수 있다. 석탄의 경우는 물론 TOC가 매우 높다. 유기 탄소와 환원된 황의 비율(C/S)은 역시 산소와 무산소, 담수와 해수 환경에서 형성된 암석을 구분하는 데 이용되고 있다(Berner, 1982; Berner and Raiswell, 1984; Morse and Emeis, 1990). 산소 환경에서 형성된 지층에서는 C/S가 일반적으로 2 이상이고 25 이상까지 변하기도 하며, 무산소 환경에서 만들어진 암석은 C/S가 일반적으로 3 이하이다.

미량 원소(trace elements)는 주 원소에 비하여 다소 낮은 다양성을 보인다. 퇴적물의 미량 원소 분석은 (Haskin and Gehl, 1963; Wildeman and Haskin, 1965) 퇴적물의 평균(average) 희토류(REE) 분포가 시알릭(sialic) 지각의 것과 유사함을 보인다(McLennan, 1989).[33] 예를 들자면 지각의 경우에서와 같이 가벼운

표 1.4 선정된 퇴적암의 화학 분석

	1(Ss)	2(Ch)	3(Ss)	4(Sh)	5(Fe−st)	6(Ls)	7(Dlst)
SiO_2	96.65a	94.7	67.2	61.84	4.21	1.15	0.28
TiO_2	0.17	0.06	0.05	0.83	0.12	nd	nd
Al_2O_3	1.96	1.1	14.6	13.40	4.38	0.45	0.12
Fe_2O_3	0.58	2.7	1.9	3.83	37.72	nd	0.12
FeO	nd	0.22	2.3	1.15	7.27	0.26	nd
MnO	nd	0.05	0.1	0.05	0.18	nd	nd
MgO	0.05	0.14	2.3	2.69	1.68	0.56	21.30
CaO	0.08	0.06	1.8	2.68	22.49	53.80	30.68
Na_2O	0.05	0.01	3.7	0.97	0.01 ⎤	0.07	0.03
K_2O	0.27	0.37	1.9	2.8	0.00 ⎦		0.03
P_2O_5	nd	0.03	0.1	0.44	1.00	nd	0.00
LOI[b]	0.59	0.79	3.4	9.74	20.81	43.61	47.42
합계	100.40	100.2	99.4	100.42	99.87	99.90	99.97

출처:
1. 일리노이 Abbott층(상부 석탄기)의 석영사암(?). 시료 B19. 분석자 : L. D. McVicker(Bradbury et al., 1962)
2. 캘리포니아 프란시스칸 복합체(쥬라기-백악기?)의 박층의 적색 쳐트. 시료 4, 표 9. 분석자: P. L. D. Elmore, I. H. Barlow, S. D. Botts, and G. Chloe(Bailey, Irwin, and Jones, 1964).
3. 캘리포니아 프란시스칸 복합체(백악기?)의 Coastal Belt의 "그레이와케(Graywacke)". 시료 10, 표 1. 분석자: 2와 동일
4. 와이오밍 Cody Shale(백악기)의 세일. 시료 SCo-1. 분석자: S. M. Berthold(Schultz, Tourtelot, and Flanagan, 1976).
5. 펜실베이니아 Keefer층(실루리아기)의 적철석질 함철암(ironstone). 시료 D, 표 9. 분석자: P. M. Buschman(James, 1966).
6. 바바리아(Bavaria) Solenhofen층(쥬라기)의 석회암. 분석자: G. Steiger(Clarke, 1924).
7. 오클라호마 Royer 돌로마이트층(캠브리아기)의 돌로스톤. 시료 9294, 표 5. 분석자: A. C. Snead(Ham, 1949).
[a]무게 백분율
[b]연소 손실과 기타
Ch=쳐트, Dlst=돌로스톤, Fe-st=철광층, Ls=석회암, Sh=셰일, Ss=사암
nd=결정되지 않거나 보고되지 않음. 철의 경우에 철의 총량은 Fe_2O_3로 나타냄

회토류(LREE)는 콘드리틱(chondritic) 표준에 비하여 풍부한 경향이 있으며 음(−)의 Eu 이상이 전형적이다. 이러한 자료는 REE가 일반적으로 해양에서 용해되지 않고 재침전되지 않는 대신 쇄설성 입자와 함께 해양으로 통과하며, 따라서 대륙성 기원지의 REE 특성을 반영한다는 것을 제시한다(Bhatia and Taylor, 1981; McLennan, 1989; Basu, Sharma, and DeCelles, 1990). 이러한 이유 때문에, 특정 시료(specific samples)에서의 미량 원소의 변화는 광범위한 지역의 기원지를 반영한다. 예를 들어서 Bhatia와 Taylor (1981)는 기원지 암석에서 La, Th 및 U가 많은 곳에서는 그 암석에서 기원된 퇴적물에서도 그들이 풍부하다는 것을 알았다. 기원암에서 그들이 낮은 곳에서는 퇴적물에서도 그들은 낮다. 유사하게 Feng과 Kerrich (1990)는 주원소와 미량 원소의 화학 성분에 기초하여 고철질-원소(mafic-element)(열곡)와 저 고철질-원소(호상열도) 기원지를 구분한 바 있다. 전자에서는 MgO, FeO, Ni 및 Cr이 높고, 다양한 HFSE(예, Hf, Zr, U)는 낮으며, 상대적으로 편평한 REE 양상은 콘드라이트 값보다 단지 조금 풍부함을 보인다. 호상열도의 암석은 LREE가 더욱 풍부하고, Sr과 HFSE가 더 높음을 보인다.[34]

그러나 다양한 각각의 퇴적물 단위와 암석 형태에서 미량 원소와 동위원소의 어떠한 변화가 존재한다.[35] 예를 들어 어떤 원소(예, Ni, Cr, Zn, P)들은 해성과 비해성 셰일을 구분하기 위한 자료로서 이용된다(Degens, Williams, and Keith, 1957; Walters et al., 1987). 예를 들어 인은 육성 셰일에 비하여 어떠한 해성 셰일에서 2배로 풍부하나(Walters et al., 1987), 해양 퇴적물에서 그것이 풍부한 것은 유기적 생산성이 높은 저위도 지역과 연관될 수 있다(Toyoda and Masuda., 1990). Mn은 역시 그러한 지역에서 높다.[36] Sr은 Ca가 풍부한 암석에서 높고[37], Sr과 U는 다소의 양이 아라고나이트 구조에 치환한다(Papekh et al., 1977). 무산소 환경의 특징인 TOC가 높은 암석은 V, Cd 및 Zn과 같은 원소가 풍부하다(Vine and Tourtelot, 1970; Leventhal and Hosterman, 1982).[38]

동위 원소 역시 퇴적암에서 변하며, 기원암, 퇴적 환경, 또는 퇴적 후의 변화(속성 작용)의 차이를 반영한다. 규질쇄설성 퇴적물과 암석에서 Sr과 Nd 동위 원소의 비율은 전형적으로 기원암의 성분을 나타내며(Heller et al., 1985; Basu, Sharma, and DeCelles, 1990), 변화가 심하다.

Sr 비율은 퇴적물이 맨틀 기원으로부터 비롯된 지역에서는 낮으나(0.706 미만), 공급지가 고기의 시알릭(sialic) 기원이라면 높다. 유사하게 심하게 음수(−10~−20)인 Nd값은 고기의 지각 성분을 지시하나, 양수 값은 퇴적물이 맨틀과 밀접한 관계가 있음을 나타낸다. Sr과 Nd 동위원소 역시 쳐트와 탄산염 암석의 역사를 평가하는 데 이용된다(Weis and Wasserburg, 1987). 또한 O, C 및 S 동위 원소는 퇴적암에 영향을 미친 환경 조건과 속성적 변화를 평가하는 데 이용된다(Hudson, 1977; Longstaffe, 1983; Rao, 1990).[39]

여기에서 제안된 화학적 다양성은 대단하다. 조직, 구조 및 광물학적 특성에 추가하여 화학적 요소들은 고기의 퇴적암을 이해하기 위한 노력으로 퇴적 환경과 기원지를 특징짓는 데 이용된다.[40]

앞으로의 장에서는 그러한 통합된 평가가 가능한 곳에서는 실례를 들어서 이루어질 것이다.

요약

퇴적암은 바람, 물, 또는 얼음에 의하여 운반된 규산염 파편과 알로켐 및 수용액으로부터 형성된 침전물들이 지표면에 쌓여서 만들어진 암석이다. 그들은 매우 다양한 구조에 의하여 특징지어지며, 구조들 중 가장 흔한 것은 층이다. 스트로마톨라이트, 온콜라이트, 사층리, 저면 구조, 굴착 구조, 연흔, 건열, 족흔과 파행흔, 사구 및 화석과 같은 내부와 외부 구조는 암상과 생물상을 특징지으며, 특정한 퇴적 환경을 반영한다.

퇴적암을 구성하는 입자들은 크기, 모양 및 성분이 다양하다. 퇴적암에서 가장 흔한 조직은 지표면에 쌓인 입자들의 집합체로 구성된 표생쇄설성 조직이다. 표생쇄설성 조직은 원마도가 높은 입자로 구성된 분급이 매우 양호한 것부터 표력 크기에 달하는 각상의 입자로 구성된 분급이 매우 불량한 것까지 다양하다. 결정질 조직은 또한 퇴적암과 교결물은 물론 침전암 및 재결정된 암석에서 나타난다.

퇴적암의 광물 성분은 기원지, 운반 작용 및 퇴적 매체에 의하여 조절되며, 방해석은 침전암에서 우세하고, 석영과 점토 광물은 규질쇄설성 암석에서 주류를 이룬다. 퇴적암의 화학적 성분은 실리카의 양이 0에서 100%까지 범위를 갖는 퇴적물 입자 형태의 다양성을 반영한다. REE, HFSE, 및 동위 원소는 흔히 퇴적물 공급지의 특성을 나타낸다.

주석 ●

1. 예를 들자면 Spock(1962), Ehlers and Blatt(1982) 또는 Nockolds, Knox, and Chinner(1978)의 논문을 참조하라. 육성 기원 물질은 일반적으로 대륙이나 육지에서 유입된 것으로 생각된다.

2. 이러한 크기 등급은 교재의 뒤에 정의되어 있다.

3. 여기에서 사용한 알로켐은 Folk(1974)의 것과 비슷하나 기원적인 용도를 따른다. Folk는 알로켐을 퇴적 분지 내에서 비롯되어진 것으로 규정하였다. 대부분의 경우에 있어서 분지 내와 분지 외기원을 구분하는 것은 해석하기에 달려있는 문제가 있기 때문에 Folk의 이러한 제한은 여기에서는 적용되지 않는다.

4. Selley(1976, p.212)는 저 에너지 기원의 두꺼운 지층을 제시한 바 있다. 층서학에서 이용되는 단위층, 엽층 및 기타 단위의 특징을 비교한 Campbell(1967)의 논문을 참고하라. Carey and Roy(1985), Cheel and Middleton(1986)은 엽층리의 기원과 특징을 언급한 바 있다. 호상점토는 Anderson and Dean(1988)에 의하여 논의된 바 있다. 층리와 엽층리의 양상을 다룬 기타 논문으로는 McKee and Weir(1953), Kreisa(1981), Clemmensen and Blakey(1989), Middleton and Neal(1989) 및 Cheel(1990)의 것이 있다. 추가적인 정보를 얻기 위해서는 이들의 논문과 논문에 인용된 문헌과 퇴적학 교재를 참고하라.

5. 퇴적암체의 모양의 기재를 위해서는 Krynine(1948)과 Potter(1963)의 논문과 Peterson and Osmond(1961)의 책에 있는 논문을 참고하라.

6. McKee and Weir(1953)는 "세트(set)" 와 "코세트(coset)" 라는 용어를 도입하였다. Thomas et al.(1978)는 전통적으로 사용해 온 "사층리"라는 용어를 기원적이 아닌 새로운 용어 "경사진 층리"와 "경사진 이암성(heterolithic) 층리"로 대체할 것을 제안한 바 있다.

7. 이러한 윤회층을 기재한 부마(Arnold H. Bouma)의 이름을 딴 부마 윤회층(Bouma, 1962, p.48-9)은 퇴적암 논문과 교재에서 광범위하게 기술되고 이용되고 있다(Stanley, 1963; Reineck and Singh, 1975; Selley, 1976; Mutti and Ricci Lucchi, 1978; Ingersoll, 1978c; Friedman and Sanders, 1978; Blatt, Middleton and Murray, 1980; Boggs, 1987).

8. Kreisa(1981)에 의하여 설명된 이상적인 폭풍윤회층은 Harms et al.(1975)에 의해 명명된 "언덕 사층리"를 포함한다. 이러한 층리에 대한 상세한 논의는 Dott and Bourgeois(1982), Greenwood and Sherman(1986), Nottvedt and Kreisa(1987), Leckie(1988) Sherman and Greenwood(1989) 및 Duke et al.(1991)의 논문이 있다.

9. 해저 선상지와 그들의 특징은 제6장에서 논의된다.

10. 층서에 관한 명확한 정의와 용어에 대한 더 심도있는 논의를 위해서는 북아메리카 층서 명명위원회(NACSN, 1983)의 논문을 참고하라. 순차층서학(sequence stratigraphy)에서 이용되는 단위층, 엽층 및 기타 단위의 정의를 위해서는 Campbell(1967)과 Wagoner et al.(1990)의 논문

을 참고하라.

11. 특정한 퇴적암체는 특수한 주제를 다룬 학자 (Cloud, 1952; Lugn, 1960; Fisk, 1961; Allen, 1965; Aubouin et al., 1970; Smith, 1970; Bull, 1972; Picard and High, 1972a; Reineck, 1972; Visher, 1972; Kulm et al., 1974; Bay, 1977; Miall, 1977a; Ingersoll, 1978c; Bentor, 1980; Eyles et al., 1983; Walters et al., 1987; Whalen, 1988; Clemmensen and Blakey, 1988; Morris and Busby-Spera, 1990)는 물론 일반적 조사 연구를 수행한 학자(Spearing, 1974; Reineck and Singh, 1975; Selley, 1976; Blatt et al., 1980; Frazier and Schwimmer, 1987; Baars et al., 1988; Milici and DeWitt, 1988)들에 의하여 논의되고 설명된 바 있다.

12. "상(facies)"이라는 용어 사용의 역사는 Selley(1988, 165)에 의하여 검토되었고 Walker(1984b)에 의하여 논의된 바 있다. 상과 암상 및 생물상에 대한 추가적인 정보와 다른 정의를 위해서는 Moore(1949), Krumbein and Sloss(1953) 및 Pickering et al.(1986)의 논술과 그들 논문에서 인용된 문헌을 참고하라. Pickering et al.(1986)은 상의 분류에 대하여 논문을 발표하였다.

13. 예를 들자면 Ginsburg(1960, 1967)와 Gebelen(1969), 그리고 온콜라이트가 전형적으로 직경이 5cm 미만이라고 제안한 Collinson and Thompson(1982)의 논문을 참고하라. Leinfelder and Hartkopt-Froder(1990)는 온콜라이트의 분지 내 제자리 형성을 주장하였다. 더 이상의 정보를 위해서는 논의와 포함된 문헌을 참고하라. 스트로마톨리트는 Hofmann(1973), Hoffman(1974) 및 Braithwaite et al.(1989) 등

에 의하여 논의된 바 있다.

14. 탈수 구조(water-escape structures)를 위해서는 Lowe(1975), Johnson(1977) 및 Postma(1981b)의 논문을 참고하라.

15. 퇴적 작용 중에 형성되는 층형(예, 연흔, 사구)은 Blatt et al.(1980), Harms et al.(1982) 및 Boggs(1987)에 의하여 논의되었다. 층형에 대한 기타 연구로는 Shipp(1984), Nielson and Kocurek(1986), Leckie(1988) 및 Arnott and Hand(1989)의 논문이 있다.

16. 이러한 구조는 제8장에서 논의된다.

17. 화석이라는 용어의 정의는 다양하다. 역사에서 어느 것이 더 이상 화석이 아닌지에 대한 분명한 점은 재검토되어져야 하며, 이러한 논의는 본 교재의 목적을 벗어난다.

18. Newell et al.(1960), Loreau and Purser(1973), Land et al.(1979)는 현세 어란석의 내부 구조를 기재하였다. Milliman(1974)과 Simone(1981)은 그들의 성질과 기원에 대하여 검토한 바 있다.

19. 이러한 구조의 상세한 논의를 위해서는 Folk(1974), Pettijohn(1975, p.83-84), Blatt et al.(1980, p.453-57), Boggs(1987, p.225), 또는 기타 퇴적암석학 교재를 참고하라. Jones and Squair(1989)는 현생 환경에서 펠로이드의 형성에 대하여 설명한 바 있다.

20. 속성 작용은 제3장에서 논의된다.

21. 예를 들어 Folk and Weaver(1952), Petti-john (1975, p.80-81), Nockolds et al.(1978, p.230-32), Scholle(1978), Blatt et al.(1980, p.498), Thomas (1983b) 및 Adams et al.(1984)의 교재를 참고하라.

22. Longman(1980)은 탄산염 암석에서 교결물과 속성의 역사를 정리 요약한 바 있다. 쇄설성 암석

에서의 교결물은 Thomas(1983b)에 의하여 논의되었다. 제3장은 교결 작용에 대하여 상세히 논의하고 있다.

23. Hutcheon(1983)

24. 표생쇄설성 조직은 화산암에 흔한 화산쇄설성(pyroclastic) 조직 및 변성암에서 나타나는 파쇄(cataclastic) 조직과 구별된다. Prince and Ehrlich(1990)는 사암에서 표생쇄설성 조직을 결정하는 정량적인 방법을 논의하였다.

25. 수많은 학자들이 입도 등급에 대한 다양한 의견을 논의하였다. Blatt et al.(1980)는 북아메리카와 유럽에서 다르게 사용되는 등급에 대하여 재검토를 훌륭히 수행한 바 있다. 그들과 다른 학자들(Krumbein and Pettijohn, 1938; Pettijohn, 1975)은 Wentworth 등급에 앞서는 입도 등급을 기술하였다.

26. Krumbein(1934)은 파이(ϕ) 등급을 제안하였으며, McManus(1963)에 의하여 ϕ등급 log의 밑수가 변화되었다.

27. Raymond(1984c), Williams et al.(1982), Spock(1962) 및 Zingg(1935)는 판상(tabular)입자를 얇은 판(disk)과 긴 타원형 막대(bladed) 모양으로 구분하였다. 얇은 판은 두 긴 길이가 거의 같은 특수한 경우이다. Boggs(1987, p. 123)는 이 주제에 대하여 면밀한 재검토와 논의를 수행한 바 있다. 주석 28의 문헌을 참고하라.

28. 예를 들면 Folk(1974), Pettijohn(1975) 및 Lewis(1984)의 논문을 참고하라.

29. 예를 들면 Folk(1974), Pettijohn(1975), Friedman and Sanders(1978), Blatt et al.(1980), Lewis(1984) 및 Boggs(1987)의 논문을 참고하라.

30. 공극률의 예를 위하여 Archie(195), Thomas and Glaister(1960), Pittman(1979) 그리고 Choquette and Pray(1970)의 논문을 참고하라.

31. McKee et al.(1967)

32. 광물 성분은 Folk(1974), Pettijohn(1975) 및 Raymond(1993)의 교재를 포함한 수많은 교재에 논의되어 있다.

33. Bhatia(1983, 1985b), Taylor and McLennan(1985, ch.2) 및 Bhatia and Crook(1986)의 논문을 참조하라.

34. Larue and Sampayo(1990) 역시 퇴적물과 기원암 사이를 이어줄 가능성 있는 미량 원소를 보여준 바 있다. Murray et al.(1990)는 쳐트와 셰일의 퇴적 환경을 구분하는 데 Ce 이상과 REE를 이용하였고, Huebner and Flohr(1990)는 망간질 쳐트의 성인을 평가하기 위하여 유사한 자료를 이용한 바 있다.

35. Van Weering and Klaver(1985), Dabard and Paris(1986), Amajor(1987), Brumsack(1989), Beier and Hayes(1989), Carpenter and Lohmann(1989), Meyers(1989), Rao(1990).

36. Toyoda and Masuda(1990)

37. Toyoda and Masuda(1990)

38. Dabard and Paris(1986), Brumsack(1989)의 논문을 참고하라.

39. 재검토를 위하여 Land(1980), Leeder(1982, p. 260) 및 James and Choquette(1983)의 논문을 참고하라. 구체적 예로는 O'Neil and May(1973), Knauth and Epstein(1976) 및 Gautier(1986)의 논문이 있다. Sr 동위 원소 비의 변화 역시 속성 작용을 반영한다(Clauer et al., 1989).

40. 예를 들면 Weber(1960), Bhatia(1983), Bhatia and Crook(1986) 및 Rao(1990)의 논문을 참고하라.

연습 문제

1.1 표 1.5에 제시된 모드를 갖는 암석의 위치를 그림 1.1의 사본에 나타내고, 각각을 해당 그룹으로 결정하여라.

표 1.5 연습 문제 1.1을 위한 퇴적암의 모드

	시료				
	1	2	3	4	5
석영	94	52	30	2	0
알칼리 정석	0	4	7	0	0
사장석	0	4	9	0	0
쳐트	2	3	4	0	0
기타 규질 암편	0	6	5	0	0
탄산염 암편 등	0	0	1	58	7
흑운모	0	0	1	0	0
백운모	1	0	1	0	0
녹니석	0	0	1	0	0
점토 광물	2	20	2	1	1
방해석 이토	0	0	0	32	0
방해석 스파	0	10	34	2	69
돌로마이트 스파	0	0	0	0	10
화석	0	0	4	5	13
기타	1	1	1	0	0
합계	100	100	100	100	100

1.2 그림 1.20에 나타낸 각각의 곡선의 분급(S_0)을 계산하여라. Q_1과 Q_3값과 곡선들이 25%와 75%선들과 교차하는 점들에 해당하는 입자의 크기를 추정하는 것이 필요할 것이다. 입도 등급이 로그로 나타내 있음에 주의하라. 오른쪽에 곡선의 Q_1과 Q_3가 주어져 있다.

1.3 반지름이 2km인 반구 형태의 평면과 최대 두께가 200m인 전체가 물로 채워진 쐐기 모양의 대수층(aquifer)이 20%의 공극률을 갖는다고

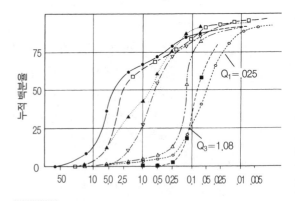

그림 1.20 카보나층을 구성하는 각각의 선상지 지층의 분급을 측정하기 위한 누적(무게%) 곡선(Raumond, 1969).

할 때, (a) 암체의 총 부피, (b) 대수층으로부터 25% 물을 양수한다고 할 경우 얻을 수 있는 물의 부피를 계산하여라.

1.4 표 1.4의 분석 3을 위한 화성암의 노름(norm)을 계산하여라. (a) 만약 이 암석이 심성암의 침식에 의하여 생성되었다고 하면, 어떠한 심성암 이름이 그 암석의 평균 성분에 적용될 것인가? (b) 만약 이 암석이 전체적으로 용융되고 심성암으로 재결정되었다고 하면 그것은 어떤 종류의 암석이 되겠는가?

1.5 표 1.4의 분석 6을 고려하여라. 시료에서 방해석과 돌로마이트의 무게 퍼센트를 계산하여라. (a) 보고된 연소 손실(LOI) 값은 이러한 값들과 일치하는가? (b) 이 시료에서 잔여 화학 성분에의하여 시사되는 것은 어떤 다른 광물인가?

퇴적암의 분류 2

서론

퇴적암은 지구의 표면에 다양하고 풍부하며 경제적으로 중요하다. 이러한 점과 다른 이유 때문에 그들의 분류에 많은 관심이 주어져 왔다. 그럼에도 불구하고 어느 하나의 분류 체계나 체계세트도 모든 지질학자들에 의하여 수용된 바 없다. 사용되고 있는 다양한 분류 체계는 동일한 암석이 지질학자들에 따라서 다른 이름으로 분류된다. 이는 학생과 전문가들에게 실망스런 것이지만 그것은 지질학적 생활의 사실이다. 이 책에서는 가장 널리 이용되는 분류표를 포함한 여러 분류표가 제시되어 있다.

제1장에서, 퇴적암은 규질쇄설성암(S그룹), 알로켐이 풍부한 쇄설성암(A그룹) 및 침전물이 풍부한 암석(P그룹)으로 구분되었다(그림 1.1 참조). 이와는 대조적으로, 어떤 지질학자들은 오직 두 개로의 구분을 주장하기도 한다. 예를 들어서 Pettijohn(1975)은 퇴적암을 "외인성(exogenetic)"과 "내인성(endogenetic)" 암석으로 구분한 바 있다. 외인성 암석은 대체로 다른 지질학자들에 의하여 정의된 외지성(allochthonous), 쇄설성(clastic, fragmental) 또는 육성 기원 암석에 해당되고, 내인성 암석은 대체로 다른 지질학자들의 내지성(autochthonous), 화학적, 생화학적, 결정질 및 침전암에 비교된다.[1] 이와는 달리, Folk(1974)는 여기에서 인지되는 세 종류의 물질(S, A 및 P)에 근거하여 다섯 가지로 세분하는 것을 주장한 바 있다.

세 종류의 퇴적암 그룹은 각각 세분될 수 있다. 규산염과 관련된 암석과 광물 파편이 알로켐이나 침전물보다 풍부한 S그룹은 규질쇄설성 역암, 각력암, 다이어믹타이트(diamictites), 사암 및 이질암이 포함된다. 알로켐의 성분이 규산염과 관련된 파편 또는 침전물보다 많은 A그룹은 쇄설성 석회암과 돌로스톤(dolostone), 쇄설성 처트 및 기타 알로켐이 풍부한 쇄설성의 암석을 포함한다. 화학적 침전물의 양이 알로켐이나 규산염과 수반된 파편보다 많은 P그룹에는 결정질 석회암과 돌로스톤, 처트, 증발암 및 기타 화학적, 생화학적 침전암이 포함된다.

S그룹 암석의 분류

규질쇄설성 역암, 각력암 및 다이어믹타이트

역암, 각력암 및 다이어믹타이트(여기에서 정의하는)는 직경(또는 길이)이 2mm 이상인 입자들이 25% 이상을 차지하는 모든 암석으로 이들 입자들은 세립질의 기질로 둘러싸여 있다.[2] 역암(conglomerates)은 사질의 기질에 원마상 입자를 갖고, 각력암(breccias)은 사질의 기질에 각상의 입자를 갖으며, 다이어믹타이트(diamictites)는 점토가 우세한 기질에 원마상, 각상, 또는 원마상 각상 모두의 입자를 갖는다(그림 2.1). 각 암석 이름의 수식은 입자의 성분, 우세한 입자 크기 및 근본 이름에 기초를 둔다(예, 석영 자갈 역암).

어떤 학자들은 조립질의 규질쇄설성 암석을 정의하고 명명하기 위하여 다른 기준을 이용한다. Compton(1962)은 여기에서 제시한 것과 유사한 정의를 사용하지만 역암과 각력암이라는 이름을 사질이나 이질의 기질 물질을 갖는 암석에 적용하였다. Moncrieff(1989)도 역암을 그렇게 생각한 바 있다. 다이어믹타이트는 독특한 조직과 기원을 갖기 때문에 이것은 바람직하지 못한 것 같다. Pettijohn(1975)은 자갈과 역암이라는 용어의 다양한 사용에 대하여 논의하였으며, 30%와 50%의 자갈 크기 입자가 역암과 각력암이라는 용어에 적용될 수 있는 가능한 하한선임을 언급하였다. Folk(1974)는 30%의 값을 선호하고 있다(그림 2.2b). Folk의 분류에 대한 수정 자료에서, Moncrieff(1989)는 20%값을 사용하였으며, 20%와 1% 사이의 입자를 갖고 모래와 이토의 비가 9 미만인 모든 암석을 소량의 이토를 함유하고 있음에도 불구하고 다이어믹타이트로 명명하였다(그림 2.2c).

여기에서 사용하는 것처럼, Flint et al.(1960)에 의하여 처음으로 명명된 다이어믹타이트는 기질로서 이토(실트나 점토)나 암석의 가루를 포함한다. 이는 기원적 용어가 아니기 때문에 특별한 기원을

역암, 각력암 및 다이어믹타이트의 분류			
기질/지지	쇄설물 입자 모양	쇄설물 입자 성분	이 름*
역질 또는 사질 (일반적으로 입자 지지)	원마상	단일 성분	입자 형태의 이름과 "역암"
		석영 처트	석영질 역암
		석회질	석회질 역암 또는 석회암 역암
		다양한 성분	다성분 역암
	각상	단일 성분	입자 형태의 이름과 "각력암"
		석영 처트	석영질 각력암
		석회질	석회암 각력암
		다양한 성분	다성분 각력암
이질(점토±실트)과 이토 지지	원마상, 각상 또는 모두	단일 성분	단성분 다이어믹타이트**
		다양한 성분	다성분 다이어믹타이트**
* 역암, 각력암 또는 다이어믹타이트에 입자 크기의 명칭을 접두사로 붙임(예, 자갈 역암; 표력 각력암) **암석이 빙하 기원임이 알려진 곳에서는 다이어믹타이트 대신에 빙성층(tillite)이라는 용어를 사용한다.			

그림 2.1 2mm 이상의 입자가 25% 이상을 차지하는 조립질 규질쇄설성 퇴적암(역암, 각력암 및 다이어믹타이트)의 분류. 단성분(oligomict)은 단일 성분의 입자 형태로 구성되고 다성분(polymict)은 여러 성분의 입자 형태로 구성된 것을 말한다(Raymond, 1984c).

의미하지 않는다. 다이어믹타이트는 퇴적물의 분급을 양호하게 하지 못하는 빙하와 사태(암설류와 이류 포함)에 의하여 퇴적된다. 특수한 기원이 알려진 경우는 더 정확한 이름(예, 빙하 기원의 다이어믹타이트인 경우 빙성층)이나, 보완된 이름(예, 이류 다이어믹타이트)이 적용될 수 있다.

어느 분류가 다른 것보다 선호되기 위한 강제적인 성인적 이유는 없다. 사암과 이암으로부터 역암과 각력암 및 다이어믹타이트를 구분하기 위한 경계로 이용되는 20, 25, 30, 또는 50%의 자갈 함유량 수치는 임의적인 것이다. 야외에서는 작은 입자보다는 큰 입자들이 우선적으로 눈에 띠기 때문에, 더 낮은 값이 더 흔하게 채택된다. 그림 2.1의 분류는 여기에서 적당한 것으로 생각되는데, 그 이유는 관찰 가능한 기준(불량한 분급, 주로세립질인 기질 및 입자의 크기)에 근거하여 구분되고 특유의 기원을 갖는 것으로 생각되는 다이어믹타이트가 다른 조립질의 규질쇄설성 암석과 구별되기 때문이다.

사암의 분류

사암은 매우 다양한 방법으로 명명되고 분류되어 왔다.[3] Scholle(1979)는 많은 이러한 분류들을 그림으로 설명한 바 있다. 수많은 분류들이 다르다고는 하지만 그들은 많은 유사성을 지니고 있으며, 거의 모든 더욱 최신의 분류는 이전에 발표된 분류를 세련되게 보완한 것들이다. 다행스럽게도 최근에는 오직 McBride(1963), Folk(1974) 및 Dott(1964)의 세 분류가 현저하게 주목받고 있다. Gilbert(Williams, Turner, and Gilbert, 1952)에 의한 초기 분류에 기초를 둔 Dott의 분류(또는 변형된 Dott 분류)는 광범위하게 이용된다. 이 책에서는 병형된 Dott 분류를 채택하였다(그림 2.3).[4]

Dott(1964)의 사암 분류표는 두 개의 삼각도로 구성되어 있으며, 각 삼각도는 사암의 두 가지 커다란 범주인 아레나이트(arenite)와 와케(wacke)를 나타낸다. 사암의 두 가지 기본적 유형은 기질에 따라서 구분된다. 기질(matrix)은 입자 사이의 공간을 채우

(a)

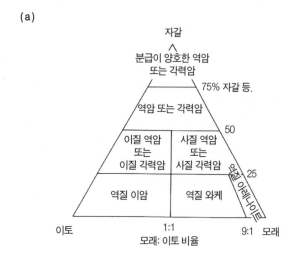

(b)

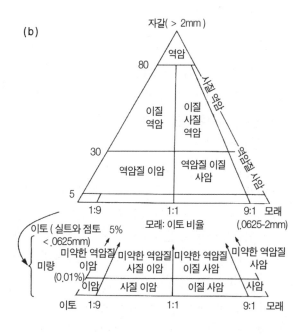

그림 2.2 조립질 규질쇄설성 퇴적암의 대안적 분류. (a) Compton (1962)의 쇄설성 암석의 세분. (b) Folk의 역암 분류(Folk, 1974 수정). (c) Moncrieff(1989)의 조립질 규질쇄설성 암석 분류.

(C)

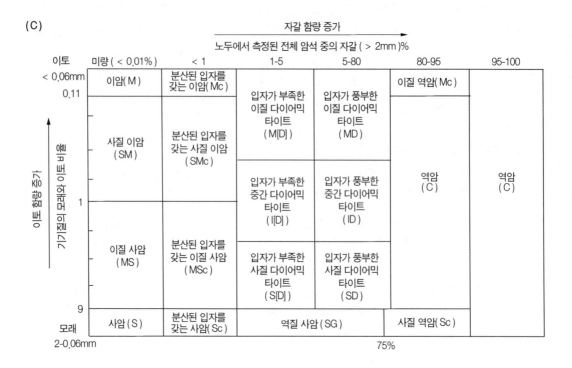

자갈 함량 증가 →

노두에서 측정된 전체 암석 중의 자갈 (> 2mm)%

이토 < 0.06mm	미량 (< 0.01%)	< 1	1-5	5-80	80-95	95-100
0.11	이암(M)	분산된 입자를 갖는 이암(Mc)	입자가 부족한 이질 다이어믹 타이트 (M[D])	입자가 풍부한 이질 다이어믹 타이트 (MD)	이질 역암(Mc) 역암 (C)	역암 (C)
	사질 이암 (SM)	분산된 입자를 갖는 사질 이암 (SMc)				
1			입자가 부족한 중간 다이어믹 타이트 (I[D])	입자가 풍부한 중간 다이어믹 타이트 (ID)		
	이질 사암 (MS)	분산된 입자를 갖는 이질 사암 (MSc)	입자가 부족한 사질 다이어믹 타이트 (S[D])	입자가 풍부한 사질 다이어믹 타이트 (SD)		
9	사암(S)	분산된 입자를 갖는 사암(Sc)	역질 사암(SG)		사질 역암(Sc)	

이토 함량 증가 →

기질의 모래와 이토 비율

모래
2-0.06mm

75%

....
그림 2.2 계속

는 **쇄설성**(clastic) 물질로서, 보통 실트 크기의 석영과 다른 광물 입자와 점토로 구성된다.[5] 기질은 입자 사이의 공간을 채운 **침전된**(precipitates) 물질인 **교결물**(cement)과 혼동되어서는 안된다. 아레나이트는 와케보다 기질을 적게 포함한다. 여러 학자들은 아레나이트와 와케의 경계를 정의하는 기질의 함량을 다르게 생각한다.[6] 대표적으로 선정된 값은 기질이 0, 5, 10, 및 15% 이다. 이 교재에서는 5% 값이 이용되는데, 다른 말로 표현하면, 아레나이트는 기질이 5% 미만이고, 와케는 기질이 5% 이상이다.[7]

Folk(1974)와 McBride(1963)의 분류는 잘 알려져 있기 때문에, 추가로 그들의 분류표가 여기 그림 2.4에 나타내져 있다. 이 두 분류는 Dott의 분류보다 사암의 형태를 더 많이 구분하고 있으나, 두 가지 모두 기질을 무시하고 있다. Folk는 그의 다이아그

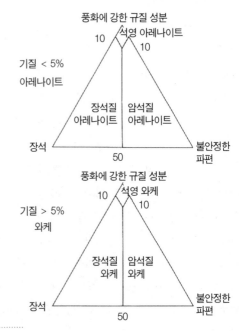

....
그림 2.3 수정된 Dott(Gilbert)의 사암 분류. 불안정한 파편은 쉽게 풍화되는 암석 파편이다(Dott, 1964 수정).

램의 장석과 암편 꼭지점에 찍히는 사암을 세분하였다. 이는 수많은 사암의 이름이 만들어지게 하였다. 그러나 McBride와 Folk의 분류 모두에서는 아레나이트와 와케라는 두 가지 기본 이름만이 사용되어 있다는 것을 주목하라. 상대적으로 장석이 풍부한 암석은 아코스(arkose)라는 근본 이름을 갖는다. 다른 암석은 아레나이트라는 근본 이름을 지닌다.

삼각도에 점을 찍을 필요가 없으며 분류에 이용될 수 있는 사암 명명을 위한 비성인적인 도표가 Brewer et al.(1990)에 의하여 제시되었다. 해록석이나 기타 흔하지 않은 광물이 우세한 사암을 포함하여 어느 성분을 갖는 사암도 이 도표를 이용하여 이름이 붙여질 수 있다. 근본 이름에는 사암(정해지지 않은 기질), 아레나이트(기질 10% 미만) 및 와케(기질 10% 이상)가 포함된다. 상세한 이름(예, 암편질 석영 아레나이트; 준 해록석질 석영 와케)은 가장 풍부한 세 가지 성분에 근거를 두며, 다섯 가지 단계의 과정을 통하여 붙여지게 된다.

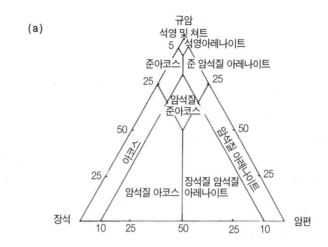

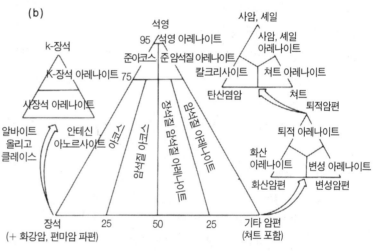

....
그림 2.4 사암의 분류. (a) McBride(1963). (b) Folk(1974).

다양한 사암 분류의 장·단점은 부분적으로 개인적인 선호도를 나타낸다. Dott(1964)와 Brewer et al.(1990)의 분류표는 상대적으로 간단하고, 기억하기 쉬우며, 이용하기 쉽다. 기질이 없는 ("순수한") 사암과 기질이 풍부한 ("불순한") 사암의 구분인 분류의 일차적 기준은 편리하며 어떠한 성인적 의미를 지닌다. 어떤 학자들은 Dott의 분류가 단지 6개의 암석 이름(일부 수정된 분류는 여러 개를 더 포함함)만을 나타낸다는 사실을 결점으로 생각한다.

McBride(1963)와 Folk(1974)의 분류는 기질을 무시하는 대신에 골격(framework)(입자)의 성분을 강조한다. 따라서 "불순"(dirty)하고 "순수"(clean)한 사암의 구분은 더욱 불가능하다. 두 가지 분류(특히 Folk의 분류)는 Dott의 분류보다 더욱 세분함을 보여준다. Folk의 분류를 이용하는데 필요한 사암에 대한 주의 깊은 연구는 기원지에 대한 중요한 정보를 나타낼 수 있으며, 암석 이름은 그러한 지식을 나타낼 것이다. Dott나 McBride의 분류표로부터의 이름들은 그러하지 못하다. McBride와 Folk의 분류가 상대적으로 더 복잡한 것은 기억하기가 다소 어렵고, 야외 조사 동안 암석 시료의 감정에 이용하기가 더 어렵기 때문이다. 더욱이 그들은 순수한 사암과 불순한 사암을 구분하지 못한다.

이질암의 분류

이토(mud)는 규질쇄설성의 실트, 점토, 또는 이들이 혼합된 물질이다. 혼합은 어떠한 비율이든지 일어날 수 있다. 이토가 고화되면 이질암(mudrock)(어떤 학자들은 mudstone이라고도 함)이 된다. 이질암은 퇴적암 중에서 가장 풍부한 암석으로 그들은 흔히 탄산염암, 쳐트 및 사암과 교호되어 나타나고 그 자체에 의하여 두꺼운 층을 이루기도 한다.

최근 들어서, 이질암의 분류는 아마도 부분적으로 새로운 연구 기술의 응용 때문에 많은 주목을 받고 있다. 이러한 비현정질(aphanitic)의 연구하기 어려운 암석을 자세히 알기 위하여 X-뢰트겐사진(radiography), 주사전자현미경(SEM) 및 기타 기술이 현재 X-선 회절분석과 광학적 암석기재학과 결합하여 이용되고 있다.

제안된 여러 개의 이질암 분류[8] 중에서 4개가 그림 2.5에 제시되어 있다. Pettijohn(1975), Lundegard and Samuels(1980) 및 Raymond(1993)의 분류는 야외에서 쉽게 이용할 수 있다는 장점을 지니고 있다. Spears(1980)의 분류는 석영과 점토의 다양한 비율에 대한 표준의 준비와 석영과 실트 크기의 다른 규산염 광물의 구별이 필요하기 때문에 이용하기가 더욱 어렵다.[9] Lundegard and Samuels(1980)의 분류는 Folk(1968, 1974)에 의해 제안된 분류를 수정한 것이다. Potter et al.(1980)의 분류 체계도 매우 유사하다.

분류들은 이암과 셰일의 이름을 지정하는 데 대하여 대체적으로 일치하나, 실트가 풍부한 퇴적암의 명칭은 다르다. 셰일(shale)은 엽층 또는 박리가 발달한 이질암이다.[10] 이암(mudstone)은 엽층이나 쪼개지는 성질이 없는 이질암(mudrock)이다. 실트 크기의 입자들의 양이 다양하게 많이 포함된 실트암(siltstone)이라는 이름은 엽층과 박리가 발달한 암석과 발달하지 않은 암석들이 포함된 다른 암석에 붙여진다. Lundergard-Samuels(Folk)분류의 수정 변형된 것이 여기에서 이용된다(그림 2.5d). 이질암은 모래 또는 더 큰 입자를 포함할 수도 있기 때문에 수정이 필요하다. 암석의 이름은 이토(mud)의 양에 근거하여야 하며, 어느 암석이 이질암으로 불려지기 위해서는 이토의 함량이 50% 이상이 되어야 한다. 암석의 이름이 실트의 양에 기초를 두고 있는 Lundergard-Samuels의 분류를 이용하면, 45%의 모래와 30%의 실트 및 25%의 점토로 구성된 엽층이 없는 암석은 점토암으로서의 자격을 갖는다. 암석의 이름이 점토 크기보다 더 조립인 입자가 우세한 암석의 진정한 특징을 반영하지 못하기 때문에 이것은 수용될 수가 없다. 여기에서 제시된 분류는 이토 부분에서 실트와 점토 크기 입자의 상대적 비율에 기초하여 암석의 이름이 주어진다.

P그룹 암석의 분류

P그룹은 석회암과 돌로스톤으로 이루어진 탄산염 암석이 주를 이루나, 쳐트, 증발암, 철이 풍부한 암석, 인산염 암석 및 규질 신터(sinter) 등과 같은 다양한 암석도 역시 포함한다. 많은 이러한 암석은 A그룹 암석과 밀접하게 수반되어 나타난다. 그러한 이유와 유사한 그들의 성분 때문에, P그룹과 A그룹 암석은 대부분의 지질학자들에 의하여 동일한 분류틀에 포함되어지고 있다.

이질암의 분류

(a)   Pettijohn (1975)

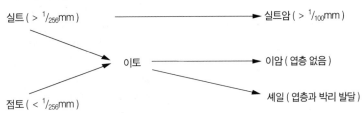

실트 (> $^1/_{256}$mm) ──────────────▶ 실트암 (> $^1/_{100}$mm)

이토 ──────▶ 이암 (엽층 없음)

점토 (< $^1/_{256}$mm) ──────────────▶ 셰일 (엽층과 박리 발달)

(b)   Lundegard and Samuels (1980)

		실트의 양	
		2/3	1/3
굳힘	엽층 없음	이암	점토암
	실트암		
	엽층 발달	이토 셰일	점토 셰일

(c)   Spears (1980)

	박리 발달	박리 없음
> 40% 석영	판상 실트암	괴상 실트암
30-40% 석영	극조립 셰일	극조립 이암
20-30% 석영	조립 셰일	조립 이암
10-20% 석영	세립 셰일	세립 이암
< 10% 석영	극세립 셰일	극세립 이암

(d)

	이암질 이토가 50% 이상인 암석			이토가 50% 미만인 암석
	실트 우세 (이토의 2/3 이상)	점토와 실트	점토 우세 (이토의 2/3 이상)	모래 크기 이상의 입자 우세
엽층 없음	실트암	이암	점토암	역암 각력암 다이어믹타이트 및 사암
엽층 발달	엽층 실트암	이토 셰일	점토 셰일	

그림 2.5 이질암의 분류 : (a) Pettijohn(1975), (b) Lundegard and Samuels(1980), (c) Spears(1980), (d) Raymond(1993).

표 2.1 침전 퇴적암(P그룹)의 분류

성분(주요 광물)	암석과	기재 및 특정 암석 이름
방해석	석회암	**석회암** 주로 방해석으로 구성된 비현정질 내지 현정질 암석(아래 제시된 것 이외의 특수한 이름은 그림 2.6, 2.7, 2.8 참고)
		트래버틴(travertine) 비현정질 내지 현정질의 층상 암석으로, 보통 담색이며 결핵체 모양을 이룬다. 샘에서 유출되는 지하수와 지표수에 의하여 퇴적된다.
		석회화(tufa) 세포 모양의 구조(구멍)를 갖는 트래버틴
		칼리치(caliche) 토양층에 발달되는 트래버틴과 유사한 백색의 백악질 암석
		백악(chalk) 연하고 흙 같으며, 가루가 되기 쉽고, 공극이 큰 담색의 석회암
		스파라이트(sparite) 결정질 석회암(그림 2.7 참조)
		미크라이트(micrite) 석회질 이암(그림 2.6, 2.7)
돌로마이트	돌로스톤	**돌로스톤**(dolostone) 주로 돌로마이트로 구성된 비현정질 내지 현정질 암석(추가적 이름은 그림 2.7, 2.8 참조)
		돌로이암(dolomudstone) 비현정질 돌로스톤
		미돌로스톤(microdolostone) 은정질 내지 비현정질 돌로스톤
		돌로스파라이트(dolosparite) 결정질 돌로스톤
암염	증발암	**암염**(rock salt) 또는 암염 증발암(halite evaporite) 비현정질 내지 현정질의 보통 담색이고, 짠 맛을 내며, 소금이 우세한 연한 암석
석고		**석고 증발암**(gypsum evaporite) 비현정질 내지 현정질의 연하고 흔히 층상이며 석고가 풍부한 암석
경석고		**경석고 증발암**(anhydrite evaporite) 비현정질 내지 현정질의 연하고 흔히 층상이며 경석고가 풍부한 암석
기타 증발 광물		**광물명 증발암**
석영, 옥수, 크리스토발라이트, 단백석	규질암	**쳐트**(chert) 비현정질 내지 세립 현정질이고, 여러 가지의 색깔을 띠며, 밀랍처럼 매끈매끈하거나 입자상이고, 단단한 규질 암석
		방산충 쳐트(radiolarian chert) 방산충을 많이 포함한 쳐트
		규조토(diatomite) 비현정질이고 담색이며, 연하고 가루가 되기 쉬우며 규조로 이루어진 규질 암석. 교결이 잘 이루어진 암석을 **규조 쳐트**라고 한다.
		규질 신터(siliceous sinter) 비현정질 내지 세립질이며, 전형적으로 공극이 많고 층상이며, 다양한 색깔을 띠고, 단단한 규질 암석으로, 온천이나 간헐천 부근의 지하수나 지표수에 의하여 퇴적된다.
갈철석±적철석±방해석 ±돌로마이트±자철석 ±적철석±그린알라이트	함철암	**함철암**(ironstone) 비현정질 내지 현정질이고, 괴상 내지 층상이며, 흔히 어란상이고, 황색 내지 적갈색, 은색 또는 흑색을 띠는 철이 풍부한 암석
		철광층(iron formation) 비현정질 내지 현정질이고, 박층이며 쳐트와 교호되고, 전형적으로 적색 내지 흑색이며, 철이 풍부한 암석
망간 광물	함망간암	**망간 단괴**(manganese nodule) 비현정질이며 흑색 내지 갈색의 암석으로 다양한 산화 망간으로 구성됨.
		망간암(manganolite) 비현정질의 흑색 내지 갈색 암석으로, 다양한 산화 망간으로 구성됨.
인회석	함인산염암	**인산염암**(phosphorite) 비현정질 내지 현정질이며, 전형적으로 갈색 내지 흑색이고, 어란상, 엽층상, 단괴상 또는 화석이 풍부한 암석으로, 50% 이상의 인회석이 포함되어 있음.
		인산염질 암석(phosphatic rock) 흔히 흑색이나 다양한 색깔을 띠며 인회석 교결물을 갖는 역암 내지 이암(근본적 암석 이름에 인산염질이라는 말이 첨가된다. 예, 인산염질 셰일)

P그룹 암석의 일반적인 분류는 표 2.1에 나타나 있다. 암석의 중요한 범주(예, 석회암)는 성분에 기초하여 정의된다. 구체적인 암석의 이름은 중요 범주에 해당하는 암석의 분류 또는 표 2.1에 제안된 상세한 기재를 참고하여 결정된다.

탄산염 암석의 분류

탄산염암은 크게 방해석(아라고나이트 포함)이 우세한 석회암과 돌로마이트가 우세한 돌로스톤 두 가지로 구분된다. 탄산염암을 중요한 두 가지로 분류하는 것은 오늘날 널리 이용된다.[11] 이 두 가지는 P그룹과 A그룹 암석을 통합하며, 알로켐의 함량을 분류의 기준으로 이용한다. Dunham(1962)의 분류(그림 2.6)는 일차적으로 퇴적 조직, 특히 입자와 이토의 비율에 근거를 두고 있다. 이 분류에서는 오직 바운드스톤과 **결정질 탄산염암**(crystalline carbonates)(결정질 석회암 또는 결정질 돌로스톤)만이 P그룹에 해당된다. 돌로마이트질 암석을 구별하기 위하여 **돌로마이트질**(dolomitic)이라는 접두사를 근본 암석 이름 앞에 사용한다(예, 돌로마이트질

(a)

(b)

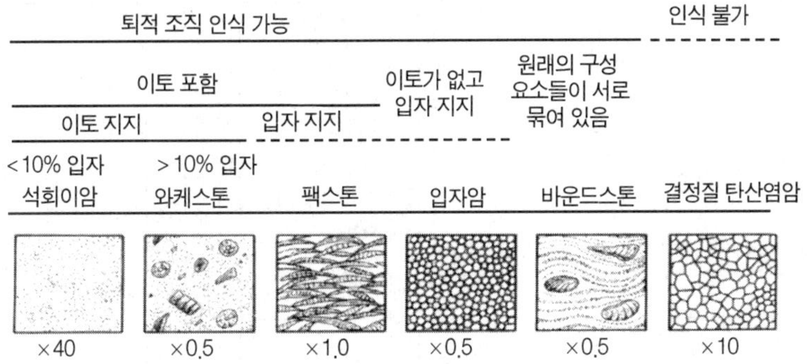

(c)

주로 방해석 (Cc 〉 95%)	방해석 우세 (95%〉 Cc 〉 50%) 돌로마이트 함유	돌로마이트 우세 (Do〉50%)	일부 잔류 구조를 갖으며 전체적으로 재결정된 암석	
			돌로마이트 우세	방해석 우세
석회질 이암	돌로마이트질 석회이암	돌로이암	결정질 돌로스톤	결정질 석회암
와케스톤	돌로마이트질 와케스톤	돌로와케스톤		
팩스톤	돌로마이트질 팩스톤	돌로팩스톤		
입자암	돌로마이트질 입자암	돌로입자암		
바운드스톤	돌로마이트질 바운드스톤	돌로바운드스톤		

그림 2.6 Dunham(1962)의 탄산염암 분류. (a) 석회암 형태의 정의(Dunham, 1962). (b) 대표적인 조직의 스케치(다른 입자 형태들이 스케치에 표현되어 있으나, 입자 형태는 특정한 암석 형태에 한정되지 않으며, 근본적 암석 이름과 관계가 없다). (c) (a)에 기초한 탄산염 암석의 분류(Raymond, 1993).

바운드스톤). 바운드스톤은 암석의 원래 구성 성분 (유기물과 침전된 물질)들이 고화되는 동안에 서로 묶여진 석회암과 돌로스톤이다. 결정질 석회암과 결정질 돌로스톤은 결정질 조직을 갖으며, 인식할 수 있는 퇴적 조직이 없는 암석이다.

Folk(1962)의 분류(그림 2.7)는 Dunham의 분류보다 더욱 복잡하다. 이 역시 주로 퇴적 조직에 근거를 두고 있다. Folk는 네 가지의 기본적 물질, 즉

석회암, 부분적으로 돌로마이트화 된 석회암 및 일차적 돌로마이트 (주석 1~6 참조)					치환 돌로마이트(V) (주석 7 참조)	
> 10% 알로켐 알로켐 암석(I 과 II)		< 10% 알로켐 미결정질 암석(III)		(세로)	알로켐 잔영	알로켐 잔영 없음
스페리 방해석 교결물 > 미결정질 연니 기질	미결정 연니 > 스페리 방해석교결물	1-10% 알로켐	< 1% 알로켐			
스페리 알로켐 암석(I)	미결정질 알로켐 암석(II)					
인트라스파루다이트(Ili:Lr) 인트라스파라이트(Ili:La)	인트라미크루다이트*(Illi:Lr) 인트라미크라이트*(Illi:la)	인트라클라스트: 인트라클라스트 함유 미크라이트* (IIIi:Lr 또는 La)			세립 결정질 인트라클라스트 돌로마이트(Vi:3D) 등	중립 결정질 돌로마이트 (V:D4)
어란석 스파루다이트(Io:Lr) 어란석 스파라이트(Io:La)	어란석 미크루다이트*(Ilo:Lr) 어란석 미크라이트*(Ilo:La)	어란석: 어란석 함유 미크라이트* (IIIo:Lr 또는 La)			조립 결정질 어란석 돌로마이트 (Vo:D5) 등	세립 결정질 돌로마이트 (V:D3)
생물 스파루다이트(Ib:Lr) 생물 스파라이트(Ib:La)	생물 미크루다이트(Ilb:Lr) 생물 미크라이트(Ilb:La)	화석: 화석함유 미크라이트* (IIIo:Lr, La, 또는 L1)			비현정질 생물기원 돌로마이트 (Vb:D1) 등	등
생물 분립 스파라이트 (Ilbp:La)	생물 분립 미크라이트 (Ilbp:La)	분립: 분립함유 미크라이트* (IIIp: La)			극세립 결정질 분립 돌로마이트 (Vp:D2) 등	
분립 스파라이트(Ip:La)	분립 미크라이트(Ilp:La)					

그림 2.7 Folk의 석회암 분류. 주석: *흔하지 않은 암석 형태. (1) 표의 본문에 있는 이름과 기호는 석회암을 나타낸다. 만약 암석이 10% 이상의 치환 돌로마이트를 포함하면, 암석 이름에 접두사 "돌로마이트화 된(dolomitized)"을 붙이고 기호로써 DLr 또는 DLa 를 이용한다(예, 돌로마이트화 된 인트라스파라이트, Ii:DLa). 만약 암석이 기원이 불명확한 돌로마이트를 10% 이상 포함하면, 암석 이름 앞에 "돌로마이트질(dolomitic)"을 넣고, 기호로써 dLr 또는 dLa를 이용한다(예, 돌로마이트질 생물미크라이트, IIb:dLa). 만약 암석이 일차적 돌로마이트면, 암석 이름에 "일차적 돌로마이트(primary dolomite)"를 넣고, 기호로써 Dr 또는 Da를 이용한다(예, 일차적 돌로마이트 인트라미크루다이트, IIk:Dr). "일차적 돌로마이트 미크라이트(primary dolomite micrite)" 대신에 "돌로미크라이트(dolomicrite)"라는 용어가 이용될 수 있다. (2) 네모칸(I 과II)에서 위의 이름은 석회질루다이트(알로켐 크기의 중앙값이 1.0mm 보다 큼)를 나타내고, 아래의 이름은 알로켐 크기의 중앙값이 1.0mm 보다 작은 모든 암석을 의미한다. 연니 기질과 교결물, 또는 육성 기원 입자의 크기와 양은 무시된다. (3) 만약 암석이 10% 이상의 육성기원 물질을 포함하면, 우세한 입자에 따라서 사질, 실트질, 또는 점토질을 암석의 이름에 붙이고 기호로써 Ts, Tz, 또는 Tc를이용한다(예, 사질 생물스파라이트, Tslb:La, 또는 실트질 돌로마이트화된 분립미크라이트, TzIIp:DLa). 해록석, 콜로페인(collophane), 쳐트, 황철석, 또는 기타 성분이 역시 첨가될 수 있다. (4) 만약, 암석이 기본 암석 이름에서 언급되지 않은 상당한 양만큼의 다른 알로켐을 포함한다면, 이는 기본 암석 이름 바로 앞에 첨가되어야 한다(예, 화석 함유 인트라스파라이트, 어란상 분립미크라이트, 분립 함유 어란석 스파라이트, 또는 인트라클라스트 생물미크루다이트). 이들은 기호로써 각각 Ik(b), Io(p), IIb(i)로써 나타낼 수 있다. (5) 만약 한가지 또는 두가지 종류의 화석이 유세하면, 이러한 사실이 암석 이름에 나타내져야 한다 (예, 부족류 생물스파루다이트, 해백합 생물미크라이트, 완족류－선태동물 생물스파라이트). (6) 만약 암석이 원래 미결정질이었고 마이크로스파(microspar)(5-10 마이크론, 순수한 방해석)로 재결정되었다는 것이 보여지면, "마이크로스파라이트(microsparite)", "생물마이크로스파라이트(biomicrosparite)" 등의 용어가 미크라이트 (micrite)나 생물미크라이트(biomicrite) 대신에 이용될 수 있다. (7) 예에서 보여준 바와 같이 결정의 크기를 자세히 기입한다(Folk, 1962).

알로켐, 미크라이트(micrite)라고 하는 미결정질 연니(ooze), 스파(spar) 또는 스파라이트(sparite)라고 하는 결정질 방해석 및 **생물암편암**(biolithite)이라고 하는 화석이 함유된 초를 이루는 암석을 인식하였다. 추가로, 국부적으로 스페리 방해석이 포함된 미크라이트인 **디스미크라이트**(dismicrite)와 결정질 탄산염암이 인식된다. 이들 중에서, 스파라이트, 생물암편암, 디스미크라이트, 결정질 탄산염암 및 일부 미크라이트가 P그룹에 속한다. 분류표에 있는 다양한 기타 암석 이름은 특수한 형태(예, 어란석, 분립)의 알로켐 성분비, 알로켐의 전체 함량 및 미크라이트에 대한 스파의 존재 여부에 기초를 둔다. 측정한 구체적 이름은 근본 이름에 첨가된 여러 가지 접두사로 이루어진다(예, 생물펠스파라이트). 돌로마이트질과 일차적 돌로마이트라는 접두사는 적합한 경우에 근본 이름 앞에 붙여진다. 이러한 P그룹 암석이 지질학적 기록의 중요한 부분을 형성하기는 하지만, A그룹 탄산염 암석은 더욱 풍부하다.

Dunham 분류는 이용하기에 쉽고 쉽게 기억할 수 있다는 장점을 지니고 있다. 이는 대체적으로 기재적이나, 퇴적 환경의 에너지에 대한 잠정적인 결론을 끌어내는 데 이용되기도 한다. 예를 들어서 입자암은 아마도 이토가 쌓이지 않는 높은 에너지 환경을 나타내는 것으로 추측된다. 이와는 대조적으로 석회질 이암은 아마도 낮은 에너지 환경을 나타내는 것으로 생각된다. 근본 이름에 더해지는 특수한 수식어(예, 어란상, 골격질, 분립상)는 더 많은 정보를 제공해주나, 이는 물론 외견상의 복잡성을 더해준다. 성인적 분류나 수많은 이름을 갖는 분류를 선호하는 지질학자들은 Dunham의 분류가 부족하다는 것을 발견할지도 모른다. Dunham의 분류는 또한 트래버틴, 석회화 및 칼리치(표 2.1)같이 흔하지 않은 탄산염암을 포함하고 있지 않다는 아쉬움을

지니고 있다. 트래버틴과 석회화는 바운드스톤으로 불려질 수 있으며, 칼리치는 이암으로 불려질 수 있으나, 그렇게 함으로써 그들의 독특한 조직과 기원은 혼동되어질 수 있다.

Folk의 분류는 Dunham의 분류보다 더 많은 구분(더 많은 암석 이름)을 나타낸다. 그러한 구분 때문에, 암석에 대한 더욱 성인적인 정보가 암석 이름에 의하여 전달된다. 단점은 Folk의 분류가 초보자들에게 기억하고 이용하기에 한층 더 어렵다는 것이다. Folk의 분류 역시 분류 체계에서 분명하게 위치가 없는 암석과 트래버틴, 석회화, 칼리치를 간과하고 있다.

기타 침전암의 분류

비탄산염의 P그룹 암석의 분류는 주로 광물 또는 화학 성분에 근거를 두고 있다. 추가하여, 어느 주어진 성분에도 해당되는 극소수의 이름이 있다. 예를 들어서 실리카가 풍부한 암석에는 규조암, 처트 및 규질 신터(sinter)의 세 가지 유형이 정의된다(표 2.1).

증발암은 비탄산염 암석 그룹에 의하여 보여지는 일반적으로 제한적인 암석 유형의 변화성이라는 규칙의 예외를 제공한다. 수많은 광물들이 염수나 담수의 증발 결과로 형성된다(제9장 참조). 지금까지 소수의 이름만이 다양한 증발암을 위하여 제안되어 있다. 주로 암염(halite)으로 구성된 암염(rock salt)은 예외이다. 이 교재에서, **증발암**(evaporite)은 근본 이름으로 사용되고 있다. 완전한 이름은 (1) 조직적 용어 (2) 풍부함이 증가하는 순서로 나타낸 주요 광물의 목록 및 (3) 근본 이름인 증발암(예, 세립질 석고-경석고 증발암)으로 구성된다.

A 그룹 암석의 분류

주로 알로켐으로 구성된 A그룹 암석은 일반적으로 침전된 상대물과 연합하여 분류된다. 앞에서 언급한 바와 같이, 가장 흔히 이용되는 두 가지의 석회암 분류는 알로켐 석회암과 다양한 결정질 석회암 모두를 포함한다. 게다가, 이러한 분류들은 알로켐의 백분율을 분류 기준으로 이용한다. 그럼에도 불구하고, A그룹과 P그룹 암석을 구별하는 경험적(관찰에 의한)이고 성인적인 이유가 있다.

Folk(1962)가 두 가지의 중요한 입자간 물질, 즉 석회질 이토 또는 미크라이트와 결정질 석회질 고결물(스파)을 구분하였다는 사실을 되새겨 보자. Folk에 의하여 정의된 바와 같이 미크라이트는 지름이 0.004mm(4μm) 이하의 입자로 구성된다. 이 크기보다 크고 작은 입자를 구별하는 것은 현미경 하에서도 어렵다. 그런 이유 때문에, 일부 지질학자들은 분류가 보다 유용하게 하기 위하여, 예를 들어서 모래 크기 입자의 하한인 0.06mm로, 경계가 보다 쉽게 구분될 수 있는 입자 크기에 그려져야 한다고 제안하고 있다.[12] 여기에서는 미크라이트에 대한 그러한 관례가 받아들여진다(미크라이트=직경이 0.06mm 이하의 입자). 미크라이트는 많은 알로켐 암석에서 기질을 형성한다.

Dunham의 분류(1962)에서는, 이토(미크라이트)와 탄산염 골격 입자(framework grains)의 상대적 함량이 네 가지의 중요한 알로켐 석회암 형태를 정의하는 데 이용된다(그림 2.6). 석회질 이암(lime mudstone)은 10% 이하의 입자를 포함한다. 와케스톤(wackstone)은 10% 이상의 입자를 포함하나 미크라이트로 지지되어 있다(큰 입자들은 일반적으로 서로 접촉되지 않는다). 팩스톤(packstone)에서는 미크라이트가 골격 입자들 사이의 공간을 채운다(입자들은 일반적으로 서로 접촉되고, 암석은 입자로 지지된다). 입자암(grainstone)은 입자로 지지되고 미크라이트 기질이 없다.

Folk의 분류(1962)에서, 암석의 이름은 미크라이트와 스파라이트의 상대적 함량과 특수한 알로켐 유형의 풍부한 정도에 기초를 둔다. 예를 들어서 미크라이트 기질보다 많은 스파라이트 교결물과 10% 이상의 알로켐 및 25% 이상의 어란석으로 이루어진 암석은 어란석 스파라이트(oosparite)라고 한다. Folk는 많은 알로켐 암석에서 알로켐이 1.0mm 이상이라는 사실을 설명하였다. 따라서 어란석이 1.0mm 이상인 위에서 언급한 암석은 어란석 스파루다이트(oosparrudite)로 불려진다.

Embry and Klovan(1971)과 Cuffey(1995)는 Folk의 분류와 유사한 입자 크기 구분의 능력을 줌으로써 많은 생물쇄설성 입자를 수용하도록 Dunham의 분류(1962)를 확장하였다. 이 확장된 분류에서는, 모래 크기의 생물쇄설물이 10% 이하인 암석들은 Dunham의 원래 이름이 주어지나, 특히 자갈 크기의 생물 쇄설물이 10% 이상인 암석들은 11개의 추가된 이름 중 하나가 붙여지게 된다[예, 루드스톤(rudstone), 패각암(shellstone), 상치암(lettucestone)](그림 2.8).

조금 상세한 연구에서는, 생물 기원의 알로켐 입자 중에 포함된 특별한 종류의 화석이 구분되며 그들의 이름이 암석의 근본 이름에 수식어로 붙여진다(예, 태선동물 팩스톤). 각각의 생물은 염분, 온도, 또는 기타 요인에 견딜 수 있는 범위가 한정되어 있기 때문에, 구체적인 생물쇄설물을 인식하는 것은 상분석(facies analysis)을 정확하게 하는 데 이용된다. 그러한 분석은 시대에 따라서 풍부함과 특징이 변하는 여러 가지 생물 골격 성분의 암석기재학적 특성을 인식하는 전문지식이 요구된다(Pitcher, 1964 ; Wilkinson, 1979).

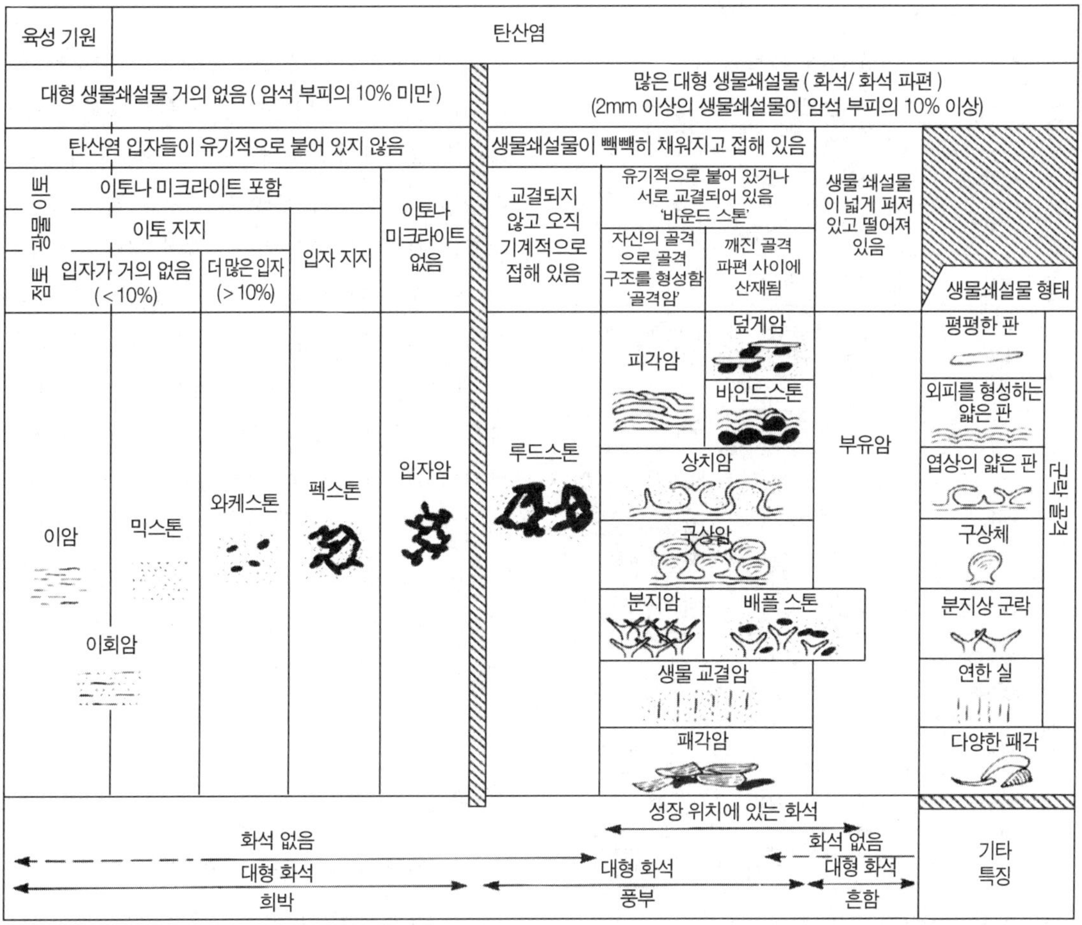

육성 기원	탄산염								
대형 생물쇄설물 거의 없음 (암석 부피의 10% 미만)					많은 대형 생물쇄설물 (화석/ 화석 파편) (2mm 이상의 생물쇄설물이 암석 부피의 10% 이상)				
탄산염 입자들이 유기적으로 붙어 있지 않음					생물쇄설물이 빽빽히 채워지고 접해 있음				(생물쇄설물 형태)
이토나 미크라이트 포함				이토나 미크라이트 없음	교결되지 않고 오직 기계적으로 접해 있음	유기적으로 붙어 있거나 서로 교결되어 있음 '바운드 스톤'		생물 쇄설물이 넓게 퍼져 있고 떨어져 있음	생물쇄설물 형태
이토 지지		입자 지지				자신의 골격으로 골격 구조를 형성함 '골격암'	깨진 골격 파편 사이에 산재됨		
입자가 거의 없음 (<10%)	더많은 입자 (>10%)								
이암 / 이회암	믹스톤	와케스톤	펙스톤	입자암	루드스톤	피각암 / 덮게암 / 바인드스톤 / 상치암 / 구상암 / 분지암 / 배플 스톤 / 생물 교결암 / 패각암		부유암	평평한 판 / 외피를 형성하는 얇은 판 / 엽상의 얇은 판 / 구상체 / 분지상 군락 / 연한 실 / 다양한 패각

화석 없음	성장 위치에 있는 화석	화석 없음	기타 특징
대형 화석	대형 화석	대형 화석	
희박	풍부	흔함	

그림 2.8 Cuffey(1985)의 쇄설성 석회암 분류.

그림 2.9는 Grabau(1924)의 생각을 근거로 한 A 그룹 암석의 대안적 분류이다. P그룹 암석의 일반적인 분류와 마찬가지로, 이는 암석 형태를 중요 범주로 구분한다. 앞에서 논의한 특수한 이름이 흔히 주어지는 탄산염 암석을 제외하면, 역암과 각력암, 또는 루다이트(rudite)의 조직적 이름이 직경 2mm 이상의 입자로 구성된 알로켐 암석을 구분하는 데 이용된다(예, 쳐트 각력암). 유사하게, 아레나이트나 와케의 조직적 이름이 규질쇄설성 암석에 적용되는 것처럼, 모래 크기의 입자를 갖는 알로켐 암석에도 적용되기도 한다. 알로켐 이암은 루타이트(lutite)라는 조직적 근본 이름이 주어진다. 분립상, 어란상, 창문상(fenestral) 또는 방산충 함유 등의 수식 내용이 P그룹 암석에서와 같이 근본 이름 앞에 붙여지기도 한다.

조직	중요 입자 형태	이름	
2mm 이상의 입자가 암석의 25%를 차지함	화석	골격질 루다이트[*]	
	석회암	석회질 루다이트[*](공극이 있는 골격질 석회질아레나이트를 패각암이라고 함)	
	돌로스톤	돌로 루다이트[*]	
	침전암	증발암 루다이트(예, 석고 루다이트)	
	쳐트	쳐트 루다이트	
	기타	루다이트, 역암, 또는 각력암에 주요 쇄설물 유형의 이름을 붙임. (예, 쳐트 각력암)	
		기질 > 5%	기질 < 5%
주로 1/16~2mm 입자	화석	골격질 와케[▲]	골격질 아레나이트[▲] (공극이 많은 골격질 석회질 아레나이트를 패각암이라고 함)
	석회암 또는 방해석	석회질 와케[**▼]	석회질 아레나이트[**▼]
	돌로스톤 또는 돌로마이트	돌로 와케[**▼]	돌로 아레나이트[**▼]
	쳐트	쳐트 와케	쳐트 아레나이트
	기타	와케에 주요 쇄설물형태 이름을 접두사로 붙임	아레나이트에 주요 쇄설물 형태 이름을 접두사로 붙임[▼]
주로 1/16~1/256mm 입자	석회암 또는 방해석	석회질 실트암	
	돌로스톤 또는 돌로마이트	돌로 실트암	
	쳐트	쳐트 실트암	
	기타	실트암에 주요 쇄설물 형태 이름을 접두사로 붙임	
주로 1/256mm 이하 입자	방해석	석회질 루타이트	
	돌로마이트	돌로 루타이트	
	규질	쳐트	

그림 2.9 A그룹(알로켐) 암석의 Grabau형 분류. [*]그림 2.1에서 이용된 것을 따른 역암 또는 각력암은 근본 이름 루다이트(rudite)로 교체될 수도 있다. 대안적 이름을 위해서는 다른 탄산염암 분류를 참고하라. [▼]적절한 경우에 어란석과 같은 수식 내용을 이용하라. [▲]골격질이라는 용어 대신에 구체적인 화석 이름이 붙여질 수 있다.

요약

광범위한 퇴적암 분류가 존재한다. 수용할 수 있는 퇴적암 분류가 다양하기 때문에, 동일한 암석이 다른 지질학자에 의해서 다른 이름이 주어질 수 있다. 비록 이것이 학생들에게 혼란을 줄지 모르지만 그것은 진실이다. 명명법이 이렇게 다양함을 수용하고 이해하는 학생들은 퇴적암에 대한 전문적 문헌을 읽고, 이해하고, 비교하고, 대조할 수 있을 것이다.

제5장에서부터 제9장까지에서는 구체적인 암석 유형과 조합에 대하여 기술하고 논의한다. 이장에서 제시된 Raymond(1994, 1993)의 조립질 쇄설성 암석과 이질암의 분류, Dott(1964)의 사암 분류 Dunham(1962)과 Cuffey(1985)의 탄산염암 분류 및 비탄산염암 그룹과 P그룹 암석의 분류는 그러한 논의를 위한 기초를 제공한다.

주석

1. 일반적인 분류의 문제점에 대한 더 이상의 논의를 위해서는 Folk(1974), Pettijohn(1975), Selley(1976), Greensmith(1978), Nockolds et al.(1978), Blatt et al.(1980), Tucker(1981) 및 Boggs(1987)과 같은 표준 교재를 참고하라.

2. 이 분류는 근본적으로 Raymond(1984)의 것이다.

3. 예를 들면 Krynine(1948), Williams et al.(1953), Packham(1954), McBride(1963), Dott(1964), Folk(1974), Scholle(1979), Zuffa(1980), Pettijohn et al.(1987) 및 Brewer et al.(1990)의 문헌을 참고하라.

4. Pettijohn(1975), Greensmith(1978), Nockolds et al.(1978) 및 Tucker(1981)는 Dott와 같은 분류를 그리거나 이용하였다. Blatt et al.(1980)은 이상하

게도 Dott의 분류를 그리지 않고, 대신에 Dott의 분류가 기초를 두고 있는 Gilbert의 분류(Williams, Turner, and Gilbert, 1954) 와 Dott와 같은 분류를 위하여 자신의 것을 나중에(1975) 단념한 Pettijohn(1957), McBride(1963), 및 Folk(1968, 1974)의 분류를 그렸다.

Packham(1954)은 지층의 형태, 즉 구조적 특징에 근거하여 사암을 구분하였다. Brewer et al.(1990)은 많은 다른 분류의 한 부분인 가장 일반적인 형태의 사암에 대한 편견을 피하는 합리적 분류를 제공하려고 노력하였다.

5 기질의 기원은 제6장에서 중점적으로 다루어진다.

6. Dott(1964)는 10%를 지정하였으나, 다른 후속 학자들은 다른 값들을 선택하고 있다.

7. 이러한 선택에 대한 이론적인 이유는 다음과 같다. 절대적으로 기질을 갖지 않은 암석은 거의 없기 때문에, 0%의 선택은 너무 제한적이어서 분류를 유용하지 않게 한다. 현생 환경에서 저탁암과 기타 모래는 보통 10% 이하의 기질을 갖는다(Shepard, 1961, 1964; Hollister and Heezen, 1964; Kuenen, 1966). 10% 이상의 기질을 갖는 암석에서 기질의 대부분은 퇴적 후 과정에 의해서 생성된다. 따라서 10%의 이용은 기질을 갖지 않은 암석과 퇴적 후 생성된 기질을 갖는 사암을 일차적으로 구분하는 데 실제로 도움이 되며, 사암에 대한 퇴적학적인 면에서는 의미를 갖지 못한다. 5%의 선택은 임의적이며 퇴적학적 근거가 역시 미약하나 퇴적물을 양호하게 분급하지 않는 매체에 의해 퇴적된 모래와 퇴적물을 양호하게 분급하는 매체에 의해 퇴적된 모래 또는 세립 물질을 제거한 재동(reworking)의 역사를 갖는 모래를 구분하는 데 이용할 수 있다.

8. 예를 들면 Folk(1974), Pettijohn(1975) Selley(1976), Lundegard and Samuels(1980), Potter et al.(1980) 및 Spears(1980).

9. 뒤의 내용은 Lundegard and Samuels(1981)에 의하여 언급되었다.

10. 박리(fissility)는 셰일에서 편평한 조각으로 깨지거나 분리되려는 경향을 말한다.

11. 기타 분류를 위해서는, Ham(1962), Todd(1966) 및 Bissell and Chilingar(1967)의 문헌을 참고하라.

12. 예를 들면 Greensmith(1978, p.131)의 문헌을 참고하라.

연습 문제 ●●

2.1 표 2.2에 있는 모드로 나타난 암석들을 제2장에서 제시된 많은 분류표에 넣어 보아라.

표 2.2 연습 문제 1을 위해서 선정된 암석의 모드(값은 부피%임)

	1	2	3	4	5	6
입자〉2mm*	(28a)	(25r)	(20a)	(0)	(0)	(0)
석영	6	22	—	—	—	—
쳐트	—	3	1	—	—	—
사암	—	—	—	—	—	—
셰일	1	—	—	—	—	—
석회암	—	—	14	—	—	—
화석	—	—	5	—	—	—
화강암질 암석	17	—	—	—	—	—
규질 화산암	2	—	—	—	—	—
염기성 화산암	1	—	—	—	—	—
편암과 편마암	1	—	—	—	—	—
모래 크기 입자	(13)	(66)	(19)	(84)	(81)	(37)
석영	8	64	—	10	50	—
쳐트	—	2	1	—	3	—
장석	4	—	—	35	19	—
화석	—	—	3	—	2	5
어란석	—	—	—	—	—	22
분립	—	—	7	—	—	6
석회암	—	—	8	—	—	4
셰일	—	—	—	4	5	—
화산암	1	—	—	34	2	—
변성암	—	—	—	1	—	—
이토	(59)	(1)	(63)	(16)	(2)	(63)
실트(규질)	29	—	—	10	2	—
점토	30	1	—	6	—	—
미크라이트	—	—	63	—	—	63
교결물과 스파	(0)	(8)	(8)	(0)	(17)	(0)
방해석	—	—	6	—	17	—
돌로마이트	—	—	2	—	—	—
규질	—	8	—	—	—	—
합계	100	100	100	100	100	100

*a=각상, r=원마상

퇴적물 근원지, 퇴적 작용, 속성 작용 3

서론

퇴적물은 기존 암석이 풍화되고 침식되어 유래된다. 일단 퇴적물이 운반되게 되면 중력, 유수와 해류, 바람, 이동하는 얼음을 포함하는 여러 매체들이 이들 퇴적물의 형성 장소로부터 여러 퇴적 장소로 이동시킨다. 퇴적물은 그들 퇴적 환경을 특징짓는 여러 종류의 암상으로 퇴적된다(제4장). 퇴적물이 퇴적되고 난 후 지표면에 있을 때와 계속되는 퇴적물의 퇴적으로 매몰되게 되면 속성 작용(diagenesis)을 격게 된다. 속성 작용은 (1) 퇴적물을 퇴적암으로 변화시키고 (2) 암석의 조직과 광물 성분의 변화를 초래하는 물리, 화학, 생물학적 작용이다. 속성 작용은 암석을 토양으로 변환시키는 작용인 **풍화 작용**(weathering)과 대조를 이룬다. 이들 두 가지 작용의 방향은 반대이다. 풍화 작용은 파괴적이며 암석이 덜 암석화된 물질로 변화되는 작용을 포함하며 덜 암석화된 물질은 지표에서 안정한 광물로 되어 있다. 대조적으로 속성 작용시 퇴적물은 일반적으로 더 암석화된 물질로 변화된다. 속성 작용은 높은 온도와 압력에서 변성 작용으로 바뀌게 된다.

풍화 작용과 근원지

어느 특정한 환경에 퇴적된 퇴적물의 특징은 여러 가지 요인들에 의해 좌우된다. 이들은 (1) 퇴적물로 이용 가능하게 될 물질의 종류를 조절하는 퇴적물의 근원지; (2) 근원지로부터 유래된 물질의 변화를 조절하는 풍화 작용과 운반 작용; 그리고 (3) 퇴적 직전의 운반 속도와 퇴적 환경의 화학적 성질과 같은 요인들에 의해 좌우되는 퇴적 환경의 특징이다. 이들 요인들 중에서 풍화 작용과 근원지는 퇴적물의 성분에 대한 일차적인 초기 조절 요인이다.

풍화 작용

풍화 작용은 두 가지 일반적인 작용-파괴 작용(disintegration)으로 간주되는 물리적 작용과 **분해 작용**(decomposition)으로 간주되는 화학적 작용을 포함한다. 토양이나 퇴적물이 형성되는 동안 파괴 작용의 주된 역할은 물질의 입자 크기를 줄이는 것이다. 이것은 운반 매체에 의해 암석 물질이 마모되는 **마모 작용**(abrasion), 얼음이 암석과 광물질 내의 틈에서 얼어서 부피가 늘어나서 암석과 광물을 벌어지게 하는 동결 쐐기 작용인 **동결 작용**(frost action) 그리고 틈 내에서 뿌리의 성장으로 인해 생기는 암석의 쪼개짐 작용[1]과 같은 **생물학적 활동**을 통해 암석과 광물 물질의 물리적 파괴 작용이 일어난다. 입자 크기의 감소는 입자의 표면적을 증가시켜 분해 작용시 일어나는 화학 반응의 속도를 증가시키게 된다.

분해 작용은 산화 작용, 용해 작용, 수화 작용, 가수 분해, 킬레이션, 양이온 교환을 수반하는 콜로이드 형성을 포함한다. **산화 작용**(oxidation)과 환원 작용은 반대 작용이다. 산화 작용은 이온의 산화수(원자가)가 증가하는 작용이고 **환원 작용**(reduction)은 원자가가 감소하는 작용이다. 풍화 작용에서 가장 흔한 산화 작용의 하나는 철의 산화 작용이다. 예를 들어 화성, 퇴적, 변성암에서 아주 흔한 광물인 자철석은 흔한 풍화 작용의 산물인 적철석으로 변화됨에 따라 산화된다.

$$4Fe_2O_3 \cdot FeO + O_2 \rightarrow 6Fe_2O_3$$
$$(Fe^{3+})(Fe^{2+}) \rightarrow (Fe^{3+})$$
$$자철석 + 산소 \rightarrow 적철석$$

이 반응에서 자철석 내의 2가 철은 산화되어 3가 철로 된다. 다른 분해 작용에 의해 방출된 2가 철 이온이 포함된 비슷한 반응이 또 일어난다. 환원은 단순히 산화의 반대이다. 예를 들면 무산소의 황화물 환원 환경(sulfidic environments)에서 황철석의 생성은 3가 철이 2가 철로 환원되는 것을 포함한다.

물은 많은 분해 작용에서 용제나 반응물로서 중요하다. 예를 들면 수용액에서 물과 산은 두 가지 주된 용해 매개체이다. **용해 작용**(solution)은 녹을 수 있는 물질이 녹거나 이온을 방출하면서 분해되는 작용이다. 대표적인 용해 작용은 다음과 같은 휘석의 분해를 포함한다(Koster van Groos, 1988):

$$(Mg,Fe,Ca)SiO_3 + 2H^+ + H_2O \rightarrow Mg^{2+} + Fe^{2+} + Ca^{2+} + H_4SiO_4$$
$$휘석 + 수소이온 + 물 \rightarrow Mg, Fe, Ca \ 이온 + 규산 \ 분자$$

비슷한 반응들이 다른 철마그네슘 규산염 광물에도 해당 될 수 있다.[2] 이 반응에서 생성되는 Ca와 Mg 이온 그리고 규산은 용액 내에서 운반될 수 있으나 철은 산화되거나 수화되어 적철석이나 침철석으로 침전된다. 마찬가지로 탄산염 광물은 용해되어 Ca 이온, Mg 이온 그리고 탄산수소분자를 방출하며 이들 모두는 용액에서 운반된다. 특별히 용해는 풍화가 일어난 기반암에서 40%까지 증가된 공극률을 생성시킬수 있다(Velbel, 1988). 이것은 유체의 흐름과 분해를 증가시킨다.

물은 또한 수화 작용과 가수 분해에 중요하다. **수화 작용**(hydration)은 물이 다른 성분과 결합하여 새로운 광물을 생성하는 작용이다. 예를 들면 침철석은 다음과 같은 수화 작용에 의해서 적철석으로부터 생성된다(Krauskopf, 1979, p.86):

$$Fe_2O_3 + H_2O \rightarrow 2FeOOH$$

가수 분해(hydrolysis)는 대조적으로 잉여의 H^+나 OH^- 이온이 용액 내에서 생성되는 반응을 말한다(Krauskopf, 1979, p. 36). 비록 반응들이 여러 가지 방법으로 표현될 수 있지만, 가수 작용은 수소가 광물 구조에서 다른 양이온을 치환하는 반응으로 볼 수 있다. 그래서 감람석은 수소가 Mg와 Fe를 치환하는 다음 반응을 거쳐 규산, 철, 마그네슘 이온으로 풍화된다.

$$(Mg,Fe)_2SiO_4 + 4H_2O \rightarrow xMg^{2+} + 2\text{-}xFe^{2+} + H_4SiO_4 + 4(OH)^-$$

비슷한 방법으로 장석은 다음과 같은 반응을 거쳐 가수 분해되고

$$KAlSi_3O_8 + H_2O \rightarrow HAlSi_3O_8 + K^+ + OH^-$$

점토 광물인 고령토를 형성하기 위해 즉시 수화된다(Huang and Kiang, 1972; Krauskopf, 1979, pp. 91－92):[3]

$$2HAlSi_3O_8 + 9H_2O \rightarrow Al_2Si_2O_5(OH)_4 + 4H_4SiO_4$$

지질 환경에서 콜로이드 형성과 양이온 교환 역시 물에 달려있다. 콜로이드(colloids)는 부유된 세립의 물질이다. 콜로이드 입자의 표면은 전형적으로 음전하를 띠고 있어서 주위 용액으로부터 수소 이온을 잡아끈다. 콜로이드가 다른 물질과 접촉하게 되면, 그들은 약하게 붙들려있는 수소를 접촉 물질의 일부를 이루는 이온으로 바꾼다. 이렇게 해서 콜로이드는 분해를 유도한다.

킬레이트 화합물은 금속 양이온이 유기물 고리 구조로 둘러싸여서 연결된 화합물이다. 킬레이션(chelation)(킬레이트 화합물의 형성)[4]은 분해를 일으키며 광물로부터 금속 이온(예, 규소나 구리)의 추출에 의해 킬레이트 화합물이 형성된다. 킬레이트 화합물은 반응으로부터 금속 이온을 보호하는 역할을 해서 풍화 장소에서 침전되기보다는 용액 내에서 운반될 수 있도록 한다.

각각의 분해 작용은 지표에서 평형을 이루고 있지 않는 광물이 지표 조건에서 보다 안정된 새로운 광물이나 분자 또는 이온을 형성하는 반응이다. 그런 반응의 산물로서 가장 중요한 것들 중에는 석영, 점토 광물, 철산화물 그리고 Ca^{2+}와 Mg^{2+}같은 이온이 있다. 풍화의 세 가지 주된 산물(Ca^{2+}와 Mg^{2+}로부터 형성되는 **탄산염 광물**, **점토 광물** 그리고 **석영과 단백석**)은 과거 45억 년의 지구 역사 과정에서 같은 양으로 생성되었다(Koster van Groos, 1988). 다른 풍화산물은 이 세 종류의 물질보다 일반적으로 적다.

풍화 작용시 흔한 광물의 상대적 안정도가 Goldich(1938)에 의해 알려지게 되었다. 그는 감람석, 휘석 그리고 Ca 사장석은 가장 쉽게 풍화되는 광물인 반면 석영과 백운모는 가장 나중에 풍화되는 광물이라고 했다. 이 풍화의 순서는 보웬(Bowen)의 반응계열을 그대로 닮았다. 가정 먼저 풍화되는 광물은 분별 정출 작용시 최초로 형성되는 광물이고, 가장 나중에 풍화되는 광물은 가장 나중에 형성되는 광물이다. 높은 온도에서 가장 처음 형성된 광물은 그들이 지표나 지표 부근에 존재하게 될 때 그들의 안정 영역에서 가장 거리가 멀다. 더욱이나 이들 광물은 나트륨, 칼슘, 칼륨, 마그네슘 같은 원소를 하나 이상을 포함하며 여러 광물 구조에서 그들이 산소와 함께 형성하는 부서지기 쉬운 이온 결합 때문에 암석 풍화시 초기에 유실된다(Goldich, 1938; Ehlers and Blatt, 1982). 풍화된 암석에서 잔류하는 원소(규소, 알루미늄, 티타늄)는 산소와 결합하여 쉽게 부서지지 않는 공유 결합을 형성한다.

근원지

근원지는 퇴적물 성분을 일차적으로 조절한다. 근원지 요인들은 풍화 작용을 조절하고 어떤 운반 매체에게라도 공급될 수 있는 퇴적물의 특징을 조절한다. 이들 요인들 중에는 기복과 고도, 기후와 식생 그리고 기반암의 성분이 있다. 간단한 예로서, 기반암의 성분의 관점에서 석영사암이 근원지에 노출되어 있다면 그 근원지에서 유래된 퇴적물은 틀림없이 석영이 많이 포함되어 있다. 만일 근원지의 암석이 장석이 많다면 장석의 풍화 정도에 따라 퇴적물 내에도 장석이나 점토광물이 많게 될 것이다. 따

라서 근원지의 암석 유형의 특징이나 함량비는 그 지역으로부터 유래된 퇴적물 내에 존재하게 되는 퇴적물의 종류를 제한시킨다.

근원지의 기복과 고도는 (1) 파괴와 분해의 상대적인 역할과 (2) 운반 작용의 특징에 영향을 미친다 (Gibbs, 1967; Pettijohn, Potter and Siever, 1987, p. 37).[5] 침식 분지 내의 높이의 차이인 기복은 침식률을 조절한다. 일반적으로 기복이 큰 지역, 특히 융기가 활발한 지역은 빠른 침식이 일어난다. 이와는 대조적으로 일반적으로 평평한 지역은 낮은 침식률을 갖는다. 평평한 지역은 국지적인 위치에너지가 최소인 준안정 지역인 기저면으로 작용한다. 결과적으로 평평한 지역에서 중력사면이동과 하천에서 아래로 흐르는 흐름의 성분은 작게되고 지표면의 하부 침식과 파괴의 정도가 감소될 것이다. 결과적으로 더 느린 풍화 작용, 특히 분해 작용이 긴 시간 동안 작용하게 된다(Velbel, 1988; Johnsson and Stallard, 1989; Johnsson, 1990).

기복과 관련하여 근원지의 고도는 중요하다. 고도는 기후에 영향을 미치고 기후는 다시 분해와 파괴의 상대적인 역할에 영향을 미친다. 높은 고도, 특히 중위도와 고위도에서 얼고 녹는 작용이 중요한 곳에서 동결쐐기작용은 주된 풍화(파괴) 작용이다. 중력사면이동과 마찰 역시 그러한 환경에서 중요하다. 따라서 기복이 큰 곳에서 파괴 작용은 빠르게 일어난다. 대조적으로 낮은 고도에서 특히 열대 지역의 기복이 작은 지역에서 분해는 주된 풍화 작용이다.

기후와 식생 역시 중요하다. 한냉 기후(즉 찬 온도)는 분해 작용의 속도를 감소시키고 파괴 작용을 증가시킨다. 온난 기후는 반대 결과로 나타난다. 마찬가지로 건조 기후는 분해의 역할을 감소시키나 습윤기후에서 분해는 증대된다(Mack and Jerzykie-wicz, 1989). 추가로 식생은 춥고 건조한 기후보다는 따뜻하고 습윤 기후에서 더욱 풍부하다. 식생은 분해를 촉진시키는 유기산과 다른 화합물을 생성시킨다. 예를 들면 식생(지의류)으로 덮인 하와이의 여러 용암류는 아무 것도 덮이지 않은 비슷한 나이의 풍화 지각보다 10배 이상이나 두꺼운 산화물이 많은 풍화 지각을 갖고 있다(T. A. Jackson and Keller, 1970). 분해 작용에 미치는 이런 두드러진 영향은 식생이 대륙 암석을 덮고 있지 않았던 데본기 이전의 파괴와 분해의 상대적 역할에 대해 의문을 제기 시킨다(Schumm, 1968). 예상되는 결과는 파괴 작용의 증가였고 결과적으로 퇴적 분지로 공급된 점토가 풍부한 퇴적물의 양이 줄어들게 되었다.

풍화 생성물

근원지와 기후에 의해 제한 요소들이 주어지게 되면 풍화 작용은 여러 종류의 생성물을 만든다. 이들 생성물이 표 3.1에 요약되어 있다. 상대적으로 불용성인 석영, 안정한 점토광물, 철산화물과 수화물은 심하게 분해된 암석으로부터 유래된 토양 내에 잔류한 주된 잔류물이다. 규산과 Ca, Mg, Fe, Mn, Na, K를 포함하는 여러 금속 양이온, 그리고 P는 풍화 암석으로부터 유래되어 지하수와 표면수의 용액으로 운반될 것이다.

기복이 심하고, 침식이 빠르며, 심하게 파괴 작용이 일어나는 지역에서 비교적 불안정한 암석 파편과 광물 입자는 토양의 일부가 될 것이고, 추가적인 퇴적물이 운반되고 퇴적되도록 기반암으로부터 침식될 것이다. 기복이 심하지 않고 침식이 느리며 장기간의 분해 작용이 주된 풍화 작용인 곳에서는, 단지 가장 불용성이고 화학적으로 안정된 물질이 토양에 남게 되어 근원지로부터 유래된 퇴적물의 일부가 될 것이다. 근원지의 특징과 퇴적물의 유형사이

표 3.1 흔한 광물의 풍화 생성물

암석에서 흔한 광물	풍화 생성물
석영	석영, 용해된 규산[1]
장석	점토, Ca, Na, K 이온; 용해된 규산
백운모	점토, Na, K 이온; 용해된 규산, 깁사이트
흑운모	점토, 철산화물; K, Mg, Fe 이온; 용해된 규산
각섬석	철산화물; Na, Ca, Fe, Mg 이온; 점토; 용해된 규산
휘석	철산화물; Ca, Fe, Mg, Mn 이온; 점토; 용해된 규산
감람석	철산화물; Fe, Mg 이온; 용해된 규산; 점토
석류석	Ca, Mg, Fe 이온; 점토; 철산화물; 용해된 규산
알루미늄	규산염 광물 점토; 규산; 깁사이트
자철석	적철석, 침철석, 갈철석
방해석	Ca이온, HCO_3^- 이온
돌로마이트	Ca, Mg, HCO_3^- 이온
철탄산염	광물 Ca, Mg, Fe 이온; 철산화물, HCO_3^- 이온

출처: Huang and Kiang(1972), Krauskopf(1979), Koster van Gross(1988), 그리고 Velbel, 그리고 많은 다른 문헌들.
[1]일반적으로 규질 산성 분자로 간주됨.

의 관계는 물론 퇴적암의 역사를 해석하는 데 매우 유용하다.

퇴적물의 운반 작용

퇴적물의 운반 작용은 (1) 입자나 신선하게 풍화된 물질의 파편과 (2) 용해된 이온과 분자가 지표나 지층으로부터 제거되어 이동되었을 때 시작된다. 용해된 물질은 용액 내에서 이동한다. 이런 운반작용을 용질 운반 작용(solute transportation)이라고 한다. 고체 물질은 하나 또는 그 이상의 다른 여러 작용을 거쳐 운반되고 그들 물질이 지표로부터 분리되어 운반되기 시작하게될 때 운송(entrained)된다고 말한다. 고체 물질의 운반은 기계적 운반 작용(mechanical transportation)이라고 불린다. 기계적 운반 작용은 낙하(falling), 미끄러짐(sliding), 구름(회전, rolling), 퉁김(bouncing)(도약이동, saltation), 흐름 그리고 부유 운반을 포함한다. 미끄러짐, 구름, 도약이동이 합쳐진 수중에서의 이동을 밑짐 운반 작용(bed-load transportation)이라고 한다.

모든 퇴적물 운반의 양상은 운반 매체의 물리적 특징, 운반 물질의 성질, 운반 매체와 운반 물질 혼합체의 물리적 특성 그리고 운반을 일어나게 하는 힘에 달려있다. 퇴적물을 운반시키게 하는 운반 매체는 중력, 유수, 바람 그리고 이동하는 얼음이 있다. 중력은 저절로 물질을 운반시키는 원인일 뿐만 아니라 많은 수중의 흐름을 일으키고 얼음을 아래로 이동시킨다. 대기의 온도 변화와 압력 차는 공기의 흐름(바람)을 생기게 하고 온도 변화는 해양에서 국지적으로 아주 중요하다.

지표 위의 유체의 흐름은 물을 아래로 끌어내리는 중력에 대한 반응이다(그림 3.1).[6] 중력의 크기[7]는 유체의 밀도의 함수이며 물의 경우 20°C에서 0.998g/ml 이다. 공기의 밀도보다 770배 큰 물의 밀도는 물이 바람보다 큰 입자를 운반하게 하는 물의 물리적 특징의 하나이다. 중력은 두 성분으로 구분될 수 있다. 하나는 유체가 흐르는 지면에 수직으로 작용하는 수직력(σ_n)이고 다른 하나는 지면에 평행한 방향으로 유체 내에서 작용하는 전단력(τ_f)이다

(그림 3.1). 이 전단력은 경계 전단력(τ_b)인 마찰력에 의해 저항을 받고 마찰력은 유체의 속도와 관련되어 있다(Boggs, 1987, pp. 42-43). 유체의 속도는 지면에서 상부로 감에 따라 일반적으로 증가하고 지면과 수면 사이의 약 2/3 정도 깊이에서 최대이다(Morisawa, 1968).

유체 내의 전단력(τ_f)은 지면 위의 높이(dh) 변화에 대한 속도(dv) 변화의 함수이다.

$$\tau_f = \mu(dv/dh)$$

μ는 동역학적 점성이다. 동역학적 점성은 흐르는 물질의 저항으로 생각될 수 있으며, 특히 흐르는 동안 생기는 형태의 변화에 대한 저항으로 생각될 수 있다. 다른 물질과 물질의 혼합체, 예를 들어 물, 물 속의 모래 또는 이토 내의 물은 다른 점성을 갖는다. 기계적인 운반 작용의 특정한 과정은 부분적으로 다른 점성에 달려있다.

운반과 퇴적에 영향을 미치는 퇴적물 혼합체의 다른 물리적 양상은 유체나 가소성적 특성, 응집도(점토가 많은 물질은 응집력이 있음), 밀도 그리고 유체의 특징(층류 또는 난류)을 포함한다(그림 3.2). 모든 이들 특징들은 퇴적된 퇴적물의 특징에 영향을 미친다.

유체와 가소성 물질은 뉴우튼 유체(Newtonian fluid), 비뉴우튼 유체(non-Newtonian fluid), 빙햄(Bingham, 이상적인 가소성 물질), 위가소성(pseudoplastic) 물질의 네 가지 종류의 하나로 간주될 수 있다(Blatt et al., 1972, p. 160)(그림 3.3). 전형적인 뉴우튼 유체(Newtonian fluid)인 물은 강도가 없으며 전단율이 증가함에 따라 점성의 변화가 없다. 물에 30% 이상의 부피에 해당하는 모래 또는 비슷한 물질의 첨가는 다양한 점성을 갖는 혼합물을 만드나 여전히 강도는 부족하다. 그런 혼합물은 비뉴우튼 유체(non-Newtonian fluids)이다. 퇴적물과 물의 비가 아주 높은 혼합물은 흐름이 생기기 전에 극복되어야만 하는 항복 강도(yield strength)인 초기 강도(initial strength)를 갖는다. 만일 점성이 항복 강도가 초과된 후에도 일정하면 그 물질은 빙햄 가소성(Bingham plastic)이고, 흐르는 동안 점성이 변하면 그 물질은 위가소성(pseudopalstic)이다.

기계적 운반 작용과 퇴적 작용

물질은 점성이 낮은 난류에 의한 부유, 비뉴우튼 점성-비응집성류, 가소성적 고점성 응집성류 그리고

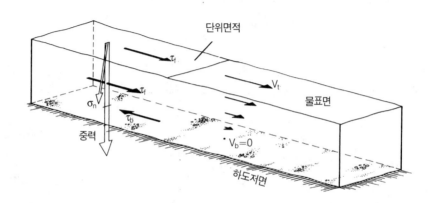

....
그림 3.1 경사면 위의 흐르는 물(예, 하천)에 작용하는 힘을 보여주는 그림. 매개변수의 기재 및 설명은 본문 참조.

운반 작용	혼합의 물리적 특징					운반 작용	퇴적물 특징
부유 운반	뉴우튼 유체	저점성	저밀도	비점성 (점성이 없는)	난류	부유	괴상에서부터 층리가 발달하거나 엽층리가 발달한 퇴적물
저탁류	뉴우튼 내지 비뉴우튼 유체					부유	엽층리, 사엽층리가 발달하고, 점이 층리가 발달한 부마윤회층
밑짐 운반	비뉴우튼 유체 내지 빙햄 가소성		고밀도			임시적 부유, 구름과 도약	엽층리가 발달하고, 사층리에서부터 구조가 없는 것까지 나타나는 분급이 양호하거나 중간 정도의 퇴적물
입자류 (광의의)					층류	분산압력에 의해지지된 퇴적물	엽층리가 발달한 것에서부터 구조가 없는, 얇은 두께의 층에서부터 괴상의 층까지 포함하고 접시구조와 자갈을 포함하는 분급이 양호한 모래
산사태(광의의) / 질량류 (암설류, 이토류, 해저사태류)	빙햄 가소성 내지는 위가소성	고점성		점성		투과 표면에서 전단력과 함께 흐르는 흐름	중간두께 내지는 괴상의 다이믹타이트층
산사태(광의의) / 산사태 (협의의) (함몰사태, 암설미끄럼사태, 암석미끄럼사태)	탄성 / 취성			비점성	난류	간격이 떨어진 면과 표면에서 전단력과 함께 일어나는 회전 그리고/또는 미끄러짐	두꺼운 층에서부터 괴상의 층; 전형적으로 기질이 거의 없음; 흔히 단층 활면 입자와 함께 산출

그림 3.2 기계적인 운반 작용, 기작 그리고 퇴적물 유형의 요약(Modified from Nardin et al., 1979; and based in part on Lowe, 1976; Postma, 1986).

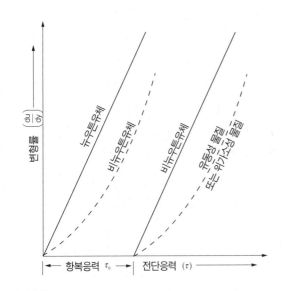

그림 3.3 변형속도와 전단응력의 관점에서 유체와 가소성 물질의 매개변수를 보여주는 그래프 (After Blatt et al., 1972).

탄성적 응집성 층류를 포함하는 여러 가지 작용을 통해 기계적으로 운반된다(그림 3.2). 각각의 운반기구는 퇴적학적 특징이 운반 작용을 나타내 보이는 그런 다른 특징의 퇴적물을 퇴적시킨다(Postma, 1986).

중력 운반 작용(Gravity Transportation) 및 퇴적 작용(Deposition)

중력은 산사태와 중력류에서 운반 작용을 일으키는 주된 매체이다. 대기 아래에서의 중력 이동-낙하, 미끄러짐, 붕락, 사태, 이류 그리고 대기 아래에서의 암설류(광의의 사태, landslides) 그리고 해저 중력 이동(해저 사태류, olistostromal flows)에서 항복 응력이 초과될 때 운반 작용이 시작된다. 협의의 산사태는 낙하, 미끄러짐 또는 구름에 의해 일어난다. 해저 사태퇴적물, 이류, 암설류는 점성의 가소성류에 의해 이동한다. 두 가지 경우에서 이동은 (1) 사면의 과다한 하중 (2) 사면 지지의 제거 (3) 지진 또는 (4) 이토의 다이어피리즘(diapirism)에 의해 야기된다.[8] 과도한 하중은 물이나 퇴적물이 하중과 전단력을 가하면서 사면 위의 퇴적물에 가해질 때 발생한다. 이토의 다이어피리즘은 사면에 잉여의 질량을 가하게 함으로써 하중을 가한다. 그러나 지진은 이동을 일으키기 시작하는데 필요한 잉여의 항복응력을 제공한다. 대조적으로 사면의 기저에서 침식으로 인한 지지의 제거는 붕괴에 필요한 항복 응력의 크기를 감소시킨다. 일부 해저 미끄럼 사태는 파도에 의해 생긴 압력 때문에 발생한다(D. B. Prior et al., 1989).

낙하, 미끄럼 사태, 붕락 그리고 사태에서 취성붕괴(brittle failure)는 저면과 이동하는 퇴적체 사이의 응집력의 상실로 나타나나(흔히 퇴적체 내의 입자 사이의), 마찰력이 움직이는 퇴적체로부터 에너지를 제거함에 따라 약간의 응집력이 생겨서 퇴적이 일어난다. 퇴적이 일어나기 시작하면 이동은 일반적으로 갑자기 멈춘다. 그런 퇴적의 생성물은 대개 각력이나 다이어믹타이트이다. 그 결과 생긴 암석은 분급이 거의 되지 않고 층리가 없으며 입자대 기질물의 비가 높고 입자의 불량한 원마도로 특징지어진다.

암설류, 이토류 그리고 산사태 퇴적물에서 이질 또는 유사한 세립질의 기질물(예, 사문암)이 존재하고 전형적으로 풍부하다. 이 기질물은 퇴적체에 충분한 강도를 제공하여 그 퇴적체가 빙햄가소성이나 위가소성류로 거동하게 한다. 일단 항복 강도가 초과되면 흐름은 수도(a few degrees)의 경사를 갖는 완만한 사면에서 발생할 수 있다(Curray, 1966).[9] 흐름이 있는 동안 기질물은 흔히 물로 포화되나 큰 거력이나 암편을 지지하기에 충분한 강도를 제공한다(Lowe, 1972).

암설류, 이토류 그리고 해저 사태류에서는 물질 전체가 한번에 퇴적된다. 중력의 전단 응력 성분이 퇴적체 저면에서의 마찰 전단력을 더 이상 초과하지 못하게 되면 흐름은 빠르게 멈추게 된다. 그러나 물 속에서 흐르는 일부 흐름에서 사면 아래로의 이동시 퇴적물과 물의 혼합은 강도의 저하로 나타나서 흐름이 액화류나 저탁류 같은 비뉴우튼 유체로 바뀐다(G. V. Middleton and Hampton, 1973; Lowe, 1982; G.V. Middleton and Southard, 1984). 그와 같은 경우 퇴적은 그와 같은 유체의 물리적 특징에 따라 일어난다.

이토류는 분급이 불량하고, 입자가 적으며, 이토가 많은 중간 정도의 두께에서 괴상으로 나타날 정도로 두꺼운 층을 갖는 다이어믹트를 만든다. 암설류와 해저사태 다이어믹트에서 입자대 기질물의 비는 이토류보다 상대적으로 높으며, 층은 거의 항상 두껍거나 더 두꺼워 괴상으로 나타날 정도이다.

입자류(grain flows)는 가파른 사면 위에서 일어나는 점착성이 없는 입자 퇴적물로 구성된 중력류(Bagnold, 1956; Blatt et al., 1972; Lowe, 1976)이다. 이 흐름은 (1) 퇴적물의 집적이 안식각을 초과해서 일어날 때, 즉 중력전단력 성분이 마찰전단력 성분보다 크게 될 때나 (2) 지진이 거의 불안정한 퇴적체를 교란시켜 퇴적물 집합체가 이동하기에 충분할 만큼 추가적인 전단력을 가하게 될 때 일어난다. 입자류는 대기하에서의 사구나 또는 수중 조건하에서 특히 해저 협곡에서 생긴다. 물 속에서 입자류는 모래의 농도에 따라 가소성류나 점성적 비뉴우튼 유체로서 거동한다. 흐르는 동안 입자끼리의 충돌은 분산압력을 만들어서 그 입자들을 떨어지게 하고 흐름을 있도록 유지한다. 퇴적물의 퇴적은 입자류의 흐름이 경사 및 이와 부수된 중력의 전단력 성분이 감소하게 되어 갑자기 멈출 때 일어난다.

입자류 퇴적물은 전형적으로 균질하거나 국지적으로 엽층이 발달된 층에서 산출되는 분급이 양호한 모래이다.[10] 층의 두께는 흔히 중간 내지는 아주 두꺼우나, 이들 층들은 각각의 두께가 2~3cm를 넘지 않는 몇 개의 입자류 퇴적체가 모여서 된 단위일 수 있다. 자갈에서 왕자갈 입자, 접시구조 그리고 역점이층리는 입자류 모래에서 국부적으로 존재할 수 있다.

액화류는 갑작스런 충격(예, 지진)이나 포화된 퇴적물체로 유체가 유입되어 생기는 점착성이 없고 농도가 높은 퇴적물과 물의 혼합체이다(Lowe, 1976; Middleton and Hampton, 1976).[11] 이 흐름은 완만한 경사에서 상당한 거리를 이동할 수 있으나, 퇴적물은 입자들이 입자와 입자의 접촉이 늘어감에 따라 액화류의 바닥에서부터 점진적으로 퇴적된다. 이런 액화류 퇴적물은 접시구조, 선회층(convolute beds), 유체유출파이프(fluid escape pipes)와 같은 많은 유체유출구조(fluid escape structures)에 의해 특징지어지는 두꺼운 모래층이다.

저탁류는 저탁류 내의 유체와 주위 유체 사이의 밀도차이에 의해서 특징지어지는 중요한 밀도류이다.[12] 저탁류는 부유된 퇴적물 때문에 그들의 밀도는 높다. 저탁류는 갑작스럽거나 지속적인 퇴적물이 많이 포함된 물이 상대적으로 깨끗한 물 속으로 흐르게 되어 생긴다(Middleton and Hampton, 1976; Kersey and Hsu, 1976). 흙탕물이 깨끗한 물로 갑작스럽게 유입되는 것(쇄도, surges)은 홍수나 지진에 의한 사면의 붕괴를 포함하는 폭풍 활동으로부터 생긴다. 저탁류는 예를 들면 하천의 흙탕물이 지속적으로 호수나 바다로 유입되는 곳에서 볼수 있는

것처럼 지속적인 흐름에 의해 생긴다. 하천이나 충격에 의한 사면 붕괴에 의해 흙탕물이 깨끗한 물 속으로 유입되는 초기 사건에 의해 퇴적물은 저탁류에 흘려 보내지게 되고 난류와 유속이 허락하는 한 계속해서 운반된다. 일단 움직이면 저탁류는 중력에 따라 이동한다.

위에서 기술한 대부분의 중력류와는 대조적으로 저탁류로부터의 퇴적은 점이적이다. 경사의 감소나 저탁류와 침입당한 물의 혼합에 의해 속도가 감소되면 퇴적이 일어난다. 조립질 퇴적물은 근원지와 가까운 데, 근지환경(proximal)에서 퇴적되거나 해저 선상지의 하도를 따라 멀리 바다 쪽에서 퇴적된다. 세립질 퇴적물은 근원지에서 상당히 먼거리의 원지환경(distal)에서 퇴적되고 저탁류가 소멸됨에 따라 하도의 안쪽과 근원지에 가까운 지역의 제방 너머에 퇴적된다(Nilsen, 1980). 저탁암은 전형적으로 부마 윤회층의 일부나 모두를 보여준다(그림 1.5a). 고밀도류로부터 생기는 저탁암은 두꺼운 층으로 되어 있고, 조립질이며, 점이층리가 미약한 반면, 저밀도류에 의해 퇴적된 저탁암은 얇은 층으로 되어 있고, 점이층리가 잘 발달되어 있으며 잘 발달된 엽층을 갖고 있다.[13]

빙하 운반 작용 및 퇴적 작용

빙하에 의한 운반은 중력에 의한 흐름으로부터 생기나 흐르는 속도는 매우 낮다. 빙하는 점성이 높은 비뉴우튼 위가소성물질로서 거동한다(Boggs, 1987). 빙하는 물리적으로 입자들을 뜯어냄으로써 간단히 그들을 이동시킨다. 퇴적물은 빙하의 바닥과 옆면을 따라 끌려가고 빙하 내에서 부유되고, 빙하 위에서 운반되어서 이동되고 빙하가 녹음에 따라 퇴적된다.

빙하에 의한 퇴적은 속도의 감소에 의해서 일어

나는 것이 아니고 빙하의 녹음과 증발(승화)의 결과로서 일어난다. 온난화는 일부 얼음을 승화시켜서 퇴적물을 뒤에 남긴다. 얼음이 녹으면 대부분 큰 입자는 뒤에 남기고 많은 작은 입자들은 빙하 하천에 의해 운반된다. 분급이 더 된 세립질 퇴적물은 융빙 유수층(outwash)으로 퇴적되고, 조립질의 분급이 아주 불량한 퇴적물은 표석 점토(till)로 퇴적된다.

공기와 물에서의 운반 작용과 퇴적 작용

물질의 흐름은 층류 또는 난류일 수 있다(그림 3.4). 빙하나 일부 산사태는 층류로서 이동한다. 이와는 대조적으로 공기와 물 속에서 물질은 주로 난류로서 운반된다. 물과 공기가 흐르면 움직이는 유체와 주위 사이(예, 위로 수류가 흐르는 하상의 퇴적층)에 전단력이 발생한다.[14] 와류는 퇴적물과 물의 경계(예를 들어 하상의 퇴적층) 부근에서 힘의 상호작용의 결과로서 생긴다.

와류는 속도가 초기 임계값에 달했을 때 입자를 움직이게 한다. 입자가 움직일 것인가 아닌가를 결정하는 데 중요한 요인은 입도, 밀도, 입자의 형태, 유속, 점성, 경계(층) 전단 응력이 포함된다. 주어진 입도를 위한 임계값에서 표면에 있는 입자 위로 흐르는 흐름은 표면으로부터 입자를 들어올리는 힘을 만든다.[15] 일단 입자가 들어올려지거나 이동하면, 입자는 앞으로 구르고, 표면으로 다시 떨어지기 전에

위로 치솟아 오르거나(도약 이동), 또는 물속에 떠서 부유된 채로 있게 된다. 부유된 입자는 흐르는 난류에 의해 지지되어 부유된다. 지지되기에 너무 큰 입자들은 밑짐으로 운반된다.[16] 밑짐 내의 다른 입자들은 도약 이동이나 구르는 입자들에 부딪쳐서 앞으로 이동한다.

유수로부터의 퇴적 작용은 유수가 천천히 흐르게 되면 일어난다. 여러 크기의 입자들은 부유된 상태로부터 입자 크기에 따라서 연속적으로 떨어지고 밑짐의 입자들은 점진적으로 이동이 멈추게 된다. 유속이 낮을수록 부유된 입자의 최대 크기가 작아진다. 따라서 약해지는 유수는 상향세립화 연계층을 생성한다. 부유로부터 퇴적된 퇴적 단위 내에는 판상의 엽층이 흔하고 층의 두께는 다양하지만 두께가 위로 감에 따라 감소하는 경향이 있다. 밑짐으로부터 유래된 층, 즉 소류(traction current, 掃流)로부터 퇴적된 퇴적층은 얇으나 위로 갈수록 중간 내지 두꺼운 층리로 되는 경향이 있고, 사층리, 와상 중첩 구조 그리고 연흔 구조를 보인다.[17]

화학적 운반 작용 및 퇴적 작용

풍화 작용에 의해서 생성된 이온과 분자는 토양에 잔류하는 용해도가 낮은 물질을 생성하기 위해 반응하거나 지하나 지표수의 용액으로 된다. 이들 용액의 이동으로 용해된 퇴적물이 운반된다. 그들이 이동함에 따라, 특히 그들이 지하수로서 이동되면 용액은 그들이 통과하는 암석과의 반응에 의해서 희석되거나 농집되고, 또는 화학 성분이 변하게 된다. 그들은 또한 다른 물과 혼합되어 그들의 물리-화학적 성질이 변화된다. 만일 그들이 암석이나 퇴적물과 반응하면 암석이나 퇴적물은 속성 변화를 일으킨다(아래 참조). 속성 작용이 일어나는 동안 화학적 성분의 침전은 화학적 퇴적의 한 형태이다.

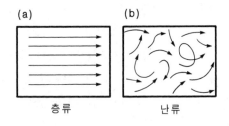

(a)   (b)

층류   난류

그림 3.4   층류 (a)와 난류 (b)의 특징을 보여주는 그림

용해된 물질을 포함하며 호수와 바다로 유입되는 물은 그 곳에서 기존의 물과 혼합되어 (1) 퇴적물과 물의 속성 반응, (2) 무기적 침전, 또는 (3) 생화학적 침전을 통해 화학적 침전물을 생성한다.

속성 작용시 침전이 퇴적물 내부에서 일어나거나 퇴적물과 물의 경계 또는 직접적인 무기적 침전으로서 생기거나 간에 침전을 조절하는 주된 요인에는 Eh와 pH가 있다. Eh 또는 산화환원전위(redox potential)는 산화나 환원을 만들어내는 용액의 능력을 나타내는 척도이다. 양의 값은 산화를 지시하고 음의 값은 환원을 지시한다. pH는 용액의 수소이온 농도의 음의 로그값이다 (pH=−log H$^+$). 7 이상의 값은 염기성 용액을, 7 이하의 값은 산성 용액을 나타낸다. pH값이 7인 용액은 중성이다.

Krumbein and Garrels(1956)의 Eh-pH 펜스다이어그램은 여러 퇴적 환경에서 발생하는 수용액으로부터의 화학적 퇴적물의 퇴적을 이해하는데 필요한 반정량적인 틀을 제공한다(그림 3.5). 염기성 산화환경 하에서는 산화망간이 침전하는 것처럼 적철석과 침철석 같은 철산화물과 수산화물이 침전한다. 염기성의 환원 환경하에서는 인회석, 능철석 그리고 황철석 같은 광물이 침전한다. 황철석은 산성의 환원 환경에서 안정된 주된 광물상이다. 방해석, 돌로마이트, 석고 그리고 경석고는 pH값이 7.8 이상인 용액으로부터 침전된다. 약간 생물학적으로 유도된 침전, CO$_2$의 존재 그리고 다른 요인들이 그림 3.5의 안정 영역을 변경시킬수 있으나 이들 영역은 제8장과 제9장에서 보다 자세하게 취급될 화학적 퇴적 작용을 이해하기 위한 일반적인 틀을 제공한다.

속성 작용

퇴적물이 일단 퇴적되면, 그것은 속성 작용을 받는다. 속성 작용은 퇴적물을 퇴적암으로 변화시키는 물리, 화학, 생물학적 작용을 포함한다는 것을 기억하라. 속성 작용은 암석의 조직과 광물 성분을 변화시키면서 퇴적물이 암석으로 된 후에도 계속 작용한다. 속성 작용은 퇴적암이 노두, 표품 그리고 박편에서 관찰되는 여러 특징들을 나타내 보이게 한다.

속성 작용은 조건이나 화학 성분의 변화가 퇴적물(또는 퇴적암)의 광물 성분을 불안정하게 하는 곳에서 일어난다. 전형적으로 불안정은 입자와 주위 환경 사이 또는 입자와 입자를 둘러싸고 있는 담수나 해수, 공기 또는 양자 모두 사이에 있는 접촉대에서 일어난다(Folk, 1974, p. 176; Bathurst, 1975, 제8장, 9장). 그와 같은 접촉부에서 유체의 성분은 변화한다. 압력과 온도의 변화 역시 속성 반응을 유도한다. 퇴적물이나 암석의 화학적 시스템이 새로운 평형 상태에 적응해 감에 따라 변화에 대응하여 새로운 광물이 형성되거나 기존 광물의 변화가 일어난다.

속성 작용의 유형과 속성 환경

7가지 작용이 속성 작용의 일반 범주에 속한다. 이들은 (1) 다져짐 작용 (2) 재결정 작용 (3) 용해 작용(압력 용해 작용 포함) (4) 교결 작용 (5) 자생 작용(신결정화 작용) (6) 치환 작용(신형태화 작용 포함) 그리고 (7) 생물 교란 작용(Krumbein, 1942; Folk, 1974)이다.[18] 어떤 주어진 퇴적물에 영향을 주는 각 작용의 정도는 퇴적물 성분, 압력(매몰에 의해 생김), 온도, pH와 Eh 그리고 퇴적물이나 암석을 통해 흐르는 유수의 양을 포함하는 속성 작용의 주된 원인인 입자 사이에 있는 유체의 성분과 특징을 포함하는 몇 개의 요인들에 의해 정해진다(Blatt, 1966; Longman, 1982; Scoffin, 1987, pt. 4).[19]

다져짐 작용(compaction)은 입자들이 압축됨에 따라 퇴적물의 부피가 감소되는 작용이다. 그것은 퇴

pH ⟶ 7.0 8.0

적철석
갈철석
Mn산화물
규산
챠모사이트*
방해석
인회석

방해석
적철석
갈철석
Mn산화물
챠모사이트
인회석
규산

염분 〉 200%
석고
경석고
암염
돌로마이트등

- 0.1

Fe, Mn산화물·탄산염 울타리

해록석(pH=7.8±)

0.0 유기물 울타리(Eh=0)

방해석, 유기물
적철석, 갈철석
해록석
Mn산화물

염분 〉 200%
석고
경석고
암염
돌로마이트
유기물 등

Eh

토탄

중성 평면(pH=7.0)

챠모사이트
능철석
해록석
능망간석
유기물
인회석
방해석
제일차적 우라늄침전물

해록석(pH=7.8±)

챠모사이트
인회석, 규산

방해석
유기물
능철석
능망간선
인회석
해록석

염분 〉 200%
석고
경석고
암염
유기물

돌로마이트

황산염·황화물 울타리

토탄

- 0.3

유기물
인회석
황철석
규산
능망간석
알라반다이트
방해석
제일차적 우라늄 침전물
제일차적 중금속 황화물

방해석
유기물
능철석
능망간선
인회석
해록석

염분 〉 200%
석고
경석고
암염
돌로마이트
황철석

* 차모사이트는 여기서 퇴적기원 철 규산염광물로서 사용되었다.

그림 3.5 여러 광물의 일반화된 안정 영역을 보여주는 Eh-pH 펜스다이어그램(After Krumbein and Garrels, 1956).

적물과 퇴적암 위에 있는 하중에 의해 제공되는 압력인 하중 압력으로부터 기인한다. 이 압력은 입자의 배열(packing)을 재배치시키고 입자 사이의 유체를 유출시켜 퇴적물이나 퇴적암의 공극을 감소시킨다. 다져짐의 정도는 입자 크기, 입자 형태, 분급, 원래의 공극률 그리고 퇴적물 내에 존재하는 공극수의 양에 따라 결정된다(Kuenen, 1942; Chilingarian, 1983; Bjorlykke, Ramm, and Saigal, 1989).[20] 분급이

잘되고 원마도가 양호한 입자들은 이들이 가장 밀집된 상태의 입방체 배열로 됨에 따라 분급이 잘 안되고 각진 입자들 보다 덜 다져지게 된다. 분급이 불량한 퇴적물에서 작은 입자들은 큰 입자들 사이에 채워질 수 있다. 각진 입자들은 원마도가 양호한 입자들보다 더 치밀하게 배열된다. 모래에서 원래의 공극률은 전형적으로 25~50%이나 탄산염퇴적물에서 공극률은 50~75%까지 달할 수 있다(Choquette and Pray, 1970; Pryor, 1973; Choquette and James, 1987).[21] 퇴적암에서 공극률은 부분적으로 다져짐 작용과 다른 속성 작용, 특히 교결 작용을 통해 0~2%로 줄어들 수 있다(Textoris, 1984; Cavazza and Dahl, 1990).[22] 노출 기간과 온도 또한 공극률 감소와 관계가 있다(van de Kamp, 1976; Schmoker and Gautier, 1988, 1989).

재결정 작용(recrystallization)은 물리적 또는 화학적인 조건이 광물 입자 결정 격자를 재배열시키는 과정이다. 퇴적물은 조직적 변화를 거쳐 암석화 된다. 재결정 작용은 압력, 온도, 유체의 상변화와 같은 요인에 의해 반응하여 일어난다. 입자 크기의 증가와 입자 외형의 규칙성의 증가는 표면적과 표면 자유에너지(surface free energy)를 감소시키는데, 이들은 모두 재결정 작용의 영향이다.

재결정 작용은 부분적으로 암석 내에 존재하는 광물의 용해와 재침전을 통해 이루어진다. 용해 (solution)는 광물이 녹는 작용이다. 유체가 퇴적물 이나 퇴적암을 통과해 지남에 따라 압력, pH, Eh, 유체의 온도의 관점에서 안정하지 않은 퇴적물이나 퇴적암 성분은 용해된다(Longman, 1981b). 그들은 유체 내에서 운반되거나 환경이 다른 인접한 공극 이나 인근의 퇴적물 내에 재침전된다. 일부 암석이나 퇴적물 내에서 특히 중요한 것은 압력 용해(pressure solution)이다. 압력 용해는 압력이 두 입자 사이의 접촉부에 집중되는 작용으로 용해 작용 및 접촉점으로부터 이온과 분자의 이동(확산)이 있게 한다(그림 3.6).[23] 이 작용을 통해 접촉점으로부터 용해된 물질의 재침전이 일어나는 인접된 공극에 있는 압력이 낮은 곳으로 이동한다. 분명히 압력 용해와 재침전은 퇴적물의 공극률을 감소시키고 조직상의 재결정 작용을 촉진시킨다.

교결 작용(cementation)은 퇴적물이나 퇴적암의

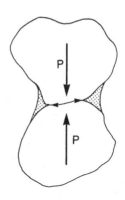

그림 3.6 두 석영 입자의 접촉부에서의 압력 용해(pressure solution)를 보여주는 그림. 큰 화살표(P)는 접촉부에 작용하는 응력(즉, 압력)을 보여준다. 작은 화살표는 규산(silica)의 이동 방향을 보여주고 있고 어둡게 표시한 지역은 규산의 침전지역을 보여준다.

공극에서 새로운 결정 형태로 화학적 침전물이 입자들을 함께 결속시키면서 형성되는 작용이다.[24] 흔한 교결물은 석영, 방해석, 적철석을 포함하나, 아라고나이트, 마그네슘방해석, 돌로마이트, 석고, 셀레스타이트(celestite), 침철석, 토도로카이트(todorokite)를 포함하는 다양한 교결물이 알려져 있다. 마그네슘방해석, 아라고나이트 그리고 프로토돌로마이트(protodolomite)는 특정한 탄산염 퇴적물과 퇴적암, 특히 나이가 젊은 탄산염 퇴적물과 퇴적암에서 중요하다. 압력 용해는 국부적으로 유래된 교결물을 생성한다. 여러 교결물은 액체상으로 용액에 유입된 새로운 물질(이화학적 물질)로 구성되어 있다. 분명히 교결 작용은 공극률을 감소시키고 암석화에 기여한다. 구과상 조직(spherulitic texture), 빗살 조직(comb texture) 그리고 포이킬로토픽 조직 (poikilotopic texture)을 포함하는 새로운 조직은 교결 작용에서 기인된다.

자생 작용(authigenesis)(신결정화 작용)은 속성 작용이 일어나는 동안 새로운 광물상이 퇴적물과 퇴적암에서 결정으로 되는 작용이다. 이 새로운 광

물은 퇴적물이나 퇴적암에 이미 존재하는 상(相)을 포함하는 작용을 통해 생성될 수 있거나, 액상에 유입되는 물질의 침전을 통해 일어나거나 제일차적 퇴적 성분과 유입된 성분에 환합되어 생길 수 있다. 자생 작용은 풍화 작용 및 교결 작용과 부분적으로 일치하며 대개 재결정 작용을 포함하고 치환 작용으로 나타난다. 자생 광물상의 다양성은 교결 광물보다 다양하다. 자생 광물상은 석영, 알칼리 장석, 점토 광물, 불석과 같은 규산염 광물, 방해석, 돌로마이트, 철방해석과 같은 탄산염 광물, 암염, 칼리암염, 석고, 경석고를 포함하는 증발암 광물, 적철석, 침철석, 토도로카이트를 포함하는 산화광물 그리고 황산염 광물, 황화광물 그리고 인산염 광물을 포함하는 다수의 다른 광물을 포함한다.[25]

새로운 광물이 현지에서 원래 퇴적된 상(相)을 치환하는 작용은 **치환 작용**(replacement)으로 알려져 있다. 치환 작용은 **신형태적**(neomorphic)일 수 있는데, 신형태적 광물 형성에서는 새로운 광물이 원래의 상과 같거나[26] 또는 그 상의 동질이상(polymorphs)을 이룬다(Folk, 1965). 치환 작용은 또는 **위형적**(pseudomorphic)일 수 있는데, 위형적인 광물 형성에서는 새로운 광물상이 치환된 상의 외부 형태를 따라 만들어지나 다른 광물상을 갖는 것을 말한다. 치환 작용은 또한 **가상적**(allomorphic)일 수 있는데, 가상이란 대개는 다른 결정의 형태를 갖는 새로운 광물이 원래의 퇴적광물상을 치환하는 것을 말한다.[27] 치환 광물은 자생 광물만큼 다양하나 가장 중요한 치환상에는 돌로마이트, 단백석, 석영, 일라이트가 있다.

생물 교란 작용(bioturbation)(광의의)은 생물에 의해 일어나는 굴착 작용(burrowing), 천공 작용(boring) 그리고 혼합 작용을 포함하는 퇴적물 표면이나 표면 부근에서 일어나는 물리적이고 생물학적 활동을 말한다. 생물 교란 작용은 퇴적물의 혼합을 초래하며 국부적으로 퇴적물 표면으로부터 1m 깊이까지 달하기도 한다(Shinn, 1968). 어떤 경우 생물 교란 작용은 다져짐을 증가시키고 대개는 엽층리와 층리를 파괴시킨다(Purdy, 1965). 생물 교란 작용시 몇몇 생물은 교결물 역할을 하는 물질을 침전시킨다.

여러 가지 속성 작용이 작용하는 속성 환경은 표면 환경, 얕은 매몰 환경 그리고 깊은 매몰 환경을 포함한다. 표면 환경과 얕은 매몰 환경은 해성이나 비해성일 수 있으나, 깊은 매몰 환경에서는 이 구분은 무의미하다. 비해성 및 얕은 매몰 환경에서 담수는 흔히 주된 유체상이다. 깊은 데서는 퇴적 당시 퇴적물 공극에 포함된 동생수(connate water, 同生水), 수화 광물이나 가수 광물상을 포함하는 화학반응으로부터 유래된 탈수 작용에 의한 물이 액체상의 기본을 이루고 있다. 여러 화학 반응들이 이 물질에 새로운 화학 성분을 첨가시킨다. 속성 작용은 또한 시간적이고 공간적으로 퇴적과 매몰사이에 지표와 지표 부근에서 일어나는 초기 속성 작용(eogenesis), 매몰 후 중간 단계에서 일어나는 중기 속성 작용(mesogenesis), 그리고 이전에 매몰된 암석이 다시 노출되어 일어나는 후기 속성 작용인 후기 지표 속성 작용(telogenesis)으로 구분된다(Choquette and Pray, 1970; Textoris, 1984; Purdy, 1965).

유체상

유체는 여러 가지 속성 변화를 가능하게 한다. 유체의 함량비와 이동은 원래의 퇴적 요인과 유체가 조절하는 작용에 의해 결정된다. 예를 들면 용해를 통한 공극의 발달은 그것이 어느 주어진 시간 동안 존재할 수 있는 유량을 조절하기 때문에 국지적으로 중요한 속성 작용이 된다. 더욱 중요하게는 그것은 유체의 통과량(투수율의 함수)을 조절한다.

유체는 교결물의 침전, 자생과 치환 광물의 발달 그리고 용해 속도를 조절한다.[28] 이외에도 그들은 재결정 작용을 촉진시킨다. 유체는 원래의 퇴적 공극의 유체(퇴적수), 담수 또는 해수로부터 생기나, 그들은 그들이 혼합되고 탈수 작용과 광물 입자의 다져짐이 새로운 광물을 첨가하며 탄화수소의 속성 반응이 메탄을 생성하고 생성에 기여하며 여러 광물의 변질 작용이 CO_2와 같은 추가적인 기체상을 만들어 냄에 따라 진화한다(Hutcheon, 1983; Galloway, 1984; J. E. Andrews, 1988).[29] 더욱이 유체가 암석을 통과해 지나감에 따라 그들이 생성하거나 촉매 작용을 하는 속성 반응이 유체의 화학 성분을 변화시킨다. 결과적으로 발생하는 속성 작용의 종류는 진화하는 유체상의 성분과 부피 그리고 속성 작용시 존재하는 온도, Eh, pH, 압력 조건에 따라 결정된다.

유체상의 변화 성분은 이동하는 유체에 의해 생성된 속성 반응이 장소와 시간에 따라 다를 수 있다는 것을 의미한다. 주어진 시간 동안 같은 퇴적암이나 퇴적물은 유체의 변화 성분의 결과나 또는 암석을 통과해 흐르는 다른 유체의 통과로 인해 다른 속성 변화를 경험할 수 있다. 결과적으로 속성 역사는 복잡하고 몇 가지 독특한 단계를 포함한다.

퇴적물과 퇴적암의 속성 작용

속성 작용에서 특정한 작용의 상대적 중요성은 영향을 받는 퇴적물 및 퇴적암의 유형과 속성 작용이 일어나는 환경에 따라 다르다. 특히 성분, 입자 크기, 공극률 그리고 초기에 발달된 속성 변화의 존재 여부는 어떤 종류의 속성 변화가 일어날 것인가에 주된 영향을 미친다. 더욱이 압력과 온도 그리고 유체상의 성분, 특징, 유속은 속성 변화의 특징과 속도를 조절한다. 속성 변화에 미치는 암석 성분의 우

세한 영향 때문에 각 퇴적물과 그에 대응되는 암석 유형은 별도로 아래에 취급되었다. 대부분의 연구는 단일 성분의 관점에서 행해졌다. 그러나 암질은 대개 그 특성상 호층을 이룬다. 이 사실은 이동하는 유체상의 성분과 특징의 변화 그리고 속성 작용에 중요하다.

탄산염암

탄산염암의 속성 작용은 상당히 자세히 연구되었다.[30] 속성 변화를 인식하고 기술하기 위해 암석화 되지 않은 탄산염 퇴적물의 특징을 생각해 보는 것이 필요하다. Folk(1962)의 분류에 의해 강조된 것처럼 탄산염암은 스파라이트(sparite)와 두가지 주된 쇄설성 물질(탄산염 이토와 알로켐)으로 구성되어 있다. 탄산염 이토(carbonate muds)는 방해석, 마그네슘방해석, 아라고나이트 또는 드물게 프로토돌로마이트나 돌로마이트로 구성되어 있다.[31] 이들 이토는 무기적 침전과 주로 조류에 의한 유기적 침전에 의해 생성된다. 알로켐(allochem)은 퇴적 분지 내에서 이동되고, 재동되고, 퇴적된 광범위한 생화학적이고 무기적으로 침전된 물질을 포함한다. 중생대에서 현생까지의 퇴적암과 퇴적물에서 산출되는 생화학적 알로켐은 인편모조류(coccolithophores), 유공충(foraminifers), 부족류(pelecypods), 복족류(gastropods), 두족류(cephalopods), 산호(corals), 다양한 성게류(echinoids) 그리고 소량의 태선동물(bryozoa), 해백합(crinoids) 그리고 완족류(brachiopods)의 껍질을 포함한다(Wilkinson, 1979). 고생대 암석에서는 산호, 완족류, 태선동물, 해백합, 블라스토이드(blastoids)의 껍질이 탄산염 입자의 중요한 성분이었으나, 유공충, 복족류, 부족류, 두족류, 삼엽충(trilobites), 기타 성게류, 조류(algae), 해면동물(sponges)이 일부 퇴적물의 생화학적 알로켐을

구성하였다. 비골격 생화학적 알로켐은 여러 해양 생물에 의해 분비된 분립(fecal pellet, 糞粒)을 포함한다. 무기적 알로켐은 어란석, 무기적 기원의 펠렛(MacIntyre, 1985), 포도석(grapestones) 그리고 기존 탄산염암의 입자를 포함한다. 이런 다양한 탄산염 입자는 팩스톤, 입자암, 패각암 그리고 관련 암석의 전신(precursor, 前身) 퇴적물을 형성하는 이토 기질물과 함께 퇴적된다. 많은 경우 이들 탄산염 퇴적물의 공극률은 40~75% 이며(Pray and Choquette, 1966; Halley, 1983; Choquette and James, 1987), 이들 공극은 이토 내의 아주 작은 공극(미세공극, microfenestrae)들로부터 유래된다(Lasemi, Sandberg, and Boardman, 1990).

일반 작용(general processes). 탄산염암의 속성 작용은 재결정 작용, 용해 작용, 교결 작용, 치환 작용, 생물 교란 작용, 다져짐 작용 그리고 자생 작용과 같은 속성 작용의 모든 작용을 포함한다. 다른 작용은 지하수면 위와 아래 그리고 퇴적물과 물의 경계면과 그 아래의 다른 속성대에서 작용한다.[32] 결과적으로 퇴적물이나 퇴적암을 통과해 지나가는 유체의 성분은 담수에서부터 담수와 해수의 혼합수 그리고 퇴적되는 동안 퇴적물에 갇히게 되고 속성 작용 동안 변질되는 염수에 이르기까지 다양하다.[33]

각 작용의 상대적 중요성은 탄산염 속성 작용에서 다르다. 다져짐 작용의 역할은 논란이 되어 왔으나,[34] 일부 실험 연구는 상당한 다져짐(30% 이상)이 탄산염 물질에서 일어날 수 있음을 보여주고 있다(Robertson, 1965; Shinn and Robbin, 1983).[35] 생물 교란 작용은 흔하고 천해 환경에서 생물이 많음을 반영한다. 다른 작용(용해 작용, 재결정 작용, 교결 작용, 자생 작용, 치환 작용)은 조하대와 조상대 환경과 그 아래 지하에서 초기 속성 작용과 중기 속성 작용 동안 그리고 다양한 환경에서 후기 지표 속성

작용 동안 발생한다.

용해 작용은 국부적으로 아주 중요하다(Friedman, 1964, 1975).[36] 해양의 얕은 수심에서 방해석은 안정된 광물상이다. 그러나 깊은 곳에서는 온도와 압력의 영향에 따라 용해도는 감소하며 탄산염 보상심도(carbonate compensation depth, CCD)라고 불리우는 깊이에서는 방해석은 불안정하고 용해된다.[37] CCD는 깊이가 변하지만 4500m보다 깊은 예는 거의 없다.[38] CCD 아래에서 초기 속성 작용을 겪는 탄산염 퇴적물은 용해된다. 마찬가지로 중기 속성 작용시 순환하는 지하수는 만일 적절한 CO_2의 부분압이 존재하면 탄산염 광물을 용해시킨다. 담수 또한 후기 지표 속성 작용시 용해를 촉진시킬 수 있다. 고마그네슘방해석, 방해석, 아라고나이트, 돌로마이트의 용해도가 다르기 때문에 이들 광물 중 둘이나 또는 그이상의 혼합물로 구성된 전형적인 탄산염암에서는 용해도가 높은 광물은 용해도가 낮은 광물보다 더 잘 용해되게 되는 차별적인 용해 작용이 일어난다. 아라고나이트와 고마그네슘방해석은 여러 속성 조건하에서 특히 용해가 잘 된다(Purdy, 1965; Longman, 1980).[39] 어느 광물이 가장 용해가 잘되는가를 그 환경에서의 몇 가지 조절 요인(예, P. T. P_{CO_2})과 표면의 요철 정도와 같은 입자 표면의 미세 구조에 따라 결정된다(Walter, 1985). 용해 속도는 광물 성분, 입자 크기, 비정상적 압력, 주변 온도, 압력, pH, Eh, 흐르는 유체의 속도, 유체의 부피와 화학 성분, 유체의 CO_2의 부분압을 포함하는 다양한 요인들의 함수이다(Fyfe and Bischoff, 1965; Longman, 1980, 1982; Sanford and Konikow, 1987).

탄산염암에서의 압력 용해는 표면이나 입자 경계에서 일어난다.[40] 한면을 따라 일어나는 압력 용해의 산물은 스타일로라이트(stylolite)이다. 입자 경

계를 따라 일어나는 압력 용해의 산물은 대개 교결물이다. 일반적으로 용해는 물이 탄산염암을 통해 이동하는 곳에서 일어나는데, 물이 이동함에 따라 탄산염암이 용해된다. 물이 탄산염암을 용해시킴에 따라 그들은 여러 가지 탄산염 광물로 풍화된다. 만일 (1) 물의 화학 성분이 변화되거나 (2) 물이 다른 암질로 유입되거나 또는 (3) 용해도를 조절하는 변수(예, P, T, Eh, P_{co2})가 변하게 되면 이것은 특히 사실이다. 교결물의 침전은 그런 변화로부터 기인된다.[41] 유기물과 생물 기원 규산의 종류와 양도 역시 용해와 침전에 영향을 미친다(Mitterer and Cunningham, 1985; Hobert and Wetzel, 1989).

4종류의 주된 탄산염 광물(방해석, 마그네슘방해석, 아라고나이트, 돌로마이트)은 교결물이 될 수 있다.[42] 마그네슘방해석(Mg calcite)과 아라고나이트(aragonite)는 전형적으로 초기 속성 작용과 중기 속성 작용시 발달하고 방해석과 돌로마이트는 후기 지표 속성 작용(eogenesis)시 발달한다. 비록 아라고나이트가 일부 고생대 암석의 교결물로서 보고되고 있기는 하지만(Sandberg, 1985), 시간이 오래 지나면 방해석과 돌로마이트가 탄산염암에서 안정된 광물로 되는 경향이 있다. 추가적인 교결물은 철방해석, 철돌로마이트, 경석고, 석고, 암염, 섬아연석(sphalerite), 셀레스타이트(celestite) 그리고 석영(쿼친, quartzine을 포함)과 같은 광물을 포함한다(Woronick and Land, 1985).[43]

조직적이고 구조적으로 탄산염 교결물은 국부적이거나 광역적으로 입자 사이의 물질, 충진형태의 공극 충진물 그리고 표피각을 형성하는 섬유상, 길죽한 막대기 형태 또는 입방체의 입자로서 산출된다(그림 1.14)(Folk, 1965; P. M. Harris, Moore, and Wilson, 1985; Coniglio, 1989).[44] 흔한 광물인 대상의 방해석 교결물은 시간에 따른 교결물의 변화하는 화학 성분을 나타낸다(W. J. Meyers, 1978; M. R. Lee and Harwood, 1989).[45] 암석의 공극에서 교결물을 형성하는 새로운 광물의 성장은 기본적으로 자생 작용이며 교결 작용이다.

재결정 작용은 일반적으로 교결물과 입자에서 결정의 크기가 커지는 작용을 포함한다. 예를 들어 방해석질 미크라이트(micrite)와 마이크로스파(microspar)는 시간이 지남에 따라 마이크로스파와 스파(spar)로 재결정된다(Prezbindowski, 1985). 마찬가지로 돌로마이트는 재결정 작용을 통해 조립질로 된다.

대부분의 탄산염암에서 조직적 변화는 새로운 광물의 형성을 수반한다. 각 탄산염 광물의 안정도는 다르기 때문에 환경이 변함에 따라 안정된 광물의 종류도 변한다.[46] 따라서 자생 작용과 치환 작용은 재결정 작용보다 일반적으로 중요하다. 많은 탄산염암의 속성 작용시 아라고나이트는 방해석에 의해서 치환되며, 마그네슘방해석은 방해석에 의해서 치환되고, 방해석은 돌로마이트에 의해 치환된다. 마찬가지로 석영(쿼친과 처트 내의 옥수(chalcedony, 玉髓))는 방해석과 돌로마이트 그리고 경석고, 석고, 암염을 치환한다. 방해석은 적철석과 인회석에 의해서 치환된다(Marlowe, 1971 참조). 마그네슘 방해석이 방해석으로 신형태적으로 치환되는 것은 흔히 있는 작용이다. 대조적으로 아라고나이트가 방해석으로 얼마나 흔하게 신형태적으로 치환되는 가에 대해서는 논란의 여지가 있다.[47] 국부적으로 방해석은 탈돌로마이트 작용(dedolomitization)이라고 불리는 작용에 의해 돌로마이트를 치환한다(Woronick and Land, 1985).

천해와 심해에서 퇴적된 탄산염 퇴적물은 속성 작용을 받는다(N. P. James and Choquette, 1983). 그러나 지질시대의 기록에서 대부분의 탄산염암은 천해에서 퇴적된 것이다. 따라서 이런 유형의 암석을 위해 발달된 점진적인 속성 작용의 일반 모델은 많은 예에서 적용될 수 있다. 그런 이상적인 일련의 사건은 초기 속성 작용부터 시작해서 천해 환경의 퇴적물 그리고 다음 단계를 포함한다(Longman, 1981).[48]

1. 미크라이트화 작용(작은 입자의 발달)과 해수 포화 상태하에서의 공극의 교결 작용
2. 해수 포화 상태하에서의 입자 사이의 교결 작용
3. 해수가 담수로 치환됨에 따라 일어나는 방해석 스파 교결물의 침전
4. 담수 포화대에서 아라고나이트와 마그네슘 방해석의 용해와 마그네슘 방해석의 방해석으로의 전환
5. 결정질 방해석으로 몰드(molds)가 채워지고 불안정한 광물이 방해석으로 전환되며 미크라이트가 마이크로스파나 스파로 재결정됨
6. 정동 공극(vuggy porosity)을 형성하는 용해 작용과 담수 통기대(불포화대)의 미크라이트의 계속적인 재결정작용
7. 담수 포화대 내의 정동 공극에 방해석 스파의 침전

만일 중기 속성 작용이 심부 매몰에 의해서 일어나게 되면 이들 단계들은 추가적인 사건으로 이어진다(Choquette and Pray, 1970; Longman, 1981b).[49] 계속해서 일어나는 사건들은 다음을 포함한다.

8. 다져짐 작용과 유체의 유출
9. 온도가 상승함에 따라 생기는 유기물의 변화
10. 압력 용해에 의한 스타일로라이트의 형성
11. 돌로마이트와 쳐트의 형성(돌로마이트화 작용 및 쳐트화 작용)
12. 방해석에 의한 교결 작용
13. 추가적인 돌로마이트화 작용과 쳐트화 작용으로 이어지는 열극 작용
14. 이차적인 공극과 스타일로라이트를 형성하는 용해 작용

이차적 공극은 나중에 방해석으로 채워질 수 있다. 만일 후기 지표 속성 작용이 중기 속성 작용 다음에 있게 되면 추가적인 치환 관계, 각력암의 형성, 생물 기원 천공의 발달, 채워짐과 단단한 표피의 형성이 암석의 속성 역사를 더욱 복잡하게 한다(Hurley and Lohman, 1988; B. Jones, 1988). 이런 다양한 속성 역사를 해석하는 것은 분명히 도전할 만한 문제이고 어느 단일 암석 단위가 이들 사건들 전부에 대한 증거를 보이는 경우는 거의 없다.

돌로스톤의 기원. 돌로스톤의 기원[50]은 지난 세기부터 상당한 관심과 논란의 대상이었는데, 왜냐하면 돌로스톤은 지질 시대의 기록에서는 흔하지만 현재의 해양 퇴적환경에서는 형성되지 않기 때문이다. 대부분의 돌로스톤은 돌로마이트화 작용이라고 불리우는 속성 작용의 산물이다. 그럼에도 불구하고 돌로마이트질 퇴적물은 호수에서 일차적인 침전물로서는 거의 형성되지 않고 일부 심해 환경에서 형성될 수 있다.[51] 이 환경에서 돌로마이트가 일차적이라는 증거는 조직적, 구조적 그리고 시간적 자료(수백년에서 수천년에 걸친 퇴적물의 나이)를 포함한다.

해수로부터 왜 돌로마이트가 침전되지 않는가는 수수께끼로 남아있다. 해수는 돌로마이트에 대해 과포화상태이고 따라서 돌로마이트를 침전시켜야한다(K. J. Hsu, 1966). 해수는 돌로마이트를 침전시키지 않는데, 그것은 아마도 매우 규칙적인 원자구조로 이루어진 돌로마이트의 초기 생성 및 성장과 관련된 요인 때문인 것 같다(K. J. Hsu, 1966; Sibley, 1990).

돌로마이트화 작용(dolomitization)은 일차적인 치환 작용이다. 이 작용은 화석 구조, 알로켐 그리고 미세한 엽층리 구조를 포함하는 자세한 구조를 보존하면서 효율적으로 제일차적 퇴적 구조를 치환한다(Dietrich, Hobbs, and Lowry, 1963). 돌로마이트화 작용은 많은 양의 Mg를 포함하는 유체가 기존의 퇴적물이나 탄산염암을 통과해 지나가고, 원래의 탄산염 광물이 용해되어 돌로마이트로 치환되며 유출되는 유체가 용해된 칼슘을 운반시키는 곳에서 발생한다.

돌로스톤은 다양한 방법으로 형성된다. 즉 돌로마이트화 작용은 몇가지 다른 작용을 포함한다. 돌로마이트화의 특정한 장소와 연계된 네 가지 돌로마이트화 모델이 돌로스톤의 기원을 위한 설명으로 현재 고려되고 있다. 이 모델은 증발암 염수 모델(Evaporite Brine Model), 지하수 혼합 모델(Groundwater Mixing Model or Dorag Model), 대류 모델(Convection Flow Model) 그리고 층수 모델(Formation Water Model)이다(Illing, Wells, and Taylor, 1965; Badiozamani, 1973; Leeder, 1982, p. 298; E. N. Wilson, Hardie, and Phillips, 1990). 이들 모델의 변형이 때때로 특정한 상황을 설명하기 위해 요구된다.[52]

증발암 염수 모델(Evaporite Brine Model)은 건조 지대의 해안선과 비슷한 조상대 및 석호 지역을 따라 생기는 조상대인 사브카(sabkhas)의 연구에 근거하고 있다(J. E. Adams and Rhodes, 1960; Deffeyes, Lucia, and Weyl, 1965; Illing, Wells, and Taylor, 1965).[53] 페르샤만 해안을 따라 있는 카타르에서 주된 조간대 지역과 사브카를 분리시키는 조류(藻類) 조간대의 증발은 염분도를 증가시키고 아라고나이트와 석고의 침전을 촉진시킨다(Illing, Wells, and Taylor, 1965). 이들 광물의 침전을 통한 Ca의 추출은 물의 Mg 함량을 증가시킨다. 이들 물이 증발로 인해 생긴 동수경사(hydraulic gradient)에 의해 사브카 퇴적물로 유입되고 통과한다(즉, 물은 "증발에 의한 양수(pumping)"에 의해 이동한다)(K. J. Hsu and Siegenthaler, 1969). 이들 사브카 퇴적물에서 이전에 퇴적된 아라고나이트는 돌로마이트(그리고 석고)에 의해 치환된다(그림 3.7).[54] 보다 습윤한 기후에서는 유사한 초기 속성 작용의 돌로마이트화 작용이 조상대 지역에서 일어난다(Deffeyes, Lucia, and Wely, 1965). 사브카와 그와 관련된 조상대에서 일어나는 돌로마이트화에 대한 증거로는 (1) 그런 환경을 지시하는 관련 해양 암상 (2) 사브카에서 상당한 증발암의 형성 (3) 동위원소 증거가 있다(D. W. Muller, McKenzie, and Mueller, 1990). 초기 돌로마이트화 작용의 조직적 증거(Dietrich, Hobbs, and Lowry, 1963) 역시 이 모델을

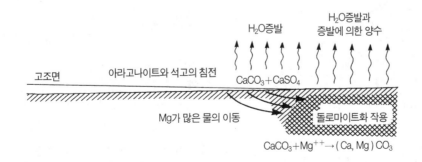

그림 3.7 증발 염수(Evaporite Brine) 돌로마이트화 모델 그림. 이 작용에 대한 기재는 본문을 보라.

선호한다.

지하수 혼합 모델(Groundwater Mixing Model)은 주로 중기 속성 돌로마이트화 작용의 하나이다. 이 작용에서 혼합대가 육지에서 바다쪽으로 이동하는 담수 지하수와 연안을 향해 이동하는 염수가 혼합되는 연안 지역의 지하에 매몰된 탄산염 퇴적물이나 퇴적암내에 발달한다(그림 3.8)(Hanshaw, Back, and Deike, 1971; Badiozamani, 1973; Land, 1973).[55] 만일 혼합수보다 담수가 우세하게 되면 (50~95 %가 담수) Mg/Ca의 비는 1:1에서 1:4로 되고 그 물은 돌로마이트에 대해서는 과포화되나 방해석에 대해서는 불포화된다(그림 3.9) (Badiozamani, 1973; Leeder, 1982, p. 299). 그런 상태에서는 돌로마이트화가 진행된다. 해수가 최대 95%까지 혼합된 염분도가 높은 상황에서 몇 가지 증거는 위와 동일한 탄산염 광물의 용해 관계를 갖는다는 것을 시사한다(Sto-essell et al., 1989; E. N. Wilson, Hardie, and Phillips, 1990). 만일 그렇다면 돌로마이트화 작용은 혼합수대에서 대부분의 혼합수 성분 범위에 걸쳐서 가능해질 것이다. 지하수 혼합에 의한 돌로마이트화 작용의 증거

는 (1) 이런 중기 속성 작용에 의해 형성된 많은 양의 돌로스톤 (2) 돌로마이트의 순수한 정도(혼합수 모델 상황에서 서서히 결정화 됨) (3) 동위원소 증거에 의해 제공된다(Leeder, 1982, p. 300; Swart, Ruiz, and Holmes, 1987; Humphrey, 1988).

대류 모델(Convection Flow Model)은 돌로마이트의 원인으로서 작용하는 석회암을 통과하는 해수의 상부 방향 흐름과 관련되어 있다(Aharon, Socki, and Chan, 1987; E. N. Wilson, Hardie, and Phillips, 1990). 돌로마이트는 온도가 높은 해수에서 안정된 광물이다. 따라서 해수는 효과적인 돌로마이트화 작용의 원인이 된다. 지하의 화산 활동은 열을 공급해 준다. 비록 이 모델은 돌로마이트화 작용의 모형이 다른 모델과 일치하지는 않지만 보다 일반화된 유체 유동 모형과 비슷한 작용은 다른 돌로스톤의 기원을 설명할 수 있다.[56]

층수 모델(Formation Water Model)은 지하수 혼합 모델보다는 더 깊은 매몰을 포함하는 중기 속성 작용 모델이다. 이 모델에서의 돌로마이트화 작용은 매몰된 퇴적물 내의 공극수로부터 유래된 액체상과

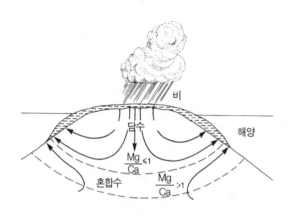

그림 3.8 지하수 혼합 돌로마이트화 모델 그림(Modified fron Hanshaw, Back, and Deike, 1971).

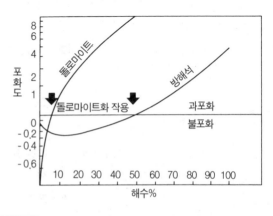

그림 3.9 해수의 함량이 변하는 담수와 해수의 혼합수에서 방해석과 돌로마이트의 포화 정도를 보여주는 그래프(Modified from Badiozamani, 1973).

암석사이의 상호작용으로부터 생긴다(Leeder, 1982, p. 300; Gawthorpe, 1987). 돌로마이트화 작용을 위한 탄산염암내의 마그네슘방해석의 속성 변질 그리고 인접되어 있거나 호층을 이루는 이질암에서 스멕타이트가 일라이트로 전환됨으로써 생성된다. 철은 이질암에서 속성 작용에 의해서 방출되기 때문에 층수(formation water) 돌로스톤은 철돌로마이트(ferroan dolomite)나 앙케라이트(ankerite)를 포함할 수 있다. 이 광물의 존재와 분포는 이런 유형의 돌로마이트화 작용에 대한 일차적인 증거이다.

한 가지 이상의 이들 작용은 같은 암석에 영향을 미칠 수 있다. 예를 들면 Shukla and Friedman(1983)은 뉴욕의 실루리아기 Lockport 층의 돌로마이트화 작용은 초기 조상대 돌로마이트화 작용이 포화대에서 지하수와 해수의 혼합으로 초래된 제2의 돌로마이트화 작용으로 이어지는 두 단계의 역사로 간주하였다.

마지막으로 돌로마이트는 일부 해양 퇴적물에서 중요하지 않은 부수 광물이며 일부 호수퇴적물에서 소량 내지는 많이 산출될 수 있다. 예를 들면 소량의 돌로마이트가 일부 심해 탄산염 퇴적물과 퇴적암에서 발견되고 있다(Friedman, 1965b; Lumsden, 1988). 그와 같은 돌로마이트는 공극수로부터 침전된 초기 속성 물질로 간주되고 있다. 일반적으로 그들은 돌로스톤을 형성할 만큼 충분하게 생성되지는 않는다. 대조적으로 일부 호수에서는 돌로마이트는 대량으로 형성되어 유기탄소의 함량이 높은 소위 오일 셰일을 생성한다. 예를 들면 이런 유형의 돌로마이트질 "오일 셰일"이 미국 서부의 Green River 층을 생성한 에오세 호수에서 많이 형성되었다.[57]

쳐트

쳐트는 주로 세립질의 규산 광물로 구성된 결정질 퇴적암이다. 쳐트는 다양한 작용에 의해서 형성된다. 일부는 일차적인 생물 기원 규산의 침전으로부터 생기고, 일부는 생물 기원 물질의 쇄설성 퇴적물이며, 다른 경우는 기본적으로 속성 기원의 암석이다. 그의 기원에 관계없이 속성 작용은 대부분의 쳐트의 생성에 중요하다.

쳐트의 기원은 제9장에서 약간 자세하게 취급되고 있다. 여기에서는 해성 및 비해성 유형을 포함하는 다양한 환경에서 형성된다는 것을 언급하는 것으로 충분하다. 두 가지 유형의 환경에서 쇄설성 또는 침전된 성분이 우세하게 된다. 쇄설성 성분이 우세한 곳에서는 그들은 전형적으로 생쇄설성 물질이다. 즉 그들은 해면 침골(해면의 현미경적 규질부) 또는 단세포 동물(방산충)의 파편이나 전체 패각 또는 조류(규조)이다. 쳐트 내의 비쇄설성 규산 출처는 풍화 작용, 속성 작용 또는 화산-열수로부터 유래된 규산이 많은 유체를 포함한다(Hesse, 1988).

생쇄설성(알로켐) 쳐트는 모든 속성 작용을 겪을 수 있다. 생쇄설물의 다져짐 작용은 탄산염에서와 같이 30%까지 공극률을 줄일 수 있다(Isaacs, Pisciotto, and Garrison, 1983). 자생 작용은 다양한 새 광물상을 생성하고 생물 교란 작용은 퇴적물의 혼합과 엽리의 교란으로 나타나고 치환은 새로운 광물상의 발달로 나타난다. 예를 들면 돌로마이트에 의한 규산광물의 가상적 치환은 돌로스톤에 분포하는 쳐트 내에서 흔하다.

용해 작용, 재결정 작용 그리고 교결 작용은 쳐트의 속성 작용에서 아마도 가장 중요한 작용들이다. 압력이 가해지면 규질퇴적물은 탄삼염암에서 생기는 동일한 용해 작용을 겪게 된다. 주요 생쇄설 입자들은 압력 작용점에서 용해되어 규산이 이동하게 되고, 그것은 남은 생쇄설성 입자들을 교결시키면서 압력이 낮은 입자사이에서 재침전된다. 이 작용은 특히 생물기원에 의해 침전된 규산이 쉽게 불안정해지는 단백석 A(opal-A)이라고 불리는 비정질 단백석으로 산출된다는 사실에 의해 지지된다. 단백석 A는 쉽게 석영이나 준안정(metatable) 규산형태인 단백석 CT(opal-CT)로 전환된다(Calvert, 1971; Jones and Segnit, 1971; Kastner, 1979).[59] 압력용해와 재결정작용은 단백석 A를 단백석 CT로 전환시키고, 단백석 CT는 섬유상 석영(옥수, chalcedony)이나 석영으로 전환된다. 이 결과 생성된 암석은 결정질 조직을 갖으며 공극률이 감소된다.

쳐트는 또한 실트암과 석영아레나이트(quartz arenites)와 같은 규질 쇄설성 퇴적물의 속성 작용으로부터 생긴다. 예를 들면 국지적인 쳐트화대(chertified zone)는 실루리아기의 Keefer 사암의 거의 순수한 석영 아레나이트와 남부 Appalachian Valley and Ridge 지역의 캄브리아기 Rome 층의 실트암에 존재한다. 아마도 이런 암석에서 석영의 용해와 재침전 그리고 석영이 옥수나 단백석으로 치환되어 쳐트를 생성한 것 같다. 마찬가지로, 옥수 석영 교결물을 갖는 석영아레나이트의 국지적 규화 작용이

알프스 동부에서 일어났다(Hesse, 1987). 이 속성 작용은 해저면에서 열수 작용에 의해 국지적으로 도움을 받는다.

속성 작용은 치환 쳐트(replacement cherts)를 형성한다. 그런 쳐트는 규산광물이 쳐트가 아닌 다른 암석에 존재하는 기존의 여러 유형의 광물을 치환하는 곳에서 생성된다. 가장 흔한 치환 쳐트의 유형은 석회암과 돌로스톤으로부터 형성된 쳐트이다. 규화된 화석, 규화된 어란석 그리고 규화된 펠렛은 쳐트의 석회질 부모시대를 반영한다(Folk and Pittman, 1971; Namy, 1974)(그림 3.11a). 구조적으로 치환 쳐트는 흔히 탄산염암층에서 단괴, 렌즈 또는 얇은 층을 형성한다.

쳐트의 속성 기원은 속성 변화에 관련된 유체상이 침전되는 규산상에 대해서는 과포화되어 있고, 용해되는 상에 대해서는 불포화되어 있어야 한다. 석회암이나 돌로스톤을 치환하는 경우, 유체상은 석영에 대해 과포화되어 있으나, 방해석이나 돌로마이트에 대해서는 불포화 되어 있다(Knauth, 1979). 그 결과 유체상이 암석을 통해 이동할 때 탄산염 광물

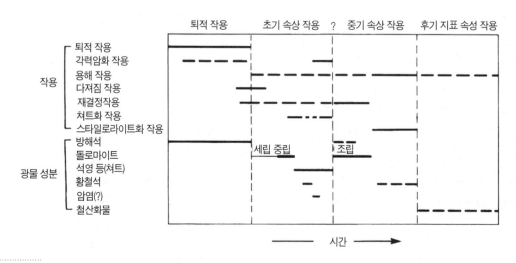

그림 3.10 Virginia 남서부 Nebo 도폭, Upper Knox 층군 암석(오도비스기)의 속성역사를 보여주는 그림

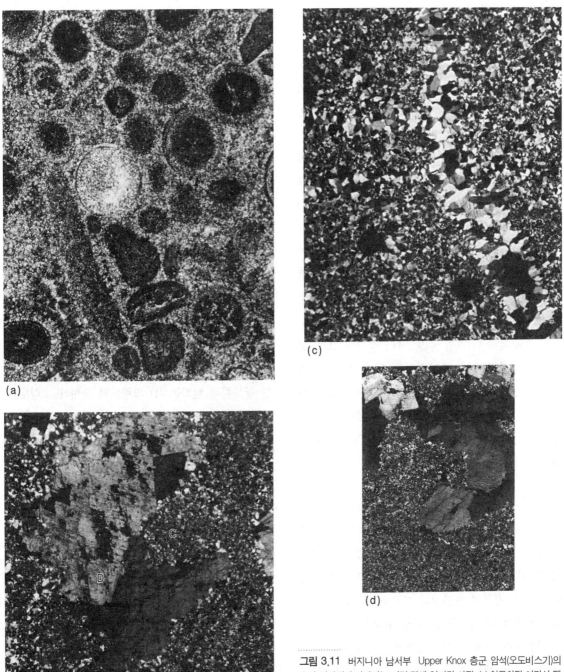

그림 3.11 버지니아 남서부 Upper Knox 층군 암석(오도비스기)의 속성 역사에서 나타나는 여러 단계 현미경 사진. (a) 쳐트화된 어란석 팩스톤. (b) 셰브론 조직(chevron texture)(암염의 치환?)과 함께 산출되는 석영 암맥이 있는 각력암되고, 규질화된 어란석 팩스톤. 전체 암석이 쳐트화되어 있다. (c) 쳐트를 치환하는 돌로마이트. C=쳐트, D=돌로마이트. (d) 쳐트에 의해 절단되고, 조립질 돌로마이트 결정을 포함하는 세립질 돌로스톤. 모든 그림은 긴 변의 길이가 3.25mm이며 모두 직교 니콜 하에서 찍은 것이다.

은 용해되고 규산은 침전된다. 이런 현상이 원자 규모로 일어나면 알로켐의 미세한 구조가 보존된다.

쳐트와 탄산염암이 포함된 속성 작용의 예는 버지니아 서남부의 오도비스기 Upper Knox 층군의 대륙붕과 사브카 석회암에서 제시되고 있다(C. R. B. Hobbs, 1957; Dietrich, Hobbs, and Lowry, 1963; Webb and Raymond, 1989). 이들 암석은 돌로마이트화 작용으로 이어지는 초기 속성 다져짐 작용과 재결정 작용, 국부적인 황철석의 자생을 수반하는 규산광물에 의한 치환(쳐트화 작용), 암염의 국부적인 각력암화 작용과 자생적 결정화 작용, 추가적인 쳐트화 작용, 큰 돌로마이트 결정을 생성하는 2단계 돌로마이트화 작용, 그리고 스타일로라이트를 생성하는 후기 속성 용해 작용(later mesogenetic solution)를 겪게 된다(그림 3.10, 3.11). 후기 지표 속성 작용과 풍화 작용은 추가적인 용해와 철산화물에 의한 황철석의 국부적인 치환을 가져온다. 분명히 유체상의 화학 성분과 속성 환경은 암석의 조직과 광물성분의 진화에서 여러 단계를 만들면서 시간에 따라 변하게 되었다.

이질암

이질암의 속성 작용은 점점 더 명확하게 이해되고 있는 실정이다. 이들 암석의 작은 입자 크기는 이제까지 속성 변화 연구를 방해하였으나, 이전의 X선기술과 결합된 현미경의 새로운 기술은 이질암 속성 작용의 연구를 확대하도록 하였다.

이질암은 조직과 광물 성분에서 독특하다. 이질암 조직은 우세한 광물 성분을 이루는 엽상규산염(phyllosilicates) 입자들의 배열 때문에 국지적으로 약하게 엽층리를 가진 균질한 세립질의 표생 쇄설성 조직이다. 엽상 규산염 광물의 판상 구조는 국부적으로 높은 공극률을 갖으나 투수율은 아주 낮은

조직을 만든다. 광물학적으로 이 암석은 점토(스멕타이트, 일라이트, 고령토), 녹니석, 혼합층 규산염 광물 그리고 소량의 석영, 장석, 방해석 그리고 기타 광물로 되어 있다.

이질암의 속성 작용시 일어나는 주된 변화는 생물 교란 작용, 자생 작용, 치환 작용 그리고 적게는 용해 작용, 다져짐 작용, 재결정 작용 그리고 교결 작용이다. 생물 교란 작용은 이질암의 구조에 영향을 미치며 흔한 초기 속성 작용이다. 많은 천해 환경은 이질로 된 바닥으로 되어 있고 천해 환경의 이질 바닥은 전형적으로 내생(굴착) 동물과 표생(표면) 입자 섭취 동물이 많기 때문에, 이질암은 흔히 이들 생물의 활동을 반영하는 생물 교란 양상이 나타난다.

자생 작용, 치환 작용, 용해 작용, 재결정 작용 그리고 교결 작용시 이질암의 광물 성분은 변한다. 주된 광물학적 변화는 (1) 고령토의 출현과 고령토가 나중에 딕카이트(dickite), 프로펠라이트(prophyllite) 또는 다른 광물로 치환되는 것 (2) 일라이트와 다른 혼합층 점토광물에 의해 치환되어 스멕타이트(smectite)의 양이 감소되는 것 (3) 장석의 용해와 치환 (4) 방해석과 돌로마이트의 용해나 치환 (5) 유기탄소량의 감소 (6) 일라이트의 결정도의 증가 (7) 혼합층 점토광물 양의 증가 (8) 자생 또는 치환 광물으로서의 녹니석의 결정화 (9) 교결물, 자생 광물상 또는 치환 광물로서의 불석의 침전을 포함한다(Grim, 1958; C. E. Weaver, 1961; Dunoyer de Segonzac, 1970).[59] 이토 내에서 스멕타이트가 풍부하기 때문에 일라이트와 스멕타이트(I/S) 혼합점토의 형성과 일라이트의 형성이 이질암 속성 작용에서 우세한 작용이다.

사암과 역암

사암과 역암은 학문적이고 상업적으로 관심의 대상이 되는 상당한 속성 변화를 겪게 된다. 사암은 탄화수소의 집적과 지하수를 위해 중요한 저류암이기 때문에, 속성 작용으로부터 기인된 공극률과 투수율의 변화는 상당히 자세하게 연구되었다.

사암과 역암이 다양한 광물 입자와 암편으로 구성되어 있음을 주목하라. 비록 예외가 있기는 하나 대부분 비탄산염 역암은 석영과 장석이 우세한 암석의 입자로 구성되어 있다. 마찬가지로 대부분의 사암은 석영, 장석, 규질 암편 또는 이들 입자들의 혼합으로 되어 있다. 운모와 점토는 소량 포함되어 있다.

모든 속성 작용이 사암에 영향을 미친다.[60] 생물교란 작용도 드물지 않으며 퇴적물을 혼합시키고 일차적 구조를 파괴시킨다. 새로운 광물이 자생 작용과 치환 작용을 통해 형성되고 일부는 교결 작용시 침전된다. 다져짐 작용, 교결 작용, 재결정 작용, 자생 작용 그리고 치환 작용은 공극률을 감소시킨다. 공극률의 감소는 또한 모래의 나이와 온도와 관련되어 있는데(Schmoker and Gautier, 1988, 1989), 이는 아마도 시간이 지남에 따라 매몰과 수반되는 높은 온도(그리고 압력) 그리고 다져짐 작용, 교결 작용, 자생 작용 그리고 재결정 작용과 같은 속성 작용의 가능성이 아주 증가하기 때문이다. 용해 작용 특히 압력 용해 작용은 공극률의 감소를 촉진시키나 후기의 용해 작용(예, 중기 속성 작용 또는 후기 속상 작용)은 흔히 공극률의 증가로 나타난다. 퇴적 이후의 작용을 거쳐 형성되는 이와 같은 공극을 제2차적 공극(secondary porosity)이라고 한다(V. Schmidt and McDonald, 1979).[61]

다져짐 작용은 모래의 속성 변질에서 중요한 작용이나, 우세한 작용은 아니다(J. M. Taylor, 1950; Blatt, 1966). 퇴적시 입자의 크기, 입자의 형태, 분급에 따라 모래는 15~60%의 공극률을 갖는다 (Gaither, 1953; Pryor, 1973).[62] 약 40%의 공극률이 특징이고 사암에서 인식되는 최대 공극률이다. 그러나 대부분의 사암은 이 값보다 낮은 공극률을 갖고 있다. 일부사암은 3% 미만의 값을 보인다.[63] 암석화 작용시 공극률의 감소는, 공극률을 감소시키는 하나 내지 몇 가지 속성작용으로부터 기인되나, 다져짐 작용과 직접 관련된 공극률의 감소는 변화가 많고 일반적으로 작다.

다져짐의 정도는 입도, 입자의 형태, 분급, 원래의 공극률 그리고 퇴적물내의 공극수 양의 함수임을 기억하라(Krumbein, 1942; Blatt, 1966).[64] 다져짐 작용 자체만은 단순히 불규칙적인 입자의 배열과 입자를 분리시키는 입자 사이의 유체에 의해 생기는 공극을 감소시킨다. 분급이 불량한 모래에서 다져짐 작용의 전후에 작은 입자들은 공극률을 감소시키면서 큰 입자 사이의 공극을 메꾼다.[65] 원마도가 양호한 구형의 입자를 포함하는 분급이 양호한 모래에서 다져짐 작용은 25~45%의 공극률을 보이는 입자의 배열을 가장 밀집된 배열로 바꿔 놓는다.[66] 분급이 불량한 모래에서는 상당한 공극률의 감소가 다져짐 작용으로 일어나지만 분급과 원마도가 양호한 구형의 모래에서는 공극률의 감소는 일반적으로 적다.

다져짐 작용으로 생긴 입자의 배열에 의한 공극률의 감소 이외에 다져짐 작용의 다른 효과 또한 공극률의 감소를 초래한다. 예를 들면 다져짐 작용시 연성의 암편과 엽상규산염 광물의 변형은 이 입자들을 공극으로 밀어 넣어 공극률을 감소시켜 위기질(pseudomatrix)을 만든다(Dickinson, 1970a). 암편질 와케에서 이런 작용은 아주 중요하며 공극률 감소의 중요한 원인 중의 하나이다. 다져짐 작용시 스타일로라이트의 형성은 압력 용해와 공극의 감소를 통해 공극률을 감소시킨다.[67] 압력 용해는 일부 아레나이트 특히 석영 아레나이트의 공극률 감소에 중요하다.[68]

입자의 재결정 작용은 암석화 작용과 공극의 감소를 더욱 촉진시킨다. 다져짐 작용처럼 재결정 작용은 주로 정암압(lithostatic pressures)에 의해 일어나나 화학적 불안정 역시 이 작용에 대한 원인이 될 수 있다. 높은 압력 환경하에서 입자의 접촉점에서의 높은 압력은 광물 입자의 용해의 원인이 되며 이 결과 일어나는 재침전 작용은 맞물린 봉합선 구조를 만들며 결정 격자의 구조적 재배열을 촉진시킨다(그림 3.12). 단백석 교결물의 재결정 작용(Pettijohn, Potter, and Siever, 1987, p. 487)은 비슷한 결과를 초래한다. 엄밀한 의미에서 재결정 작용으로 얼마나 많은 봉합선 구조가 생기는 가는 논란의 여지가 있다.

교결 작용, 자생 작용, 압력 용해 그리고 치환 작용은 공극률 감소를 위해 가장 중요한 작용이다. 예를 들면 미국 오클라호마의 오도비스기 Bromide 사암에서 38%로 예상되는 원래의 공극률이 교결 작용에 의해서 제거되었으며 비슷한 양의 공극률이 압력 용해와 관련된 현상에 의해 제거 되었다(Housknecht, 1987). 이작용은 또한 다른 이유에서 중요하다. 교결물은 암석화 작용에 주된 기여자이며 흔히 석영과 방해석으로 구성되어 있으나, 장석, 돌로마이트, 일라이트, 고령토, 적철석, 방불석, 경석고 그리고 다른 광물도 역시 교결물로서 작용한다.[69] 석영은 전형적으로 쇄설성 석영 입자에 표면 연정(결정학적인 연속성)을 형성하나(그림 3.12b), 옥수 석영과 크리스토발라이트 역시 석영 입자 사이의 공극에 채워진다(Blatt, 1966). 옥수는 방사상 섬유상 조직을 형성한다. 녹니석, 일라이트 그리고

고령토와 같은 엽상 규산염 광물은 방사상 섬유상 조직을 형성하는 자생 교결물을 형성하거나 또는 입자 사이의 물질로 산출된다(Hutcheon, 1983). 방해석은 큰 결정 안에 작은 쇄설성 입자가 포함되는 포이킬로토픽 조직을 형성하는 흔한 교결물이나(그림 3.12c), 그것은 또한 입자 사이의 미크라이트와 스파로서도 산출된다.[70] 일부 암석에서 마그네슘방해석, 돌로마이트 그리고 아라고나이트 교결물은 메탄이 많은 공극수에 의해 규제된 화학적 안정성의 결과로서 형성된다.[71]

용해 작용은 여러 가지 이유에서 사암의 속성 작용에 중요하다. 가장 중요하게는 그것은 퇴적암의 공극률과 투수율의 양에 영향을 미친다. 퇴적암의 이런 양상 특히 이차적 공극에 의해 형성된 투수율은 많은 속성 반응을 일으키는 유체의 부피와 이동 속도를 조절한다. 다른 효과는 암석의 전체 성분의 변화이다. 용해 작용은 골격을 형성하는 쇄설성 입자와 교결물, 자생 광물 또는 치환 광물로서 형성된 속성 광물을 제거시킬 수 있다(Siebert et al., 1984; Shanmugan and Higgins, 1988). 예를 들면 북해의 유전 지대의 쥬라기 Brent 층군에서 깊이에 따른 석영 함량의 증가는 장석의 용해 작용의 증가에 기인된다(Harris, 1989). 얕은 곳의 사암은 장석질인 반면 보다 깊은 곳의 사암은 석영 아레나이트이다.

자생 작용은 흔히 교결 작용 및 치환 작용과 동일한 광물을 생성한다. 혼합층 엽상규산염 광물, 녹니석, 장석 그리고 불석은 자생 광물로서 발달되는 많은 광물들의 일부이다. 용해 작용 및 치환 작용과 관련하여 자생 작용은 암편의 변질과 치환을 통해 사암에서 기질물을 생성하는데 특히 중요하다(Siever, 1986; 제6장도 참조).

석회암과 마찬가지로 사암도 시간이 지남에 따라 점진적인 속성 작용을 받는다. 사암의 일반화된

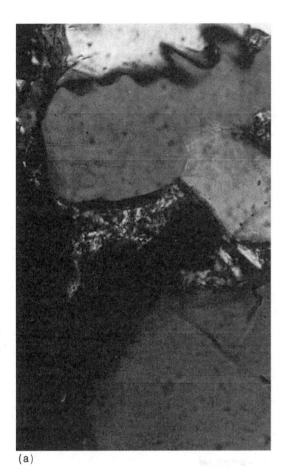

(a)

(b)

그림 3.12 사암에서 나타나는 속성 조직을 보여주는 현미경 사진. (a) 석영 아레나이트에서의 봉합된 입자 경계(직교 니콜). 사진의 세로는 0.33mm이다. (b) 뉴욕, Posdam의 캄브리아기 Posdam 사암의 석영 아레나이트의 쇄설성 석영 입자에 있는 석영 표면 연정(직교니콜). 사진의 세로는 1.27mm이다. (c) 캘리포니아 Diablo Range 북동부 백악기 Great Valley 그룹 Moreno 층의 방해석으로 교결된 장석질 아레나이트내의 포이킬로토픽 조직(직교 니콜). 사진의 왼쪽 부분에 있는 어두운 방해석 입자와 사진 오른쪽 상부에서 입자들을 포함하고 있는 밝은 방해석 입자를 주목하라. 사진의 가로는 1.15mm이다.

(c)

속성 단계는 아래와 같다.[72]

1. 약간의 다져짐 작용을 수반하는 퇴적 작용과 생물 교란 작용
2. 다져짐 작용과 약간의 재결정 작용 및 용해 작용을 수반하고 방해석, 돌로마이트, 석영, 황철석 그리고 점토 광물과 같은 광물상을 포함하는 교결 작용
3. I/S 혼합층 점토 광물에 의한 스멕타이트의 치환, 압력 용해 그리고 재결정 작용을 수반하고 방해석, 석영, 불석 그리고 녹니석에 의한 자생 작용과 교결 작용을 수반하는 다져짐 작용

4. 재결정 작용과 치환 작용(특히 암편) 그리고 약간의 다져짐 작용과 용해 작용을 수반하고 새로운 석영, 녹니석, I/S, 방해석 그리고 불석을 생성하는 자생 작용
5. 이차적 공극을 형성하는 용해 작용, 녹니석, 불석 그리고 석영의 자생적 발달; 재결정 작용; 그리고 약간의 다져짐 작용
6. 연속적인 용해 작용과 치환 작용을 수반하고 고령토, 일라이트, 황철석, 석영, 방해석 그리고 불석을 생성하는 후기의 자생적 침전 작용과 교결 작용

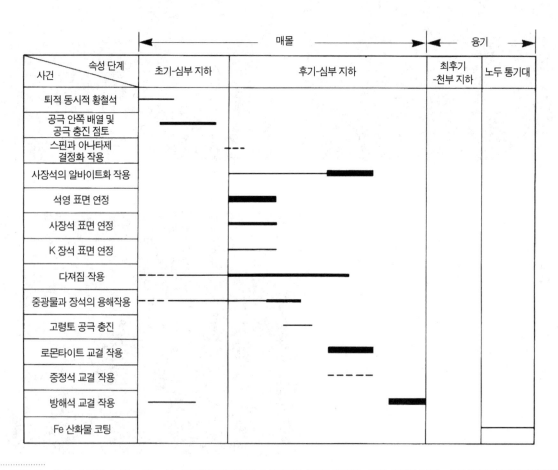

그림 3.13 California의 Santa Ynez Mountains의 팔레오세 사암의 속성 단계와 사건을 보여주는 그림. 막대의 넓이는 속성 양상의 상대적인 많음을 보여주고 길이는 속성 변화의 기간을 지시한다(From Helmold and van de Kamp, 1984).

7. 적철석의 형성, 침철석에 의한 황철석의 치환 그리고 방해석의 치환을 포함하는 약간의 재결정 작용 그리고 교결 작용을 수반하는 후기 속성 작용

이들 단계 중 제일 먼저 있는 것은 분명히 초기 속성 작용이고 마지막은 후기 지표 속성 작용이다. 제2단계는 초기 속성 작용 내지는 중기 속성 작용인 반면 3단계에서 6단계는 중기 속성 작용이다.[73] 탄산염암에서와 같이 사암은 이들 속성 작용의 모든 단계의 증거를 보여주는 경우는 거의 없다.

사암속성작용의 한 예는 캘리포니아의 Santa Ynez Mountains의 장석사암의 속성 역사에 의해 제공된다. Helmold and van de Kamp(1984)에 의해 기술된 3단계 역사(그림 3.13)는 아래와 같다.

1. 약간의 다져짐 작용, 용해 작용, 방해석 교결 작용, 황철석 형성이 상당한 자생 작용과 공극을 메꾸는 점토(특히 혼합층 일라이트/스멕타이트)에 의한 교결 작용을 수반하는 초기 속성 단계

2. 몇 가지 광물(예, 스핀, 로몬타이트, 녹니석)의 자생적 발달이 자생적 석영과 장석의 표면 연정의 발달, 사장석의 알바이트화 작용, 중광물과 사장석의 용해 작용, 혼합층 엽상규산염 광물의 녹니석에 의한 치환, 추가적인 다져짐 작용 그리고 로몬타이트, 중정석 그리고 방해석

교결물의 발달로 수반되거나 이어지는 중기 속성 작용 단계

3. 철산화물의 코팅의 형성에 의해 특징지어지는 넓은 의미의 후기 지표 속성 작용(통기대 노두) 단계

기타 퇴적암

증발암, 인산염암, 함철암 역시 속성 변화를 한다.[74] 일반적으로 이들 암석에 영향을 미치는 속성 작용은 보다 일반적인 암석에 미치는 속성 작용과 동일하다. 그러나 이들 암석의 독특한 성분 때문에 광물 성분은 독특하다. 예를 들면 인산염에서 탄산염 형석 인회석(carbonate fluoapatite)은 결정으로 형성되는 반면 가수인회석(hydroapatite)는 속성 작용시 재결정화되고 치환된다. 철성분이 많은 퇴적물에서 탄산염광물이 철산화물에 의해 치환됨에 따라 자생적 적철석, 수화철산화물 또는 해록석이 형성될 수 있다(Alling, 1947). Fe와 P가 많은 암석에서 석영과 탄산염 광물의 재결정 작용은 중요한 속성 작용이다.

증발암에서 재결정 작용과 치환 작용은 중요한 작용이다. 전형적인 재결정 현상과 마찬가지로 증발암의 재결정 작용은 입도의 초기 감소로 나타나나 궁극적으로는 입자가 커지게 된다. 증발암 광물(예, 암염과 경석고)은 속성 작용시 석고, 돌로마이트, 석영 또는 다른 광물에 의해 치환된다.

요약 ● ● ● ● ● ● ● ●

퇴적암은 여러 종류의 암석이 풍화되고 침식되고, 여러 가지 작용(용해나 입자의 물리적인 운반)에 의해 운반되고, 퇴적 분지나 다른 퇴적 환경에 퇴적된 퇴적물로부터 형성된다. 근원지, 풍화 작용,

운반 역사 그리고 퇴적 환경 모두 퇴적물의 특징을 조절한다. 근원지는 궁극적으로 성분을 조절한다. 풍화 작용과 운반 작용은 퇴적물 성분을 변화시키고 퇴적물의 조직에 영향을 미친다. 퇴적 작용과 환

경적 조건은 퇴적물의 조직적 발달을 조절하고 성분을 더 변화시킨다.

암석을 토양으로 변화시키는 풍화 작용은 여러 가지 파괴 작용(물리적)과 분해 작용(화학적)을 포함한다. 중요한 파괴 작용은 동결쐐기 작용, 마모 작용 그리고 동물 활동이다. 분해 작용은 용해, 산화, 환원, 콜로이드 형성과 양이온 교환, 킬레이션, 수화 작용 그리고 가수 분해를 포함한다.

풍화되고 침식된 물질은 이동하는 공기, 얼음 그리고 물안에서 이동된다. 가장 중요한 운반의 매체 또는 보조자는 물이다. 물질은 용해 운반 또는 기계적 운반에 의해 이동된다. 추가적으로 중력에 의해 여러 종류의 중력 및 밀도류(산사태를 포함)는 그들이 퇴적되는 장소로 이동시킨다. 퇴적 작용은 퇴적물의 조직과 구조적 특징에 영향을 미친다.

퇴적 이후에는 여러 속성 작용(다져짐 작용, 재결정 작용, 용해 작용, 교결 작용, 자생 작용, 치환 작용 그리고 생물 교란 작용)이 퇴적물을 퇴적암으로 변화시킨다. 초기 속성 작용은 퇴적물과 물 경계에서 일어나고 후기 지표 속성 작용은 매몰과 융기 후 발생한다. 각 속성 작용이 어느 주어진 퇴적물이나 퇴적암에 영향을 미치는 정도는 퇴적물이나 퇴적암의 성분, 퇴적물이나 퇴적암의 물리적 특징, 속성 작용시 존재하는 유체상의 부피와 특징 그리고 속성 역사 과정에서 존재하는 환경에 따라 다르다. 시간에 따른 환경의 변화 때문에 속성 역사는 일반적으로 복잡하다.

주석 ●●

1. 풍화 작용의 추가적인 논의를 위해서는 Rieche(1950), Verhoogen et al.(1970, .ch. 7, 8), Krauskopf(1979), Ritter(1986, 3, 4장), Boggs(1987, ch. 2), Pettijohn, Potter, and Siever(1987), and Richardson and McSween(1989, ch. 6)을 참고하라.

2. 예를 들면 Velbel(1988, 1989b)을 보라.

3. 또한 Koster van Groos(1988)와 Velbel(1989a)를 보라. Velbel(1988)은 장석으로부터 고령토가 형성되는 용해 모델을 기술하였다.

4. Boggs(1989, pp. 29-30). 추가적인 정보를 위해서는 표준적인 화학 교과서를 참고하라.

5. Grantham and Velbel(1988)과 Johnsson and Stallard(1989)를 또한 참고하라.

6. 이 주제에 관한 보다 완벽한 토의를 위해서는 Blatt et al.(1972, ch. 4); Leeder(1982, ch. 5); 그리고 Boggs(1987, ch. 3)와 같은 교과서, 그리고 G. V. Middleton(1966a, b), Lowe(1982), G. V. Middleton and Hampton(1973, 1976), and G. V. Middleton and Southard(1984)와 같은 문헌을 참고하라. 위의 모든 문헌은 여기서 제시한 논의의 기초로 사용되었다.

7. 스트레스=힘/단위면적=ma/A.

8. 이토의 다이어피리즘은 멜란지 연구에 의해 제안되었으며(Cloos, 1984; Barber et al., 1986) Prior et al.(1989)에 의해 기재되었다.

9. 미끄럼사태의 추가적인 기술을 위해서 R. P. Sharp and Nobles(1953), Embly(1976), and Jacobi(1984)와 그 안에 있는 참고 문헌을 보라.

10. 예들은 Aalto(1978)와 Nilsen and Abbott(1981)에 묘사되고 기술되어 있다. 또한 Middleton and Hampton(1976)을 보라.

11. Nardin et al.(1979)과 Boggs(1987)을 또한 참고

하라. Lowe(1976)는 고체가 액체를 통해 가라 앉는 액화류와 액체가 고체를 통해 위로 올라오는 액화류를 구분하였다.

12. 저탁류와 그들의 퇴적물은 광범위한 연구의 대상이 되어왔었다. 이들 흐름과 퇴적물에 대한 선택된 연구는 Bouma(1962), Mutti and Ricci Lucchi(1978), 그리고 R. G. Walker(1984d)를 포함한다. 또한 제6장과 그곳에 있는 여러 참고문헌을 보라.

13. Boggs(1987, p. 64).

14. 유수의 자세한 요약을 위해서 Leeder(1982, ch.5, 6)와 Middleton and Southard(1984)를 참고하라. Blatt et al.(1972, ch. 4)과 Boggs(1987, 제3장)와 함께 이들 문헌은 이 주제의 검토를 위한 기초를 제공한다.

15. Leeder(1982, ch. 5)는 승력(lifting force)의 이론적 설명을 제공하는 Bernoulli 방정식에 대한 토의를 제시한다.

16. 밑짐 운반에 관한 추가적이고 보다 자세한 토의가 Bagnold(1973), Abbort and Francis(1977), Middleton and Southard(1984), I. Reid and Frostick(1987), 그리고 Whiting et al.(1988)에 의해 제공되었다.

17. 예를 들면 D. B. Simons, Richardson, and Nordin(1965), V. R. Baker(1984), 그리고 Nemec and Steele(1984)를 보라. 제7장을 참고하고 그곳에 있는 충적퇴적물과 관련된 참고문헌을 보라.

18. 또한 Blatt(1966), Bathurst(1975, ch. 8-13), Textoris(1984), 그리고 Scoffin(1987, ch. 4)를 보라.

19. Bathurst(1958, 1975, 1983), T. R. Walker(1962), Blatt(1979), Hayes(1979), Bjorlykke(1983), Htcheon(1983), R. Thomas(1983a), Velde(1983), Edman and Surdam(1984), Gautier and Claypool(1984), Kaiser(1984), Luocks et al.(1984), Textoris(1984), Wood and Hewett(1984), Kantorowicz(1985), Choquette and James (1987).

20. 또한 Choquette and Pray(1970), Pryor(1973), 그리고 R. Thomas(1983b)를 보라.

21. 또한 Granton and Fraser(1935), T. W. Doe and Dott(1980), 그리고 N. P. James and Bone(1989)를 보라.

22. 또한 J. M. Taylor(1950), Longman(1981b), 그리고 Harbour and Mathis(1984)를 보라.

23. 압력용해연구의 역사적인 검토를 위해서 Kerrich(1977)와 추가적인 참고 문헌을 위해 주석 40번을 보라.

24. 탄산염 교결물에 대한 토의를 위해 Schneidermann and Harris(1985)를 보라. 교결작용과 교결물은 또한 Ginsburg and Schroeder(1969), Ginsburg et al.(1971), Meyer(1974, 1978), Bathurst(1975, ch.10), Hanor(1978), Longman (1981b), R. Thomas(1983b), Textoris(1984), C. H. Moore(1985), Walls and Burrowes(1985), James et al.(1986), Choquette and James(1987), Dorobk(1987), McBride and Marsh(1987), Mitchell et al.(1987), Dutton and Land(1988), Barnaby and Rimstidt(1989), 그리고 많은 다른 논문에 설명되어 있다.

25. Sibley(1978), Mankiewicz and Steidtman(1979), Scholle(1979), Oldershaw(1983), Edman and Surdam(1984), Lamando et al.(1984), Markert and Al-Shaieb(1984), Reinson and Foscolos(1986), Burton et al.(1987), McBride and Marsh(1987), Molenar and de Jong(1987), Dutton and

Land(1988).

26. 신형태적 치환이 기본적으로 재결정화 작용이다.

27. 다른 가상(allomorphic)에 대한 다른 결정학적이고 고생물학적인 정의가 존재하며(R. L. Bates and Jackson, 1987 참조) 여기에서 제시된 정의와 혼동해서는 안 된다.

28. 예를 들면 Surdam and Boles(1979)과 Dutton and Land(1988)을 보라.

29. 또한 Dorobek(1987), Ritger, Carson, and Suess(1987), Budd(1988), Shanmugan and Higgins(1988, 그림 9), M. R. Lee and Harwood(1989), 그리고 Vavra(1989)를 보라.

30. Steidtmann(1917), J. E. Adams and Rhodes(1960), Pray and Murray(1965), Badiozamani(1973), P. A. Harris(1979), Longman(1981b), Friedman and Ali(1981), Bathurst(1983), Halley(1983), N. P. James and Choquette(1983a, b, 1984), Wanless(1983), Textoris(1984), Schneidermann and James(1987), Halley and Mathews(1987), 그리고 Stoessell et al.(1989).

31. 예를 들면 Friedman(1964), Lasemi and Sandberg(1983), von der Borch and Lock(1979), Muir et al.(198)를 보라.

32. Longman(1980), Halley(1983), N. P. James(1983), Choquette and James(1987), N. P. James and Choquette(1984).

33. 예를 들면 Dorobek(1987) 그리고 Budd(1988)를 보라.

34. Friedman(1975)과 Shinn et al.(1977)을 비교하라. Beales(1965)를 보라. Schmoker(1984)는 비록 어떤 작용이 공극률의 감소를 일으키게 하는지는 설명하지 않았지만 공극률의 감소는 시간과 온도의 함수임을 주장했다.

35. Choquette and Pray(1970); Shinn et al.(1977).

36. 용해 작용은 일부 유전지대와 대수층에서 중요한 제2차적 공극을 생성할 수 있다. 예를 들면 Matthews(1967), V. Schmidt and MacDonald(1979a, b), P. M. Harris(1984a), Lomando, Birdsall, and Goll(1984), McDonald and Surdam(1984), Bjorlykke, Ramin, and Saigal(1989), W. E. Sanford and Konikow(1989), 그리고 Howlander(1990)를 보라.

37. 용해 약층(lysocline)이란 용어가 일부 지질학자들에 의해 탄산염보상심도(CCD)와 동의어로 사용되고 있으나 다른 사람들은 용해 양상이 퇴적물에서 탐지 가능한 깊이로 사용하고 있다(R. L. Bates and Jackson, 1987과 Richardson and McSween, 1989, p. 102를 비교하라).

38. Scoffin(1987, p. 91). 또한 검토와 추가적인 참고 문헌을 위해 Bathurst(1975, p. 267ff.)를 보라.

39. 또한 Walter(1985) 그리고 Boggs(1987, p. 282)를 보라.

40. 탄삼염암에서 압력 용해의 여러 측면과 그것의 영향이 Weyl(1959), Renton, Heald, and Cecil(1969), Kerrich(1977), Robin(1978a, b), Wanless(1979), Mitra and Beard(1980), James, Wilmar, and Davidson(1986), Porter and James(1986), Micke and Wenk(19888), Trap and Cook(1988) 그리고 N. P. James and Bone(1989)에 의해 설명되었다.

41. Folk(1974, p. 176), MacIntyre(1977), Halley and Harris(1979), Halley(1983), Barnaby and Rimstidt(1989), Braithwaite and Heath(1989), Coniglio(1989), D. Emery and Dickson(1989). 교결 작용을 방해하는 설명을 위해 Feazel and Schatzinger(1985)와 Porter and James(1986)를

보라.

42. 예를 들면 Ginsburg Schroeder(1969), Chafetz, Wilkinson, and Love(1985), Friedman(1985), P.M. Harris, Moore, and Wilson(1985), Kendall(1985), Lighty(1985), C. H. Moore(1985), Pierson and Shinn(1985), Preszbindowski(1985), Sandberg(1985), Walls and Burrows(1985), Wilkinson, Smith, and Lohmann(1985), Ritger, Carson, and Suess(1987), 그리고 Woronick and Land(1985)를 보라. 또한 Schneidermann and Harris(1985)에 있는 논문들을 보라.

43. 또한 P. M. Harris, Dodman, and Bliefnick(1984), Heydari and Moore(1989), 그리고 M. R. Lee and Harwood(1989)를 보라.

44. 또한 M. Pitcher(1964), Ginsburg and Schroeder(1969), P. A. Harris(1979), Given and Wilkinson(1985), P. M. Harris, Dodman, and Bliefnick(1985), Lighty(1985), MacIntyre(1985), C. H. Moore(1985), Pierson and Shinn(1985), Sandberg(1985), 그리고 Searl(1989)를 보라. 방사축상(radiaxial), 방사상 섬유상(radial fibrous), 그리고 침상결정집합체-광학적 방해석 였다.

49. Hurley and Lohman(1989), Webb and Raymond(1989).

50. 대부분의 저자들은 암석과 광물 둘을 위해 돌로마이트라는 용어를 사용한다. 여기서 저자는 암석을 위해 돌로스톤, 그리고 광물을 위해 돌로마이트를 사용했다.

51. Mawson(1929), Alderman et al.(1957), M. N. A. Peterson, Bien, and Berner(1963), Illing, Wells, and Taylor(1965), von der Borch(1976), von der Borch and Lock(1979), Muir et al.(1980), Friedman(1964, 1989), Lumsden(1988, 1989). 표

면 퇴적물의 유기물이 많은 공극수로부터 돌로마이트의 직접적인 침전은 Middelburg et al.(1990)에 의해 기술되었다.

52. 예를 들면 S. J. Mazzullo, Reid, and Gregg (1987) 그리고 J. E. Andrews, Hamilton, and Fallick(1987)을 보라.

53. Mawson(1929)은 호주의 건조한 쿠롱 염호수 (Coorong Salt Lake)의 돌로마이트화 작용을 위해 비슷한 작용을 제안한 바 있다.

54. 또한 Deffeyes, Lucia, and Weyl(1965), Shinn Ginsburg, and LLoyd(1965), Shukla and Friedman(1983), Budai, Lohmann, and Wilson(1987), 그리고 M. W. Wallace(1990)을 참고하라. S. J. Mazzullo, Reid, and Gregg(1987)은 "거의 정상" 해수에 의해 유사한 돌로마이트화 작용을 기술하였다. K. J. Hsu and Siegenthaler(1969)에 의해 제시된 석호 환경 아래의 돌로마이트화 작용에 관한 질문을 보라.

55. 또한 Budai, Lohmann, and Wilson(1987), Swart, Ruiz, and Holmes(1987), Humphrey(1988), Humphrey and Quinn(1989), and W. A. Nelson and Read(1990)을 보라.

56. Graber and Lohmann(1989), Machel and Anderson(1989), Cervato(1990), E. N. Wilson, Hardie, and Phillips(1990).

57. 보다 더 많은 정보를 위해 오일 셰일의 토의와 제9장의 Green River층의 기원을 참고하라.

58. 또한 Ernst and Calvert(1969), R. Greenwood(1973), Kaster, Keen, and Gieskes(1977), Issacs, Pisciotto, and Garrison(1983), Kastner and Gieskes(1983), L. A. Williams, Parks, and Crerar(1985)를 보라. 이 변형과 쳐트 속성 작용의 다른 면에 대한 보다 자세한 검토가 Hesse

(1988)에 의해 제공되었다.

59. Dapples(1962), Blatt(1966), Weaver and Beck (1971), Wallace(1976), Bjorlykke(1983), Mc-Bride(1984), Chan(1985), Kantorowicz(1985), 그리고 B. F. Jones(1986)을 보라. 이질암 속성작용의 예는 Bjorkum and Gjelsvik(1988), Bohr-mann, Steinen, and Faugeres(1989), Palastro (1989), 그리고 Shaw and Primmer(1989)에 의해 기술되었다.

혼합층 점토 엽상규산염류(mixed-layer clay phyllosilicate)의 형성에 대한 토의는 Hower et al.(1976), Braide(1987), Glasmann et al.(1989), 그리고 Alt and Jiang(1991)에서 발견된다. 일라이트 형성은 Eberl(1986), Colton-Bradley(1987), Sass, Rosenberg, and Kittrick(1987), G. Whit-ney(1990), 그리고 Aja, Rosenberg, and Kittrick (1991)에 의해 논의되었다. 이들 및 이와 관련된 내용의 검토는 Eslinger and Pevear (1988, ch. 5) 그리고 C. E. Weaver(1989)에 의해 검토되었다.

60. Weaver and Beck(1971), Hiltabrand et al. (1973), Blatt(1979), Hayes(1979), Hoffman and Hower(1979), Aoyagi and Kazama91980), Oldershaw(1983), Moncure et al.(1984), Siever(1986), Braide(1987), Burton et al.(1987), Kisch(1987), Raiswell and Bernaer(1987), Sass, Rosenberg, and Kittrick(1987). 사암 속성 작용에 대한 몇 가지 추가적인 예가 텍사스 Gulf 연안의 Frio 사암에 관한 몇 가지 논문을 포함하여 McDonlad and Surdam(1984)에서 발견된다.

61. 더 많은 정보를 위해 Matthews(1967), Moncure et al.(1984), Siebert et al.(1984), Surdam et al.(1984), Shangmugam and Higgins(1989),

Shangmugam(1990), 그리고 McDonald and Surdam(1984)에 있는 몇 가지 논문을 참고하라.

62. 또한 Choquette and Pray(1970), D. C. Beard and Weyl(1973), 그리고 Houseknecht(1987)를 보라.

63. Blatt(1966), Textoris(1984), Houseknecht(1987).

64. 또한 Shinn et al.(1977)을 보라.

65. C. Beard and Weyl(1973).

66. 예를 들면 Graton and Fraser(1935), Baither(1953), Rogers and Head(1961).

67. Heald(1955), Renton et al.(1969), Mitra and Beard(1980), Hutcheon(1983), James et al. (1986), Houseknecht(1987).

68. 예를 들면 W. C. James et al.(1986), 그러나 Sibley and Blatt(1976)을 보라.

69. Sibley(1978), Blatt(1979), Klein and Lee(1984), Imam and Shaw(1985), James(1985), Reinson and Foscolos(1986), Lee(1987), McBrdie et al.(1987), Pettijohn, Porter, and Siever(1987, p. 434; 447ff.), Dutton and Land(1988), Duffin et al.(1989), Vavra(1989), Cavazza and Dahl (1990), Hansley(1990).

70. 조직의 추가적인 예는 Scholle(1979), A. E. Adams, MacKenzie, and Guilford(1984), W. C. James(1985), 그리고 Reinson and Foscolos (1986)에서 발견될 수 있다. 또한 McDonlad and Surdam(1984)에 있는 여러 논문을 보라.

71. Ritgers, Carson, and Suess(1987), Fried-man(1988), Andrews(1988).

72. 이 층서는 이상화되었다. 암석유형의 변화(예, 석영 아레나이트대 화산 암편와케), 깊이 그리고 매몰의 압력-온도 조건, 그리고 유체상의 화학 성분과 양은 여러 단계에서 발달하는 정확

한 광물 성분에 중대한 영향을 미친다.

73. 사암의 속성 작용의 예는 Galloway(1979), Hoffman and Hower(1979), Helmond and vande Kamp(1984), Fishman and Reynolds (1986), Shangmugam and Higgins(1988), Pollastro(1989), Cavazzi and Dahl(190), Hansley(1990), 그리고 Howlander(1990)에서 발견될 수 있다.

74. 보다 일반적이지 않은 암석의 속성 작용의 예를 위해 Alling(1947), Froelich et al.(1988), Casas and Lowenstein(1989), 그리고 Chipley and Kyser(1989)를 보라.

연습 문제 ●●

3.1 한 변의 길이가 1cm 정도 정육면체 암석 파편이 주어졌을 때, (a) 정육면체의 표면적를 계산하라. (b) 만일 정육면체가 한변의 길이가 1mm가 되도록 작게 쪼개진다면, 그 쪼개진 파편들의 전체 표면적은 얼마인가?

3.2 Andradite garnet($Ca_3Fe_2Si_3O_{12}$) 용액의 균형 방정식(balanced equation)을 써라.

3.3 Helmold and van de Kamp(1984)에 의해서 기술된 3단계 속성 작용과 교과서 페이지 70에 열거된 사암 속성 작용의 7가지 이상화된 단계를 비교하라. 만일 존재한다면 어떤 유사점과 어떤 차이점이 있는가?

퇴적 환경 4

서론

퇴적암은 퇴적 환경에서 형성된다. 퇴적 환경(sedimentary environment)은 해수면 위에 있거나 아래에 있거나 간에 특별한 화학, 물리, 생물학적 특징들에 의해 구분되는 암석권의 표면 지역이다. 이들 특징들은 독특한 조직, 구조, 성분, 화학 성분으로 구성된 퇴적물과 암석의 발달을 조절한다. 즉 그들은 퇴적상(sedimentary facies)의 형성을 조절한다. 조직, 구조, 성분은 특정한 환경을 나타내는 암상(lithofacies)을 특징짓는다.

현생 환경에서의 작용과 이들 작용에 의해서 형성된 암상을 연구함으로써 퇴적학자들은 어떻게 유사한 지질 시대의 암석이 형성되었는가를 유추할 수 있다. 층서학자들은 암석 기록에서 하나의 층서적 열쇠로서 퇴적층을 연구한다. 고생물학자들과 함께 이들 지질학자들은 지구 표면을 덮고 있는 얇은 막으로 된 퇴적암을 해석하는데 필요한 정보를 발견한다.

이 장에서는 여러 종류의 퇴적 환경과 그들의 특징적인 층서적 배열 그리고 암상에 대해 기술한다. 특정한 유형의 암석 형성은 다음 장에서 다룬다.

퇴적 환경의 종류와 퇴적물

전통적으로 지질학자들은 퇴적 환경을 육성 환경, 전이 환경, 해양 환경의 3종류로 구분해 왔다.[1] 육성 환경(continental environments)은 전적으로 고조면 위의 환경으로서 해양 작용에 의해 영향을 받지 않는다. 대조적으로 해양 환경(marine environments)은 전적으로 저조면 아래의 환경이다. 전이 환경(transitional environments)은 그 이름이 의미하는 것처럼 해양 환경과 육성 환경 사이에 놓여 있고 해양과 육지의 매체(예, 담수와 염수, 바람과 파도의 작용)에 의해 영향을 받는다. 표 4.1에 제시된 이 책에서 채택한 환경의 구분은 3종류이다. 지질 기록상의 많은 퇴적암은 이들 중의 일부 환경(예, 초, 대륙붕, 해저선상지 환경)에서 생성되었고, 다른 환경(예, 동굴 환경)에서는 층서 기록상의 암석의 양이 적다.

표 4.1 퇴적 환경의 분류

주 분류	일반 환경	세부 환경
육성 환경	하성	하도 및 사주
		범람원, 고에너지(예, 자연제방)
		범람원, 저에너지(예, 습지)
	사막	충적 선상지
		플라야
	빙하	에르그
		빙저 환경
		빙하내부 환경
		빙하호수 환경
		빙하전면 하천 환경
		빙하호수 환경
		플라야 호(살리나)
		담수호(위의 각각은 삼각주 및 연안면 환경과 관련되어 있음)
	습지	습지내 환경
		삼각주 습지 환경
	산사태	─
	동굴	─
전이 환경	연안 삼각주	하도 사주
		범람원-틈상퇴적체
		삼각주 습지 환경
		삼각주 호성 환경
		전삼각주
	하구─석호	삼각주 전면

육성 환경

육성 기원 퇴적암은 지질시대의 기록에서 해성 퇴적암보다 적게 산출된다. 가장 흔한 암석들을 생성하는 육성 환경은 하성(하천), 빙하 그리고 호성(호수) 환경이다.

하성 환경

하천은 직선(straight), 굴곡(sinuous), 사행(mean-dering), 망상(braided), 이합(anastomosing)의 다섯 가지 일반 유형 중의 하나이다.[2] 이 중에서 사행 하천과 망상 하천은 지질 시대의 기록에서 중요한 퇴적체를 형성하였다. 퇴적 장소로서 역할하는 하천과 관련된 지역은 하도와 인근 평원을 포함한다.

사행 하천(meandering stream)(그림 4.1)에서는 뱀과 같이 구불어진 모양으로 범람원을 앞뒤로 이동하는 주된 하나의 하도 내에서 물이 흐른다. 홍수 때 하도 바닥의 모래와 자갈은 하도와 하도 주변부

주 분류	일반 환경	세부 환경
해성 환경	하구-석호	석호
		염습지
	연안-해빈	해빈 전안
		해빈 후안
		해빈 사구(그리고 해빈정단)
		조수로
		조간대
	대륙붕-천해	개방된 저에너지
		제한된 저에너지
		고에너지
		빙하해양
	초	초
		초전면부
		초 석호
	해저 협곡	—
	대륙사면 및 대륙대	개방된 대륙사면-대륙대
		대륙사면 분지(해저 선상지가 위의 한 곳에서 산출 가능)
	원양성 환경	분지 또는 심해 평원
		해양 대지
	해구	해구 사면
		해구 사면 분지
		해구저(해저 선상지가 위 마지막 두 환경에서 산출될 수 있음)
	열곡대	—

를 따라 이동되고 재퇴적된다. 침식은 하도의 이동을 초래한다. 시간에 따라 하도가 이동하면 자갈과 모래가 국부적으로 퇴적되어 하도 내에 사층리가 발달한 하도 사주(channel bars), 하천 제방이나 주변부를 따라 발달하는 제방 단구(bank benches) 그리고 사행 커브의 안쪽으로 굽어진 쪽의 하도 가장자리를 따라 발달하는 우각 사주(point bars)를 형성한다.[4] 암석화가 됨에 따라 모래와 자갈은 사암과 역암이 된다.

물이 하도를 따라 제방 위로 흐르게 되면 범람이 일어난다. 범람은 (1) 하도제방 위로 넘치는 물에 의해 떨어지는 모래나 실트로 된 직선적인 자연 제방 퇴적물과 (2) 제방의 침식과 범람원 위로 물의 유입의 결과 발달된 모래와 실트 퇴적물로 된 돌출된 틈상퇴적체(crevasse splay)로 구성된 고에너지 범람원 퇴적물을 생성시킨다.[5] 범람원에서는 실트와 점토가 퇴적된다. 유기물이 많은 이토와 분해된 식물(토탄)은 습지(swamp) (소택지)에 쌓인다. 범람원과 습지 모두 다 저에너지 환경이다. 유기된 사행천에서 형성된 호수는 저에너지 환경이다.

여러 종류의 퇴적 작용이 하천 퇴적 환경에서 작용해서 렌즈상이나 판상의 역암, 사암, 이암으로 구성된 복잡하게 얽혀진 층서를 만든다(그림 4.1a). 이 층서는 기저부의 조립질 암석(역암), 중간 부분의 중립질 암석(사암), 상부의 이암으로 구성된(그림 4.1b) 상향세립화 연계층(fining upward sequences)에 의해 특징지어진다.[6] 사층리가 있고, 포물선 내지 렌즈상이며, 렌즈형태 내지 둥근 돌출부 그리고 렌즈상 내지 선상의 사암체와 비해성 화석(중기 고생대와 그 이후의 암석)은 하천 퇴적 환경의 지시자이다.

망상 하천은 일반적으로 조립질 퇴적물(모래와 자갈)이 우세하다(N. D. Smith, 1970; Miall, 1978b; Cant, 1982). 하도는 많은 양의 조립질 퇴적물을 운반하기 때문에 범람상태는 이들 퇴적물의 퇴적을 초래하며, 암석화 됨에 따라 이들은 손가락이 깍지 낀 형태의 선상, 포물선 모양 그리고 렌즈상 내지 둥근 돌출부 형태의 사층리가 발달된 사암과 역암이 된다. 하도와 사층리는 이들 암석에서 흔한 구조이고 비해성 화석은 중기 고생대 이후의 암석에서 존재할 수 있다.

사막 환경과 암석

사막 환경은 에르그(풍성 환경), 플라야 그리고

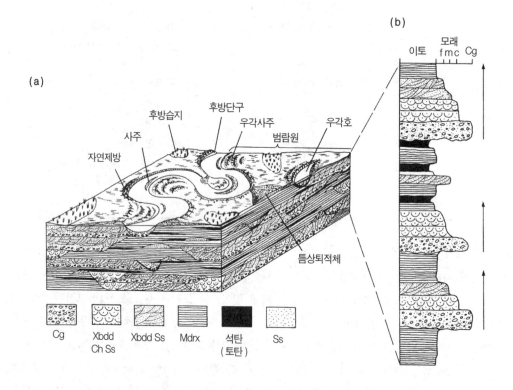

그림 4.1 사행하천 환경과 그 단면의 단순화 된 그림. (a) 다양한 소환경과 그 안에 발달된 층서를 보여주는 블록 그림. Cg=역암, Xbdd=사층리가 발달한, Ss=사암, Xbdd Ch Ss=사층리가 발달한 하도 사암, Mdrx=이질암. (b) 사행하천 환경의 층서를 보여주는 주상도. 화살표에 의해 나타내진 상향세립화 연계층을 주목하라. f=세립모래, m=중립모래, c=조립모래, cg=역암. (Based in part on Selley, 1976, and R. G. Walker and Cant, 1984).

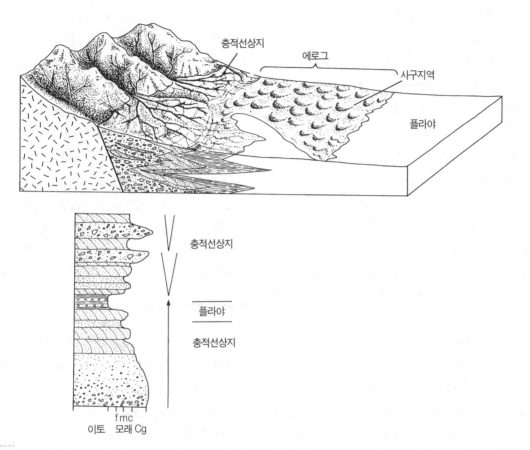

....
그림 4.2 사막 환경-충적 선상지, 에르그 그리고 플라야를 나타내는 그림 (a)으로서 선상지 플라야 단면 (b)을 보여준다. 각진 파편은 다이어믹타이트와 선상지 역암이다. 단면도 오른쪽의 길죽한 V자들은 상향 조립화 단면을 보여준다. 화살표는 상향세립화 연계층을 보여준다.

충적선상지로 된 세 가지의 주된 환경으로 구성되어 있다(그림 4.2, 4.3). 각각은 독특한 양상을 갖고 있다.

에르그(ergs)는 규모가 큰, 모래로 덮인 사막지대이다. 풍성 사구(dunes), 사구 사이의 지역 그리고 판상의 모래가 에르그를 구성한다. 풍성 사구는 바람에 의해 퇴적된 모래 더미이다. 사구 환경과 암상의 주된 특징은 분급이 양호하며, 간단한 것에서부터 복잡한 사층리를 갖는 모래(사암)이다(McKee, 1966).[7] 사구 사이에는 작은 면적에서 큰 면적까지 달하는 사구 사이의 모래밭인 비교적 얇은 판상의 모래 지역(interdune sand flats)이 있다. 이 사구 사

....
그림 4.3 캘리포니아, Death Valley의 서쪽 가장자리의 북동쪽 전경으로서, 플라야로 점점 변해가는 충적선상지 퇴적물을 덮고 있는 사구를 보여주고 있다.

이의 모래밭은 얇고 수평적으로 엽층리가 발달하고 저경사의 풍성 연흔 사층리 사암에 의해 특징지어진다.[8] 일반적으로 사구와 밀접하게 관련되어 있지 않은 넓은 평탄한 지역인 판상 모래 지역은 높은 지하수면을 형성하고, 이 곳에는 주기적인 홍수, 교결화 작용 그리고 식생의 발달이 있다(Kocurek과 Nielson, 1986). 사구 사이의 지역과 마찬가지로, 판상 모래 지역의 퇴적물은 평행 층리 내지 풍성 연흔, 저경사 사층리에 의해 특징지어진다(Kocurek과 Nielson, 1986; Chan, 1989). 풍성 모래 입자들은 파져서 흐려진("서리가 낀")("frosting")표면을 보인다. 식생은 에르그에는 대개 없으나 국부적으로 존재할 수 있다. 화석은 발자국과 굴착 구조로 구성되어 있는데, 굴착 구조는 별로 나타나지는 않는다.[9]

에르그는 플라야호(playa lakes)라고 불리우는 일시적 호수를 포함하는 평평하고 식물이 없는 불모의 분지인 플라야(playas)에 의해 인접될 수 있다. 육성 사브카(continental sabkhas)로 불리는 소금이 있는 플라야 평원(Blatt, Middleton and Murray, 1980; A.C. Kendall, 1984)은 얇은 층리나 엽리의 이암과 증발암에 의해서 특징지어진다. 사암은 특히 플라야의 주변부에서 형성될 수 있다. 그러나 층상의 증발암은 플라야 층서의 가장 특징적인 암석 유형이다.

충적선상지 환경은 아마도 가장 연구가 많이 된 사막 환경이다.[10] 충적선상지는 전형적으로 하천의 흐름이 산의 협곡을 빠져나와 계곡으로 들어가는 곳에 발달한 둥근 돌출부를 형성한다(그림 4.2). 경사의 감소와 하도 넓이의 증가로 인해 생긴 유속과 운반 능력의 감소는 많은 퇴적물의 퇴적으로 나타난다.

충적선상지의 대부분의 퇴적물은 특성상 조립질 하성 퇴적물(자갈, 모래)이나, 이토류나 암설류에 의

해 생성된 거력을 포함하는 점토가 흔히 이들 하성 퇴적물과 호층을 이룬다. 이들 퇴적물은 암석화 됨에 따라 각각 역암, 사암, 다이어믹타이트로 된다. 퇴적 구조로는 하천 퇴적물의 퇴적 구조가 포함된다. 그러나 국부적으로 선상지의 근원지 부근에서 높은 함량의 각진 입자들과 함께 "선상지 역암(fanglomerate)"이라고 불리는 각력암과 역암이 존재한다(Lawson, 1913, Krynine, 1948). 화석은 충적선상지 퇴적체에서 드물다. 그럼에도 불구하고 나무줄기와 곤충 그리고 척추 동물 굴착 구조가 국부적으로 존재한다(Gostin과 Rust, 1983, in Rust and Koster, 1984).

빙하 환경과 퇴적물

빙하(glaciers)는 침식의 주체로서 아주 효과적인, 움직이는 얼음 덩어리이다. 빙하가 전진하고 후퇴함에 따라 빙하저면 환경(subglacial environments)에서의 기저, 빙하내부 환경(englacial environments)의 얼음내의 하도와 터널 내, 그리고 빙하표면 환경(supraglacial enviroments) 내의 빙하의 측면과 말단을 따라 물질을 퇴적시킨다(그림 4.4). 빙하의 전면에서 빙하호수 환경(cryolacustrine environements)을 형성하면서 호수가 발달 할 수 있다. 또한 빙하의 말단부에서 녹은 물의 흐름은 특히 호수가 없는 곳에서 빙하전면 하천 환경(proglacial fluvial environments)을 형성한다. 바람은 빙하전면 풍성 환경(proglacial aeolian environments)에 세립질 퇴적물을 퇴적시킨다.

표석점토(till)는 전형적으로 점토에서 모래 크기의 암석과 광물 파편으로 구성된 세립질의 기질물 내에 조립질의 각지거나 둥글며 국지적으로 잘리거나 긁힌 입자들로 구성된 아주 분급이 불량한 빙하 퇴적물(다이어믹트)이다. 빙성층(tillite)이라고 불리

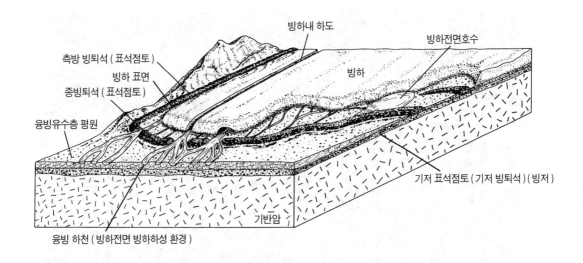

그림 4.4 빙하를 둘러싸고 있는 여러 가지 빙하 소환경

는 대응되는 암석은 빙하 다이어믹타이트(diamic-tite)이다. 표석점토는 빙하저면 환경 퇴적물인 동시에 빙하표면 환경 퇴적물의 특징을 갖고 있다.[11] 빙면 환경, 빙하하천 환경, 빙하전면 환경 그리고 빙하내부 환경의 터널에서 암설류 다이어믹트, 하천에서 퇴적되고 사층리가 발달하고 하도가 있는 모래와 자갈, 호수 퇴적물 그리고 표석점토가 긴밀하게 호층을 이룰 수가 있다(Flint, 1971; M.B. Edwards, 1978).[12] 빙하가 녹은 하천은 대개 망상의 하천이고 구조(하도와 사층리를 포함한)는 전형적으로 하천 기원의 특징을 갖는다. 그러나 역암 내의 긁힌 입자들은 빙하 기원 퇴적물이다.[13] 빙하호수 환경은 (1) 녹은 얼음으로부터 떨어진 암석(빙하낙하석, dropstones)을 포함하는(부분적으로 저탁류에 의해서 퇴적된) 엽층리가 발달된 모래와 이토 (2) 녹은 얼음과 빙산으로부터 떨어진 다이어믹트 그리고 (3) 호수에 쌓여진 하천 기원 삼각주에 퇴적된 상향 조립화의 사층리가 발달한 모래와 이토(N. D. Smith와 Ashley, 1985)을 포함한다. 빙하낙하석을 포함하는 엽층리암 또는 호상점토암(varvites)은 빙하호수 퇴적물의 지시자이다(그림 4.5). 호상점토(varve) (암석=호상 점토암, varvite)는 윤회적으로 반복된 퇴적물 층의 쌍으로서, 각각의 쌍은 실트로 된 밝은 여름층과 점토와 유기물이 많은 겨울층으로 구성되어 1년을 지시한다.[14]

빙하전면의 하천 퇴적물을 가로질러 부는 바람은 빙하전면 풍성 퇴적물 내에 바람이 불어가는 방향으로 세립질 퇴적물을 들어올리고 운반시키고 퇴적시킨다. 많은 황토 퇴적물(밝은 색을 띠며, 층이 발달하지 않고, 석회질이며, 주로 실트 크기의 석영 입자가 많은 퇴적물로 구성된 판상의 퇴적물)은 빙하 퇴적물의 풍성 퇴적과 관련된 기원으로 간주된다(Flint, 1971; Smalley, 1975a).[15] 그런 퇴적물은 북미의 중서부를 포함하는 세계의 여러 지역에서 광범위하게 쌓인다.

호성 및 다른 육성 환경과 퇴적물

호성 환경(lacustrine environments)은 빙하 부근, 사막, 범람원, 삼각주, 산간지역 그리고 열곡을 포함하는 다양한 장소에서 발달된다(Collinson, 1978c).

그림 4.5 버지니아, Mount Rogers 북부, Mount Rogers 층(신원생대)의 빙하낙하석층(화살표, 상부 왼쪽)을 포함하는 호상 엽층리암.버지니아, Mount Rogers 북부, Mount Rogers 층(신원생대)의 빙하낙하석층(화살표, 상부 왼쪽)을 포함하는 호상 엽층리암.

작은 호수, 호수 주변부 그리고 기복이 심한 지역에서 호수 퇴적물은 조립질 퇴적물과 세립질 퇴적물이 교호한다. 기복이 낮거나 호수의 중심부가 연안에서 멀리 떨어져 있으면 형성된 퇴적물은 대개 세립질이다.[16] 부유와 화학적 침전물(예, 생물기원 규산, 탄산염 광물, 증발암 광물)로부터 퇴적된 이토와 유기물이 우세하다. 형성된 층들은 대개 평행하고 얇게 엽층리가 발달되어 있고 흔히 특징적인 호상 점토로 구성되어 있다(McLeroy와 Anderson, 1966; Picard와 High, 1972a; Dean과 Fouch, 1983).[17] 심지어 이토가 우세한 호수에서조차 호수 주변부 암상과 호수 내의 국부적 저탁암은 조립질 퇴적물로 구성되어 있다. 화석은 척추동물(물고기), 연체동물, 식물(조류 스트로마톨라이트) 그리고 곤충을 포함한다.

호수와 마찬가지로 습지(swamps)도 중앙부와 주변부, 늪지 사이 환경 및 삼각주 습지 환경을 갖는다. 늪지 사이 환경은 조용한 물에 의해 특징지어진다. 이 곳에서는 이질암과 석탄이 되는 점토와 토탄이 퇴적된다. 삼각주 습지 환경은 사층리 사암과 이질암에 의해 특징지어진다.

사태(landslides)는 육지지역에서 일어난다. 사태는 작은 양상에서부터 아주 대규모 양상까지 있으며, 전형적인 퇴적물은 다이어믹트 또는 거대 각력암(megabreccias)이다(Krieger, 1977).[18] 사태퇴적물의 성분은 약간의 예외는 있지만 사태자체는 거의 분급이 되지않거나 사태 퇴적물 입자의 다른 변화가 없음에 따라 전적으로 근원지에 달려 있다. 입자들은 전형적으로 각질이다. 하천퇴적물이 사태에 관여하는 곳에서는 크고 원마도가 양호한 입자들이 퇴적물 내에 산출될 수 있다. 대조적으로 1976년 과테말라의 지진에 의해 생긴 많은 사태는 화산지대에서 일어났고 전적으로 화산재로 구성되어 있다. 화석은 사태퇴적물에서 흔하지 않으나 국부적으로 나무줄기와 다른 식물 그리고 척추동물들이 간혀 화석화 될 수 있다

사태퇴적물은 활발한 지구조 운동이 대소 퇴적 분지로 역할하는 계곡을 형성하는 곳인 온대내지 열대지역의 다른 암석과 밀접하게 관련되어 있다. 이 계곡은 여러 가지로 건조지역의 계곡과 유사하 다. 차이는 풍화, 침식 그리고 퇴적 작용에 더 습윤 한 조건의 조절 효과 때문이다. 이들 분지에서 형성 된 퇴적암은 가파른 산맥전면을 따라 발생한 사태 에 의해 퇴적된 각력과 다이어믹트, 사행 및 망상 하천 역암 및 사암, 사행천 범람원과 호수에서 형성 된 이질암, 저탁류에 의해서 퇴적된 사암과 이질암 저탁암이다(R. J. McLaughlin과 Nilson, 1982). 화석 은 식물파편, 척추동물 유해, 담수 연체동물로 구성 되어 있다.

전이 환경

전이 환경은 연안 삼각주, 염하구-석호, 연안 및 관련 환경을 포함한다. 이들 환경에서 형성된 암석 은 바람, 파도 그리고 해류를 포함하는 여러 매체에 의해 영향을 받는다. 퇴적작용의 원인은 다양하고 퇴적 작용과 생물학적 작용은 현저하게 다른 화학 적 조건을 겪기 때문에 전이 환경에서 형성된 퇴적 암은 다양하다.

연안 삼각주 환경

삼각주는 하천이 해양, 호수 또는 다른 물이 있는 곳에 형성된 연안을 따라 만들어진 돌출된 지형학 적 형태이다(그림 4.6).[19] 삼차원적으로 보아 삼각주 는 불규칙하거나 호상, 렌즈상 내지 판상의 퇴적체 이다. 퇴적물은 하천이 분지로 들어 올 때 유속이 감소함에 따라 하천의 운반 능력이 감소하기 때문 에 퇴적된다.

가장 큰 삼각주인 나일, 미시시피 그리고 메콩 삼각주는 큰 강들이 해양이나 바다로 들어오는 곳 에서 만들어진다. 그런 삼각주는 그들의 특징이 주 로 강에 의한 퇴적 작용에 의해서 만들어 질뿐만 아 니라 하도나 조석에 의해서도 만들어진다(W. E.

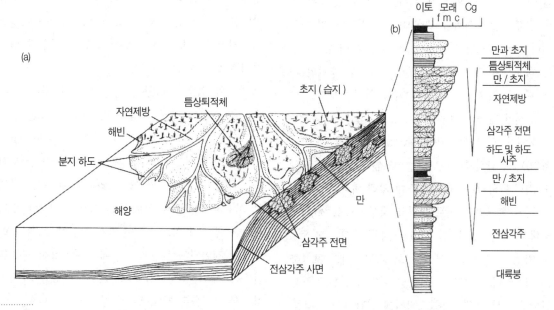

그림 4.6 단순한 삼각주 환경(a)과 주상 단면도(b)를 보여주는 그림. 틈상퇴적체, 삼각주 전면, 그리고 전삼각주 사면. (b)에서 큰 V자는 상향 조립화 연계층을 보여준다.

Galloway, 1975). 파도나 조석은 퇴적물의 특징과 삼각주 내의 층의 형태를 변하게 한다.

삼각주 환경은 가장 쉽게 삼각주 평원(delta plain)과 삼각주 전면(delta front)의 두 부분으로 구분된다. 삼각주 평원은 해수면 위나 아래에 있는 삼각주의 상류 쪽의 저지대이나 일부분은 해수면 위와 해수면 아래에 둘 다 놓일 수 있다. 주 하천으로부터 흘러나와 삼각주를 가로질러 손가락 처럼 벌어진 강의 지류인 분지 하도(distributaries)(그림 4.6)는 하도 사주 환경 내에 사층리가 발달한 모래와 자갈 같은 하성 퇴적물을 퇴적시킨다(H. N. Fisk, 1961; J. R. L. Allen, 1970a, 1970b).[20] 하도 사이는 서로 교호하는 모래, 실트, 이토에 의해 특징지어진다. 호수는 이들 하도 사이 지역에 발달할 수 있고 소규모의 호성 삼각주가 형성되고 호수 분지를 메꾸게 된다(Tye와 Coleman, 1989). 많은 삼각주에서 하도 사이의 삼각주 평원지역은 이토와 유기물이 퇴적되어 후에 석탄 및 그와 관련된 이질암을 퇴적시키는 습지(삼각주 습지환경)가 된다. 그와 같은 것이 미국 동부의 미시시피와 펜실베니아기의 석탄의 기원이다.[21] 국지적으로 만(bay)이 해수면 아래에 놓여있는 하도사이 지역에서 발달한다. 삼각주 평원의 여러 환경들은 시간이 지남에 따라 복잡하게 교호하는 층서를 만들며 이동한다.

삼각주 전면 환경(delta front)은 삼각주 전면(협의의)과 전삼각주(prodelta)로 구성되어 있다. 삼각주 전면(협의의)은 분지 하도에 의해 퇴적된 사층리가 발달한 모래와 이토(그리고 국부적으로 자갈)에 의해 특징지어진다. 이 지대를 지나서 더 분지쪽으로 가면 국부적으로 렌즈상 모래 퇴적체를 포함하는 이질암이 퇴적된다. 붕락 및 이와 관련된 질량류 전삼각주 사면 위나 또는 기저에 발달하여 대륙붕, 대륙사면 또는 해저분지평원까지 연장된다(J. M.

Coleman, 1982; Bjerstedt와 Kammer, 1988; Postma 외, 1988). 전체적으로 삼각주 퇴적물은 상향조립화(coarsening upward)와 상향가후화층서(thickening upward sequence)를 형성한다(그림 4.6b). 삼각주 암석에서 화석은 석탄 함유층에서처럼 풍부하게 산출되는 것에서부터 삼각주 환경의 사암에서처럼 아주 적게 산출되는 것까지 다양하고 생혼 화석(예, 굴착 구조, 파행혼), 해성 무척추 동물, 뿌리, 잎 그리고 다른 식물 화석을 포함한다.

하구-석호 환경

하구와 석호는 해수와 담수가 다양한 비율로 섞이는 전이적 연안 환경이다. 하구(estuaries)는 불규칙한 형태로부터 개방된 해양과 연결된 삼각형 형태의 넓은 강의 입구에 이르는 형태가 있다. 석호(lagoons)는 일반적으로 연안에 평행한 수심이 낮은 환경으로서 사주가 하구의 입구를 막거나 또는 사주섬(barrier islands)이나 사취가 파도의 활동으로부터 저지대(조간대에서 조하대)를 분리시키는 곳에 발달한다(그림 4.7). 염습지(Salt marshes)는 평평한 식생지역이고 하구와 석호에 인접된 염수에 의해 주기적으로 덮이게 된다.

하구와 석호는 다양한 염분, 다양한 해류 영향, 퇴적물 유입의 다양한 속도 및 성분, 해수면 변화 그리고 인접 환경의 다양함 때문에 지교(interfinger, 指交)하는 층서를 발달시킬수 있다. 하구는 국부적으로 평행 엽층리가 발달한 모래와 이토, 파도 형태로 교호하는 모래와 점토 또는 사질 이질 토탄으로 변하는 분급이 양호한 사층리가 발달한 모래에 의해 특징지어진다.[22] 일부 하구에서 퇴적물이 상류로 갈수록 세립화되는 경향이 있으나 하도와 사주를 따라서 퇴적물은 전형적으로 사질이다.

석호에서 퇴적물은 주로 생물 교란된 이토이다.

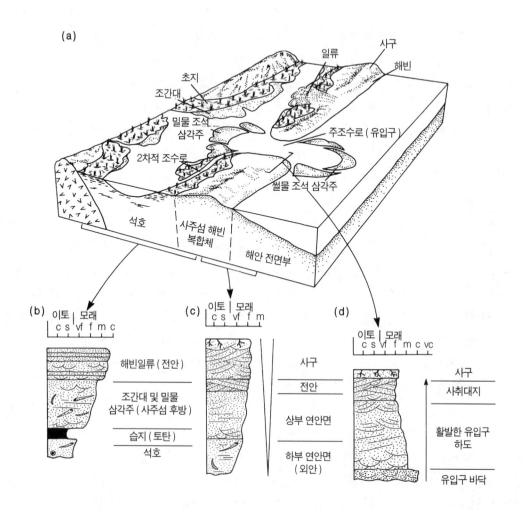

....
그림 4.7 연안 및 관련 환경 그리고 사주섬 해빈 복합체가 있는 해안선의 대표적인 층서 단면을 보여주는 그림. (a) 여러 소환경을 보여주는 블럭 그림(modified from Reinson, 1984). (b) 사주섬 후방지역의 층서단면. (c) 사구-전안-연안면의 층서단면. (d) 조수로 지역의 층서 단면 [(b)-(d) from Heron et al., 1984]

그럼에도 불구하고 평행 엽층리내지는 사층리가 발달한 모래의 호층 또한 전형적 퇴적 구조이다. 모래는 국부적으로 우세할 수 있다(Rusnak, 1960; R. H. Parker, 1960). 조간대와 염습지가 하구와 석호 환경에 인접된 곳에서 하구나 석호 퇴적물은 뿌리와 뿌리의 몰드를 포함하는 건열이 있고 파상 층리의 이토와 모래로 점차 변한다. 저위도의 탄산염 성분이 많은 석호 환경에서 이토와 모래에 해당하는 탄산

염 성분 (석회 이암, 와케스톤, 팩스톤, 입자암을 생성하는 석회 이토, 펠렛석회 이토 그리고 탄산염 모래)은 규질 쇄설성 퇴적물을 대신한다.[23] 초환경과 관련된 석회 퇴적물은 아래에 언급되어 있다.

연안 및 관련 환경

고조와 저조 사이에 있으면서 엄밀한 의미의 연안지대(littoral)를 포함하는 육지와 바다의 접촉면은

여러 가지 다른 형태를 취할 수 있다. 간단히 정의하면 이들 경계는 해빈, 사주와 삼각주이다. 삼각주는 위에서 취급하였다. 해빈 형태와 사주 형태 접촉면 사이에 하나의 연속체가 존재한다. 해빈(beach)은 바다의 주변부를 따라 형성된 퇴적물 집적체이다. 넓은 해빈은 연안 평원(strand-plains)이라고 불리운다. 석호에 의해 육지로부터 격리된 직선적인 해빈은 사주섬(barrier islands) 또는 사주해빈 복합체(barrier beach complexes) (그림 4.7)라고 불리운다. 물속에 잠긴 직선적인 퇴적물 집합체는 사주(bars)라고 불리운다.

사주섬과 석호가 있는 해안은 가장 많은 수의 상호관련된 소환경을 갖고 있다. 소환경의 양상과 퇴적된 퇴적물의 특징은 기후와 식생, 조차 범위, 해수면의 상승(해침) 또는 하강(해퇴), 연안의 유형이나 형태, 지구조적 환경, 퇴적물 공급 그리고 이전의 퇴적역사[24]에 따라 심하게 변한다. 사주 유형의 전이환경의 일반적 형태는 그림 4.7에 제시되고 있다. 육성 환경의 가장자리를 따라 세립질 퇴적물이 전형적으로 퇴적되는 습지와 사브카를 포함하는 조간대(tidal flats)가 있다.[25] 습지는 그들을 가로지르는 조수로(소하도)를 갖을 수 있으나, 흔히 습지는 정상고조면(즉 조상대)위에 놓인다(Shinn, Lloyd, and Ginsburg, 1969; Reineck and Singh, 1975).[26] 일조차(즉 조간대 지역)에 의해서 영향을 받는 부분인 조간대의 하부는 그 곳에서 조립질 퇴적물이 퇴적되는 조수로를 갖을 수 있다(G. R. Davis, 1970b).

석호는 조간대의 바다 쪽에 위치한다. 조수로(유입구)가 사주섬을 자르는 곳에서 조석이 매일 흘러서 석호 안으로 돌출되어 있는 사질 밀물 삼각주를 퇴적시킨다. 석호의 바다쪽은 습지와 조간대를 갖는 연안이 분포한다. 또한 폭풍이 사주섬을 가로질러 석호까지 모래를 씻어 이동시키는 사주섬을 따라

있는 저지대인 일류삼각주(washovers, 溢流三角洲)는 습지와 조간대를 가로질러 석호 안쪽으로 뻗은 선상지나 삼각주와 같은 둥근 돌출부를 형성한다.

사주섬의 융기부는 사구에 의해서 형성된다. 정상고조면 위의 사질로 된 약간 평평한 지역인 해빈 정단(berm)과 함께 사구는 해빈 후안(beach backshore)이라고 불리는 조상대를 형성한다. 해빈 전안(beach foreshore)은 고조와 소조 사이의 지대와 쇄파가 해빈면 위로 올라오는 세파대(swash zone)를 포함한다. 전안(foreshore)의 바다쪽은 사실상의 파도저면 위와 저조면 아래사이의 지대인 연안면(shoreface)이다. 이 지대는 엄밀하게는 전이환경의 일부가 아니나 이 지대가 해빈 환경과 밀접하게 관련되어 있기 때문에 대개는 바다와 육지 접촉면을 논할 때 포함된다. 연안면을 가로질러 연장되어 있는 것은 외부로 흐르는 조석에 의해 형성된 썰물 삼각주이다.

바다와 육지 접촉면과 관련된 환경의 다양성이 크기 때문에 생성된 암석과 층서적 연계층은 다양하다. 예로서 암석질 해안이나 지구조적으로 활발한 해안 또는 에너지가 높은 해안을 따라서 연안면 역암과 역질사암이 주된 퇴적암이다(Bourgeois and Leithold, 1984; Leithold and Bougeois, 1984; W. Duffy, Belknap, and Kelley, 1989). 지구조적으로 활발하지 않고 기복이 낮은 해안을 따라서는 분급이 양호한 규질 쇄설성 모래 또는 탄산염 모래나 이토가 주된 퇴적물이다(Shinn, Lloyd, and Ginsburg, 1969; Kent, Van Wyck, and Williams, 1976; Duc and Tye, 1987). 평행 엽층리, 연흔 사층리 그리고 미터 규모의 저경사 사층리가 주된 구조이다(Komar, 1976a).

염습지는 실트질 점토(암석화 되면 점토 셰일이 됨)와 같은 얇고 파상 층리가 발달된 세립질 퇴적물

에 의해서 특징지어진다(Reineck, 1967). 화석이 많은 이암이 국부적으로 호층을 형성한다. 식물 뿌리나 가는 몰드가 흔하고 풍부한 식생은 석탄이 되는 토탄층으로 될 수 있다. 탄산염 환경에서 얇은 엽층리가 발달된 조류 이토가 스트로마톨라이트 석회이암의 전신(precursors)이다(G. R. Davies, 1970a; Hardie and Ginsburg, 1977). 그러므로 탄산염 환경과 규산염 환경 모두에서 세립질 퇴적물이 전형적인 퇴적물이다. 대조적으로 습지를 자르는 조수로는 패각 잔류 퇴적물(shell lag deposits)[27]이고 사암, 이암, 팩스톤 또는 입자암을 생성하는 이질 또는 사질 퇴적물을 갖을 수 있다.

조간대는 고조면에서 이질이고 저조면에서 사질인 경향이 있다(Weimer, Howard, and Lindsay, et al., 1982; R. W. Frey, 1989).[28] 층리는 윤회적 엽층리, 모래 내의 이질층과 생물 교란된 이질층을 갖는 렌즈상 층리, 펠렛 형태의 석회 이토 그리고 모래를 포함하는 여러 유형의 퇴적물에서 산출된다. 연흔, 건열 그리고 굴착 구조가 국부적으로 존재한다. 조간대 내의 조수로는 사층리가 발달한 사질(규질 쇄설성, 팩스톤 또는 펠렛석회이암) 하도 퇴적물로 덮인 기저 역(이토, 패각 또는 해빈암과 같이 산출)을 갖을 수 있다.[29] 석호의 바다쪽에 있는 일류 선상지(washover fan, 溢流扇狀地), 즉 사주섬의 육지쪽은 암석화되어 아레나이트, 입자암 그리고 팩스톤을 생성하는 평행엽층리가 발달하고 전면층에 사층리가 발달한 모래 퇴적물에 의해 특징지어진다.[30]

다른 풍성 사구와 마찬가지로 사주섬의 사주는 고경사의 사층리가 발달되고 분급이 양호한 세립내지 조립질 모래로 특징지어진다.[31] 사구의 바다쪽에 있는 정단, 전안 그리고 연안면 퇴적물은 거의 수평적이고, 평행엽층리 내지는 저경사 사층리 단위내에 퇴적된 아레나이트, 입자암 또는 팩스톤으로

나타내진다.[32] 국부적인 화석 산출층이나 역암층이 폭풍 퇴적 작용으로부터 생길 수 있다. 일반적으로 이들 퇴적물은 세립질이며 바다쪽으로 갈수록 증가하는 생물교란 작용을 보인다. 사주를 자르는 조수로(유입구)는 기저 역질 또는 화석을 포함하는 모래로 특징지어지고 부분적으로 이토 엽층리가 있는 분급이 불량한 평행 엽층리내지는 사층리가 발달한 조립질 패각 모래로 덮여있다(Moslow and Tye, 1985; Israel, Ethridge, and Estes, 1987; Hennessy and Zarillo, 1987). 해안 지대의 일반적인 연계층은 퇴적 역사에 따라 상향조립 또는 상향세립이다. 화석, 특히 무척추 화석은 해안 환경에 일반적으로 흔하다(R. H. Parker, 1960). 조간대와 습지에서 조류매트가 생성되고 이토를 붙들어 퇴적시킨다.

해양 환경

많은 양의 퇴적암은 해양 환경, 특히 대륙붕과 초환경에서 퇴적되었다. 암석학적 용어의 연안면에서 대륙붕으로의 전이는 흔히 점진적이다. 국부적인 초(reefs)가 있는 대륙붕은 대륙사면으로 바뀌고(그림 4.8), 대륙사면은 다시 대륙대나 해구로 바뀐다. 심해 해양 분지와 심해 평원에서 발달하는 원양성 환경은 멀리 떨어져 있거나 그렇지 않으면 조립질 쇄설성 퇴적물의 퇴적으로부터 격리된 환경이다. 대륙붕과 대륙사면 그리고 대륙대를 자르며 해양저 분지와 해구로 세립질에서 조립질 퇴적물을 운반시키는 흐름과 해류를 흐르게 하는, 그렇지 않으면 오로지 세립질 퇴적물만 유입되는 해저 협곡은 예외적이다(Thornburg and Kulm, 1987; Kuehl, Hariu, and Moore, 1989).

중생대나 신생대 암석 내의 해성 화석, 특히 산호, 연체동물, 유공충 그리고 태선동물은 천해 해성

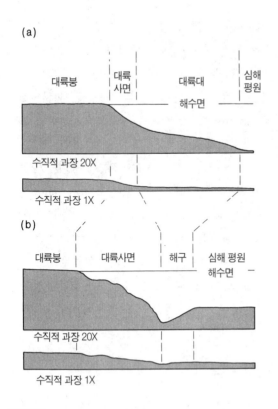

그림 4.8 중요 해양 퇴적 환경의 일반화된 단면. (a) 비활동적 주변부(passive margin) (modified from C. L. Drake and Burk, 1974; Cook, Field, and Gardner et al., 1982). (b) 활동적 주변부(active margin).

암석에서 국부적으로 아주 흔하다. 조류는 스트로마톨라이트(stromatolites)나 온콜라이트(oncolites)에 의해 나타내진다.

대륙붕-천해 환경

연안면은 대륙붕에 의해서 바다쪽으로 이어진다. 대륙붕은 정상파도기저로부터 평균 124m의 깊이에 있는 해저면 경사의 변화가 일어나는 대륙붕단까지 분포하고 있는 해저면이다(Bouma et al., 1982). 전이지대의 환경같이 대륙붕 환경은 아주 다양하다. 변화는 (1) 기후 (2) 퇴적물 유입 (3) 생물 활동 (4) 파도, 해류 그리고 폭풍 활동 (5) 이전의 퇴적학적 및 지구조적 역사 (6) 현재의 지구조

환경 (7) 해수면 변화의 차이에서 온다.[33] 예를 들면 탄산염 퇴적물은 특히 열대 내지는 아열대 기후에서 발달하는 반면, 규질쇄설성 퇴적물은 중위도 내지 고위도에서 산출된다. 또한 규질 쇄설성 퇴적물은 그들의 입자 크기가 크거나 또는 국부적인 지구조 운동지역에서 산출되기 때문에, 강이 많은 양의 퇴적물을 연안 지대에 공급하는 곳은 어느 곳이나 퇴적된다(예, 멕시코만의 북서 연안이나 또는 북미의 서쪽 해안).

대륙붕 환경은 대규모 만, 대지, 완사면[34], 그리고 깊은 대륙붕 지역과 같은 저에너지 유형과 얕은 지역과 같은 해양 빙하 환경과 같은 고에너지 환경 유형을 포함한다. 대륙붕에서의 퇴적물의 분포 유형은 다양한 조건과 다양한 퇴적 환경을 반영한다(그림 4.9). 고에너지와 저에너지 대륙붕 환경은 약간은 유사성이 있다. 왜냐하면 고에너지 환경에서 간헐적인 조용함이 저에너지 퇴적 작용으로 나타난다. 두 환경에서 연안면 모래는 국부적으로 중간 내지는 양호한 분급의 대륙붕 모래로 점이적으로 변하고, 대륙붕 모래는 이토와 국부적으로 자갈로 점점 변한다(그림 4.9).[35] 탄산염 성분인 모래(암석화되어 생물 골격 와케스톤 또는 팩스톤과 어란석 입자암을 생성)는 불규칙한 층리, 판상층리, 약간의 평행엽층리, 연흔 사엽층리 그리고 고경사 사층리에 의해 특징지어진다. 이토는 석회 이토(예, 펠렛석회이토) 또는 층상 규산염이다. 생물 교란 작용은 전형적인데, 특히 이토에서 전형적이며 흔히 층리를 완전히 파괴한다. 해록석 모래와 인산염 암석은 국부적으로 중요하다.[36]

저에너지 환경은 이토가 우세하다. 규질 쇄설성 퇴적 작용이 우세한 지역에서 이토와 점토가 많은 모래로부터 유래된 이암과 와케(Shepard and Moore, 1955)는 주된 암석의 유형이다. 석회이암은

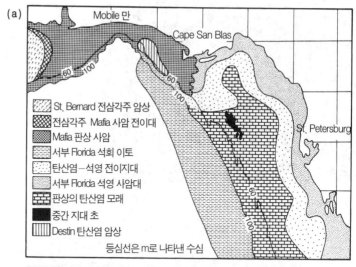

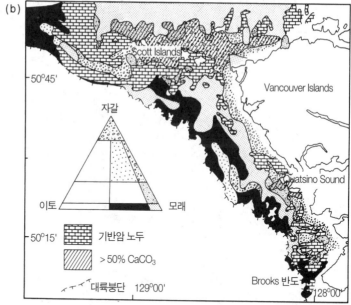

그림 4.9 대륙붕에서 퇴적물의 분포 형태에 대한 예. (a) 미시시피, 앨라배마, 플로리다(MAFLA)-멕시코만 대륙붕. 탄산염 암상은 패각, 조류, 유공충 모래이다. (Doyle and Sparks, 1980으로부터 다시 그림). (b) 브리티시 콜럼비아(British Columbia), 북부 뱅쿠버섬, 북미 서부해안의 일부를 따라 있는 대륙붕(after Bornhold and Yarath, 1984).

탄산염 환경에서 발달된 대응 암석이다(Enos, 1983). 유기물은 탄산염 또는 규질 쇄설성 퇴적물을 검게 만든다. 이런 사실은 순환이 제한된 곳(예, 협만)에서 특히 사실이며 무산소 환경은 검고, 유기질의 엽층리가 발달된 황화퇴적물(sulfidic sediments)을 생성한다. 구조적으로 저에너지 대륙붕 퇴적물로부터 유래된 암석은 해성 무척추동물과 소량의 척추동물 화석을 포함하는 평행 엽층리의 파상내지는 판상이며 얇거나 또는 중간 두께의 생물교란된 균질한 층을 형성한다(그림 4.10).

이와는 대조적으로 고에너지 환경은 비교적 조립질 퇴적물로 특징지어진다. 국부적으로 사층리가 발달한 자갈, 생물골격 또는 어란석 입자암과 팩스톤 그리고 아레나이트와 와케가 높은 운반 에너지

그림 4.10 호층을 이룬 대륙붕 암석-펠마토조아 줄기와 함께 산출되는 팩스톤과 이토셰일; Missouri, Kansas City, I-470과 Raytown Road 교차점의 Kanasa City 층군의 펜실베니아기 Dennis 층(?)

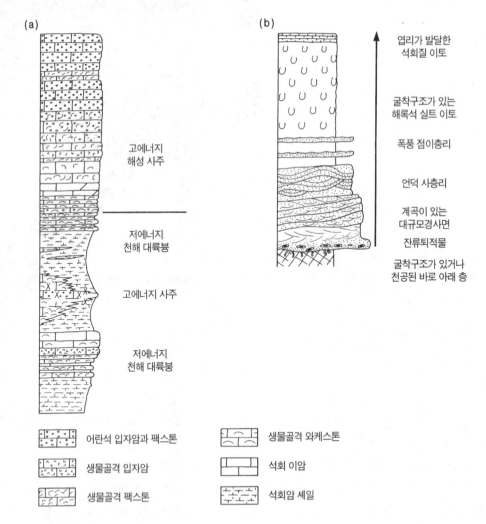

그림 4.11 대륙붕 층서. (a) 저에너지 및 고에너지 탄산염 대륙붕 암석인 앨라배마, Reid 층군, 미시시피기 Bangor 석회암(modified from McKinney and Gault, 1980). (b) 폭풍이 우세한 (고에너지) 해침 대륙붕의 모식 층서(modified from W. E. Galloway and Hobday, 1983).

를 반영한다. 해류는 고경사 사층리의 모래파와 사주(해저사주 형태)를 만든다. 파도와 마찬가지로 해류는 사암 또는 입자암과 팩스톤 특히 어란석, 펠렛 그리고 생물골격 형태의 입자암과 팩스톤의 사질 전조자를 퇴적시킨다(그림 4.11). 폭풍은 역암과 생물골격 팩스톤을 생성하며 언덕사층리(hum-mocky cross-stratification)를 형성한다(그림4.11b)(Harms et al., 1975; Kreisa, 1981).[37]

해양으로 전진하는 빙하는 빙하와 해양 환경 둘 다 변화 시킨다. 여기에서 빙하, 빙하 해양, 그리고 해양 퇴적물은 밀접하게 관련된다(R. D. Powell and Molnia, 1989).[38] 특히, 빙하 다이어믹트(glacial diamicts)는 저탁암과 함께 산출된다. 해양 빙하 퇴적물은 국지적으로 빙하 퇴적물이 물로부터 퇴적된 조립-세립 쌍으로 구성된 호상점토와 같은 엽층리 암상을 포함한다(E. A. Cowan and Powell, 1990). 다이어믹트, 미아석 그리고 연마되고 긁힌 입자들과 함께 해양 무척추동물 화석은 해양 빙하 층서 단면의 특징을 나타낸다. 따라서 이 환경은 다른 대륙붕이나 빙하 환경과는 다르며 두 환경의 특징을 같이 갖고 있다.[39]

초

초(reefs)(협의의)는 (1) 주위 암석과 성질이 다르고 (2) 동시에 인근에서 형성된 탄산염 퇴적물보다 두꺼우며 (3) 퇴적되는 동안 주위 암석보다 더 높게 올라오고 (4) 파도의 저항에 강하거나 저항했음을 지시하는 증거를 보이고 (5) 주위 환경을 조절하는 증거를 포함하고 (6) 전형적으로 많은 생물 기원 성분을 포함하는 탄산염 퇴적체이다(Heckel, 1974 참조).[40] 마운드(mounds), 뱅크(banks), 사주, 리쏘험(lithoherms)[41] 그리고 월스토리안 초(Wauls-torian reefs)라고 불리우는 비슷한 퇴적체들은 엄밀한 의미에서 성분, 환경 그리고 구조에서 초와 다르다. 주위 암석에 있는 탄산염 물질의 집적보다 더 두껍게 탄산염 물질의 집적을 포함한다.[42] 초를 포함한 이런 모든 두꺼운 화석이 많은 탄산염체를 탄산염 빌드업(carbonate buildups)의 범주에 넣는다.

초는 수심이 낮은 개방된 해양, 고에너지 지역, 화산이나 다른 돌출부위에 발달된 가장자리나 고리로서 그리고 대륙붕 위에 발달된 원형 또는 길죽한 형태로 형성된다(W. G. H. Maxwell, 1968). 지질 시대 동안에 주로 초를 만들었던 동물은 변화해 왔고 다양한 초의 형태가 산출되었다.[43] 월스토리안 초(A. Lees, 1982)를 포함한 마운드는 깊고 더 조용한 환경에서 발달되었다.

단순화시킨 초의 모습이 그림 4.12에 제시되었다. 초환경은 초전면부(forereef), 초(reefal), 초석호(reef lagoon)의 3개 소환경으로 구분된다. 각각의 소환경은 다른 퇴적물과 암상으로 특징지어진다.

초소환경(reefal subenvironments)은 3부분을 포함한다. 조하대 내지 조간대 초앞면(reef front)은 공간을 메꾸는 패각 파편, 펠렛 그리고 바운드스톤을 형성하는 이토와 함께 고정되어 성장 위치(growth position)에 있는 생물로 구성되어 있다(N. P. James, 1983).[44] 조간대 내지 조상대로 된 초의 정상부(reef crest)는 전체 생물과 그들의 재동된 부분으로부터 형성된 바운드스톤과 생물 골격 그리고 어란석 입자암과 팩스톤을 생성한다. 지질 시대의 초는 결정질 석회암을 포함한다(V. Schmidt, 1977). 지질 시대의 기록에서, 초앞면과 초정상부 암석은 전형적으로 두껍거나 괴상의 층을 형성한다. 초의 평지(reef flat)는 엽층리 석회 이암, 입자암, 팩스톤, 석회각력암, 석회 역암 그리고 부유 석회암 (floatstone)을 생성하는 조하대나 조간대의 조용한 물이나 고에너지의 파도와 쇄파가 있는 곳이다.

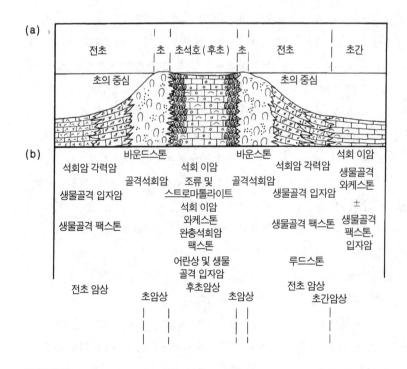

그림 4.12 초환경과 암상. (a) 소환경의 위치를 보여주는 모식적인 초모델. (b) 초 소환경에서 흔한 암석 유형과 암상. 그림은 수직적인 초의 성장을 가정하고 그렸다. 오른쪽이나 왼쪽으로의 이동은 여러 암석 유형의 중복을 초래한다. 암석의 표시는 그림 4.11에 있다. 바운드스톤과 스트로마톨라이트 표시는 여기에 추가했다(Based in part on Enos and Moore, 1983; N. P. James, 1983, 1984a, 1984b, 1984c).

Moore, 1983; N. P. James, 1983; Pomar, 1991). 초의 가장 가까운 곳인 테일러스(탄산염 거대각력암, carbonate boulder breccia)는 사면의 기저부를 덮을 수 있다. 각력이 없는 곳에 석회이암과 팩스톤이 사면하부(base of slope)에 퇴적된다(Wilber, Milliman, and Halley, 1990; Pomar, 1991). 테일러스의 바다쪽에서 탄산염 질량류 퇴적물과 저탁암은 여러 종류의 역암, 각력, 입자암 그리고 팩스톤을 생성한다. 이들은 바다쪽으로 가면서 세립질로 변하고 층서단면에서 사면과 분지에서 형성된 와케스톤과 석회이암으로 바뀐다.

초석호(reef lagoons)는 퇴적물이 흔히 전부 탄산염인 것을 제외하고는 다른 석호 환경과 비슷하다. 그러나, 초가 호상 열도나 다른 대륙 지역의 가장자리를 형성하는 곳에서는 규질 쇄설성 성분이 존재한다(Polsak, 1981). 석호의 물은 조용해서 엽층리의 스트로마톨라이트 석회 이암 내지는 얇은 층리의 와케스톤이 생성되나, 국부적인 파도와 해류는 팩스톤과 입자암을 생성하는 모래를 만든다. 생물 교란 작용은 국부적으로 층리를 교란시킨다(R. W. Scott, 1979).

초전면부(forereef) 소환경은 초의 바다쪽 사면을 형성한다.[45] 이 소환경은 탄산염 사면이나 분지 환경과 지교(指交, interfinger)할 수 있다(Enos and

대륙 사면-대륙대 환경

대륙 사면(submarine slope)은 대륙 붕단에서 사면의 기저부에서 경사가 완만한 지대인(1500~4000m) 대륙대에 걸쳐서 분포하는 해저면의 경사가 큰 부분이다(그림 4.8). 대륙 사면은 흔히 1°에서 10°의 경사를 갖으나 국부적으로는 15°이상이다(H. E. Cook and Mullins, 1983; W. E. Galloway and Hobday, 1983). 대륙대는 대륙 사면과 해구, 해저 분지 또는 심해 평원 사이의 넓고 완만한 경사의 전이지대이다.

대륙 사면-대륙대 환경 내의 소환경은 균일하게 경사진 해양 주변부를 따라 산출되는 개방된 대륙사면-대륙대(open slope-rise) 소환경 그리고 습곡 작용, 단층 작용 또는 이들 두 작용이 대륙 사면의 분지를 만드는 곳에 발달된 **대륙 사면 분지**(slope basin) 소환경을 포함한다. 대륙 사면 분지의 범주에 호상열도 체계의 전호(forearc) 분지가 포함된다.

세 가지 주된 작용이 대륙 사면-대륙대 소환경에서 퇴적물의 퇴적을 초래한다. 원양성 낙하 **퇴적물**(sediment rain)은 물로부터 해저면으로 떨어지는 규질 쇄설성 입자, 탄산염 입자, 그리고 침전 퇴적물을 포함하는 낙하 퇴적물이다. **해류 퇴적**(current deposition)은 해류가 퇴적물을 운반시키는 능력을 상실함에 따라 일어나는 해류에 의한 밑짐 또는 부유 퇴적 작용이다. **질량 퇴적**(mass deposition)은 입자류나 질량류로부터 발생하는 퇴적이다. 세가지 각각의 퇴적 작용에 의해 생성된 퇴적물의 교호 작용은 소환경의 특별한 조건에 따라 여러 가지 방법으로 일어난다.[47] 개방된 대륙 사면-대륙대 소환경에서 세립질의 평행 엽층리가 발달한 얇은 층리나 엽층리 퇴적물(이토, 원양성 이토 또는 석회 이토)이 전형적이다.[48] 이들은 낙하 퇴적물과 대륙붕에서 대륙 사면위로 이동된 추가적인 물질로부터 유래된 큰 입자를 포함할 수 있다. 지형류 또는 **등수심류**(contour currents)(사면에 평행하게 흐르는 해류) 그리고 여러 종류의 해저류는 이전의 퇴적물을 재동시키거나 또 추가적인 석회 모래나 이토, 사층리가 발달한 모래 또는 규질 쇄설성 이토를 퇴적시킬 수 있다(Heezen, Hollister, and Ruddiman, 1966; Rona, 1969; Bouma and Hollister, 1973; Stow and Lovell, 1979). 저탁류는 전형적인 부마윤회층 저탁암과 엽층리가 발달한 이토 저탁암을 퇴적시킨다(Stow and Shanmugam, 1980; Heller and Dickinson, 1985; Coniglio and James, 1990). 질량 퇴적 작용(mass deposition)은 해저 사태 퇴적물 그리고 관련 암석

을 만든다(Abbate, Bartolotti, and Passerini, 1970; Jacobi, 1976; and Cook, 1979).[49] 대륙 사면-대륙대 퇴적암의 이상적인 단면은 (1) 일부 와케와 와케스톤이 교호하는 얇은 층리 또는 엽층리가 발달한 이질암 또는 석회 이암 (2) 얇거나 두꺼운 층리의 일부 점이적인 저탁암 (3) 일부 사태 퇴적 작용에 의해 만들어진 다이어믹타이트를 포함한다. 대륙 사면 분지의 퇴적 작용은 국부적으로 저탁류로부터 많은 퇴적물의 유입과 질량 퇴적을 포함하나 많은 분지에서 이토가 우세하다.[50] 쳐트, 응회암 그리고 다른 역암 역시 대륙 사면 분지 내에 국부적으로 형성된다(예, M. Earle, 1983).

해저 협곡과 해구

해저 협곡은 대륙붕과 대륙 사면으로 침식되어 뻗은 계곡이다. 그들은 일반적으로 그 곳을 따라 해양 환경의 얕은 곳에서 깊은 곳으로 퇴적물이 이동하는 수로 역할을 한다. 결과적으로 협곡이 대륙 위에서 밖으로 열리면서 사면 분지, 해구 또는 심해 평원에 발달한다. 협곡의 해류는 협곡 위와 아래로 흐르나(Shepard and Marshall, 1978), 저탁류와 질양 이동(mass movements)은 협곡 아래로 흐른다.

해저 협곡 퇴적물은 다양하다.[51] 그들은 두꺼운 층리의 자갈을 포함하는 조립 내지 중립질 사암, 중간 층리 내지 엽층리가 발달하고 연흔이 나타나는 선회 층리의 와케와 실트스톤, 사층리가 발달한 아레나이트와 와케, 그리고 이질암으로 사태 퇴적물을 포함한다(그림 4.13b).

해구는 대륙주변부나 호상열도와 인접하고 있는 해양저에 있는 깊은 계곡이다. 지구조적으로 그들은 지각이 섭입되는 수렴 경계를 나타낸다. 퇴적 환경의 관점에서 해구는 해구 평원과 해구 사면 환경을 포함한다. 해저 선상지는 이 두곳에서 산출된다.

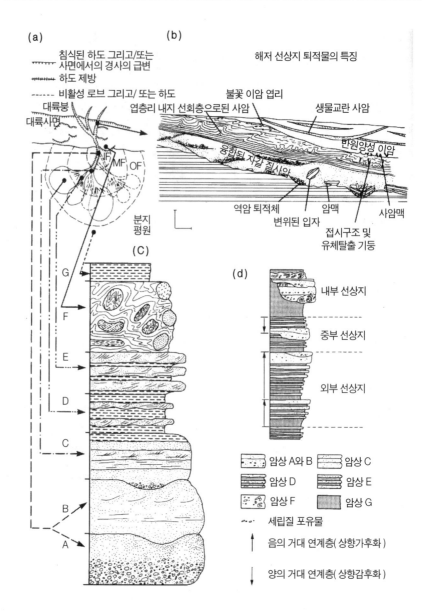

그림 4.13 하도와 선상지 암상을 포함하는 해저 선상지. (a) 해저 선상지 모델의 평면도 (after Ricci-Lucchi, 1975; modified from Ingersoll, 1978c). (b) 해저 선상지 퇴적물(May, Warme, and Slater, 1983). (c) Mutti와 Ricci-Lucchi 해저 선상지 A에서 G까지의 암상 (based on Mutti and Ricci—Lucchi, 1972, 1975; Ingersoll, 1978c). (d) 해저 선상지에서의 이상적인 층서단면 (redrawn from Mutti and Ricci-Lucchi, 1972).

해저 선상지 모델

해저 선상지(submarine fans)는 크기가 아주 다양하다. 고기의 사암 선상지와는 대조적으로 많은 성숙한 현세의 선상지는 이토가 많다(N. E. Barnes and Normark, 1985; Shanmugam and Moiola, 1988).[52] 그럼에도 불구하고 Normark, Ricci-Lucchi, Mutti and Walker[53]에 의해 1970년대에 개발된 일반적인 해저선상지와 선상지 암상 모델(그림 4.13)은

널리 채택되고 있다(비록 그들은 의문시 되지만).[54] 선상지 모델에서 선상지는 내부 선상지(inner-fan), 중부 선상지(mid-fan) 그리고 외부 선상지(outer-fan) 지역으로 구분된다(그림 4.13a).

비록 선상지 자체는 3부분으로 구분되지만 6가지의 퇴적 환경이 존재한다. 이들 중 첫 번째는 주로 내부와 중부 선상지 지역에 제한된 수로 또는 협곡 바닥 환경(canyon floor environment)이다. 수로

사이에는 수로간(interchannel) 지역 또는 범람원(overbank) 지역이 있다. 수로는 중부 선상지와 외부 선상지 지역에서 선상지 로브(fan lobe)로 된다.[55] 로브 밖으로는 심해 분지 평원에 의해 경계지어지는 선상지 가장자리가 있다. 여섯 번째 환경은 사면 기저부 환경(slope base environment)이다. 이 곳에는 질량류와 해저 사태가 여러 선상지 환경에서 퇴적된 다양한 퇴적물과 지교(interfinger, 指交) 한다. 각각의 환경은 특정한 암상에 의해 구분된다.

해저 선상지 암상

Mutti와 Ricchi-Lucchi는 선상지 암상모델에서 암상을 해저선상지 환경과 연결시켰다(Mutti and Ricci-Lucchi, 1972).[56] 물론, 어느 환경에서든지 퇴적물의 입도와 실질적인 성분은 근원지의 물질과 운반 매개체의 조절 작용에 달려있다(G. V. Middleton and Hampton, 1973; R. G. Walker, 1975; Aalto, 1976). 예를 들면 선상지에 퇴적물을 공급하는 대륙 사면과 해저 협곡을 따라 해저 사태와 질량류가 발달하나, 사면은 어떤 유형의 암석으로도 놓여질 수 있기 때문에 사태의 성분은 변할 수 있고 국부적인 지질에 따라 달라진다. 그러나 대륙 사면은 일반적으로 세립사, 실트 또는 반원양성 이토층으로 덮여 있기 때문에 이들 물질은 질량류의 기질 속으로 들어가거나 기질을 형성한다. 유사한 방법으로 선상지 수로와 로브에서 발견되는 부마윤회층 저탁암은 근원지에 의해서 좌우되는 성분을 갖으며, 해저 협곡의 육지쪽의 조산대로부터 유래된 퇴적물로 구성된 규질 쇄설성 이질암, 사암 그리고 역암으로 구성된다. 그러나 비조산대 기원 물질과 함께 이질암, 탄산염 그리고 쳐트 저탁암도 알려지고 있다. 다른 선상지 암석은 해저 사태 다이어믹트, 괴상의 사암과 역

암 그리고 이질암을 포함한다. 이질암은 퇴적물 낙하에 의해 대륙 사면, 선상지 그리고 심해 분지 평원에 퇴적된다. 이런 다양한 암석으로 구성된 이상적인 해저 선상지 암상의 단순화된 형태가 그림 4.13C에 제시되어 있다. Mutti와 Ricci-Lucchi (1972)를 따라 이 암상들은 A에서 G로 명명된다.

암상 A(Facies A)는 전형적으로 조립질 역암, 역암, 역질 사암 또는 사암으로 구성되어 있다. 이들 암석은 이질암 엽층리가 거의 없는 0.3에서 15m 두께의 층에서 산출된다(그림 4.14). 셰일 파편과 미미한 엽층리가 주된 층구조를 이룬다. 암상A 암석은 입자류, 질량류, 저탁류에 의해 내부 선상지 수로에서 퇴적된다.[57]

중립내지 조립의 사암은 대개 암상 B(Facies B)를 형성한다. 층들은 30에서 200m 두께이고 셰일파편, 엽층리 그리고 접시 구조를 포함한다(그림 4.13, 4.14). 이질암의 산출은 이 암상에서는 거의 없는데, 이것은 입자류와 질량류에 의해 퇴적된 것으로 생각된다. 암상 B(Facies B)암석은 내부 선상지와 중부 선상지 수로에서 산출된다.

암상 A나 B는 부마 윤회층의 저탁암 양상을 포함하기는 하나, 암상 C(Facies C)는 완전한 부마 윤회층에 의해 특징지어진다. 모래, 실트 그리고 이토의 호층은 모두 합해 10에서 300cm 두께의 층을 형성한다. 저면구조(sole marks), 셰일 파편, 평행 엽층리, 선회 엽층리 그리고 연흔 사엽층리는 특징적인 구조이다. 암상 C 퇴적물은 저탁류에 의해 특히 중부 선상지와 외부 선상지의 선상지 로브에 주로 퇴적된다.

암상 D와 E(Facies D and E)는 부분적인 부마윤회층을 포함한다. 이암석은 3에서 20cm 두께의 층을 형성하는 전형적인 사암, 실트암 그리고 셰일이다. 암상 D는 일반적으로 이질암이 우세하다. 그것

....
그림 4.14 해저 선상지 암상 암석. (a) 버지니아, Abingdon 남부 Avens Ford Bridge 지역의 오도비스기 Knobs 층의 암상 A 역암 하도 퇴적물. (b) 캘리포니아, Diablo Range 북동부 쥬라기/백악기 Franciscan(프란시스칸) 복합체의 West Fork 층의 암상 B 사암. (c) 버지니아, Lodi 부근 오도비스기 Knobs 층의 암상 C 저탁암. (d) 버지니아 남서부 Avens Ford Bridge, Paperville 층의 암상 D 실트스톤과 셰일. (e) 캘리포니아, Diablo Range Ingram Creek의 백악기 Panoche 층의 암상 E 사암 및 셰일. (f) California Lake Berryessa, (Monticello Dam의 Putah Creek 백악기 Venado 층의 암상 F 해저 사태 퇴적물. (g) 테네시 북동부 Holston Reservoir Paperville 층의 암상 G 셰일.

은 주로 중부 선상지와 외부 선상지의 가장자리에서 산출되나 국부적으로는 수로 사이지역에서 발달된다. 모래(그리고 실트)는 암상 E에 우세하다. 이 암상의 층들은 얇고 대개는 3~20cm의 두께를 갖는다(그림 4.14e). 암상 E 암석은 기본적으로 외부 선상지를 포함하는 선상지의 많은 지역에서 범람원과 수로 사이지역 퇴적물이다.

암상 F(Facies F)는 선상지 층과 다른 곳에서 산출된다. 그것은 수로의 선상지 연계층과 관련 있을 수 있거나 국부적으로 대륙 사면 가장자리나 내부 선상지를 따라 외부 선상지 암상과 지교할 수 있다(Normak and Gutmacher, 1988). 암상 F는 두께가 300m까지 달하는 괴상의 해저 사태 다이어믹트(특징적인 기질 내의 암괴 구조와 함께)로 구성되어 있다. 연성 퇴적물 습곡과 단층, 부딘 구조 그리고 퇴적암맥 역시 전형적인 구조이다. 암상 F 암석은 중력 미끄러짐과 질량류에 의해 생성되고 선상지 수로의 암상 A와 B 암석과 함께 산출되고 점이적으로 변화해 간다.

정상적인 해양 이토는 암상 G(Facies G)를 형성

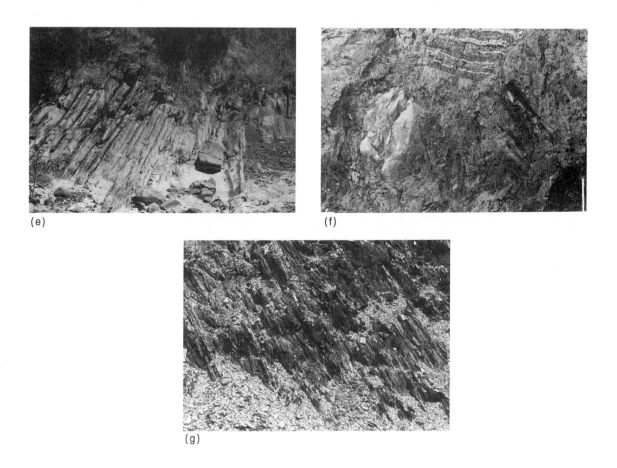

(e)

(f)

(g)

그림 4.15 해저 선상지, 사면 분지, 해구 저면 그리고 여러 가지의 해구 사면 환경과 관련된 해저 선상지 암상을 보여주는 해구 사면과 해구 환경(after Underwood, Bachman, and Schweller, 1980; Underwood and Bachman, 1982).

한다. 이 암상의 이암과 석회 이암층은 수. mm에서 60cm의 두께이며 평행 층리를 갖는다(그림 4.14g). 세립질 부유 퇴적물 입자의 낙하는 다른 더 많은 퇴적작용이 그 환경을 덮치지 않는 곳은 어느 곳(사면, 수로, 로브, 분지 평원)이 든지 발달하는 층리를 형성한다.

해구와 해구 사면에서의 다양한 이들 암상의 산출은 그림 4.15에 제시되었다. 저탁암과 암상 G 그리고 암상 F 역시 대류 사면-대륙대 환경, 특히 대류 사면 분지에서 산출됨을 주목하라. 또한 선상지는 심해(저) 평원에서 발견된다. 따라서 이들 암상은 엄밀한 의미에서 선상지뿐만 아니라 해구 환경에도 제한되지 않는다.

해구 사면과 해구 바닥 환경

해구 사면(trench slope)에서의 퇴적 작용은 기본적으로 대류 사면-대륙대 환경의 퇴적 작용과 비슷하다(Scholl and Marlow, 1974; Underwood and Bachman, 1982). 해구 사면 분지는 다른 해저 분지와 마찬가지로 원양성 또는 반원양성 이질암, 저탁암, 입자류 퇴적물 그리고 해저 사태 퇴적물(olistostromes)을 포함한다.[58] 이들 암석의 성분과 구조는 규질 쇄설성 암석이 흔히 화산 기원 물질(예, 화산암 와케)이 많은 것을 제외하고는 유사한 환경의 암석의 성분 및 구조와 비슷하다.

해구 바닥(trench floor)은 해저 선상지 암상 저탁암의 모래와 이토, 저층류에 의해 퇴적되거나 재동된 모래 그리고 질량류에 의해 생성된 다이어믹트가 우세하다(그림 4.15)(Speed and Larue, 1982; Thornburg and Kulm, 1987).[59] 원양성 및 반원양성의 균질하거나 엽층리가 발달된 이토와 화산재층이 국부적인 호층을 형성한다.[60] 고위도에서는 해양빙하 퇴적층이 존재할 수 있다. 일부 해구 바닥은 아

래 사면쪽으로의 퇴적물의 이동을 차단하는 습곡, 단층 또는 사면 분지와 같은 구조적인 장애물에 의해 주된 쇄설성 퇴적물 근원지로부터 해구가 격리되기 때문에 퇴적물에 "굶주리게(starved)" 된다. 대류대처럼 그런 해구에는 약간의 모래와 해저사태 퇴적물을 포함하는 이질암이 되는 이토가 우세하다.

원양성 환경

원양성 환경(pelagic environments)은 심해나 해양 아래에 있는 지구적으로 조용한 퇴적 환경이다.[62] 원양성 분지/심해 평원과 해양 대지의 두가지 주된 원양성 환경이 인식된다. 원양성 분지(pelagic basins)는 본질적으로 언덕과 산맥으로 둘러싸여진 길죽하거나 원형의 해저나 해양저 환경이다. 심해 평원은 대륙대의 바다쪽에 있으면서 주위에 언덕이 없는 넓고 평평한 원양성 환경으로 산출된다. 둘다 낮은 곳에 있는 지역이다. 해양 대지는 심해 평원에 접하고 있으면서 위로 솟아오른 심해에서의 규모가 큰 고지대이다.

원양성 환경의 퇴적물은 말 그대로 세립질이 우세하다.[63] 주된 유형은 다양한 색의 이토, 점토 그리고 연니를 포함한다(W. H. Berger, 1874; Stow and Piper, 1984; Dean, Leinen, and Stow, 1985). 반원양성 이토(hemipelagic muds)는 약간의 생물 기원 물질(대부분 석회질 및 규질 미화석)과 규산염 육성 근원지, 화산 또는 천해환경에서 유래된 5 μm 이상의 크기 물질이 25% 이상인 물질과 함께 산출되는 실트 퇴적물이다. 원양성 점토(pelagic clays)는 50% 이상의 생물 기원 물질과 5 μm 이상 크기의 규산염 입자가 25% 이하 포함된 점토가 많은 퇴적물이다. 연니(oozes)는 일반적으로 점토를 포함하고 5 μm 이상 크기의 규산염 물질이 25% 이하를 포함하거나 50%이상의 생물 기원 물질을 포함한다. 원양성 퇴

적물은 전형적으로 엽층리가 발달해 있거나 얇은 층이 져있거나 어떤 경우에는 생물 교란 작용이 퇴적물 낙하로 생긴 층리를 완전히 파괴시킬 수도 있다.

원양성 환경에서 퇴적 작용 그리고 이와 수반되는 층서를 조절하는 요인은 지구조 역사, 해수면 부근의 온도와 생산성, 탄산염 보상심도(CCD)의 역사 그리고 고생물학적 역사이다. 지구조적 역사는 원양성 환경과 심해 분지로 유입되는 규질 쇄설성 퇴적물의 유입 속도와 유입량을 조절한다.[64] 해수면 부근(미화석을 생산하는 대부분의 생물이 사는곳)의 온도와 생산성이 바닥으로 떨어지는 생물의 양과 종류를 조절한다. CCD는 방해석의 용해 속도가 공급 속도를 능가하는 깊이이다. 해양저가 CCD 위에 있으면 석회질 연니와 화석은 퇴적된다. 해양저가 아주 깊은 곳에 있는 데서는 규질 화석(예, 방산충 또는 규조) 그리고 다른 규산염 물질이 퇴적물 낙하에 의해 생성된 퇴적물보다 많다. 고생물학적 역사는 원양성 퇴적 작용에 기여하는 생물의 종류를 결정한다. 예를 들어 중생대 암석에서 흔한 방산충 쳐트는 규조퇴적물에서 현재의 유사물을 갖을 수 있다(Jenkyns and Winterer, 1982).

분지/심해 평원과 대지 소환경의 퇴적물은 본래 같다. 층서 단면은 교호하는 이질암, 쳐트, 백악 그리고 석회이암 또는 암석화 되지 않은 그들의 대응 이토, 점토 그리고 연니로 구성되어 있다.

열곡-변환 단층 환경

해구는 수렴판 경계를 나타낸다. 다른 두 가지 유형의 판 경계, 즉 해저 확장 중심과 변환 단층(transform faults) 역시 해양 퇴적 환경으로 역할 한다. 두 환경은 활발한 단층 작용이 화산성 표생 퇴적물을 생성하는 염기성 화산암의 절벽을 만드는 곳이다.[65] 화산각력암과 사암이 되는 이들 퇴적물은 층서 단면의 기저에서 아마도 가장 많이 분포한다. 해저 확장과 절벽의 침식이 진행됨에 따라 모래의 퇴적은 점점 줄어지게 되어 층서 단면의 상부로 갈수록 사암은 퇴적물 낙하에 의해 형성된 이질암과 생쇄설성 퇴적물로 바뀌어진다. 해저 확장 중심 열곡이나 해구 환경이 대륙 근처에 있는 곳에서는 층서 단면은 육성 기원 쇄설성 저탁암을 포함한다(Vallier, Harold, and Girdley, 1973; Einsele, 1985). 그럼에도 불구하고, 이토는 대부분의 지역에서 우세하다(Faugeres, Gonthier, and Pontiers, 1983 참조).

해저 확장 중심과 변환 단층 환경에서 퇴적물 낙하, 질량류, 사태, 저탁류 그리고 저층류는 퇴적 매개체로서 작용한다(Faugeres and Pontiers, 1982; Faugeres, Gonthiers, and Pontiers, 1983). 결과적으로 퇴적물은 엽층리가 발달되고, 사층리가 발달해 있거나 또는 괴상일 수 있다. 확장 중심의 열곡대를 따라 염기성 용암류와 관입이 국부적으로 충서 단면 내에서 산출된다.

요약 ●●●●●●●●●●●●●

대부분의 퇴적 소환경은 오늘날 지구 어느 곳에 존재하고 관련 암상은 그 환경 안에서 형성된다. 그 결과 어느 특정한 지질 시대(예를 들면 오늘날, 실루리아기 후기, 또는 백악기 중기)에 횡적인 암상의 대응체가 있음을 발견한다. 오늘날, 사행하는 하천 암상은 Mississippi에서 형성되고, 여러 삼각주 암상은 Louisiana에서 형성되고, 쇄설성 대륙붕 암상은 Florida의 서부 해안을 따라 형성되며, 탄산염 대륙

표 4.2 퇴적 환경과 그들의 암상 특징에 대한 요약

환경	암상	
	흔한 암석 유형	주목할 만한 특징
육성 환경		육상 식물 및 동물의 화석
사행 하천	cg, ss, sltst, sh	상향 세립화 층서 단위, xbdd ss 및 cg, 하도, 렌즈상-선상 단위
망상 하천	cg, ss, sh, sltst	xbdd cg and ss, 하도, 렌즈상 퇴적물, 약간의 상향세립화 층서단위
빙하 하성	cg, ss, sh, sltst	굵힌 입자를 포함하는 xbdd ss 및 cg
산사태	br	분급이 불량; 각진 입자들
충적 선상지	fgl, cg, ss, sltst, sh, dm	dm 호층을 갖는 xbdd cg 및 ss; 상향 세립화 층서 단위를 갖는 상향 조립화 연계층
에르그	ss	판상의 엽층리가 발달한 ss 층을 갖는 xbdd ss; 분급이 양호, 굵혀서 하얗게 된 모래 입자
플라야/사브카	evap, sh, slyst, ss, ls, dlst, ch	얇은 두께의 엽층리가 발달한, 판상의 bds; 건열
호성	sh, sltst, ss, cg, ls, coal	호상 점토 ± 저탁암
빙하 호성	sh, sltst, ss, cg, dm	호상 점토, 굵힌 빙하낙하석, dm 호층 ± 저탁암
내륙 분지	fgl, br, cg, ss, sh, sltst±dm	하천, 호수 및 사태 퇴적물의 호층
동굴	ls	적석(dripstone)
삼각주	ss, sltst, sh, coal, and mdst; local cg, and dm	석탄; 상향 조립화 연계층
전이환경		
삼각주	ss, sltst, sh, coal, and mdst; local cg, and dm	석탄; 상향 조립화 연계층
하구	ss, sltst, sh±cl	xbdd ss; 파상 내지 평행 엽층리가 발달한 건열; 제한된 동물군 다양성

Abbreviations: bddg = 층리(bedding), bds = 층(beds), br = 각력(breccia), bst = 바운드스톤(boundstone), cg = 역암(conglomerate), ch = 쳐트(chert), cl = 석탄(coal), dlst = 돌로스톤(dolostone), dm = 다이어믹타이트(diamictite), evap = 증발암(evaporites), fgl = 선상지 역암(fanglomerate), gst = 입자암(grainstone), lmst = 석회 이암(lime mudstone), ls = 석회암(limestone), mdst = 이암(mudstone), pkst = 팩스톤(packstone), SFF = 해저 선상지 암상, sh = 셰일(shale), sltst = 실트스톤(siltstone), ss = 사암(sandstone), xbdd = 사층리가 발달한(cross-bedded), xbds = 사층리(cross-beds).

붕 암상은 남부 Florida 대륙붕에서 형성된다. 이들 암상은 서로 교차하며 점이적으로 변한다. 마찬가지로 과거에 횡적 암상 변화가 존재했었으며 지표와 지하에서 이에 대한 지도작성이 가능하다.[66] 어느 특정한 장소에서 각각의 암상은 발달되고 지질 기록을 남기거나 또는 침식이 일어나 기록상에 간격을 남긴다. 지구는 역동적이기 때문에, 환경과 암상

은 지구조운동에 조절되어서 층서 기록에서 암상 변화의 수직적 기록을 남기면서 시간이 지남에 따라 변화한다.

이 장에서 기술된 암석 조합에 대해 생각해 보면, 육성, 전이 환경, 그리고 해양 환경의 전 범위에 걸쳐 발달되는 광장히 다양한 퇴적암과 암석 연계층을 인식할 수 있다. 이들 환경은 서로 점이적으로

환경	암상	
	흔한 암석 유형	주목할 만한 특징
전이 환경		
석호	sh, mdst, sltst, ss, coal, lmst, pkst, gst	파상 bddg ± bdd 또는 엽층리가 발달한 ss; 제한된 동물군 다양성; 스트로마톨라이트
연안 환경	ss, sltst, gst, pkst, dlst, local cg	해성 화석을 포함하는 저각 및 고각의 xbdd ss ± sltst
조간대	ss, sltst, mdst, sh, lmst, pkst, dlst, ch, flat−pebble cg	엽층리가 발달한 것부터 렌즈상 bddg; 생물교란; 제한된 생물학적 다양성; 스트로마톨라이트; 건열; 증발암; 조수로에서의 xbds
해성 환경		해성 화석
빙하 해성 대륙붕−천해	ss, dm, sltst	해성 화석을 포함하는 ss와 dm의 호층; ± 저탁암과 래미나이트; 빙하 낙하석
개방된 저에너지 및 고에너지 환경	sh, lmst, ss, gst, dlst	판상의 평행 bds; xbdd ss; 생물교란 작용
순환이 제한된 환경	sh, sltst, ss	엽리가 발달하고 얇은 두께의 bdd, ± 황철석
초	bst, ls, be, with pkst, gst, lmst, sh	성장 자세의 화석; 국지적으로 두꺼운 ls; 스트로마톨라이트
대륙사면-대륙대	sh, sltst, ss, ±dm	SFF G, 엽리가 발달한 ss-sh 층 또는 국지적인 SFF-F를 갖는 SFF B-E
해저 협곡	dm, ss, sltst, ±sh	SFF A, B; xbdd ss; 선상-렌즈상 단위
해구	ss, sltst, sh, cg, ±dm	SFF A-G, 렌즈상부터 판상의 단위
열곡대	염기성 화산 각력암, ss, sltst, sh, ch, ls, dm	현무암 호층을 갖는 SFF A-G
원양성 환경	mdst, sh, ch, lmst, ss, sltst	판상 단위; 엽리가 발달한 SFF G와 다른 세립질 암석, ±SFF B-E

변한다. 또한 각각의 환경은 소환경으로 구분되고, 각각의 소환경은 뚜렷한 퇴적상에 의해 특징지어진다. 우리가 암석 기록을 연구함에 따라 우리는 암석, 화석, 그리고 구조를 인식하고 암상을 재현하기 위해 그들을 사용한다. 재현된 암상과 알려진 암상과를 비교함으로써 우리는 고퇴적 환경을 해석할 수 있다(표 4.2).[68]

주석 •

1. 예를 들면 Pettijohn(1957), Krumbein and Sloss(1953), 그리고 Blatt, Middleton, and Murray (1980)을 보라. Selley(1976)는 (1) 여러 유형의 현생 환경은 과거에 많은 양의 암석을 생산하지

않았으며, 또 (2) 해양 환경을 세분하는데 사용된 수심은 고기의 암석에서 쉽게 결정되지 않기 때문에 세 가지 분류와는 약간 다른 형태를 사용한다. Pettijohn(1975)은 환경의 다섯 가지의 주된 범주를 사용한다.

2. W. E. Galloway and Hobday(1983)를 보라. Miall(1977a, b)는 직선적이고 굴곡된 것으로 불리는 것을 하나의 "직선" 범주로 묶으면서 4가지로 정의했다. Brierley(1989)는 암상 분석의 하도 형태의 사용에 주의를 주었다.

3. 예를 들면 Collinson and Lewin(1983)과 Ethridge, Flores, and Harvey(1987), 그리고 그 안에 있는 참고 문헌을 보라.

4. 예를 들면 Lattman (1960), J. C. Harms, Mac-Kenzie, and McCubbin(1963), J. R. L. Allen(1965, 1970b), Selley(1976), 그리고 G.Taylor and Woodyer(1978), R. G. Jackson(1978) Nijman and Puigdefabregas(1978), 그리고 Puigdefabregas and van Vliet (1978) in Miall(1978a), and Has-zeldine(1983), Nanson and Page (1983), T. E. Moore and Nilsen(1984), R. G. Walker and Cant(1984), and Collinson(1986a)을 보라.

5. 틈상퇴적체 역시 삼각주에서 형성된다. 예로서 그림 4.6을 보라.

6. 예를 들면 Plint(1983), Lorenz(1987), 그리고 D. G. Smith(1987)를 보라.

7. 또한 R. E. Hunter(1977), McKee and Bigarella(1979), Ahlbrandt and Fryberger(1982), McKee(1982), Collinson(1986b), Clemmensen(1987), 그리고 Chan(1989)를 보라. Brookfield(1984)은 풍성 암상 모델을 제시하였다.

8. Glennie(1970), Reineck and Singh(1975), McKee and Bigarella(1979), Ahlbrandt and Fryberger(1980,1982), Clemmensen and Abrahamsen(1983), Collinson(1986b), Lancaster(1988), Clemmensen, Olsen, and Blakey(1989).

9. 예를 들면 Ahlbrandt and Fryberger(1980, 1982), Clemmensen and Abrahamsen(1983), and Brookfield(1984).

10. Bull(1963, 1964, 1972), Hooke(1967), Miall (1977a, 1978b), Heward(1978), Rust(1978), Rachocki(1981), Nilsen(1982), W. E. Galloway and Hobday(1983), Rust and Koster(1984), Shultz(1984), Nilsen(1985), Collinson(1986a), Lorenz(1987), 그리고 Went, Andrews, and Williams(1988)을 보라.

11. Flint(1957, 1971), Goldthwait(1971), Boulton(1972), M.B.Edwards(1978, 1986), D. E. Lawson(1981), Easterbrook(1982), N. Eyles, Eyles, and Miall(1983), J. Shaw(1985), Mullins and Hinchey(1989).

12. 예를 들면 Reineck and Singh(1975)에 있는 Augustinus and Terwindt(1972), Banerjee and McDonald(1975), Rust and Romanelli(1975), Saunderson(1975), 그리고 N. Eyles and Mial (1984)를 보라.

13. Flint(1971), Boothroyd and Ashley(1975), Boothroyd and Nummedal(1978), J. J.Clague (1975b), Rust and Romanelli(1975), T. Zielinski(1980), Easterbrook(1982), Gustavson and Boothroyd(1987), 그리고 Mustard and Donaldson(1987)은 빙하하천 퇴적물과 구조를 자세히 기술하였다. 또한 Jopling and Mc-Donlad(1975)에 있는 논문을 보라.

14. 빙하호수 환경의 퇴적물과 구조에 대한 추가적인 토의를 위해 Flint(1971), Ahsley(1975), Gus-

tavson(1975), Gustavson et al.(1975), J. Shaw(1975), 그리고 Leonard(1986)을 보라.

15. 몇 가지 다른 기원은 황토에 기인된 것으로 간주되었다(Smalley, 1975b, 그리고 Lugn, 1960, 1962를 보라).

16. 이런 경향은 광범위하게 인식되었다. Fouch and Dean(1982), Dean and Fouch(1982), P. J. W. Gore(1989), 그리고 그곳에 있는 참고 문헌을 보라.

17. 호성퇴적물의 추가적인 논의를 위해 Fouch and Dean(1982), Hazelddine(1984), P. A. Allen and Collinson, 그리고 P. J. W. Gore(1989)를 보라.

18. 거대 각력은 길이가 1m 이상인 입자를 포함하는 각력이다. 입자는 1 m에서 수백 m까지 달할 수 있다.

19. 삼각주 퇴적물에서 석탄과 석유가 산출되기 때문에 삼각주는 많은 연구의 대상이 되어왔다. 삼각주나 그들의 특징적인 퇴적물에 대한 검토를 한 연구는 Scruton(1960), M. L. Shirley and Ragsdale(1966), J. R. L. Allen(1970a), J. P. Morgan and Shaver(1970), G. Briggs(1974), Weimer(1975), T. Elliott(1978b, 1986a), J. M. Coleman(1982), J. M. Coleman and Prior(1982), W. E. Galloway and Hobday(1983), Miall(1984), Bjerstedt and Kammer(1988), 그리고 Tye and Coleman(1989)이 있다.

20. 또한 Scruton(1960), A. C. Donaldson, Martin, and Kanes(1970), Tankard and Barwis(1982), 그리고 Tye and Coleman(1989)과 Reineck and Singh(1975), Elliott(1978b, 1986a), J. M. Coleman and Prior(1982), W. E. Galloway and Hobday(1983), 그리고 Miall(1984)에 의한 검토를 보라. 삼각주 평원과 삼각주 전면의 몇군데 소환경의 층서는 이 곳에서 검토한 것처럼 이들 연구에서 토의되었다.

21. Ferm et al.(1967), Ferm(1974), Edmunds et al.(1979), Ettensohn(1980).

22. 하구 환경과 퇴적물의 추가적인 토의를 위해, Land and Hoyt(1966), J. R. Schubel and Pritchard(1972a, b), 그리고 Terwindt(1971) 그리고 Elliott(1978a)에 있는 Howard et al.(1975), 그리고 Kulm and Byrne(1967), Nichols(1972), Buller, Green, and McManus(1975), Cronin(1975), Clifton and Phillips(1980), Clifton(1982), W. Miller(1982), Darmoian and Lindqvist(1988), 그리고 Horne and Patton(1989)을 보라. Reineck and Singh(1975)와 Elliott(1978a)는 석호 환경의 특징을 검토하였다. Rusnak(1960)과 R. H. Parker(1960)는 멕시코만 북서부 지역에 대해 초기 연구를 하였다.

23. 예를 들면 Colby and Boardman(1989) 그리고 제8장을 보라.

24. Shepard(1963), Logan, Read, and Davies(1970), Ginsburg(1975), Reineck and Singh(1975), Elliott(1978a, 1986b), Till(1978), Kraft et al.(1979), Bouma et al.(1982), Weimer, Howard, and Linsday(1982), Reinson(1984), A. D. Short(1984), V. P. Wright(1984), Hennessy and Zarrillo(1987), Duffy, Belknap, and Kelley(1989).

25. 예를 들면 Shinn(1983)과 Gunatilaka(1986)를 보라. Warren and Kendall(1985)은 해양 사브카와 해양살리나 퇴적물의 차이를 기술하였다.

26. 또한 Ginsburg(1975), Hardie(1977), 그리고 G. de Klein(1977)을 보라.

27. 잔류 퇴적물은 해류가 세립질 퇴적물을 제거시 킨 후 남겨진 조립질 퇴적물이다.

28. 조간대 퇴적물과 층은 Reineck(1967), Hardie and Ginsburg(1977), G. deV. Klein(1977), Weimer, Howard, and Lindsay(1982), Shinn (1983), N. P. James(1984c), V. P. Wright (1984), Duc and Tye(1987), Frey et al.(1989), 그리고 Clyod, Demmico, and Spencer(1990)에 토의되 고 논의 되었다.

29. 예를 들면 Duc and Tye(1987) and Cloyd, Demmico, and Spencer(1990).

30. Logan and Cebulski(1970), Weimer, Howard, and Lindsay(1982), 그리고 Shinn(1983).

31. Barwis(1978), Moslow and Heron(1979), McCubbin(1982), Inden and Moore(1983), Reinson(1984), 그리고 그곳에 있는 참고 문헌 을 보라.

32. W. O. Thompson(1937), Davidson-Arnott and Greenwood(1976), Kent, Van Wyck, and Williams(1976), Barwis(1978), Moslow and Heron(1979), 그리고 Kraft et al.(1979)를 보라. 특별한 소환경과 후안(backshore)에서 외안 (offshore)으로 퇴적물과 구조의 점진적인 변화 를 위해, Brenner and Davies(1973), Kent, Van Wyck, and Williams(1976), Barwis(1978), Elliott(1978a, 1986b), Moslow and Heron (1979), Kreisa(1981), McCubbin(1982), Shinn (1983), Reinson(1984), 그리고 Short(1984)를 보 라.

33. 비록 대륙붕 퇴적물은 H. D. Johnson(1978), Sellwood(1978), Bouma et al.(1982), Bridges (1982), Stride et al.(1982), Enos(1983), Galloway and Hobday(1983), J. L. Wilson and Jordan(1983), R. G. Walker(1984c) 그리고 Johnson and Baldwin(1986)을 포함하는 몇몇 연구자들과 Sellwood(1986)에 의해 검토되었으 나, 대륙붕 퇴적 작용과 층서학을 위한 모델은 적절하게 발달되지 못했다(R. G. Walker, 1984c; Johnson and Baldwin(1986); 그리고 Sellwood, 1986). 해석이 다른 것처럼 환경의 구분도 다르다. 그럼에도 불구하고, 위에 언급 된 연구들은 이곳에 제시된 토론과 미래 연구 를 위해 하나의 기초로서 역할 한다. 일부 특별 한 연구를 위해 Kulm et al.(1975), Doyle and Sparks(1980), Nittrouer(1981)에 있는 논문들, Bouma et al.(1982), Enos(1983), J. L. Wilson and Jordan(1983), Saito(1989 a,b,c), 그리고 Saito, Nishimura, and Matsumoto(1989).

34. 정의와 토의를 위해 제8장을 보라.

35. 퇴적물 유형, 구조 그리고 횡적 변화를 위한 토 의를 위해 Shepard and Moore(1955), R. H. Parker(1960), Reineck(1967), Kent, Van Wyck, and Williams(1976), Moslow and Heron(1979), Doyle and sparks(1980), Bouma et al.(1982), J. C. Harms, Southard, and Walker(1982), Otvos(1982), Stride et al.(1982), Enos(1983), Galloway and Hobday(1983), Halley, Harris, and Hine(1983), J. L. Wilson and Jordan(1983), 그리고 J. M. Hurst, Sheehan, Pandolfi(1985), M. L. Irwin(1965)을 보기 바라며, 또한 J. L. Wilson(1974)은 퇴적물의 특징을 천해의 해양 퇴적 작용을 위한 일반 모델에 적용시켰다. J. F. Read(1980a)는 대응되는 오도비스기 암석을 기 술하였으며, J. M. Hurst, Sheehan, and Pandolfi (1985)는 실루리아기 예를 기술했다. 규질 쇄설 성 만(bay) 퇴적물은 Shepard and Moore(1955)

그리고 Rusnak(1960)에 의해 기술되었다. 또한 Reineck and Singh(1975)의 조하대 석호 퇴적물의 개략적인 기술을 보라. Enos(1983) 그리고 J. L. Wilson and Jordan (1983)은 제한된 탄산염 환경에서의 퇴적작용을 개략적으로 언급하였다. 제한된 퇴적 환경은 또한 다음 섹션에서 토의된 것처럼 초와 관련되어 산출된다.

36. 인산염암에 대한 추가적인 정보를 위해 Rooney and Kerr(1967) 그리고 Bentor(1980)에 있는 몇 개의 논문을 보라. Triplehorn(1966)은 해록석의 기원을 논의 하였다.

37. J. Simpson(1987)은 와케스톤을 생성하는 예외적인 폭풍을 기재하였다.

38. 또한 Mustard and Donaldson(1987)과 Josenhans and Fader(1989)를 보라.

39. 재검토를 위해 Easterbrook(1982), N. Eyles and Miall(1984), 그리고 M. B. Edwards(1986)를 보기바라며, 일부 고기의 연구 사례들의 토의를 위해 Blondeau and Lowe(1972), Schwab(1976), 그리고 Eyles and Eyles(1984)를 보라. 또한 R. D. Powell and Molnia(1989), 그리고 E. A. Cowan and Powell(1990)을 보고, 비슷한 수중의 빙하호수 퇴적 작용의 기술을 위해 Rust and Romanelli(1975)를 보라.

40. 이 정의는 Heckel(1974)의 정의에 의해 약간 수정되었다. Heckel(1974)에 의해 검토된 것처럼 초가 어떻게 정의되어야 하는지에 대해 상당한 견해의 차이가 있다. 더욱이 지질시대에 따른 초와 비슷한 퇴적물의 다양한 특징과 뚜렷한 차이(Heckel, 1974; Longman, 1981a; 그리고 N. P. James, 1983, 1984b)는 초의 정의를 복잡하게 만든다. 여기에 제시된 간단한 검토는 주로 G. H. Maxwell(1968), Krebs and Mountjoy(1972), Heckel(1974), Krebs(1974), Purdy(1974), J. L. Wilson(1974, 1975), R. W. Scott(1979), Burchette(1981), Longman(1981a), Polsak(1981), Hine and Mullins(1983), N. P. James(1983, 1984b), Enos and Moore(1983), Sellwood(1986), Ausich and Meyer(1990), 그리고 Pomar(1991)에 기초하고 있다. 관심있는 사람은 Textoris and Carozzi(1964), Laporte(1974), AAPG(1975), Hileman and Mazzullo(1977), S. H. Frost, Weiss, and Saunders(1977), Lees and Conil(1980), Toomey(1981), 그리고 Bolton, Lane, and LeMone(1982)을 포함하는 다른 중요한 연구결과와 자료를 참고해야 한다.

41. Newman et al.(1977).

42. 또한 DeVaney et al.(1986)에 있는 클라이노씸(clinothems)의 논의를 보라.

43. Heckel(1974), Longman(1981a), N. P. James(1983, 1984b).

44. 일부 연구자들이 바운드스톤이라는 용어가 초의 다양한 퇴적물을 반영하지 않기 때문에, 최근에 생물 기원 탄산염암은 부유 석회암(floatstone), 완충 석회암(bafflestone), 그리고 상치암(lettucestone)과 같은 추가적인 이름이 주어졌음을 기억하라(Embry and Kolvan, 1971; N. P. James, 1983; Cuffey, 1985).

45. Enos and Moore(1983)는 이 특별한 소환경에 대한 좋은 검토를 했다. 또한 McIlreath and James(1984) 그리고 Pomar(1991)을 보라.

46. 대륙 사면-대륙대 환경과 퇴적작용은 Bouma and Hollister(1973), K. O. Emery(1977), Cremer, Faugeres, and Poutiers(1982), F. J. Hein(1985), Surlyk(1987), 그리고 Pickering, Hiscott, and Hine(1989)에 의해 논의 되었다.

47. 개방된 대륙 사면-대륙대 퇴적물에 대한 추가적인 자세한 내용은 이내용의 검토을 위한 기초로 일부 역할 하는 H. E. Cook, Field, and Gardner(1982), H. E. Cook and Mullins(1983), Galloway and Hobday(1983), McIlreath and James(1984), Hein(1985), Heller and Dickinson(1985), 그리고 Surlyk(1987)의 검토 내용과 연구를 참조하라. 또한 Damuth(1977), Sheridan et al.(1982), Barrett and Fralick(1989), 그리고 DSDP(Deep Sea Drilling Project)와 IPOD (International Project for Ocean Drilling)의 초기 보고서를 보라.

48. 예를 들면 Cremer, Faugeres, and Poutiers (1982), J. C. Moore et al.(1982a,b), Surlyk (1987), 그리고 von Huene et al.(1988)를 보라. 반원양성 이토는 5 μm 이상의 크기의 물질이 적어도 25%인 생물 기원 및 규질 쇄설성 물질로 구성된 해성 이토이다(R. L. Bates and Jackson, 1980; Stow and Piper, 1984).

49. "해저사태 퇴적물"은 세립질의 이질적인 물질이 우세한 기질 내에 암질적으로 그리고 암석 기재학적으로 이질적인 단단한 암석체들이 혼합되고 흩어져 있는 특징을 보이는, 정상적인 지질학적 연계층 내에 퇴적된 "지도 작성이 가능한 미끄럼 사태 퇴적물이다"(Raymond, 1984a). 해저 미그럼 사태와 해저 사태퇴적물의 추가적인 논의를 위해 Flores(1955), Elter and Trevisan(1973), Embly(1976), Jacobi(1984), 그리고 Raymond(1984a)를 보라. Aalto(1976)는 입자류 사암내에서 발견된 일부 변화를 기술하였다. 사면 퇴적물은 Doyle and Pilkey(1979)에 의해 기술되었다.

50. 예를 들면 Dickinson(1974), Karig and Moore (1975), Gorsline(1978), Ingersoll(1978c, 1982), Dickinson and Seely(1979), Damuth(1980), G. F. Moore et al.(1980), Underwood et al.(1980), G. F. Moore et al.(1982), J. C. Morre et al.(1982), 그리고 McMillen et al.(1982).

51. 예를 들면 Almgren and Schlax(1957), Heezen et al.(1964), C. H. Nelson and Kulm(1973), Martini and Sagri(1977), Cacchione, Rowe, and Malahoff(1978), E. D. Drake, Hatcher, and Keller(1978), R. M. Scott and Birdsall(1978), R. M. Carter(1979), Fischer(1979), May, Warme, and Slater(1983), 그리고 Valentine, Cooper, and Usmann(1984)을 보라. Dingler and Animan(1989)은 입자류와 카멜협곡(Carmel Canyon)의 입구에서의 그들의 퇴적물을 논의하였다. Pickering, Hiscott, and Hine(1989)은 협곡의 특징 및 퇴적 작용에 대해 검토하였다.

52. Bouma, Normarkm, and Barnes(1985)에 있는 논문을 보라.

53. Normark(1970), Mutti and Ricci-Lucchi(1972, 1975, 1978), R. G. Walker and Mutti(1973), Ricci-Lucchi(1975). Pickering, Hiscott, and Hine(1989)은 모든 해성 퇴적물을 포함하는 확대된 선상지 암상 분류 체계를 제안하였다.

54. Shanmugam, Moiola, and Damuth(1985), Pickering, Hiscott, and Hine(1989)은 현생 선상지에서 너무 많은 변화가 있기 때문에, 일반화된 모델은 맞지 않는다고 주장하였다.

55. Shanmugam and Moiola(1991)는 로브와 그들의 특징에 대해 논의 하였다.

56. 해저 선상지와 그들의 암석에 대한 추가적인 정보를 위해 Bouma and Hollister(1973), C. H. Nelson and Nilsen(1974), Normark(1974), R. G.

Walker(1975, 1984d), Whitaker(1976), Martini and Sagri(1977), Ingersoll(1978c, 1979), 그리고 D. J. Stanley and Kelling(1978), Siemers, Tillmann and Williamson(1981), Howell and Normark(1982)에 있는 몇 개의 논문과 Bouma, Normark, and Barnes(1985), Droz and Mougenot(1987), S. Reynolds(1987), Shanmugam et al.(1988), Shanmugam and Moiola (1988), Fergusson, Cas, and Steward(1989), 그리고 W. Morris and Busby-Spera(1990)에 있는 논문들 을보라.

57. 비록 대부분의 그런 퇴적물은 입자류, 질량류, 그리고 관련된 운반 작용과 퇴적 작용에 의해 퇴적된 것으로 간주되어 왔지만(D. J. Stanley and Unrug, 1972; G V. Middleton and Hampton, 1973; Lowe, 1976; Aalto, 1976; Pickering, 1984), Thornburg and Kulm(1987)은 칠레 해구의 일부 비교적 두꺼운 현생의 하도를 메꾼 퇴적물을 저탁류 퇴적 작용이나 재동 작용에 기인된 것으로 보았다.

58. Kulm, von Huene, et al.(1973), J C. Moore and Karig(1976), G. W. Smith, Howell, and Ingersoll (1979), G. R. Moore et al.(1980), Underwood and Bachman(1982), Taira et al.(1982), von Huene and Arthur(1982), von Huene et al.(1982), J. C. Moore et al.(1982a), S. H. Stevens and Moore(1985). 또한 50번에 있는 다른 관련 참고 문헌도 보기 바란다.

59. 해구 퇴적 작용에 대한 문헌은 대체로 많다. 대표적인 연구는 Scholl, von Huene and Ridlon (1968), Scholl et al.(1970), von Huene (1972), Scholl and Marlow(1974), Schweller and Kulm(1978), G.F.Moore et al.(1980), Under-

wood, Bachman, and Schweller (1980), G. F. Moore, Curray, and Eurmel(1982), J. C. Moore et al.(1982a), McMillen et al(1982), Erba, Parisi, and Cita(1987), Thornburg and Kulm(1987)과 DSDP 사업의 초기 보고서에 있는 여러 논문을 포함한다.

60. 예를 들면 McMillen et al.(1982) 그리고 Thornburg and Kulm(1987).

61. 예를 들면 Scholl and Marlow(1974), Underwood and Bachman(1982)를 보라.

62. 원양성이라는 말은 다른 저자들에 의해서 다른 의미가 주어졌다. 여기서 사용된 정의는 Glossary of Geology(Bates and Jackson, 1980)에 사용된 것과 비슷하다. Scholle, Arthur, and Ekdale(1983)은 그러나 보다 넓은 의미의 천해나 심해에 관계없이 어떤 개방된 해양 퇴적물로서 사용한 Jenkyns(1978)의 원양성을 따랐다.

63. 심해시추 프로젝트(DSDP)와 해양시추 국제 프로젝트(IPOD)은 해양 퇴적물에 대해 상당한 정보를 나타내 보였다. 이 사업의 결과는 Geotimes와 심해시추사업 초기보고서에 보고된 바와 같이 해양 퇴적물에 대한 진정한 정보의 저장고이다. 이들과 그리고 M. Pratt(1968), D. K. Davies(1972), Bouma and Hollister(1973), Rothe(1973), W. H. Berger(1974), Damuth(1977), van Andel et al.(1977), Jenkyns(1978,1986), Sheridan et al.(1982), Scholle, Bebout, and Moore(1983), D. A. Johnson and Rasmussen (1984), Dean et al.(1985), and Pickering, Hiscott, and Hein(1989)을 포함하는 여러 가지 요약, 보고서, 그리고 검토 내용들은 이 분야에 대한 검토의 토대를 마련해 준다. 더 많은 정보를 원하는 사람은 이들 보고서와 석회암에 대

한 Garrison(1972)의 연구, 쳐트에 대한 Calvert(1972) and Jenkyns and Winterer(1982), 모래에 대한 Cleary and Conolly(1974), 그리고 연니와 점토에 대한 W.H.Berger(1974)의 연구와 같은 각각의 암석 유형에 대한 연구 논문과 보고서를 참고해야 한다.

64. 현생의 분지 퇴적 작용은 엔시마틱 분지(ensimatic basin) (Lau Basin, Mozambique Basin, Shikoku Basin; Karig and Moore, 1975를 보라)에서는 흔하나, 지질 기록에서 덜 변형된 분지 퇴적물은 전형적으로 남부 애팔래치안 조산대의 중기 오르도비스기 Foredeep Basin(Read, 1980; Shanmugam and Walker, 1980)과 같은 엔시알릭 분지 (ensialic basins)에서 발견된다. 단층에 의해 생성된 분지의 퇴적 작용에 대한 논의는 Pickering(1984)을 보라.

65. 해저 확장 중심 균열대와 변환 단층대 내의 퇴적 작용 형태와 퇴적물은 몇 개의 DSDP 시추공(예, site 26, Bader et al, 1970; site 35, McManus et al., 1970)에 의해 보여졌으나, 이곳에서의 연구는 제한적이었다(Faugeres and Poutiers, 1982에 의한 논평을 보라). Charlie-Gibbs 열극대에서의 퇴적 작용에 대한 결정적인 연구을 위해 Faugeres, Gonthier and Poutiers(1983)를 보기 바라고, Escanaba 열곡 퇴적물을 위해서는 Vallier, Harold, and Girdley(1973)를 보라. Saleeby(1979, 1982)는 조산대에 현재 보존된 열극대라고 보여지는 고기의 예를 논의하였다. Phipps(1984)는 전호 분지, 열곡, 그리고 변환단층대의 이론적인 층서 연계층을 비교했다.

66. 예를 들면 McKee(1949), R. C. Moore(1949), S. W. Muller(1949)와 Longwell(1949)에 있는 Spieker(1949), P. Hoffman(1974), Cant(1984); 그리고 G. H. Davis(1984)를 보라.

67. Dapples, Krumbein and Sloss(1948), G. deV. Klein(1982).

68. R. C. Moore(1949); Selley(1970, 1978), Hallam(1981), Cant(1984), R. G. Walker(1984b).

연습 문제 ●

4.1 그림 4.16에 있는 각 주상도를 조사하라. (a) 각 각의 주상도는 어떤 환경을 나타내는가? 당신의 생 각을 설명하라. (b) 가능하면 주상도를 소환경으로 나누고 그 부분을 표시하라.

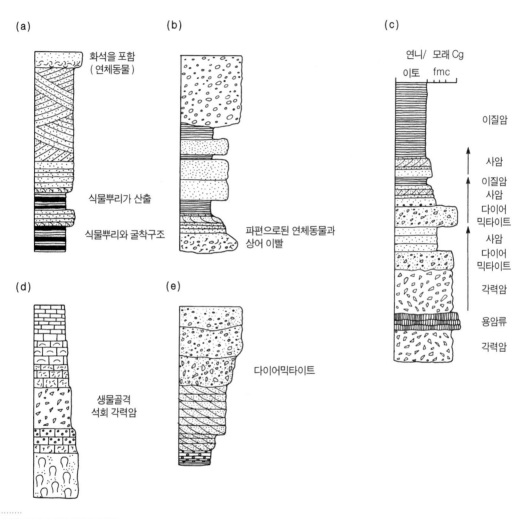

그림 4.16 문제 1번을 위한 주상도

이질암 5

서론

이질암은 퇴적암에서 가장 풍부한 암석이다. 이는 퇴적 기록의 50% 이상을 차지한다.[1] 일반적으로 이질암은 현저한 노두를 이루지 못하기 때문에 비록 이암이 다른 암석에 비하여 뚜렷하지는 않더라도, 이암은 층서적 단위를 구성하는 중요 요소가 된다. 매우 다양한 육성 기원의 층서 단면에서 다른 암석 형태와 교호층으로 나타나는 이질암은 하구(estuarine)와 석호 퇴적층의 주요 성분이며, 해성 기원의 층서 기록의 많은 부분을 차지한다.

이질암이 1/16mm 이하의 직경이나 길이를 갖는 입자들이 50% 이상을 차지하는 규질쇄설성 암석이라는 점을 상기하자. 작은 입자 크기 때문에, 이질암은 연구하기가 어렵다. 그럼에도 불구하고, 점토와 실트 크기의 다른 물질로 구성된 일반적인 광물 성분은 잘 알려져 있다. 이러한 일반적인 광물 성분과 이질암의 중요한 일차적 구조중의 하나인 엽층(그림 5.1)은 이질암을 구분하는 기준으로 이용된다.

이질암의 형태와 산출

중요한 이질암의 형태로는 실트암, 이암, 이토셰일, 점토암 및 점토셰일이 있다.[2] 셰일은 엽층리에 의하여 이암과 점토암과 구분된다. 이질암의 특별한 두 가지 형태가 언급할 만한 가치가 있다. 벤토나이트(bentonite)는 주로 녹점토(smectite)(montmorillonite)그룹의 점토 광물로 구성된 점토암이나 점토셰일이다.[3] 황토(loess)는 공극률이 높고 부서지기 쉬우며, 흔히 석회질인 실트암으로 지표를 얇게 덮는 지층을 형성한다.[4]

이질암은 시간, 공간 및 퇴적 환경에 폭넓게 분포한다. 이질암은 30억년[5] 이상의 시생대 녹색암대(greenstone belt)로부터 플라이스토세 내지 현세의 수천년 된 암석까지 산출되는 것이 알려져 있다. 제4장에서 이질암이 나타나는 다양한 환경을 제시한 바 있다. 육상에서 이러한 환경은 다양한 기후, 지형 및 구조 환경을 나타내는 하성 범람원, 하성 선상지, 플라야(playa) 호수, 플라야와 사브카(sabkha), 늪지(swamp), 동굴 및 호수를 포함한다.

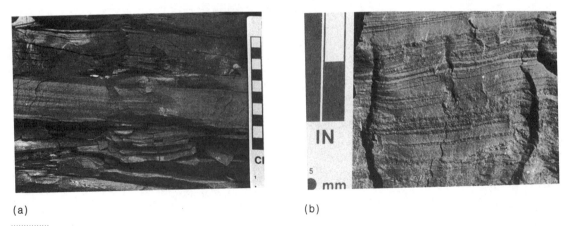

(a)   (b)

그림 5.1 엽층 이질암의 노두 모습. (a) 테네시 북동부 Holston 저수지에 인접한 421번 고속도로 부근에 분포한 오르도비스기 Paperville 층의 이질암 저탁암의 엽층리. (b) 몬태나 빙하국립공원에 분포한 원생대 중기의 Belt누층군의 Snowslip층에 포함된 적색 이질암의 엽층리.

(a)   (b)

그림 5.2 이질암의 현미경 사진. (a) 테네시 북동부 Holston 저수지에 인접한 421번 고속도로 부근에 분포한 오르도비스기 Paperville 층의 엽층상 이질암(직교니콜). Q=석영, P=사장석, Cl=방해석. 사진의 가로 길이는 1.3mm. (b) 중국 랴오닝성(Liaoning Province) 번지(Benxi)부근 Waizi 인민 공사에 분포한 원생대 중기 Nanfen층 이질암의 전자현미경 사진. 사진의 가로 길이는 30μm.

전이적 환경에서 이질암은 흔히 삼각주, 하구, 석호 및 습지(marsh)에 형성된다. 이질암은 대륙대, 해구 및 해저 분지 평원뿐만 아니라 대륙붕과 대륙사면에 광범위하게 분포한다. 이렇게 다양함을 생각한다면, 이질암이 모든 대륙에 풍부하고 해양 분지에서 현재 생성되고 있다는 것은 놀랄만한 것이 못된다.

벤토나이트와 황토는 독특한 기원을 갖는다. 벤토나이트는 화산재가 변질되어서 만들어진다. 이들은 화산 활동, 특히 산성 화산 활동이 흔하거나 흔했던 지역에서 나타난다. 예를 들면 노스 다코타의

남서부에 분포한 백악기 Hell Creek층에서와 같은 북아메리카 일부 지역에서는 벤토나이트가 흔하다. 바람에 의해 쌓인 황토는 세계 여러 지역에서 중요한 지층을 형성한다. 중요한 산출지로는 미국, 중국, 및 옛 소련이 있다.[6] 미국에서는 황토가 대평원, 특히 네브라스카에 발달하고, 남쪽 멀리 미시시피와 루이지애나까지의 미시시피 계곡에 넓게 분포하며 (Fisk, 1951; Glass et al., 1968; Matalucci et al., 1969), 알래스카에도 나타난다(Pewe, 1955). 황토는 빙하에 의해 파생된 세립질의 퇴적물이 바람에 의

하여 운반·퇴적된 것으로 논의의 여지를 담고 있는 지층이다.[7]

이질암의 광물 성분, 화학 성분 및 색깔

광물 성분

이질암의 광물은 주로 점토 광물, 운모, 녹니석, 석영과 장석, 및 탄산염 광물이다(그림 5.2, 표 5.1).[8] 기타 중요한 광물로는 철과 알루미늄의 산화물과 수산화물, 불석(zeolite), 황산염과 황화물, 인회석 및 각섬석과 같은 "중광물(heavy minerals)" 등이 있다. 추가적으로, 이질암은 화산 유리와 유기물질과 같은 광물이 아닌 물질을 포함한다(Potter et al., 1980). 선정된 이질암의 광물을 제시한 표 5.1에서, 실트암에서는 높은 값을 갖으며 점토셰일에서는 낮은 값을 갖은 석영 성분의 범위(0~80%)에 주목하라. 비정질 물질(유리로 생각되나 아마도 매우 불량하게 결정되거나 또는 은미정질의 물질로 추정됨)은 화산성 이토에 풍부하다. 속성 작용은 이러한 물질들을 점토 광물, 석영 및 장석, 그리고 더 오래된 이질암을 특징짓는 광물들로 나타나게 한다(예, 분석 4와 5). 점토 광물과 녹니석은 다양한 비율로 산출되기는 하지만 석영이 풍부한 실트암과 화산성 이토를 제외한 모든 암석에서 중요 성분을 이룬다.

이질암의 점토 광물에는 고령토, 몽모릴로나이트(montmorillonite), 베이델라이트(beidellite)(철을 함유하는 녹점토)를 포함하는 녹점토, 차모자이트(chamosite), 일라이트, 혼합층상(I/S) 점토 광물, 그리고 코렌자이트(corrensite), 세피올라이트(sepiolite) 및 아타풀가이트(attapulgite)(palygorsite)를 포함하는 Mg 함유 점토 광물 등이 있다. 각각의 점토 광물은 독특한 조건하에서 형성되고 존속된다.[9]이러한 점토 광물 중에는 속성 작용으로 변질되고 약하

게 변성 작용을 받은 이질암을 특징짓는 광물들인 일라이트, 녹니석 및 백운모로 변질되는 것들이 있다. 예를 들면 몽모릴로나이트는 일라이트로 변하며, 일라이트는 속성 작용이나 변성 작용이 진행됨에 따라 백운모로 재결정되기도 한다. 코렌자이트는 녹니석으로 변질된다.

탄산염 광물은 다른 퇴적암에서 전형적인 광물이다. 이에는 방해석, 돌로마이트, 능철석 및 앵커라이트(ankerite)가 포함된다. 운모와 마찬가지로 이들 각각은 특수한 조건하에서 결정되고 존속한다.

수많은 기타 광물과 광물이 아닌 물질들이 이질암에 희소내지 풍부하게 존재한다. 이질암에서 나타나는 불석은 필립사이트, 클리놉틸로라이트 및 아날사이트(analcite)를 포함한다. 철과 알루미늄의 산화물 또는 수산화물로는 적철석, 침철석, 갈철석 및 깁사이트(gibbsite)가 있다. 황철석과 백철석(marcasite)은 흔한 황화광물이고, 경석고는 전형적인 황산염 광물이다. 인회석, 각섬석, 저어콘(zircon) 및 기타 중광물은 많은 이질암의 광물 성분에서 매우 적은 부분을 차지한다. 화산 유리는 이토에서는 흔하나, 쉽게 불석, 점토 광물 및 다른 광물로 변하기 때문에 이질암에서는 흔하지 않다.[10] 유기물질은 케로젠(kerogen)과 아래에서 논의되는 기타 화합물을 포함한다.

일반적으로 공급지는 이질암의 광물 성분을 일차적으로 지배하는 영향을 미친다(Droste, 1961; Hume and Nelson, 1986).[11] 예를 들면 Muller and Stoffers(1974)는 북해 지역에서 퇴적물의 점토 광물 비가 공급지와 관련되며, 북쪽은 일라이트가 풍부한 지역과 남쪽은 몽모릴로나이트가 풍부한 지역과 관련되는 것을 밝혔다. 유사하게, 알래스카 대륙붕에서, Naidu and Mowatt(1983)는 다양한 지역의 퇴적물의 성분이 독특한 육성 기원지와 관계가 있음을

표 5.1 선정된 이토와 이질암의 광물

	1	2	3	4	5
석영	70−80[a]	26−35	4	−	−
알칼리 장석	−	−	tr	−	−
사장석	−	26−35	5	−	−
고령토	−	11−15	1	18	15
몽모릴로나이트	−	11−15	4	−	70
혼합층상 규산염광물	−	−	−	61[b]	−
일라이트	−	2−5	−	21	10
운모	−	−	3	−	−
녹니석	−	6−10	tr	−	5
팔리고르스카이트	−	−	tr	−	−
클리놉틸로라이트	−	−	tr	−	−
필립사이트	−	−	1	−	−
방해석	5−10	6−10	−	−	−
석고	−	−	−	−	p
갈철석	−	−	−	−	p
침철석	−	−	−	p	−
적철석	−	−	−	p	−
황철석	1−3	−	−	−	−
미화석	−	−	−	−	p
기타 유기적 쇄설물	5−10	−	−	−	p
비정질 물질[c]	−	−	81	−	−
기타	tr	−	tr	−	−
합계	100	100	100	100	100

출처:
1. 아이다호 Dollarhide층의 규질 "실트암(siltite)"(siltstone)(페름기)(Wavra et al., 1986).
2. 뉴질랜드의 석회질 사질 점토질 실트암(마이오세-플라이스토세), 시료 33401(Ballance et al., 1984).
3. 태평양 페루분지의 화산 유리가 풍부한 이토(플라이오-플라이스토세)(Zemmels and Cook, 1976).
4. 이탈리아 Gubbio의 Scaglia Rossa에 분포한 셰일(팔레오세). 석회암과 교호된 원양성 해성 셰일, 시료 347S(Johnsson and Raynolds, 1986).
5. 캘리포니아 Diablo 산맥에 분포한 Moreno Shale의 점토셰일(백악기). 부분적으로 아레나이트와 교호된 대륙붕의 셰일(Raymond, 미발표 분석).
[a] XRD분석 또는 암석기재적 관찰로부터 추정된 백분율
[b] 일라이트-녹점토
[c] 화산 유리, 알로페인(allophane), 생물 기원의 실리카 및 유기물질 포함
p=존재하나 정량적 분석에는 포함되지 않음
tr=미량

밝힌 바 있다. 또한, Windom et al.(1971)은 일라이트와 몽모릴로나이트가 창조류(flood tide) 동안에 외안(offshore)으로부터 조지아 하구로 운반되고, 대류 기원지로부터 유입된 고령토와 몽모릴로나이트, 소량의 활석, 혼합층상 점토 광물 및 버미큘라이트(vermiculite)와 혼합된다는 것을 밝힐 수 있었다.

운반 작용과 퇴적 환경 역시 퇴적물의 성분에 영향을 미친다. 일반적으로, 고령토는 분지의 연안쪽 지역에서 우세한 경향이 있으며, 분지쪽으로 감에 따라 일라이트, 녹니석 및 팔리고르스카이트(palygorskite)로 연속적으로 대체 된다(Parham, 1966). 산소가 풍부한 물은 적철석과 같은 산화 광물을 만드는 반면, 무산소성 물은 황철석과 같은 황화 광물을 만든다. 특히 염분이 많은 환경에서는, 에리오나이트(erionite), 차바자이트(chabazite) 및 필립사이트(phillipsite)와 같은 불석(zeolites)이 형성된다(Sheppard and Gude, 1968; Surdam and Eugster, 1976).

이질암의 성분은 지질 시대에 따라서 변화한다는 일부 증거들이 있다.[12] 녹점토는 많은 신생대 제4기의 이토와 셰일에 풍부하나, 신생대 이전의 셰일은 흔히 일라이트가 풍부하고(>50%) 녹점토는 오직 소량만이 포함된다(표 5.1, 5.2). 이러한 광물학적 차이로 인한 화학적 변화는 젊은 암석에 비하여 더 오래된 암석에서 K_2O가 풍부하고 CaO가 부족하게 나타난다. 이러한 차이는 제3장에서 논의된 Ca을 포함한 녹점토가 K를 포함한 광물 일라이트로 바뀌는 속성 작용과 관련된다. 풍화 작용에 대한 생물학적 지배의 시간에 따른 변화와 지질 구조, 화산 활동 및 기후의 변화를 포함한 설명 역시 젊은 이질암과 오래 된 이질암의 화학적 차이를 설명하는 원인으로 제안되어 있다(Ehlers and Blatt, p.291; Weaver, 1989, p.563)

화학 성분

이질암의 화학 성분은 그들의 광물 성분의 함수이다.[13] 이질암은 흔히 규산염과 유기적 물질을 상당한 양만큼 포함하기 때문에, 그들의 화학 성분은 무기적 및 유기적인 관점에서 논의될 수 있다. 두 가지 어느 것도 충분한 연구가 수행되어 있지 않다.

무기적 화학 성분

이질암은 규질쇄설성이다. 따라서 그들의 무기적 화학 성분은 SiO_2가 지배적이다(표 5.3). 석영(대부분 사암의 주성분)에 비하여 SiO_2가 적게 포함된 층상규산염 광물이 풍부하기 때문에, 이질암은 사암에 비하여 전형적으로 실리카의 함량이 낮다(표 1.4의 분석 4와 분석 1, 2를 비교하고, 표 5.3의 분석과 표 6.2의 분석을 비교하라). 이질암은 다양한 환경에서 형성되고, 층상규산염 광물이 아닌 광물로서 풍부한 석영과 유기물질, 탄산염 광물, 암염과 석고 같은 증발 광물, 인산염 물질 및 철의 산화물과 수산화물을 포함한 광범위한 물질로 구성된다는 사실은 이질암의 화학 성분이 다양하게 변화될 수 있음을 암시한다. 그것은 실제로 그렇다.

이질암의 큰 화학적 변화는 표 5.3에 표현된 분석에 의하여 암시된다. 실리카는 40% 이하에서 80% 이상까지의 범위를 갖는다. Fe^{+2} 또는 Fe^{+3}이 우세하기도 하나 산화철의 총량은 1% 이하에서 약 30%까지의 범위를 보인다. MnO와 Na_2O는 흔히 1% 이하이나 특수한 암석에서는 5% 또는 그 이상까지 범위를 갖기도 한다. K는 일라이트, 운모 및 알칼리 장석의 구성 성분으로 보통 1% 이상을 차지한다. CaO와 MgO는 주로 광물에 포함된 탄산염 성분의 함량에 따라서 폭넓게 변한다. 방해석이나 돌로마이트가 풍부하면, CaO와 (또는) MgO의 함량이 상응하게 높다. MgO의 경우에 있어서, 높은 값은

표 5.2 선정된 이토와 고기 이질암의 일반적인 광물 성분 비교

	이토				이질암				
	1	2	3	4	5	6	7	8[b]	9
석영	4[a]	A	10	11	45	22	20	10	22
알칼리 장석	tr	m	5	7	5	9	–	tr	tr
사장석	5		11	12	10		–		
고령토	1	m	4	6	5	tr	–	–	tr
녹점토	4	A	10	6	–	–	–	–	–
일라이트	–	C	26	22	15	31	36	48	48
혼합층상 점토광물	–	–	21	10	5	–	9[c]	21	12
녹니석	tr	?	6	6	–	2	15	17	6
버미큘라이트	–	–	5	2	–	–	–	–	–
흑운모	–	–	–	–	–	tr	–	tr	–
팔리고르스카이트	tr	–	–	–	–	–	–	–	–
방해석	–	–	–	11	10	tr	15	tr	3
돌로마이트	–	–	–	7	5	tr	–	tr	7
불석	tr	–	–	–	–	–	–	–	–
황철석/백철석	–	–	–	–	–	11	5	tr	tr
산화철	–	–	–	–	?	2	–	–	–
총 유기탄소	?	?	?	–	–	22	?	<1	?
미정질	81	–	–	–	–	–	–	–	–
기타	tr	–	tr	tr	–	1	–	tr	–

출처:
1. 태평양 페루분지의 화산 유리가 풍부한 이토(플라이스토세−홀로세)(Zemmels and Cook, 1976).
2. 텍사스만 연안 이토(플라이스토세−홀로세)(여러 출처로부터 일반화 시킴; 교재 참조).
3. 슈피리어 호수의 회색 점토 (플라이스토세−홀로세)(Lineback et al., 1979; Mothersill and Fung, 1972 수정).
4. 슈피리어 호수의 적색 호상 점토(플라이스토세)(Lineback et al., 1979; Mothersill and Fung, 1972 수정).
5. 콜로라도 Piceance Creek 분지의 그린리버층의 Garden Gulch층원의 "셰일" (에오세), 시료 28 (Hosterman and Dyni, 1972).
6. Chattanooga 셰일의 성분을 일반화 시킨 흑색 셰일(데본기)(Bates and Strahl, 1957; Conant and Swanson, 1961 추가; Ettensohn and Barron, 1982).
7. Genessee층과 이에 해당하는 층의 셰일(데본기), 64개 시료의 평균(Hosterman and Whitlow, 1983).
8. 녹색 내지 회색의 데본기 셰일(Ettensohn and Barron, 1982; Leventhal and Hosterman, 1982).
9. Waynesville층(Big Bull층) Clarkeville 층원의 셰일(상부 오르도비스기), 평균 (Scotford, 1965).
[a] 부피 백분율로 나타낸 값
[b] 무게 백분율로 나타낸 값
[c] 일라이트-녹점토 혼합층상 광물
? 아마도 존재하나 기록되지 않음
A=풍부, C=흔함, m=소량, tr=미량

또한 녹니석 성분과 함수 관계가 될 수도 있다. 인
은 "인산염 셰일"에서 높다(Heckel, 1977 ; Giresse,

1980).

셰일의 미량 원소 분석 결과 수많은 원소들이 상

표 5.3 선정된 이질암의 화학 분석

	1	2	3	4	5	6	7	8	9
SiO_2	40.1[a]	46.30	58.32	60.0	61.84	61.99	66.00	74.8	76.44
TiO_2	0.76	0.48	0.48	0.73	0.83	0.89	0.11	0.38	0.63
Al_2O_2	10.9	16.11	8.59	18.1	13.40	22.25	1.30	9.1	11.25
Fe_2O_3	—	—	2.04	1.3	3.83	1.25	—	2.6	—
FeO	27.6[b]	6.33[c]	—	—	—	—	0.65[b]	—	4.45[c]
FeO	—	—	0.18	5.0	1.15	0.42	—	0.4	—
MnO	4.8	0.06	0.07	0.11	0.05	0.01	0.01	nr	0.04
MgO	3.5	3.01	3.65	2.9	2.69	1.34	2.60	1.2	0.99
CaO	0.53	16.20	8.45	1.1	2.68	0.02	16.00	1.4	3.03
Na_2O	0.12	0.35	0.72	1.8	0.97	0.10	0.20	0.34	0.24
K_2O	4.5	1.25	2.71	3.2	2.8	6.32	0.70	1.4	1.14
P_2O_5	0.14	0.50	0.05	0.17	0.44	0.03	0.16	0.5	0.14
LOI[d]	—	—	—	—	—	—	11.20	—	—
H_2O^-	2.2	—	0.52	0.64	2.45	0.10	nr	3.8	—
H_2O^+	4.8	0.58[e]	1.40	4.4	3.85	4.57	nr	3.0	0.43[e]
CO_2	0.08	7.55	12.08	0.10	2.55	0.45	nr	nr	2.11
기타	1.37	1.44	0.43	0.34	1.05	0.26	fr	0.60	0.00
합계	100.0	100.160	99.69	99.4	100.44	100.00	98.93	99.52	100.89

출처:
1. 캘리포니아 프란시스칸 복합체 (쥬라기—백악기)의 처트와 교호된 적색 셰일, (Bailey et al., 1964). 분석자: P.L.D. Elmore et al. 심해저.
2. 나이지리아 Ezeaku 층(백악기)의 셰일, 시료 8(Amajor, 1987). 비활동적 대륙주변부의 대륙붕 또는 대륙사면.
3. 사우스 다코타 Spearfish 층의 적색 사질 셰일(Richardson, 1903). 전이적 환경 내지 얕은 연해(?)
4. 캘리포니아 프란시스칸 복합체(쥬라기-백악기)의 그레이와케를 수반하는 셰일, 시료 SF−2126 (Bailey et al., 1964). 활동적 대륙주변부의 대륙사면 또는 해구.
5. 와이오밍 Cody셰일층(백악기)의 셰일, 시료 Sco⁻¹. (Schultz et al., 1976) 분석자: S.M. Berthold, 연해저.
6. 오스트레일리아 Cookman Suite (실루리아기—데본기)의 이질암, 시료 MK55(Bhatia, 1985a). 활동적 대륙주변부.
7. 아이다호 Dollarhide 층(페름기)의 석회질, 탄질, 규질 실트암, 시료 Ex-1(Warva et al., 1986). 활동적 대륙주변부 대륙사면 (?).
8. 사우스 다코타 Potter County Pierre 셰일층(백악기)의 규질 셰일 또는 점토셰일, 시료 259536 (Schultz et al., 1980). 연해저.
9. 나이지리아 Asu River 층군(백악기)의 셰일, 시료 2(Amajor, 1987). 비활동적 대륙주변부의 대륙붕 또는 대륙사면.
[a]무게 백분율로 나타낸 값
[b]Fe_2O_3 로 나타낸 철의 총량
[c]$FeO+Fe_2O_3$ 의 합계
[d]연소 손실
[e]기록으로만 나타나는 물의 총량
nr=기록 안됨

당한 양만큼 존재하는 것이 밝혀졌다. 여러 퇴적암 석학자들과 지구화학자들은 이질암에 포함된 특수한 미량 원소 화학 성분과 퇴적 환경이나 기원지에 관련된 특별한 유형의 셰일과 관련 짓기를 시도하여 왔다.[14] 예를 들면 Vine and Tourtelot(1970)는 미량 원소의 함량에 의하여 흑색 셰일을 특징지으려고 시도한 바 있다. Bhatia(1985b)는 퇴적 분지의 구조적 환경을 구분하기 위해 REE 양상을 이용하였다. Leventhal(1983, 1987)는 이질암의 C/S(비율)에 근거하여 정상적(산환된) 해양 환경과 정체된(무산소의) 퇴적 환경을 구분하였다.[15] Walters et al.(1987)은 이질암을 구분하기 위하여 해성과 비해성 광물 성분과 함께 인, 철, 바나디움(vanadium), 크롬, 니켈 및 아연을 포함하는 주성분과 미량 원소를 이용하였다. 비록 미량 원소가 인접한 지층 단위를 구분하고, 퇴적상 그룹을 나누며, 또는 분지 내에서 층서 단위를 대비하는 데 유용한 것처럼 생각되나 이러한 시도들은 오직 조심스러운 성공을 맞고 있다(Amajor, 1987; Stow and Atkin, 1987; Walters et al., 1987).

동위 원소 연구 역시 퇴적물과 퇴적 환경을 짓는 데 어느 정도는 유용하다. Maynard(1980)와 Gautier(1986)는 황의 동위 원소비가 퇴적 속도와 관련이 있다는 것을 보고하였다. Gautier(1986)는 또한 동위 원소의 성분과 특별한 환경적 상태를 관련시킨 바 있다. 그는 "가벼운(light)" 황을 포함하는 산재된 황철석이 유기적 탄소의 함량이 높은 암석에서 나타난다는 것을 밝혔다. 이러한 암석은 엽층이 발달하고(생물교란 작용이 없음) 이토는 분명하게 무산소 환경에서 퇴적되었다. 산소가 풍부한 물에서 이토로 쌓인 생물교란 작용을 받은(엽층이 없음) 이질암은 유기적 탄소가 낮으며, 황의 동위 원소 값이 일정한 범위를 나타낸다.

유기적 화학 성분

Gautier(1986)에 의하여 황과 함께 이질암을 특징짓는 데 이용되는 유기적 탄소는 이질암의 흔한 성분이다. 셰일에서 유기물질은 평균 2.1%이나(Degens, 1965, p.202), 35% 또는 그 이상의 범위까지 이를 때도 있다.[16] 석탄(식물이 다량 농집된 경우)과 석유(비정질의 유기물질이 풍부한 경우)의 근원을 이루는 것은 유기적 탄소이다.[17] 유기물질이 원래 어떠한 근원이건 간에, 박테리아와 균에 의한

미생물의 작용이 그 물질의 유기적 화학 성분을 변하게 한다는 일부 증거가 있다(Ourrison et al., 1984).

퇴적물의 유기적 성분은 매우 다양하다. 이들에는 아미노 화합물, 탄수화물과 탄수화물의 파생물, 지방, 아이소프리노이드(isoprenoids), 스테로이드(steroids), 이종환상(heterocyclic) 화합물, 페놀(phenols), 퀴논(quinones), 부식 화합물(humic compound), 탄화수소 및 아스팔트(asphalts)가 포함된다(Degens, 1965, p.2). 특히 식물성과 동물성 지방인, 긴 사슬 카르복실(carboxylic)산 지방질(lipids)과 주로 탄소, 수소, 산소 및 질소(±황)으로 구성된 세립질 이고 갈색 내지 흑색을 띠는 불용성 분말인 케로젠(kerogen)은 더욱 중요한 두 가지 형태의 유기물질이다(Forsman and Hunt, 1958a; Degens, 1965).[18]

특수한 유기 화합물의 형태와 화합물의 비는 퇴적물의 기원지와 이질암의 열적 역사를 특징짓는데 이용된다. 이질암의 주요 유기물질 내에서(즉 지방질과 케로젠 중에서), 기원지를 알려주는 지시 분자들이 확인될 수도 있다. 예를 들면 지방질 페릴렌(perylene)은 "육성(terrigenous)" 기원의 지시자가 될 수도 있다(Aizenshtat, 1973; Simoneit, 1986). 유사하게, 높은 프리스테인(pristane)/피테인(pytane) 비율은 대륙에서 기원된 엽층상 이질암의 특성을 나타낸다(Pratt et al., 1986). 이러한 기원은 속성 작용으로 야기된 원소 비율의 변화와 박테리아 지방질의 첨가 때문에 속성 작용이 증가함에 따라서 해석하기가 더욱 어렵게 된다(Ourrison et al., 1984)

유기적 탄소가 풍부한 이질암 중에서 특이한 것은 흑색 셰일이다.[19] 이들은 지질 기록에서 광범위하게 분포하며, 전세계적인 백악기의 해성층[20]과 아메리카 동부의 데본기 해성층[21]에서 특히 중요한 부

분을 차지한다. 이러한 셰일이 무산소성 저층수에서 유기물이 풍부한 퇴적물로부터 생성되었다는 가설은 일반적으로 받아들여지고 있다.[22] 대서양의 쥬라기와 백악기 흑색 셰일 중에서 이미 Tissot et al.(1980)와 Katz and Pheifer(1986)는 다음과 같은 세 가지 다른 유형(three different types)의 유기물질을 확인하였다.

1. 상대적으로 높은 H/C 값(약 2.1)과 케로젠 내의 O/C 값이 0.15 이하이며, 보존이 양호한 해양 유기물질.

2. H/C 값이 약 0.15 이고 케로젠 내의 O/C 값이 0.3에 이르며, 대체로 양호하게 보존된 "육성" 기원의 유기물질.

3. H/C 값이 0.7 이하이고 케로젠 내의 O/C 값이 폭넓게 변하며, 재순환되고(되거나) 심하게 변질된 유기물질.

이러한 형태의 상대적 비율이 지역에 따라서 그리고 층서적 위치에 따라서 변한다는 사실은 이질암을 구성하는 퇴적물의 기원이 변하는 것을 지시한다. 퇴적학적 자료와 종합된 이들 자료는 또한 무산소 조건이 흑색 셰일의 형성에 필수적 요건이 아니라는 것을 암시한다(Katz and Pheifer, 1986). 이런 생각은 폭넓게 수용되어지고 있다. 빠른 매몰, 높은 유기적 생산성, 환원 환경 및 유기 화합물의 준안정적 지속성 모두가 흑색 셰일 중에 많은 유기 성분의 존재에 국지적으로 중요하게 기여한다.[23]

색깔

이질암의 색깔은 그의 광물 성분과 유기물의 성분을 반영한다. 색깔은 암석 색깔의 범위를 거의 백색부터 회색과 흑색까지 걸치게 하며, 보라색, 청색, 녹색, 황색, 오렌지색, 갈색 및 적색을 포함하는 색

상의 범위를 포함한다.

세 가지의 요인들이 색깔을 띠게 하는 데 중요한 것으로 생각된다. 어느 정도 범위까지는 쇄설성 유기물질의 색깔이 이질암의 색깔에 영향을 미치기도 한다. 갈색, 회색 및 흑색의 암석은 일반적으로 그들의 색깔이 이러한 유기물질에 기인하며, 특히 유기적 성분이 많은 경우에 나타난다(그림 5.3)(Potter et al., 1980, p.55). 예를 들면 Sheu and Presley(1986)는 멕시코만 Orca 분지의 엽층리가 잘 발달한 암회색과 흑색 셰일은 1.0% 이상의 유기적 탄소를 포함하며, 1.0% 이하의 탄소를 갖는 암석은 담회색이라는 것을 알았다.

퇴적 작용과 속성 작용의 과정은 이질암이 색깔에 영향을 미치는데 있어서 쇄설성 물질의 색깔보다 더더욱 중요하다. 두 가지 어느 과정에서나 산화나 환원이 일어난다. 산화는 결과적으로 3가 철과 2가 철의 비율(Fe^{3+}/Fe^{2+})이 높게 나타나게 하고, 빨

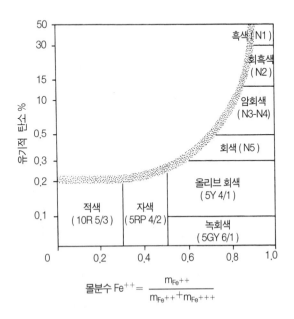

$$몰분수\ Fe^{++} = \frac{m_{Fe^{++}}}{m_{Fe^{++}} + m_{Fe^{+++}}}$$

그림 5.3 이질암의 색깔, 유기물 성분 및 철의 산화 상태 사이의 관계를 나타낸 그림(Potter et al., 1980).

간 적철석질 암석을 형성한다. 환원은 결과적으로 2가의 철(Fe^{2+})이 증가하고, 이에 따라서 비율이 감소한다. 환원은 높은 유기적 탄소를 갖는 암석의 특징을 나타낸다. 그러한 암석에서 황철석과 백철석은 철을 함유하는 일반적인 광물이다.

점판암에 대한 연구에서, Tomlinson(1916)은 색깔이 2가와 3가 철의 비에 함수관계임을 밝혔다. 철의 총량이 3~6%에 이르는 암석에서 높은 비율(2:1 이상)은 적색의 점판암을 생기게 한다. 자색의 점판암은 일반적으로 낮은 값을 가지나 비율은 1:1을 넘는다. 녹색과 흑색의 점판암은 1:2 또는 그 이하의 비율을 갖는다. 정성적인 방법을 통하여, Thompson(1970)은 펜실베이니아의 이질암을 포함하는 Juniata와 Bald Eagle층에 대한 연구에서 이러한 결과를 확인하였으며, 이 연구에서 그는 적철석은 적색 암석의 특징을 나타내고 반면에, 황철석과 녹니석은 회색-녹색의 암석에서 중요한 상임을 알았다. McBride(1974)는 이러한 관찰 결과를 일반적인 근원암으로부터 기원된 여러 색깔을 갖는 셰일에까지 확장하였다. 그는 3가와 2가 철의 비율이 감소함에 따라서 적색에서부터 황색 내지 녹색으로 색깔이 바뀌는 것을 밝혔으며, (1) 적색과 갈색의 셰일은 입자 표면을 덮어 씌운 산화철을 포함하고 (2) 녹색 셰일은 녹니석과 일라이트에 의하여 특징지어지나, 상당한 양만큼의 적철석, 유기물질 및 황화물은 포함하지 않으며 (3) 올리브색과 황색의 셰일은 녹니석, 일라이트, 유기물질 및 철의 화합물을 포함하고 (4) 회색의 셰일은 유기물질과 황화물에 의해 색깔을 띠게 된다는 것을 알았다. 어떠한 경우에 적색의 암석에 있는 녹색과 회색의 반점은 인접한 적색 셰일에 비하여 철의 총량이 덜 포함되었다는 증거가 있다고는 하지만, 이것은 녹색의 색깔이 나타나는 데 필수 요건은 아니다.[24]

분명하게 색깔을 띠는 점토 광물과 운모 역시 암석의 색깔을 띠게 한다. 예를 들면 캘리포니아 해안 산맥의 플라이오세 Neroly층에 포함된 청회색 이질암은 안산암질 기원물질의 변질에 의하여 유도된 철이 풍부한 베이델라이트나 철이 희박한 논트로나이트(nontronite)로 표면을 덮어씌운 입자에 의하여 색깔을 띠게 된다(Louderback, 1924; Lerbekmo, 1956, 1957). 유사한 방법으로, 이질암에서 자생적으로 발달한 해록석은 암석의 색깔이 뚜렷한 녹색으로 나타나게 한다.

이질암의 구조와 조직

이질암의 중요한 구조는 층리와 엽층리이다(그림 5.1). 이들 구조는 파행하거나 파상(wavy) 또는 렌즈상을 이루기도 한다.[25] 이질암에서의 평행 층리는 정상적인 퇴적 작용이나 폭풍과 홍수에 의한 퇴적 작용, 등수심류에 의한 퇴적 작용 및 호상점토 퇴적 작용에서 뜬 상태의 퇴적물이 가라 앉아 형성된다(Reed et al, 1987; Anderson and Dean, 1988; Leithold, 1989; Cowan and Powell, 1990). 우상(flaser) 엽층을 포함한 파상 엽층은 (1) 국지적으로 침식하는 소류(traction currents)와 퇴적물낙하(sediment rain)의 결합으로 생긴 퇴적 작용, (2) 연성 퇴적물에 나타난 약간의 변형 또는 (3) 퇴적 후 나타나는 결정의 성장의 결과로 형성된다.[26] 렌즈상 엽층은 연흔을 나타내는 이질암 저탁암의 Tc구간에서(그림 5.4b), 그리고 퇴적 작용에 기타 소류가 관여된 암석에서 나타난다.

그 밖에도 여러 구조가 이질암에서 나타난다. 일차적인 구조로는 저면 구조(sole mark), 연흔, 불꽃 구조, 소금 결정의 케스트(casts) 및 점이층리가 있다. 속성 작용에 의한 구조와 변형 구조를 포함하는 이차적인 구조에는 결핵체, 결정 케스트, 로드 케스

(a)

(b)

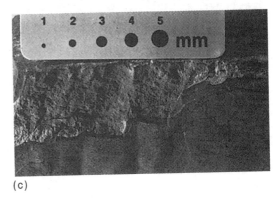
(c)

그림 5.4 이질암의 구조. (a) 버지니아 Gate City에 분포한 오르도비스기 Bowen층의 석회질 셰일과 점토질 석회이질암에서 나타나는 건열. (b) 테네시 북동부 Holston저수지의 Avens Ford 다리에 분포한 오르도비스기 Sevier(Paperville)층의 이질암 저탁암에 발달한 사엽층리. (c) 오리건 Cascade 산맥의 Oil City에 분포한 제3기 오일셰일(oil shale)에 나타나는 연흔과 불꽃 구조.

트(load casts), 우흔, 건열, 색깔 띠 구조(리제강 고리 포함), 굴착구조, 생물 교란된 층리, 붕괴된(disrupted) 층리, 선회 층리(convoluted bedding), 탈출 구조(escape structures), 연성 퇴적물 습곡(soft sediment folds), 연성 퇴적물 단층(soft sediment faults), 쇄설성 암맥(clastic dykes), 습곡, 절리, 단층 및 단층 활면(slikensides) 등이 포함된다(그림 5.4). 셰일이 편평한 조각으로 갈라지는 성질을 나타내는 박리(fissility)는 퇴적 작용, 다져짐 작용(compaction) 및 풍화 작용의 종합적 결과로 나타나는 기원이 불분명한 일반적인 구조이다. 전형적으로 이것은 지표면에 노출된 이질암에서 관찰되며, 지하에는 나타나지 않는다(Landegard and Samuels, 1980).

이질암은 본질적으로 표생쇄설성 조직을 갖는다. 그러나 점토 광물이 풍부한 암석은 퇴적 작용과 다져짐 작용이 일어나는 동안에 일어나는 판상의 점토 입자들이 배열의 결과로 약한 엽리(foliation)을 갖기도 한다. 세립질의 입자 크기 때문에 거의 모든 이질암은 분급이 양호하거나 매우 양호하다. 상당한 모래 성분을 포함하는 일부 실트암은 보통의 분급을 이루며, 역질 이질암은 분급이 매우 불량하다. 국지적으로 원마도가 높은 실트, 모래 또는 조립 입자를 제외하면 입자들은 주로 각상이다(Mazzullo and Peterson, 1989). 속성 작용 동안에 생긴 재결정 작용은 이질암에 등립질 봉합 조직에서부터 포이킬로토픽(poikilotopic) 조직까지의 범위를 갖는 결정질 조직이 나타나게 한다.

이질암의 현생 퇴적 환경

이토는 현재 세계 도처의 다양한 환경에서 퇴적되고 있다. 이러한 환경은 육성에서부터 심해성 형태까지 범위를 갖는다. 이러한 외적 환경과 이러한 환경에서 형성된 물질에 대한 연구를 통하여, 우리는 이질암의 고화되기 전의 역사(prelithification history)를 고찰할 수 있다.

현생의 이토는 대륙에 있는 암석의 풍화나 침식 작용과 다양한 퇴적 환경 내에서의 광물의 신결정 작용(neocrystallization)에 의하여 기원된다. 풍화와 침식에 의해 생성된 이토는 하천과 바람에 의하여 퇴적 분지로 운반된다. 예를 들면 아이오와의 Davenport와 일리노이의 Cairo 사이의 미시시피강에 의해 운반된 퇴적물은 상당한 양의 이토와 모래를 포함한다(Lugn, 1927). 이와는 대조적으로 심해저 퇴적물은 일반적으로 거의 대부분이 이토로 구성되어 있으며, 소량의 퇴적물은 바람에 날려 쌓인 것이다(Rosato and Kulm, 1981). 이러한 동안에 새로운 점토 광물과 기타 광물이 형성됨으로써 이토와 이로 인한 이질암의 최종 성분을 변하게 한다.

나쯔카 판에 예비 이질암의 퇴적 작용

여러 가지 유형의 점토와 연니(ooze) 및 이토가 해저를 덮고 있다[27](그림 5.5). 초기 이질암이 형성되고 있는 많은 심해저 중의 하나는 나쯔카 판(Nazca Plate)이다. 나쯔카 판은 서쪽의 동태평양 해팽(rise), 동쪽의 페루-칠레 해구(남아메리카 서쪽 해안에서 떨어진 바다에 위치), 북쪽의 갈라파고스 열곡 및 남쪽의 칠레 해령 사이에 위치한다(그림 5.6).

나쯔카 판으로부터 수많은 해저 퇴적물 시료가 오레곤 주립대학과 하와이 지구물리연구소의 나쯔카 판 연구(Nazca Plate Project) 동안에 얻어졌으며 심해저시추계획(DSDP)자료는 나쯔카 판의 퇴적물에 대한 가장 중요한 정보의 출처를 제공한다.[28] 표면 퇴적물은 판 내의 장소에 따라서 성분의 범위를 갖는다(그림 5.6). 탄산염과 기타 생물 기원으로 형성된 퇴적물은 용해가 잘 일어나지 않고(않거나) 유

기적 생산성이 높은 지형적으로 높은 지역과 저위도에서 유세하다. 규질 연니는 적도상에 있는 북쪽에서 특히 우세하다. 열수에 의한 퇴적물은 해령의 꼭대기를 따라서 풍부하게 분포한다. 판 내부 분지(intraplate basin)인 Bauder Deep에서는 표면 퇴적물이 국지적으로는 생물 기원의 성분이 풍부한 철이 많고 갈색을 띠는 점토로 구성되어 있다(Dymond, 1981; Yeats et al., 1976a). 예상되는 바와 같이, 남아메리카 대륙에 있는 암석의 풍화와 침식으로 기원된 쇄설성 퇴적물은 대륙주변부, 특히 깊은 분지에 풍부하다. 고화 작용을 받아서 이질암이 생성될 것은 판 내부 분지(Bauer Deep과 같은)의 점토와 쇄설성 퇴적물이다.

Bauer Deep의 이토는 다양한 기원으로 생긴 성분을 포함하고 있다(Heath and Dymond, 1977). 이들은 **생물 기원(biogenic)**(물 속에서 살고 있는 유기물에 의해 침전됨), **물에 의한 기원(hydrogenous)**(해수로부터 침전됨), **열수기원(hydrothermal)**(해양 지각과 상호 작용하는 열수 용액으로부터 침전됨) 및 **쇄설성 기원(detrital)**(주로 남아메리카 대륙으로부터 풍화되고 침식된 물질)을 포함한다. Si, Al 및 Fe는 쇄설성 및 열수 기원이다. Si의 일부는 물론 생물 기원이다. 이렇게 다양한 성분들은 다른 성분과 결합하여 해저에 퇴적된 점토의 구성 성분을 만들게 된다.

표면 부근의 점토는 거므스름한 황갈색 내지 어두운 적갈색 또는 회색이다. 그들은 주로 결정화가 불량한 철망간의 산화물과 수산화물을 포함한 **비정질 물질(amorphous materials)**, **점토 광물(clay minerals)**, 특히 철이 풍부한 녹점토와 고령토, 침철석과 토도로카이트[(Mn, Ca, Mg) $Mn_3O_7 \cdot H_2O$)]를 포함하는 **철과 망간의 산화물(iron and manganese oxides)**[29], **불석(zeolite)** 필립사이트(phillipsite) 및

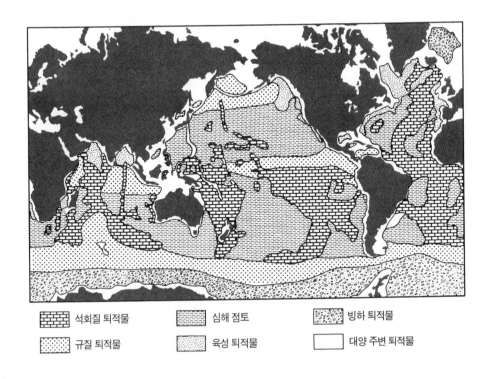

| 석회질 퇴적물 | 심해 점토 | 빙하 퇴적물 |
| 규질 퇴적물 | 육성 퇴적물 | 대양 주변 퇴적물 |

그림 5.5 해양저에서 지배적인 퇴적물 유형의 분포(Davis and Gorsline, 1976).

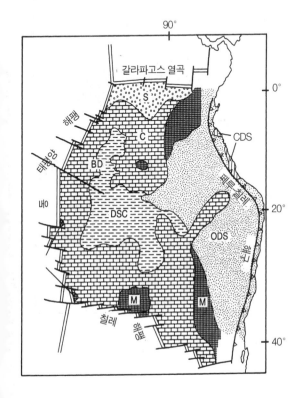

그림 5.6 나쯔카 판에 퇴적물 분포를 나타낸 지도. BD=Bauer Deep, C=탄산염 퇴적물, CDS=대륙성 쇄설성 퇴적물, DSC=심해 점토, M =혼합 성분, ODS=해양성 쇄설성 퇴적물, S=규질 퇴적물 (Davis and Gorsline, 1976; Dymond, 1981; Rosato and Kulm, 1981 수정).

석회질 초미화석, 석영, 장석이 포함된 다양한 부수 성분으로 구성되어 있다(표 5.2, 1열 참조). (Dymond et al., 1973; Yeats et al., 1976a; Heath and Dymond, 1977). 일부 점토는 상당한 양의 방해석을 포함한다(Bisschof and Sayles, 1972). 유기적 탄소의 함량은 0.3% 미만으로 낮다(Cameron, 1976).

판의 동부 대륙 가까운 곳에 퇴적된 쇄설성 물질의 대표적인 예는 DSDP 위치 320과 321에서 채취된 시료이다(Yeats et al., 1976b, c; Zemmels and Cook, 1976). 표면에 가까운 퇴적물은 올리브(olive) 회색 내지 암회색을 띠며, 규질 화석이 풍부하고, 쇄설성인 실트질 점토와 점토이다. 이는 점토 크기의 성분이 우세하나, 15~20%의 실트와 미량의 모래를 포함한다. 엽층리와 층리가 곳에 따라서 나타난다. 화산 유리와 규질 미화석을 포함한 비정질 물질, '운모'와 점토 광물 몽모릴로나이트 및 고령토, 녹니석, 석영 및 사장석은 중요한 퇴적물의 성분을 이룬다(함량이 감소하는 대체적인 순서로 제시됨). 판의 북동부에서, 지배적인 점토는 남쪽과 북쪽 지역에서의 녹점토와 혼합층상 점토로부터 중앙 지역에서의

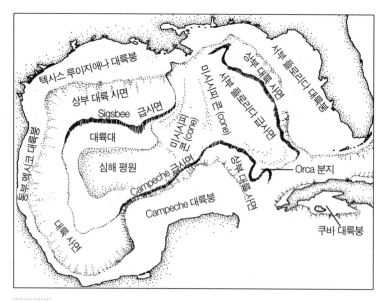

그림 5.7 멕시코만의 지형(퇴적 환경) 지도(Ewing et al., 1958 수정).

일라이트로 변한다(Rosato and Kulm, 1981). 유기적 탄소는 Bauer Deep의 퇴적물보다 다소 높은 값을 가지며 1.0% 미만에서 3%까지의 범위를 갖는다(Cameron, 1976 ; Rosato and Kulm, 1981).

멕시코만 남부 텍사스 연안의 대륙붕 이토

멕시코만은 다양한 퇴적 환경을 포함한다(그림 5.7).[30] 이들에는 무산소의 Sigsbee Deep과 같은 환경, 미시시피강 삼각주의 삼각주—대륙붕—대륙사면 환경, 탄산염 모래로 덮힌 동부만/플로리다 대륙붕과 모래와 이토로 덮힌 서부만/남부 텍사스 대륙붕 환경의 다양한 대륙사면과 대륙대 환경으로 이루어져 있다. 이토는 심해 분지/심해 평원/대륙사면과 대륙대 및 대륙붕에서 나타난다.

남부 텍사스 대륙붕을 따라서, 이토가 퇴적물의 주류를 이룬다(그림 5.8)(Curray, 1960; Shideler, 1976).[31] Corpus Christi 만의 남서쪽에 있는 중앙의 "Interdelta Province"는 Matagorda 와 San Antonio 만으로부터 떨어진 북쪽에서 Ancestral Brazos—

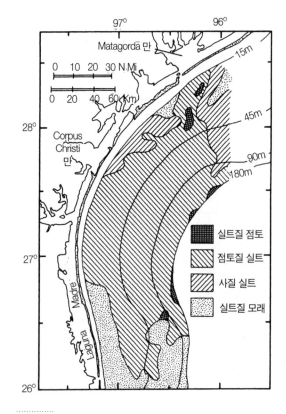

그림 5.8 남부 텍사스 대륙붕의 퇴적물 분포도(Holmes, 1982 수정; Curray, 1960; Shideler, 1977, 1978).

Colorado Delta Province에 의하여, 그리고 Padre 섬과 Laguna Madre로부터 떨어진 남쪽에서 Ancestral Rio Grande Delta Province에 의하여 인접되어 있다(Shideler, 1977). 북쪽과 남쪽의 공급지에서, 상당한 양의 모래가 이토와 함께 표면 또는 표면에 가까운 퇴적물에서 나타난다. Interdelta Province의 퇴적물은 암녹회색 내지 회색의 점토질 실트이다.

남부 텍사스 대륙붕의 이토의 광물 성분은 비록 점토, 실트, 모래 크기 입자들의 함량이 변하기는 하지만 상대적으로 균질하다(Pinsak and Murray, 1960; Holmes, 1982; Mazzullo and Crisp, 1985). 함량이 감소하는 대체적인 순서로 나열한 지배적인 광물들은 석영, 녹점토, 일라이트, 고령토, 장석 및 녹니석(?)이다(표 5.2, 2열 참조). 국지적으로 일라이트가 녹점토보다 훨씬 우세하기도 하나, 더욱 일반적으로는 녹점토가 가장 풍부한 점토 광물이다.

오늘날의 표면 퇴적물 분포는 (1) 인접 지역으로부터의 공급 (2) 당시의 대륙붕 해류에 의한 재분포 및 (3) 후기 플라이스토세의 퇴적물 분포, 고지리 및 기후 변화에 수반된 해수면 변동에 의한 심한 영향의 세 가지 요인들의 함수이다(Shideler, 1978; Mazzullo and Crisp, 1985; Mazzullo and Peterson, 1989). 퇴적물은 주로 대륙붕 아래에 있는 플라이스토세 지층의 잔류물과 연안 유입구(inlets)로부터의 낙조류(ebb-tide)의 결과로서 바다쪽으로 이동하는 혼탁한(turbid) 석호-하구의 물로부터 기원된다. 남쪽과 북쪽의 삼각주 지역에서의 많은 퇴적물은 Interdelta Province에서의 일부 퇴적물과 같이 플라이스토세 퇴적물의 잔류물이다. 특히 일부 석영과 아마도 장석의 일부분 및 녹점토 등 퇴적물의 상당량은 해수면이 낮았던 당시에 형성된 이러한 플라이스토세 퇴적층으로부터 기원되었다. 대부분의 현생 하성 퇴적물은 연안을 따라서 만과 하구에 집적되기 때문에 대륙붕 퇴적물의 현생 성분은 적다. 예를 들면 실트 크기의 퇴적물 분포는 멕시코만 연안의 하천과 관련된 플라이스토세의 퇴적 중심지를 반영한다(Mazzullo and Peterson, 1989). 이 크기에 해당하는 석영 입자의 원마도와 표면 조직의 변화는 Interdelta Province를 남쪽의 Guadalupe Province와 북쪽의 Brazos-Colorado Province로 세분할 수 있게 한다. 전자는 원마도가 높고 파쇄된 석영이 우세하며, 반면에 후자는 일부 원마도가 높은 "결정질" 석영과 함께 더욱 각상이고 파쇄된 석영이 지배적이다(Mazzullo and Peterson, 1989). 개개의 입자들 집단은 아마도 각각의 하계(river systems)를 갖는 근원지의 석영을 나타낸다.

오늘날 대륙붕을 가로질러 운반되고 있는 퇴적물의 대부분은 극세립의 실트와 점토로 구성된 이토이다. 이토는 네펠로이드층(nepheloid layer)이라고 부르는 혼탁한(turbid) 바닥층에 떠 있다. 퇴적물의 운반은 주로 **이류**(advection)에 의하여, 즉 해류에 의한 운반에 의하여 이루어진다. 해류는 주로 바람에 의하여 생기며, 근안(nearshore) 해류, 대륙붕 저류, 폭풍에 의한 해류를 포함한다. 장기적인 이토의 운반에 가장 중요한 것으로 생각되며, 네펠로이드층의 퇴적물이 퇴적되는 대륙붕 저류는 퇴적물을 전반적으로 남쪽으로 운반한다.

Interdelta Province의 이토는 오직 산재된 굴착 구조와 함께 국지적으로 발달된 엽층을 보인다 (Shideler, 1977). 그러나 대체적인 이토질 퇴적물은 엽층상 또는 반점상(mottled)에서부터 균질한 것까지 범위를 갖으며, 상당한 수의 유공충을 포함하기까지 한다(Shepard and Moore, 1955; Curray, 1960).[32] Interdelta Province의 엽층 퇴적물은 삼각주와 근해 지역의 더욱 생물 교란되고, 국지적으로 패각이 많은, 사질 퇴적물과는 대조적이다(Shideler, 1977).

서부 슈피리어 호수의 이토질 퇴적물

오대호는 커다란 호수에서 현재의 퇴적 작용을 시험하고, 호수 퇴적 작용에 대한 최근에 변화된 기후 상태(와 채광 활동)의 효과를 시험할 수 있는 환경이다. 슈피리어 호수는 작은 해양 분지에 버금가는 크기를 갖으며, 퇴적물 낙하(sediment rain), 등수 심류 퇴적 작용, 및 저탁류 퇴적 작용과 동일한 퇴적 과정을 거쳤다(Normark and Dickson, 1976; Johnson et al., 1980; Klump et al., 1989).[33] 오대호 중에서 슈피리어호는 인간의 활동에 의한 영향을 가장 적게 받은 호수이다. 모든 오대호의 경우와 마찬가지로, 슈피리어호는 지리학적으로 매우 젊은 양상을 보이는 호수로써 플라이스토세의 대륙 빙하의 결과로 형성되었다. 따라서 그의 초기 역사는 빙하이며, 그의 후기는 기후학적으로 더욱 온난한 호수의 역사이다.

슈피리어 호수의 후기 플라이스토세와 홀로세 역사는 Farrand and Drexler(1985)에 의하여 정리되었다. 얼음의 가장자리로부터 서부 슈피리어호 지역으로 튀어나온 로브(lobe)를 갖는 지역을 가로지르는 대륙 빙하의 전진과 재전진은 슈피리어호 분지의 침식을 촉진하였다. 얼음이 후퇴하고 이어지는 퇴적 작용으로 적색의 후기 플라이오세 빙성층과 일류층(outwash) 및 호성 퇴적층이 쌓여 기저 퇴적 단위를 형성하였다(Ferrand, 1969; Dell, 1975; Johnson et al., 1980).[34] 호수의 서쪽 지역에서, 이러한 기저 퇴적물은 400m에 이르는 두께를 갖으며, 해저곡분(trough)에 의해 특징지어지는 불규칙한 지형을 피복한다. 오늘날 호수 바닥은 오히려 매끄럽다. 대조적으로, 동쪽에서는 빙하 퇴적물이 얇고, 따라서 불규칙한 지형이 오늘날 호수 바닥의 특징을 이룬다.

서부 슈피리어 호수 외안(offshore)지역에는 두껍고 적색을 띠는 빙하 기원의 퇴적물이 (1) 회적색 실트질 점토, (2) 적색 호상점토 및 (3) 국지적으로 비 호상점토를 갖는 회색, 올리브색 및 갈색의 호상 점토로 구성된 상부 플라이스토세 내지 홀로세의 지층에 의하여 계속적으로 덮혀있다(그림 5.9)(Farrand, 1969; Lineback et al., 1979).[35] 적어도 1300년에 해당하는 호상점토 퇴적물이 호상점토 단면에서 보여진다(Farrand and Drexler, 1985). 빙하에 의한 호수 퇴적 작용을 나타내는 회색 내지 갈색의 호상점토는 여름에 쌓인 담색의 두꺼운 석회질

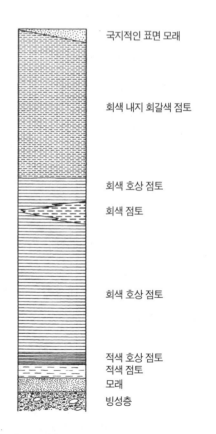

국지적인 표면 모래

회색 내지 회갈색 점토

회색 호상 점토

회색 점토

회색 호상 점토

적색 호상 점토
적색 점토
모래
빙성층

그림 5.9 서부 슈피리어 호수의 퇴적물 형태를 나타내는 주상도 (Lineback et al., 1979 수정).

층과 암색의 얇은 약간의 석회질 내지 비석회질 층이 반복하여 나타낸다(Dell, 1972; Wold et al., 1982).

호상점토의 광물은 석영, 장석 및 방해석, 그리고 알칼리 장석, 녹니석, 돌로마이트, 고령토, 일라이트 및 녹점토 혼합층상 광물이 포함된다(표 5.2 참조)(Mothersill and Fung, 1972 ; Dell, 1973 ; Lineback et al., 1979).[36] 방해석과 점토는 상부의 회색 호상이토에 더욱 풍부하며, 석영과 장석은 하부의 적색 호상 퇴적물에 더욱 풍부하다. 탄산염 광물은 여름에 쌓인 담색의 두꺼운 실트질 층에 농집되어 있으며, 암석의 30%에 이르기도 한다. 이들은 아마 여름 동안 에피림니온(epilimnion)이라고 하는 표면수로부터 침전되었고, 빠른 퇴적 작용은 이들이 수주(water column)를 지나는 동안 완전한 용해를 방해하였을 것이다. 겨울에는 탄산염 광물이 아마 침전되지 않았으며, 수주에 떠있던 탄산염 광물들은 퇴적되기 전에 대부분 용해되었다. 유기적 탄소는 호상이토에 매우 적게 포함되어 있다.

상부 플라이스토세 내지 홀로세의 호상 점토층은 홀로세의 회색과 갈색의 이토로 덮한다(Swain and Prokopovich, 1957; Farrand, 1969; Lineback et al., 1979).[37] 이들은 높은 에너지의 근안 환경의 실트(모래 포함)로부터 깊은 외안 환경에서 지배적인 실트질 점토와 점토까지의 범위를 갖는다. 구조적으로, 이러한 젊은 퇴적물은 괴상 내지 엽층상이며, 엽층리는 얕은 물에서 쌓인 퇴적물에 집중되어 있다. 엽층리 또한 미시간의 Keweenaw반도의 북쪽에 있는 깊은 물 속에서 만들어진 등수심 퇴적층(contourites)에서도 나타난다. 이러한 회색과 갈색의 미토는 후빙기 퇴적물로 해석된다.

광물학적으로 볼 때, 가장 젊은 이토는 일반적으로 호상 퇴적물과 유사하나, 그들은 탄산염 광물이 결여되어 있다(표 5.4) (Mothersill and Fung, 1972; Lineback et al., 1972). 특히 일라이트, 녹점토 및 혼합층상 일라이트-녹점토와 같은 점토 광물은 하부에 놓인 호상퇴적물 보다 더욱 풍부하다. 녹점토는 퇴적물과 물의 경계면 아래 수 cm의 점토 내에서 형성되는 것으로 생각되며, 부분적으로는 생물 기원의(규조가 만든) 실리카로부터 만들어진 것으로 보인다(Johnson and Eisenreich, 1979).[38] 일부 슈피리어호 퇴적물의 황갈색은 상부의 산화된 층에 존재하는 갈철석과(또는) 적철석 때문이다(Mothersill and Fung, 1972). 하부의 회색 퇴적물은 환원되었다. 탄소 성분의 총량은 변화가 심하며, 1% 미만의 낮은 값부터 6% 이상의 다소 높은 값까지 범위를 갖는다(Callender, 1969 ; Mothersill and Fung, 1972 ; Klump et al., 1989). 대부분의 이러한 탄소는 유기적이다.

표 5.4 슈피리어호 퇴적물의 세립 성분의 광물

	Qtz	Afs	Plg	Cc	Dol	Kao	Ill	Vrm	Chl	MxL	Smt	Amp
회색 점토	10[a]	5	11	0	0	4	26	5	6	21	10	tr
회색 호상점토	9	6	11	9	4	5	26	2	5	15	8	tr
적색 호상점토	11	7	12	11	7	6	22	2	6	10	6	tr

출처: Lineback et al.(1979), Mothersill and Fung (1972) 수정
[a]여러 시료의 평균 값을 백분율로 나타낸 것
Qtz=석영, Afs=알칼리 장석, Plg=사장석, Cc=방해석, Dol=돌로마이트, Kao=고령토, Ill=일라이트, Vrm=버미큘라이트, Chl=녹니석. M x L =혼합층상 규산염 광물, Smt=녹점토, Amp=각섬석

고기의 이질암

현생 환경에서 초기 이질암 형성에 관한 몇 가지 예를 검토함으로써, 우리는 이제 고기 이질암 연구를 위한 더 좋은 전망을 갖게 되었다. 고기의 이질암은 속성 작용을 받아 고화되었으나 그들의 구조, 광물 및 조합된 상은 그들의 기원과 고퇴적 환경에 대한 정보를 제공한다.

신시내티 아치 지역의 상부 오르도비스기 셰일

오르도비스기 동안 서부 오하이오−동부 인디애나−북부 켄터키 지역은 대륙붕이었다. 석회암과 교호된 상부 오르도비스기(Cincinnatian)의 이질암은 현재 신시내티 아치 지역에 노출되어 있다(그림 5.10).[39] 이 곳에는 점토셰일과 이토셰일이 가장 흔한 이질암의 형태이다. 교호된 석회암은 점토질이고 화석이 풍부한 팩스톤(packstones), 와케스톤(wackestones) 및 천해 퇴적 환경을 지시하는 화석을 포함하는 석회질 이암을 포함한다. 화석이 풍부한 특징과 저서성 동물화석 조합은 퇴적 작용이 정상적인, 산소가 많은 해양 환경에서 일어났음을 지시한다. 층리는 전형적으로 얇고, 이질암층은 석회암층과 교호된다(그림 5.11). 괴상의 석회암과 돌로마이트질 석회암은 국지적으로 나타난다(Fox, 1962).

신시내티(Cincinnatian, 상부 오르도비스기) 셰일의 광물 성분은 일라이트가 지배적이다(표 5.2, 9열 참조)(Scotford, 1965). 탄산염 광물인 방해석과 돌로마이트, 그리고 석영, 녹니석 및 혼합층상 점토 광물 각각은 단일 암석에서 10%를 초과한다. 추가적으로 미량의 고령토, 사장석, 알칼리 장석 및 황철석이 적철석, 석류석, 저어콘 그리고 부수적인 중광물과 함께 나머지 광물을 구성한다. 다양한 광물들이 점토,

실트 및 모래 크기의 성분 중에 다르게 분포된다. 석영과 방해석은 모래와 실트 크기의 성분에 더욱 풍부한 반면에, 일라이트는 실트와 점토 성분에 더욱 풍부하다. 일라이트는 실트 크기 성분에 가장 풍부한 광물이다. 녹점토는 없다. 일반적으로, 셰일의 회색에 의해 지시되는 것처럼 유기적 탄소는 낮다. 흑색의 탄질 셰일층이 인디애나의 상부 오르도비스기층의 최상부 가까이에 있는 Whitewater층에서 산출된다(Fox, 1962).

일반적으로 높은 일라이트 함량과 상당량의 탄산염 광물은 화학 성분에 예상할 수 있는 영향을 미친다(Scotford, 1965). 산화알루미늄은 높고, CaO, CO_2 및 H_2O는 다량으로 나타난다.

신시내티 셰일의 화학 성분과 조직 및 광물 성분은 상대적으로 균일하여 시간에 따라서 퇴적 환경이 상대적으로 일정하였음을 지시한다. 상대적으로 균일한 얕은 수심을 유지하기 위해서는 침강이 퇴적 작용과 보조를 맞추어야 한다. 후기 오르도비스

그림 5.10 상부 오르도비스기 암석의 노두 분포를 보여 주는 신시내티 아치 지역의 지도(King and Beikman, 1974).

(a)   (b)

그림 5.11   상부 오르도비스기의 석회암과 교호된 셰일. (a) 고속도로 절개지에 나타난 모습. (b) 켄터키 Covington의 노두, 오하이오, 신시내티 쪽으로 I-75를 따라가다 북쪽에서 찍은 모습.

기의 초기에는 넓고 얕은 사주가 신시내티 지역에 존재하였다(Hoffman, 1966). 후기에는, 탄산염 퇴적물의 증가와 분지의 남쪽 부분에서 모래와 실트가 지배적인 것에 의하여 지시되는 바와 같이, 국지적으로 얕아지는 현상이 동서를 잇는 선을 따라서 일어났다(Scotford, 1965 ; Borella and Osborne, 1978). 일부 고수류 자료는 유수의 방향 또한 시간에 따라서 변하였음을 암시한다(Hofmann, 1966). 비록 퇴적물 유입의 변화를 포착하기가 힘들다고는 하지만, 생물 기원 물질의 침전과 쇄설성 물질의 유입과 결부된 폭풍과 유수가 아마도 교호된 이질암을 이루게 한 교호된 성분이 퇴적물의 퇴적 작용을 지배하였을 것이다(Scotford, 1965 ; Shrake et al., 1988).

애팔래치아 분지와 인접 지역의 데본기 셰일

데본기 동안에 북아메리카 동부의 애팔래치아 분지에는 셰일이 퇴적되었으나, 앞에서 언급한 오르도비스기와는 대조적으로, 심해 분지를 포함하는 일반적인 환경은 흑색 셰일을 형성하게 하였다.[40] 애팔래치아 분지는 북아메리카의 동부에 있는 지역으로, 두꺼운 고생대 지층이 광범위한 고생대 퇴적 작용의 현장을 나타내는 곳이다(그림 5.12a). 이는 퀘벡과 온타리오로부터 남쪽으로 앨라배머까지 확장되어 있다(Colton, 1970). 동쪽에서, 애팔래치아 분지는 현재 청록색의 긴 축(Blue-Green Long axis)을 형성하고 있는 심하게 변형되고 결정질인 지괴에 의하여 접해 있으며(Rankin, 1976), 남부와 중부의 애팔래치아 산맥의 청색능선 지역(Blue Ridge Province), 뉴잉글랜드와 남부 퀘벡의 타코닉 클리페(Taconic Klippe), Green산 복배사(anticlinorium), 및 이와 수반된 구조를 포함한다. 애팔래치아 분지는 서쪽에서 과거부터 현재까지의 구조적인 아치(arches)에 의하여 접해 있다. 이 서쪽 경계는 남쪽의 네슈빌 도움(Nashville Dome)으로부터 북쪽으로 신시내티 아치와 핀드레이 아치(Findlay Arch)를 거쳐서 남부 온타리오의 알곤퀸축(Algonquin Axis)까지 확장되어 있다. 서쪽 경계는 본질적으로 매우 두꺼운 (동쪽에서 10,000m 이상) 퇴적물이 쌓이도록 침강한 애팔래치아 분지와 광범위하게 침강하지 않은 대륙 내부의 대지(platform)와 분지 사이의 힌지대(hinge zone)를 나타낸다.[41] 분지의 동쪽 지역의 암석은 애팔래치아 산맥을 변형시킨 고생대 후기의 조산운동 동안에 변형되었으나, 분지 서쪽의 암석은

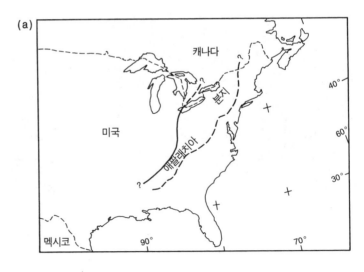

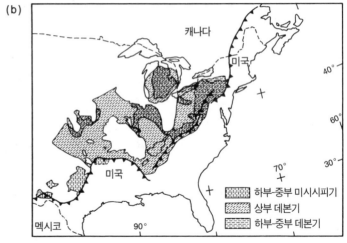

그림 5.12 북아메리카 동부의 데본기 암석과 애팔래치아 분지 지도. (a) 애팔래치아 분지의 최소 경계. 분지의 동쪽 가장자리는 충상단층에 의하여 축소되었다. 남쪽과 북쪽의 경계는 알려지지 않았다. (b) 애팔래치아 분지와 인접지역 하부-중부 데본기, 상부 데본기 및 녹색 이질암의 분포(Cook et al., 1975 수정).

변형되지 않았다. 따라서 분지는 애팔래치아 산맥(동쪽)과 안정한 대륙 내부(서쪽) 사이의 경계와 중복된다.

데본기-미시시피기의 셰일은 애팔래치아 분지에 광범위하게 분포되어 있다. 애팔래치아 분지의 데본기-미시시피기 셰일 밑에 놓인 암석은 일반적으로 실루리아기와 전기 데본기의 것이다. 이러한 실루리아기와 하부 데본기의 암석은 주로 사암과 석회암 및 돌로스톤이며, 셰일과 역암이 수반되어 있다 (Colton, 1970). 일반적으로, 이들은 천해의 퇴적 환경을 지시하는 양상을 나타낸다.

실루리아기와 전기 데본기의 천해성 모래와 탄산염 퇴적물을 퇴적시킨 환경은 점진적으로 초기 데본기, 중기 데본기 또는 후기 데본기 동안 어두운 색의 이토를 퇴적시킨 산소가 빈약한 천해 내지 심해의 환경으로 대치되었다. 이러한 환경은 애팔래치아 분지의 거의 전역까지 확장되었으며, 대륙 내부의 대부분 지역에 영향을 주었다(그림 5.12b).

애팔래치아 분지의 중앙부에서는, 침강이 일어나 심해 퇴적 작용이 있었으나, 중기 미시시피기에 이르러서 이토의 퇴적은 모래와 일부 적색 이토 및 탄산염 퇴적물의 퇴적으로 바뀌었다(Pepper et al., 1954; Colton, 1970; Moore and Clarke, 1970)

사암과 탄산염으로 교호된 흑색, 회색 및 녹색의 셰일은 데본기-전기의 미시시피기의 퇴적 작용 동안에 애팔래치아 분지와 인접 지역에서 형성되었다(그림 5.12). 분지에서 발달된 주요 이질암체로는 남부와 중부 애팔래치아 지역의 Chattanooga 셰일, Millboro 셰일 및 Brallier 층이 포함되고, 이들 중 하나 또는 그 이상은 앨라배마 테네시, 버지니아, 웨스트 버지니아, 메릴랜드 및 펜실베이니아에 노출되어 있으며, 오하이오와 켄터키의 오하이오 셰일, 뉴욕과 펜실베이니아의 Marcellus 층과 기타 셰일 역시 이에 포함된다(그림 5.13).[42] 추가적으로, 이질암은 뉴욕 중부와 펜실베이니아 북부의 Genesee 층군과 West Falls 층군의 경우처럼 데본기의 사암이 풍

부한 단면에서 상당한 부분을 차지한다(Woodrow and Isley, 1983). 애팔래치아 분지의 서쪽에서는 켄터키와 인디애나 및 일리노이에 분포하는 미시간 분지의 Antrim 셰일과 일리노이 분지의 New Albany 셰일(층군)이 대표적인 지층이다(Campbell, 1946; Lineback, 1968; Beier and Hays, 1989).[43] "화산재층" 또는 "벤토나이트"라고 불려지는 중요한 층서적 기준층은 지역을 가로질러 먼 거리까지 확장되고 다양한 지층의 대비를 가능하게 한다.[44]

북아메리카 동부 데본기-미시시피기의 이질암의 광물 성분은 표현된 퇴적 환경과 지질 시대의 다양성을 생각하면 예상되어지는 것처럼 다소 변한다. 그럼에도 이러한 성분들은 일반적인 유사성을 갖고 있다. 이질암은 주로 일라이트로 이루어진 다양한 함량의 점토 광물과 녹니석, 석영과 장석, 백운모, 유기물질, 방해석과 돌로마이트, 그리고 흑운모, 인

(a)

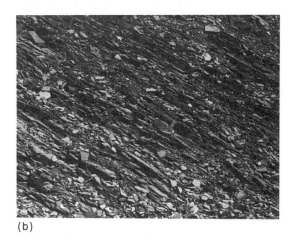

(b)

그림 5.13 애팔래치아 분지의 데본기 셰일의 노두 사진. (a) 테네시 Chattanooga의 I-24와 Browns Ferry Road에 있는 Chattanooga 셰일. (b) 버지니아 Saltville 부근 Allison Gap의 Brallier 셰일.

회석, 중정석 및 석고와 같은 부성분 광물로 구성된 다(표 5.2, 시료 6, 7, 8 참조).[45] 예를 들면 뉴욕의 중기 데본기 Hamilton 층군의 이질암은 석영, 일라이트 및 일부 녹니석으로 구성되어 있으며 국지적으로 방해석이 풍부하게 나타난다(Towe and Grim, 1963). 고령토와 녹점토 및 혼합층 광물은 관찰되지 않는다. 유사하게, 일라이트는 Chattanooga 셰일의 지배적인 점토 광물이며(Leventhal and Hosterman, 1982), 일단의 셰일 시료는 31%의 일라이트(백운모와 소량의 고령토 포함), 22%의 유기물질, 22%의 석영, 11%의 황철석과 백철석, 9%의 장석, 2%의 녹니석, 2%의 철의 산화물 및 1%의 부성분 광물로 구성되었음이 Bates and Strahl(1957)에 의해 밝혀졌다. 더욱 최근의 연구들은 옛날의 연구에서 명백하게 알려진 바 없던 상당한 양의 혼합층 광물과 일부 고령토를 밝혀내었으나, 그들은 점토 광물 조합에서 알라이트가 지배적이라는 것을 입증하였다(Leventhal and Hosterman, 1982; Hosterman and Whitlow, 1983).

곳에 따라서 흔하지 않은 일부 광물들이 데본기-미시시피기의 셰일에 풍부하다. 황철석은 Chattanooga 셰일(위에서 기술함), 일리노이 분지 New Albany 층군의 셰일 및 버지니아 남서부의 Millboro 셰일을 포함한 많은 셰일의 의미있는 성분이다. 일부 데본기 셰일은 인산염질이거나 해록석질(glauconitic)이다. 예를 들면 테네시 동부의 미시시피기 Grainger층은 해록석질 셰일층을 갖는 해록석질 단위를 포함하고 있다(Hasson, 1972).

2%(부피) 이상의 유기물질을 갖는 데본기 애팔래치아 셰일은 흑색을 띠는 경향이 있으며, 유기물질이 그 이하인 셰일은 회색 또는 녹색이다. 흑색 셰일은 애팔래치아 분지 서부에서의 경우와 같이 20%(부피) 이상의 유기물질을 포함하여, 유기적 탄소는 총량이 암석의 20%(무게)까지 이른다(Conant and Swanson, 1961; Schmoker, 1980; Ettensohn and Barron, 1982).[46] 흑색 셰일은 엽층을 이루며 화석이 없는 경향이 있다. 대조적으로, 회색과 녹색의 셰일은 일반적으로 생물교란 작용을 받았고 화석을 포함한다.

국지적인 구조적 자료와 지구물리적 자료와 결합된 화석, 구조, 광물 및 화학 성분은 북아메리카 동부의 데본기-미시시피기 이질암이 동쪽과 서쪽으로 감에 따라 얕아지는 적도상의 대륙성 해양 분지에서 퇴적되었음을 지시한다. 동쪽에서 융기된 결정질 암석과 기타 암석의 침식은 대부분의 퇴적물을 제공하였다.

이러한 동부의 기원지에서 유입된 규질쇄설성 퇴적물은 분지의 동쪽 가장자리를 따라서 캣츠킬 삼각주(Catskill Delta)와 같은 삼각주를 형성한다. 서쪽으로, 분지는 얕아져서 얕은 해양 대지를 형성한다.

분지 내에서, 수주는 (1) 상부의 산소가 풍부한 **산소층**(aerobic layer) (2) 산소, 염분 및 밀도가 변하기 쉬운 중간의 **산소결핍층**(dysaerobic layer) 또는 **비중약층**(pycnocline) 및 (3) 바닥에 있는 차고 산소가 부족한 **무산소층**(anaerobic layer)으로 분명하게 층상 구조를 이루었다(그림 5.14)(Rhoads and Morse, 1970; Byers, 1977; Ettensohn and Barron, 1980; Ettensohn and Elam, 1985). 데본기의 최후 기간 동안에 무산소성 저층은 유기적인, 탄소가 풍부한 엽층 셰일을 형성하게 한 황과 유기적 탄소가 풍부한 정체된 분지저 환경을 형성하였다.[47] 이 정체된 분지의 가장 깊은 부분은 펜실베니아 동부로부터 웨스트 버지니아와 버지니아의 서부를 지나 테네시 북부까지 연장되었다.

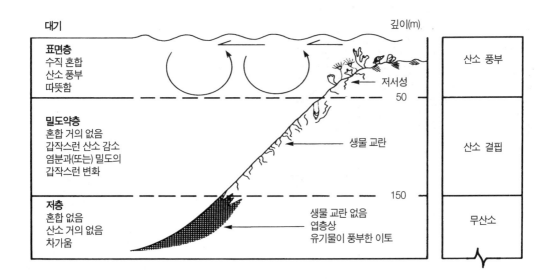

그림 5.14 산소대, 비중약층(산소결핍대) 및 무산소대와 수반된 퇴적 구조를 보여 주는 층상의 분지 수괴 모델. 애팔래치아 분지의 데본기 셰일은 여기에 표시된 것과 같은 층상의 수괴에서 형성되었으며, 흑색 셰일은 밀도약층 아래에서 만들어졌다(Ettensohn and Elam, 1985 수정).

그린 리버층

"오일 셰일(oil shale)"로 유명한 그린 리버층(Green River Formation)은 와이오밍 남서부, 콜로라도 북동부 및 유타 북부의 6개 구조 분지(structural basins)에 노출되어 있다.[48] 이러한 분지들은 융기, 습곡, 그리고 (또는) 단층에 의하여 분리되나, 에오세 동안에 이 곳은 Gosiute호, Uinta호 및 와이오밍 서부-유타 북동부의 경계 부근에 있는 작은 이름 없는 호수의 고기의 호수들로 차지되는 3개의 퇴적 분지를 포함하였다(Bradley, 1931, 1963, 1964).[49] 인접한 융기 산맥으로부터 강물이 호수로 공급되고 퇴적물을 호수 분지로 운반하였다.[50] 모든 호수와 같이, 이들 에오세 호수들은 간헐성(ephemeral)이나, 커다란 호수는 적어도 1300만년 이상 지속되었다(Picard, 1963).[51]

그린 리버층은 Wasatch, Colton, Uinta, Bridger층의 하성층으로 둘러싸여 있다. 그린 리버층은 이러한 층들의 하성 퇴적암과 손깍지를 끼고 있듯이 접하는 일련의 "설층(tongues)"과 렌즈상 암체를 이룬다. 고기의 Gosiute호는 분명하게 크기가 변하였으며, 따라서 중간 단계에 비하여 전기와 후기 단계에서 크기가 컸었다. 콜로라도 북서부의 Piceance Creek 분지, 와이오밍 남서부의 Great Divide, Washakie 및 그린 리버 분지, 그리고 유타 북동부의 Uinta 분지와 같은 커다란 분지에서는, 층서가 완전하게 연구되어 그린 리버층은 다양한 퇴적 환경을 나타내는 다른 암상의 층원과 단위층으로 세분이 가능하게 되었다.[52] 이러한 환경은 하성-삼각주, 이질 평지 호수 주변부, 연안과 근안 호수 및 외안 호수 형태를 포함한다.

비록 그들이 일반적으로 "셰일" 또는 "오일 셰일"로 불리지만, 그린 리버층의 암석은 암석학적으로 다양하다. 실제로 오일 셰일의 지배적인 암석 형태는 케로젠이 풍부한 돌로스톤과 석회암이다. 덜 풍부한 이질암은 지층에 포함되어 있는 단지 한 가지의 암석이며, 이 지층은 석회암(예, 스트로마톨라

그림 5.15 그린 리버층의 이질암과 "오일 셰일"의 노두, 유타주 Tucker의 6번 고속도로.

이트질 조류 석회질 이암, 탄화수소가 풍부한 석회질 이암, 어란상 팩스톤(?) 및 개형충과 연체동물 입자암, 그리고(또는) 팩스톤), 돌로스톤, 증발암, 실트암, 셰일, 응회암 및 사암을 포함하는 엽층 암석의 다양한 조합을 포함한다(그림 5.15).[53] 규질 쇄설성 이질암은 하성과 근안 환경에서 가장 일반적이나, 점토를 포함하는 암석은 또한 외안 환경에서도 나타난다(Eugster and Hardie, 1975; Dyni, 1976; Surdam and Stanley, 1979).

이질암과 오일 셰일은 회색, 녹색 및 갈색의 다양한 색조를 띠며, 풍화를 받아서 청회색, 적색, 오렌지색 또는 황색은 물론 밝은 색조의 회색, 녹색 및 갈색을 나타낸다. 적색과 오렌지색 및 황색은 철을 함유하는 광물, 특히 황철석의 산화 작용으로 생긴 것이며, 황철석은 일부 암석에서 일반적인 광물

이다.

이질암의 주성분 광물은 석영, 장석, 방해석, 돌로마이트 및 일라이트를 포함한다(표 5.5).[54] 추가되는 광물로는 고령토, 혼합층 점토 광물, 녹니석, 방해석, 돌로마이트 황철석, 방불석(analcite) 및 클리놉틸로라이트와 모데나이트(mordenite)와 같은 불석을 들 수 있다. 기타 광물과 일부 석영, 장석, 일라이트 및 녹점토는 호수의 물과 바닥의 퇴적물에서 화학 반응을 통하여 자생적으로 형성되었다(Bradley and Eugster, 1969; Hosterman and Dyni, 1972).[55] 근안 환경의 퇴적암에서는 고령토와 녹점토가 우세하고, 외안 환경의 암석에서 일라이트와 일부 혼합층 광물이 지배적인 점토 광물의 분포는 고령토가 화학 반응으로 일라이트를 형성하고, 몽모릴로나이트는 변질되어서 일라이트와 혼합층 광물을 만들게 하였다는 것을 암시한다(Horsterman and Dyni, 1972; Dyni, 1976).

그린 리버층의 기원을 설명하기 위하여 다양한 모델이 제안되었다(제9장 참조). 모든 모델에서, 점토와 실트는 주위 지역으로부터 유입되었고, 일부 점토는 자생적인 침전물로, 즉 호수에서 형성된 신결정질 상(neocrystalline phases)으로 만들어졌다. 호수 주변부와 삼각주에서 만들어진 이질암과 호수 퇴적 작용의 담수상으로 형성된 이질암은 이러한 물질로부터 기원되었다.

표 5.5 일부 그린 리버 이질암과 수반된 암석의 광물 성분

	이질암			수반된 암석		
	1	2	3	4	5	6
석영	45[a]	A	A	10[a]	20	6[b]
알칼리 장석	5	m	m	5	5	12
사장석	10	—	m	5	10	—
고령토	5	—	—	—	—	—
녹점토	—	—	A	—	—	—
일라이트	15	m	m	5	5	—
혼합층 점토	5	—	—	tr	tr	—
녹니석	—	—	m	—	—	—
방해석	10	m	p	45	—	2
돌로마이트	5	m	m	25	55	34
석고	—	m	—	—	—	—
방불석	—	m	m	5	5	—
쇼르타이트	—	—	—	—	—	26
황철석	—	—	—	—	—	2
예추석(?)	—	—	—	—	—	tr
유기물	—	—	—	—	—	16

출처:
1. 콜로라도 Piceance Creek 분지에 분포한 그린 리버층 Garden Gulch 층원의 시료 28번 "셰일"(Hosterman and Dyni, 1972).
2. 유타 유타분지에 분포한 그린 리버층 Parachute 층원의 실트암-점토암(혼합)(Picard and High, 1972b).
3. 유타 Duchesne County 유타분지에 분포한 그린 리버층 Parachute 층원의 시료 9번 점토암(Dyni, 1976).
4. 콜로라도 Piceance Creek 분지에 분포한 그린 리버층 Evacuation Creek 층원의 시료 3번 이회암 (Hosterman and Dyni, 1972).
5. 콜로라도 Piceance Creek 분지에 분포한 그린 리버층 Parachute Creek 층원의 시료 4번 돌로마이트질 "오일 셰일" (Hosterman and Dyni, 1972).
6. 와이오밍 Sweetwater County 그린 리버 분지에 분포한 그린 리버층 Wilkins Peak 층원의 "오일 셰일" (Bradley and Eugster,1969).
[a](1) 탄산염 물질의 용해에 의한 무게 손실과 (2) X-선의 최고 높이 비율로부터 추정된 백분율
[b]광학적 연구와 X-선 분석 및 화학 분석의 종합 자료에 근거한 백분율
A=풍부, m=보통 내지 소량, p=결정할 수 없는 양만큼 존재, tr=미량

요약

실트암, 이암, 이토셰일, 점토암 및 점토셰일을 포함하는 이질암은 퇴적암 중에서 가장 풍부한 암석이다. 이는 지층 전체를 구성하거나 사암과 석회암과 같은 다른 암석과 교호되는 대륙과 해양의 다양한 환경에서 퇴적된다.

이질암은 전형적으로 석영, 장석 및 점토 광물에 의하여 지배되므로, 그들의 화학 성분은 보통 풍부한 실리카와 산화알루미늄 및 H_2O에 의해 특징지어진다. 그러나 신시내티 층과 그린 리버층의 경우와 같이 이질암이 탄산염 암석과 교호되는 곳에서는, 그들은 많은 양의 탄산염 광물을 포함한다. 따라서 그러한 이질암의 화학 분석 결과는 상대적으로 많은 양의 CaO와 MgO를 포함하며, CO_2를 상당량 포함한다. 점토 광물 중에서, 녹점토와 고령토는 젊은 이질암에서 그리고 소량으로 나타나는 경향이 있다. 주로 녹점토로 구성된 변질된 화산재를 이루

는 벤토나이트는 예외적이다. 일라이트는 오래 된 이질암에서 우세한데, 이에 대한 부분적인 이유는 그들이 녹점토가 일라이트로 바뀌는 속성 작용에 의하여 생성되기 때문이다. 이질암에서는 이 이외에도 여러 가지 다양한 광물이 나타나는데, 이들에는 녹니석, 불석, 석고와 경석고, 황철석과 백철석, 철의 산화물, 인회석 및 석류석과 감섬석 같은 다양한 중광물이 포함된다.

이질암의 색깔은 그들의 화학 성분과 광물 성분에 관련된다. 많은 양의 유기적 탄소(주로 케로젠과 지방질)를 갖는 이질암은 암회색 내지 흑색이다. 유기적 탄소는 일부 암석의 경우 부피의 80%에 이르는 경우도 있으나, 이질암은 일반적으로 0.1~6%의 유기적 탄소를 포함한다. 황철석이나 백철석은 일반적으로 탄소의 함량이 높은 이질암에서 나타나며 이런한 암석은 엽층이 발달되는데, 그 이유는 퇴적물을 굴착하고 생물 교란시키는 더욱 복잡한 생물들이 이러한 광물이 발달하는 산소가 없거나 부족한 환원 환경에서는 살 수 없기 때문이다. 녹색과 담회색의 이질암은 전형적으로 황철석과 녹니석 및 해록석 중 한 가지나 그 이상을 포함한다. 철의 산화물을 갖는 이질암은 적색 내지 황색을 띠며 산소가 풍부한 퇴적 환경이나 퇴적 후 산화 작용을 나타낸다.

이질암의 전신인 오늘날의 이토는 다양한 물질을 포함한다. 이들은 물에서의 침전과 열수 침전, 또는 생물학적 침전에 의하여 생성되는 비정질 물질을 포함하기도 하며, 기존의 대륙이나 바다의 암석 또는 퇴적물의 풍화와 침식으로 기원된 쇄설성 광물을 포함하기도 한다. 기원지의 지괴는 이토의 광물 성분을 조정하기도 하나, 일부 이질암에서는 자생 광물이 지배적이다. 이질암의 높은 탄소 함량은 깊은 분지의 무산소 환경에서 보존되나, 높은 유기적 생산성 또는 매몰의 결과로 생기기도 한다.

대부분의 고기 이질암은 상당한 속성 작용을 받았다. 일라이트는 일반적으로 지배적인 광물이나, 녹니석과 혼합층 점토 광물이 풍부하기도 하며, 석영과 장석, 방해석 및 돌로마이트는 나머지 광물의 대부분을 차지하는 전형적인 광물이다. 암석의 초기 역사를 불분명하게 하는 속성 작용에 의한 광물 성분의 변화에도 불구하고, 수반된 암석과 화석, 화학 성분, 구조, 지역적인 구조와 상관계는 이질암의 성인을 평가할 수 있게 한다.

주석 ●

1. Kuenen(1941)은 셰일이 층서 기록의 약 56%를 차지한다고 추정하였으며, Blatt(1970)는 대륙성 퇴적암의 65%가 셰일이라고 생각하였고, Boggs(1987, p. 215)는 셰일이 총 퇴적암 기록의 50~60%를 차지한다고 추정하였다. Ehlers and Blatt(1982, p. 283)는 이질암이 퇴적 기록의 약 2/3를 차지한다고 제안하였다.

2. 분류에 대한 논의를 위해 제2장을 참고하라.

3. Knight(1898, in Bates and Jackson, 1987)

4. Bryan(1945), Obruchev(1945), Schultz and Stout(1945), Swineford and Frye(1945), Fisk(1951), Swineford and Frey(1951), Pewe(1955), Lugn(1960, 1962, 1968), Glass et al.(1968), Reed(1968), Schultz and Frey(1968), Matalucci et al.(1969), Smalley(1975b), Bates and Jackson(1987).

5. 예를 들면 Windley(1977, p.25), Eriksson(1980) 및 Taylor and McLennan(1985, p.151) 참조.

6. 주석 4의 문헌 참조.

7. 예를 들면 Smalley(1975b)의 논문에 있는 문헌 참조.

8. 세일의 일반적인 광물을 검토하기 위해서는 Potter et al.(1980)를, 층상 규산염 광물에 대한 검토를 위해서는 Weaver(1989, ch.9)를, 일반적인 퇴적물의 광물 성분을 검토하기 위해서는 Degens(1965)를, 그리고 점토 광물의 화학 성분과 상평형에 대한 상세한 논의를 위해서는 Newman(1987)의 책에 있는 논문, 특히 Newman and Brown(1987)과 Velde and Meunier(1987)를 참고하라. 이토 논문들은 여기에서 검토된 내용의 기초를 제공하였다. 이토와 이질암의 광물을 제시한 이 이외의 논문은 수없이 많다. 일부 예로는 Bates and Strahl(1957), Scotford(1965), Parham(1966), Hills et al.(1967), Heling(1969), Moore(1974), Muller and Stoffers(1974), Ross and Degens(1974), Stanley et al.(1981), Bhatia(1985), Cole(1985), Lenotre et al.(1985), Schoonmaker et al.(1985), Johnsson and Reynolds(1986), Williams and Bayliss(1988) 및 Remy and Ferrell(1989)의 논문이 있다.

9. 더 상세한 내용은 제3장을 참조하라.

10. 한 질의 책으로 출판되고 'Geotimes'에 연속 논문으로 요약된 심해저시추계획(DSDP)과 국제해양시추계획(ODP)의 방대한 보고서는 현생 심해 이토와 연니의 성분을 폭넓게 이해하는 자료를 제공한다.

11. Windom et al.(1971), Muller and Stoffers(1974), Potter et al.(1980) 및 Naidu and Mowatt(1983)의 논문을 참조하라.

12. Garrels and MacKenzie(1971, ch. 9), Moort(1972), Ehlers and Blatt(1982, p.291~294), Weaver(1989, ch.9) 참조.

13. Erba et al.(1987), Stow and Atkin(1987) 및 밑에 있는 주석 설명에서 인용된 일반적인 연구 논문 참조.

14. 예를 들면 Vine(1969), Vine and Tourtelot(1970), Bhatia(1985), Weering and Klaver(1985), Amajor(1987), Leventhal(1987), Stow and Atkin(1987) 및 Walters et al.(1987) 참조. 또한 Weber (1960) 참조.

15. Leventhal은 Berner(1982)와 Berner and Raiswell(1984)의 방법을 따랐다. C/S에 대한 간단한 논의를 위해 제1장을 참고하라.

16. Bradley(1948), Simoneit(1974), Claypool et al.(1978), Deroo et al.(1978), Tissort et al.(1980), Meyers and Mitterr(1986), Parisi et al.(1987).

17. 예를 들면 Potter et al.(1980, p.52) 참조.

18. Forsman and Hunt(1958b), Simoneit(1986), 이러한 형태와 다른 형태의 화합물에 대한 상세한 논의는 본 교재의 목적에 해당되지 않으나, 그들의 특징에 대한 소개는 Degens(1965)에서 볼 수 있다.

19. 흑색 세일에 대한 논의를 위해서는 Katz and Pheifer(1986), Meyers and Mitterer(1986), 및 Simoneit(1986)을 포함하는 Marine Geology 70권 1호와 2호를 참고하고, Rich(1951), Conant and Swanson(1961), Heckel(1977), Dean et al.(1984), Ettensohn and Elam(1985), Dabard and Paris(1986) 및 Leventhal(1987)과 같은 기타 논문을 참고하라.

20. Arthur and Schlanger(1979), Tissot et al.(1980),

Summerhayes(1981), Dean et al.(1984) 및 Simoneit(1986) 참조.

21. 예를 들면 Rich(1951), Conant and Swanson(1961), Cooper(1968), Schmoker(1980), Maynard (1981), Ettensohn and Elam(1985) 및 Leventhal(1987).

22. 예를 들면 Pettijohn(1957, 1975), Heckel(1977), Arthur and Schlanger(1979), Ettenshon and Elam(1985).

23. Arthur et al.(1984) Meyers and Mitterer(1986). 흑색 세일을 형성시키는 요인으로서는 높은 생산성에 관한 논의를 위해서는 Summerhays(1981)과 Waples(1983)을 참고하고, 갑작스런 매몰이 관여된 설명을 위해서는 Habib(1983)과 Stanley(1986)을 참고하라. Summerhays는 유기적 탄소가 풍부한 층은 환원 환경에서 퇴적되었다고 주장하였다. 또한 Pettijohn(1975, p.275)와 Potter et al.(1980)을 참조하라.

24. Richardson(1903), Walker(1967), Thompson(1970), Pettijohn(1975, p.274~275), Schluger and Roberson(1975), Durrance et al.(1978), Potter et al.(1980, p. 55) 및 Morad and AlDahan(1986)의 논의를 참조하라. 사우스 다코다 Black Hills의 암석을 연구한 Richardson(1903)과 잉글랜드 데본 남동부에서 이질암을 연구한 Durrance et al.(1978)는 엷은 색깔의 반점이 둘러싸고 있는 적색 이질암의 철분 총량의 약 반을 포함한다고 주장하였다. 처트에 대한 유사한 연구로서 Berkland(개인적인 대화, 1964)는 적색 처트에 녹색의 반점이 일반적인 일부 프란시스칸 처트에서 3가의 철분이 녹색 처트에는 덜 포함되어 있다는 것을 알았다.

25. 이러한 구조와 기타 구조들은 자신들과 다른 연구자들의 관찰한 내용을 정리한 Potter et

al.(1980)에 의하여 검토되었다.

26. 예를 들면 Cole and Picard(1975, in Potter et al., 1980)와 등정 연흔(climbing ripples)의 결과로서 생기는 파상 엽층을 보고한 Leithold(1989)를 참조하라.

27. Lisitzin(1972), Berger(1974), Davis and Gorsline(1976)은 해양 퇴적물과 그들의 분포에 대한 일반적인 논의를 수행하였다.

28. Bischoff and Sayles(1972), Dymond et al.(1973), Sayles et al.(1975), Yeats et al.(1976a, b, c), Heath and Dymond(1977), Scheidegger and Krissek(1982) 참조. (DSDP=심해저시추계획)

29. Bates and Jackson(1987)의 논문에서 인용한 공식.

30. 멕시코만의 퇴적 환경과 퇴적상에 대한 기재를 위해서는 Shepard et al.(1960)의 책에 있는 여러 논문과 Goldstein(1942), Shepard and Moore(1955), Greenman and LeBlanc(1956), Parker(1956), Ewing et al.(1958), Ewing et al.(1962), Bryant et al.(1968), Uchupi and Emery(1968), Davis and Moore(1970), Donaldson et al.(1970), Gould(1970), Kanes(1970), Nelson and Bray(1970), Davies(1972a, b), Devine et al.(1973), Berryhill et al.(1976, in Mazzullo and Crisp, 1985), Shideler(1976, 1977, 1978), Doyle and Sparks(1980), Holmes(1982), Mazzullo and Withers(1984), Joyce et al.(1985), Mazzullo and Crips(1985), Mazzullo(1986), Sheu and Presley(1986), Bouma et al.(1986, Initial Reports of the Deep-Sea Drilling Project, v.96), Israel et al.(1987), Mazzullo and Peterson(1989) 논문을 참조하라.

31. 이 검토는 Curray(1960), Shideler(1976, 1977,

1978), Holmes(1982) 및 Mazzullo and Crisp(1985)의 연구에 기초를 두었다. Berryhill et al.(1976, in Mazzullo and Crisp, 1985)의 NTIS 보고서는 분명히 여러 가지 이러한 보고서의 배경을 준비하였다. 이 외의 정보는 Shepard and Moore(1955), Greenman and LeBlanc (1956) 및 Ewing et al.(1958)에 의하여 제공되었다.

32. Greenman and LeBlanc(1956)과 Ewing et al.(1958)을 참조.

33. 슈피리어호의 퇴적 작용과 역사에 대한 검토는 Swain and Prokopovich(1957), Callender(1969), Farrand(1969) Mothersill(1971), Dell(1972, 1973, 1976), Mothersill and Fung(1972), Normark and Dickson(1976), Johnson and Eisenreich(1979), Lineback et al.(1979), Johnson(1980), Johnson et al.(1980), Wold et al.(1982), Farrand and Drexler(1985), Teller and Mahnic(1988) Klump et al.(1989)의 연구에 근거하였다. Hough(1958)은 오대호의 지질을 조사하였다(현재는 낡은 자료지만). 고기 호수에 대한 연구의 소개는 Reeves(1968)를 참조하라.

34. Farrand(1969b), Wold et al.(1982), Teller and Mahnic(1988) 참조.

35. 추가로 Mothersill(1971), Dell(1972), Mothersill and Fung(1972), Johnson(1980) 및 Teller and Mahnic(1988) 참고하라.

36. 슈피리어호 서부의 북동쪽에 있는 온타리오의 큰 만인 Thunder만에 대하여 연구한 Mothersill (1971)의 논문을 참조하라. 만의 퇴적작용 역사는 전체적인 호수의 역사와 흡사하다.

37. Dell(1972)와 Mothersill and Fung(1972) 참조.

38. 흥미로운 점: 슈피리어 호수 일부 표면 퇴적물

과는 대조적으로, 온타리오호 표면 퇴적물의 세립질 성분은 녹점토가 없고 일라이트가 지배적이다(Thomas et al., 1972).

39. 이 검토는 일부 저자의 연구에 근거한 것이다. Scotford(1965), Weiss et al.(1965) 및 Bassarab and Hoff(1969)는 이질암의 광물과 암석 및 화학 성분을 연구하였다. Fox(1962)는 최상부의 Richmond 층군에 대한 층서와 고생태를 연구하였으며, Hofmann(1966)은 상부 오르도비스기의 하부 암석에 대한 고수류 분석을 보고하였다. 신시내티 아치의 중기 내지 후기 오르도비스기 역사는 Borella and Osborne(1978)에 의하여 조사되었다. 위에 제시된 지질학자들에 의해 기재된 신시내티 암석은 화석이 풍부한 특성과 연계하여 많은 연구 과제가 수행되는 상부 오르도비스기통의 표준 단면을 이룬다(Shrake et al., 1988). 층서의 논의를 위해서는 Sweet and Bergstrom(1971), Wier et al.(1984)를 참조하라. 초기 보고서의 인용을 위해서는 Shrake et al.(1988)의 참고 문헌과 위의 논문을 참조하라.

40. 애팔래치아 지역의 일반 지질과 층서는 Eardley(1962)와 King(1977)에 의하여 검토되었고, 층서는 Frazier and Schwimmer(1987)에 의하여 상세하게 논의되었다. 애팔래치아 분지와 인접 지역의 이질암에 대한 이 검토는 Willard(1939), Butts(1940), Cooper et al.(1942), Campbell(1946), Rich(1951), Pepper et al.(1954), Hass(1956), Bates and Strahl(1957), Hoover(1960), Conant and Swanson(1961), Dennison(1961), Dennison and Naegele(1963), Towe and Grim(1963), Oliver et al.(1967), Lineback(1968), North(1969), Colton(1970), Sutton et al.(1970), Hasson(1972), Droste and Vitaliano(1973), Cook et al.(1975),

Byers(1977), Schmoker(1980), Maynard(1981), Ettensohn and Barron(1982), Leventhal and Hosterman(1982), Hosterman and Whitlow(1983), Woodrow and Isley(1983), Roen(1984), Dennison(1985), Ettensohn(1985a,b), Ettensohn and Elam(1985) Sevon and Woodrow(1985) 및 Leventhal(1987) 의 논문에 기초를 두고 있다. 또한 Stauffer(1909), Kay(1951), Cooper(1961), Ehlers and Kesling(1970), Walker and Harms(1971), Liebling and Sherp(1976), Roen and Horsterman(1982) 및 Beier and Hayes(1989)를 참조하라.

41. Kay(1951), Eardley(1962), Colton(1970), King(1977), Ettensohn and Barron(1982).

42. Willard(1939), Butts(1940), Cooper et al.(1942), Hoover(1960), Colton(1970), Kepferle et al.(1981), Roen(1984), Ettensohn and Elam(1985), Sevon and Woodrow(1985).

43. Cooper et al.(1942), North(1969) 및 Ehlers and Kesling(1970) 참조.

44. 예를 들면 Dennison(1961), Dennison and Naegele(1963), Droste and Vitaliano(1973), Roen and Forsman(1982) Hosterman and Whitlow(1983), Frosman(1984) 및 Frazier and Schwimmer(1987, Fig 6.1)을 참조하라.

45. 여기에 보고된 자료는 Bates and Strahl(1957), Connant and Swanson(1961), Towe and Grim(1963), Lineback(1968), North(1969), Hasson(1972), Liebling and Sherp(1976), Kepferle et al.(1981), Ettensohn and Barron(1982), Leventhal and Hosterman(1982), Hosterman and Whitlow(19983) 및 주석 32에 언급된 많은 논문의 저자들에 의한 제한된 관찰

에 근거하고 있다.

46. Lineback(1968), Maynard(1981), Leventhal(1987) 및 Beier and Hayes(1989) 참조.

47. 정체성 분지(euxinic basin)는 괴어 있고 선소가 부족한 저층수를 갖는 분지이다.

48. 그린 리버층은 오일 셰일의 경제적 중요성과 트로나(trona)와 같은 경제적으로 중요한 기타 광물이 풍부하고 특유의 "증발" 광물이 존재하기 때문에, 그린 리버층에 대한 문헌은 수없이 많다. 이 보고를 위한 배경과 정보를 재공한 논문으로는 Bradley(1926, 1931, 1948, 1973, 1974), Picard(1955, 1985), Milton and Eugster(1959), Culbertson(-1961, 1966), Cashion(1967), Bradley and Eugster(1969), Picard and High(1972b), Eugster and Surdam(1973), Brobst and Tucker(1973), Desborough and Pitman(1974), Roehler(1974), Wolfbauer and Surdam(1974), Dyni(1974, 1976, 1987), Eugster and Hardie(1975), Surdam and Wolfbauer(1975), Bucheim and Surdam(1977), Cole and Picard(1978), Desborough(1978), Surdam and Stanley(1979, 1980a, b), Moncure and Surdam(1980), Johnson(1981, 1984), Johnson and Nuccio(1984), Sullivan(1985), Baer(1987), MacLachlan(1987) 및 Remy and Ferrel(1989), 그리고 제9장에 열거된 기타 문헌이 포함된다.

49. 그린 리버 암석은 제9장에서 더욱 상게하게 기술되어 있다. 지도와 단면을 위하여 거기에 있는 논의를 참조하라.

50. 예를 들면 Bradley(1963, 1964), Eugster and Hardie(1975), Stanley and Surdam(1978, 1979), Moncure and Surdam(1980), Surdam and Stanley(1980a) 및 Dyni and Hawkins(1981)를

참조하라.

51. Mauger(1977)와 Surdam and Stanley(1980a)를 참고하라.

52. 예를 들면 Cashion(1967), Picard and High(1972), Cashion and Donnel(1974), Duncan et al.(1974), Eugster and Hardie(1975), Johnson (1984), MacLachlan(1987)을 참조하라.

53. 많은 저자들이 중요한 암석의 유형으로 이회암 (marl 또는 marlstone)을 보고하였다. "marl"은 부스러지기 쉬운 이질 석회암과 석회질 이회암에 적용되는 이름으로 성분상으로 볼 때 석회암과 셰일의 중간인 암석이다. "marlstone"은 더욱 고화된 이회암(marl)이다. 이질암은 이토 크기의 성분이 암석의 50% 이상을 차지하는 암석으로 정의되며, 석회암은 주로 방해석으로 이루어진 암석이기 때문에, "marl"과 "marlstone"이라는

용어는 필요하지 않다. 이질 석회 이암, 석회질 셰일 등의 용어가 적절한 경우에 사용된다.

54. 그린 리버층의 광물은 Bradley(1948), Milton and Eugster(1959), Culbertson(1966), Horsterman and Dyni(1972), Picard and High(1972), Roehler(1972), Tank(1972), Brobst and Tucker(1973), Desborough and Pitman(1974), Dyni(1974, 1976, 1985), Milton(1977), Cole and Picard(1978), Cole(1985) 및 Remy and Ferrell(1989)에 의하여 논의되었다. Desborough and Pitman(1989)에 의하여 논의되었다. Desborough and Pitman(1974)는 일라이트가 연구한 암석의 광물 5% 이하를 차지한다고 발표하였다.

55. Roeher(1972), Brobst and Tucker(1973) 및 Dyni(1976)을 참고하라.

연습 문제 ●

5.1 지질 연대표와 이 장에서 제시한 광물의 백분율을 이용하여, 지질 시대에 대한 이토와 이질암의 일라이트, 녹점토 및 고령토의 백분율을 표시하여라. 당신이 그린 그래프가 이 장에서 언급한 일반적인 결론을 입증하는가?

5.2 표 5.3에 제시된 이질암 시료의 각각의 구조적 환경을 위하여 주성분 원소의 변화도를 다른 기호를 이용하여 표시하여라. 당신은 한정된 자료에서 화학 성분과 구조적 환경 사이에 어떠한 관계를 알 수 있는가?

5.3 표 5.2에 있는 3개의 데본기 셰일 분석값의 평균을 구하고, 데본기 성분을 오르도비스기 셰일(탄산염암과 수반됨)(분석 9)과 비교하고 대조하여라. 어떠한 광물학적 차이가 중요한 의의를 갖는가?

사암 6

서론

이질암과 같이 사암은 넓게 분포되어 있다. 비록 모든 퇴적물의 5 내지 15%를 차지하지만, 사암은 대륙성 층서 기록의 25%를 차지한다(Kuenen, 1941; Blatt, 1970). 사암은 고산의 빙하−하천에서부터 해저 선상지까지 넓은 범위의 환경에서 형성된다. 천해의 해침 환경은 수천 km²를 덮는 넓은 관상의 모래를 퇴적시킨다. 그러한 환경은 미시시피 계곡 상부의 주요 지층인 오르도비스기 세인트 피터(St. Peter) 사암과 애팔래치아 중부와 남부의 실루리아기 Clinch/Tuscarora 사암층을 만든 것으로 생각된다.[1] 유사하게 해저 선상지 복합체는 캘리포니아의 그레이트 벨리(Great Valley) 층군을 포함한 층서 기록에서 많은 두꺼운 사암-셰일 지층에 의하여 표현되어진다.

오늘날의 모래 조직과 구조 및 암상은 고기의 사암을 해석하기 위한 근거를 제공한다. 포함된 화석은 육성 환경과 해성 환경을 구분할 수 있게 하나, 특유의 퇴적 환경은 주로 구조와 암상 및 상조합에 근거하여 결정되어진다. 현생 모래의 성분에 대한 상세한 연구는 극히 일부만이 보고되어 있다. 속성 작용은 고기의 지층을 변화시키기 때문에, 속성 작용에 대한 이해 또한 사암의 암석학적 성인을 완전히 이해하는 데 중요하다.

모래와는 대조적으로 사암은 수많은 연구가 이루어졌다. 이것은 사암층의 경제적인 중요성 때문이다. 순수한 석영 모래와 사암은 유리 산업에서 실리카의 근원으로 가치가 있으며, 사암은 개스와 석유 및 물의 중요한 저장 암석이고, 모래(와 자갈)는 건축에서 광범위하게 이용된다.

사암의 분류와 조직

사암은 1/16에서 2mm에 해당하는 크기의 모래 입자가 우세한 암석이다.[2] 이 용어는 관습적으로 특별한 일련의 이름이 암석명을 지정하는 데 사용되는 쇄설성 탄산염암보다는 규질쇄설성 및 이와 관련된 퇴적암에 적용되어 왔다. 모래 입자의 성분은 다양하나, 석영과 장석 및 다양한 암석 파편이 지배적이다.

기질의 분류와 성질

수많은 사암의 분류가 제안되어 왔음을 상기하자. 이들은 중요한 분류의 기준으로 골격 입자나 기질을 이용한다. 속성 작용(퇴적 후)의 산물인 교결물은 무시된다. 또한 특히 McBride(1963)와 Folk(1968)의 분류가 암석을 이루는 골격 입자들의 비율에 의하여 나타나는 성분에 의지하며 분류의 기준으로 기질을 이용하지 않는다는 점을 상기하자. 대조적으로, 여기에서 수용된 Dott(1964)의 분류는 기질을 이용하여, 5% 이하의 기질을 갖는 아레나이트(arenites)와 5% 이상의 기질을 갖는 와케(wackes)를 구분하였다.[3] Dott의 분류는 기질이 사암의 특징적인 성분으로 간주되어야만 한다는 Pettijohn(1954)의 제안에 기초를 두고 있다.

Krynine(1948), Packham(1954) 및 Pettijohn(1954)과 같은 일부 오래된 분류에서, 그레이와케(gray-wacke)라는 용어는 일반적으로 운모, 녹니석 또는 점토로 구성된 기질 물질이 암석의 10 또는 15% 이상 차지하는 사암을 지칭하는 데 사용되어 왔다.[4] 이 암석은 흔히 수용되고 있는 Dott나 Folk, McBride의 분류에서 위치가 없는 사실에도 불구하고, 그 이름은 지금까지 기질이 풍부한 사암에 널리 이용되고 있다. 그레이와케와 와케(Dott와 기타 저자들에 의한)라는 용어의 지속적인 사용은 사암에서 기질의 중요성에 주의를 환기시킨다.

기질

지질 기록에서 아마도 와케가 되어지는 현생 내지 플라이스토세의 해양 모래, 특히 저탁암(turbidites)에 대한 연구는 이 모래가 일반적으로 오

직 소량 만큼의 점토 기질(< 10%)을 갖고 있다는 것을 나타낸다(Shepard, 1961; Hollister and Heezen, 1964; Kuenen, 1966).[5] 그러나 많은 와케는 10 내지 30%의 기질을 포함한다. 일부 암석과 퇴적물에서는, 많은 양의 기질 물질이 일차적인 쇄설성 퇴적물로 보이지만, 많은 경우에서는 기질이 이차적으로 생각된다. 만약 그것이 사실이라면, 기질 물질의 근원은 무엇이고, 암석 성인적 연구에서 중요성이 있다면 그들은 어떤 중요성을 갖는가?

주의 깊은 분석은 일부 사암의 기질이 쇄설성과 속성 요소 모두를 포함한다는 것을 보여준다. 이들의 구분은 암석 성인적 연구에서 중요하며, 그 이유는 쇄설성 기질은 일차적이고 퇴적물의 기원지와 운반 작용에 대한 정보를 나타내는 반면, 속성 기질은 이차적이며 퇴적 후 환경에 대한 정보를 보여주기 때문이다. 기질 물질의 특성은 세 가지 형성 과정의 상호 작용에 의해 나타난다(Pettijohn et al., 1987, 2장, 5장). 첫째, 기원지 암석의 **풍화와 침식**(weathering and erosion)은 일부 기질이 생겨지는 일차적인 물질을 제공한다. 두 가지 형태의 중요한 쇄설성 물질이 기질을 형성하는 데 기여하는 것으로 알려져 있다. 이들은 일차적 기질 물질을 이루는 점토와 운모 및 녹니석 등의 규산염 광물과 속성 작용과 저 변성 작용에 의하여 쉽게 변질되는 "불안정한" 암석 파편들을 포함한다. 여러 연구들은 기원지가 퇴적물의 층상 규산염 광물 성분을 일차적으로 조정한다는 것을 설명하고 있다(Biscayne, 1965).[6] 유사하게, 기원지는 암편의 성분을 조절한다.[7]

암석의 기질의 성질과 함량에 영향을 미치는 두 번째의 과정은 **퇴적 환경에서의 물리적 과정과 화학적 과정**(physical and chemical processes in environment of deposition)의 배합이다. 예를 들면 유수의 속도와 밀도는 모래와 함께 운반되고 퇴적

그림 6.1 다소 변형되고 휘어진 암편(화살표)으로부터 한정된 원시 기질로 발전한 기질을 보여주는 현미경 사진. 사진의 폭은 3.25mm. 직교 니콜.

되는 세립질 기질 물질의 함량을 조절한다.[8] 이 외에도 수소이온농도지수(PH)와 산화 환원전위(Eh)와 같은 화학적 요인들은 퇴적 작용 동안과 퇴적 이후에 다양한 광물상의 안정도를 조절한다. 특히 층상 규산염 광물의 안정도는 저층수와 간극수(interstitial waters)의 화학 성분에 의해서 조절된다.[9]

속성 작용은 기질의 성질에 영향을 주는 세 번째이며 최종적인 과정이다. 속성 작용 또한 기질 물질의 성분과 함량의 변화가 일어나게 한다. 재결정 작용과 신결정 작용 및 점토가 풍부한 연한 암편의 변형 작용 모두 기존의 쇄설성 물질로부터 기질을 만드는 역할을 한다. 장석은 점토 광물이나 운모로 변질되거나 이들에 의하여 치환되며, 새로운 녹니석과 점토는 입자간 용액으로부터 침전되고, 기타 광물은 석영조차도 점토에 의해 치환된다(Galloway, 1974; Morad, 1984).

10% 내지 30%의 기질을 포함하는 대부분의 모래는 직접적인 퇴적 작용을 통해서 형성되지 않기 때문에(Hollister and Heezen, 1964; Hubert, 1964), 퇴적 과정이나 속성 과정 중의 하나가 와케에서 나타나는 추가적 기질 물질의 기원의 원인이어야만

한다.[10] 이 점에 관한 교훈적인 연구는 컬럼비아강에서 채취한, 전형적인 "그레이와케"에 해당하는 화학 성분을 갖는 퇴적물에서, 기질이 쇄설성 성분의 변질에 의하여 생성될 수 있음을 실험적으로 밝힌 Whetten(1966b)과 Hawkins and Whetten(1969)의 논문이 있다. 와케에서 다양한 정도의 재결정 작용을 보여주는 암편의 존재는 그러한 암편의 변질이 이런 암석에서 기질을 형성한 원인이 된다는 것을 제시한다(그림 6.1).

6가지의 기질과 교결물질이 사암에서 인식되어진다(Dickinson, 1970a). 이에는 (1) 쇄설성의 점토가 풍부한 이토, 또는 **원시 기질**(protomatrix) (2) 재결정된 원시 기질, 또는 **정 규질**(orthomatrix) (3) 변형되고 재결정된 암편, 즉 **가짜 기질**(pseudomatrix) (4) 골격 입자의 변질과 신결정 작용에 의해 만들어진 여러 광물로 이루어진 속성 기원의 기질, 즉 **표생 기질**(epimatrix) (5) 녹점토, 녹니석, 녹니석-버미큘라이트, 고령토, 셀라도나이트(celadonite), 일라이트 및 백운모를 포함하는 균질의 **층상 규산염 교결물**(phyllosilicate cement) 및 (6) 방해석, 석영, 돌로마이트, 적철석, 인산염 광물, 망간 산화물 및 불석을 포함한 비층상 규산염 교결물(non-phyllosilicate cement) 이 포함된다.[11] 어느 주어진 암석에서 다양한 형태의 기질과 교결물을 구분하는 것은 어렵지만, 암석 기재적, 화학적 및 조직적인 상세한 분석은 쇄설성과 비쇄성 성분을 구분하는 데 이용될 수 있다(Almon et al., 1976; Meyer et al., 1987).

기질은 퇴적 작용(원시 기질) 과 속성 작용(정 기질, 표생 기질 및 가짜 기질) 모두로부터 만들어지기 때문에, 이상적인 상태는 속성 기원의 기질을 갖는 암석으로부터 원시 기질을 갖는 암석이 구분되어지는 것이다. 따라서 가능하다면, 속성 작용에 의

한 장석의 변질로 기원된 고령토 표생 기질을 갖는 암석은 실질적으로 아레나이트로 인식될 수 있으며, 쇄설성 일라니트+녹니석 원시 기질을 갖는 암석은 와케로 인식될 수 있다. 그러한 구분은 종종 일상적인 실습에서 시행하기가 어려우며, 많은 경우에서는 구분이 불가능하다.

이 교재에서는, 아레나이트와 와케를 구분하는 데 있어서 Dott(1964)의 견해를 따랐으나, 5% 정도의 기질이 존재하는지 또는 존재하지 않는지에 따라서 그들을 구분하였다(그림 6.2). 만약 모든 기질 물질이 전적으로 속성 기원이라면, 이 암석은 아레나이트로 불린다. 다른 모든 경우에서는, 5% 이하의 기질을 갖는 사암은 아레나이트로 불리고, 5% 이상의 기질을 갖는 암석은 와케로 불린다. 그레이와케라는 용어는 그 용어를 사용한 다른 사람의 연구와 관련된 문장을 제외하고는 사용되지 않는다.

조직

사암의 조직은 기본적으로 표생쇄설성(epiclastic)이나, 일부는 화산쇄설성(vocaniclastic)이다.[12] 주로 석영, 장석 및 암편으로 이루어진 골격 입자는 입자 경계의 재결정에 의하여 입자와 입자 관계 또는 입자와 기질의 관계로 서로 결합되거나, 암석의 공극에서 교결물의 결정 작용에 의해서 또는 이러한 과정들의 연합에 의해서 서로 결합된다. 입자들은 원마상 내지 각상이다.

표생쇄설성 조직의 독특한 형태를 위해서 넓게 수용되는 용어는 없다. 하지만 입자들은 분급이 양호하고 원마도가 높으며, 기질이 거의 없는 조직은 가끔 "성숙(mature)" 또는 "초성숙(supermature)"으로 불린다(Folk, 1974, p.103). 대조적으로, 중간 내지 불량한 분급을 보이며, 기질이 거의 없는 암석은 조직적으로 "준성숙(submature)"으로, 그리고 불량

한 분급을 나타내며 기질이 상당히 포함된 암석은 "미성숙(immature)"으로 생각된다. 일부 증거를 갖고 있는 근원적인 가정은 퇴적물의 광대한 재동(reworking)이 석영과 같이 가장 저항력 큰 원마상의 입자만으로 구성된 기질이 없는 퇴적물을 산출할 것이라는 것이다(Johnson, 1990).

성숙 지수(maturity index)(해석적임)의 사용에 대한 대안으로서, 일부 암석학자들은 조직을 기술하기 위하여 입자의 원마도와 분급과 관련된 기재적인 용어를 사용한다. 예를 들면 그러한 조직의 명칭은 층상 규산염 기질(7%)에 각상의 입자를 갖는 "분급이 불량하고, 조립질의 표생쇄설성 조직"으로 나타낼 수 있다. 완전한 조직적 용어는 기본적인 용어인 **표생쇄설성**(epiclastic)이나 **화산쇄설성**(volcaniclastic) 둘 중의 하나에 Wentworth (1922)의 입도 등급에 근거한 입자의 크기와 분급을 나타내는 용어를 결합한 것이다(표 6.1). 적절한 경우에 기질이나 교결물을 기재하는 용어("미미하게 엽리가 발달된 기질" 또는 "포이킬로토픽 교결물"에서와 같이)가 첨가된다. 암석의 근본 이름인 와케나 아레나이트는 5% 이상의 기질이 존재 여부를 지시한다. 대표적인 사암의 조직은 그림 6.2에 나타나 있다. 특수한 조직적 요소가 있는 경우에는, 그러한 요소들을 지칭하기 위하여 추가적인 용어(표 6.1에 제시됨)가 사용된다.

사암의 성분

사암의 성분은 광물학적으로 그리고 화학적으로 기재될 수 있다. 위에서 언급한 바와 같이, 사암의 주요 광물 성분은 석영(Q), 장석(F) 및 암질편 또는 암석편(L 또는 R)이다. 석영은 단일 입자 또는 복결정질 집합체(즉 맞물려진 입자의 경계를 갖는 입자들의 덩어리)이며 장석은 알칼리 장석과 사장석을

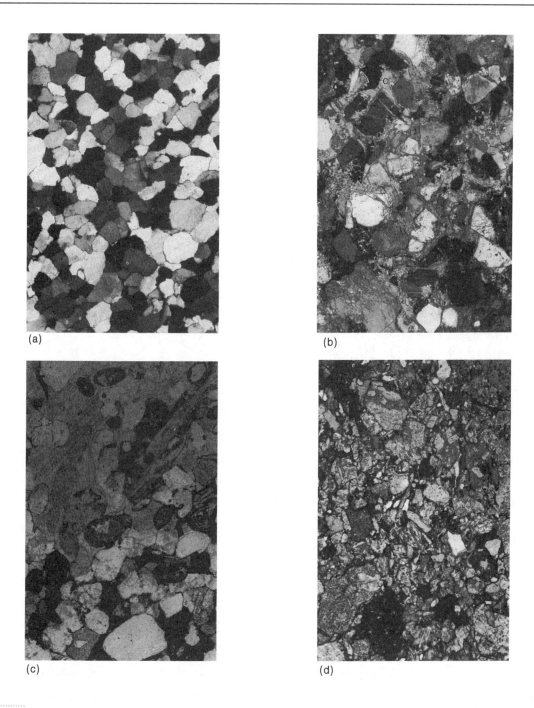

그림 6.2 일부 사암의 조직을 보여주는 전형적인 아레나이트와 와케의 현미경 사진. (a) 버지니아 Clinch산 야생동물관리 지역에 분포한 실루리아기 Clinch 사암층의 분급이 매우 양호하고, 중립질이며, 표생쇄설성 내지 봉합상 조직을 갖는 석영 아레나이트. 직교 니콜. (b) 캘리포니아 카보나 도폭에 분포한 백악기 그레이트 벨리층군 Panoche층의 분급이 양호하고, 중립질이며, 포이킬로토픽, 표생쇄설성 조직을 갖는 석회질의 장석질 아레나이트. C =방해석 교결물. 직교 니콜. (c) 버지니아 Laurel Bed 호수 지역에 분포한 실루리아기 Rose Hill층의 중간 정도로 분급되고, 중립질 내지 조립질인 어란상 적철석질 아레나이트. 개방 니콜. (d) 오리건 Dutchman′s Butte 도폭에 분포한 쥬라기 Dothan층(프란시스칸 복합체)의 분급이 불량하고, 중립질인 표생쇄설성 암질 와케. 모든 사진의 세로 길이는 3.25mm이다.

표 6.1 사암의 조직

표생쇄설성 조직 지표에서 풍화, 침식 및 마식의 정상적인 과정에 의해 기원되고 입자 경계의 재결정과 교결 작용 또는 기질-입자 결합을 통하여 서로 묶여진 원마상 내지 각상의 입자로 구성된 조직

매우 조립질	2~1mm(2.0~1.0mm)
조립질	1~1/2mm(1.0~0.5mm)
중립질	1/2~1/4mm(0.5~0.25mm)
세립질	1/4~1/8mm(0.25~0.125mm)
매우 세립질	1/8~1/16mm(0.125~0.0625mm)

화산쇄설성 조직 화산 작용에 의해 생성되고 퇴적물로 쌓인 화산암편, 장석, 석영, 그리고(또는) 기타 광물의 각상 입자로 구성된 조직

매우 조립질	2~1mm(2.0~1.0mm)
조립질	1~1/2mm(1.0~0.5mm)
중립질	1/2~1/4mm(0.5~0.25mm)
세립질	1/4~1/8mm(0.25~0.125mm)
매우 세립질	1/8~1/16mm(0.125~0.0625mm)

수식어로 이용되는 특수한 조직적 용어

표력의 모래 기질에 포함된 표력이 암석의 25% 이하를 차지하는 조직

왕자갈의 사질 기질에 포함된 왕자갈이 암석의 25% 이하를 차지하는 조직

화석이 풍부한 포함된 화석편이나 여러 가지의 화석이 특징적인 조직

그래뉼의(granular) 모래 기질에 포함된 그래뉼이 암석의 25% 이하를 차지하는 조직

어란상 동심원상의 구조를 갖는 침전물로 구성된, 작고 원마상이거나 타원형 또는 불규칙하게 원마된 입자가 특징적인 조직

잔자갈의 모래 기질에 포함된 잔자갈이 암석의 25 % 이하를 차지하는 조직

포이킬로토픽(poikolotopic) 골격 입자들이 교결물(예, 방해석)의 결정으로 둘러싸여진 조직

미약한 엽리를 갖는 일부 입자들의(보통 층상 규산염 입자) 배열로 암석에 미약한 줄무늬(엽리)가 생긴 조직

출처: Wentworth(1922, p. 377-392).

모두 포함한다(Graham et al., 1976; Dickinson and Suczek, 1979). 암석편(rock fragments, R)은 쳐트를 포함한 모든 복결정질 집합체를 포함한다.[13] 암질편(lithic fragment, L)은 오직 셰일편, 화산암편, 그리고 편암, 천매암, 점판암, 녹색암(greenstone), 사문암 입자 등을 포함한 이들에 상당하는 변성암과 같은 "불안정한(labile)" 입자들만을 포함한다.[14] 다양한 추가적인 광물, 특히 평균보다 무겁거나 마멸 또는 용해에 대한 저항력이 있는 광물들 역시 사암에서 나타난다. 이들은 각섬석, 남섬석(글로코페인, glaucophane), 백운모, 흑운모, 석류석, 녹렴석, 전기석, 저어콘, 규선석, 남정석, 자철석 및 티탄철석을 포함한다. 알칼리 장석, 홍주석 및 전기석과 같은 일부 광물은 속성 작용으로 형성되기도 한다(Folk, 1974, p. 99; Sibley, 1978). 침식과 퇴적의 적절한 조건이 주어지면 모든 조암광물이 사암에서 나타날 수도 있다.

여러 사암의 모드가 표 6.2에 제시되어 있다. 광물 성분에 심한 변화가 있음에 주목하라. 석영은 2~90%의 범위를 갖으며, 이보다 높거나 낮은 경우가 있다. 장석은 미량에서부터 25% 이상까지 변하며, 암질편은 50% 이상을 차지하기도 한다. 기타 쇄설성 성분은 일반적으로 대부분 사암의 15% 이하를 차지하나, 기질은 이 값보다 많을 수도 있으며, 교

표 6.2 선정된 사암의 모드

입자 유형	1	2	3	4	5	6
석영	(90)[a]	(88)	(40)	42	51	(2)
단결정질	89	81	39	−	−	1
복결정질	tr	7	1	−	−	1
알칼리 장석	tr	1	4	5	<1	4
사장석	−	4	6	7	<1	22
백운모	−	−	tr	−	−	−
흑운모	−	−	6	−	−	−
기타 광물	tr	−	6	−	−	12
암석편						
쳐트/변성 쳐트	tr	1	2	65	−	−
퇴적암	−	tr	−	−	6	−
규장질 화산암	−	−	1	−	−	38
고철질 화산암	−	−	tr	−	−	6
변성암	tr	tr	1	−	3	tr
기타/미구분	−	−	−	8	−	tr
교결물						
방해석	−	−	33	−	30	tr
기타[b]	7	−	−	1	4	−
기질[c]	2	5	1	31	5	16
합계	100	100	100	100	100	100
측정한 점들의 수	400	650	300	500	400	600
QFL	100:0:0	95:5:0	77:19:4	68:19:13	84:1:15	3:36:61

출처:

1. 버지니아 Clinch산 야생동물관리 지역의 Clinch산에 분포한 Clinch층(실루리아기)의 석영 아레나이트 (Raymond, 미발표 자료).
2. 유타 자이언 국립 공원 동쪽 입구에 분포한 나바호 사암층(하부 쥬라기)의 석영 아레나이트(Raymond, 미발표 자료).
3. 캘리포니아 카보나 도폭에 분포한 Panoche층(상부 백악기)의 장석질 아레나이트, 시료 C1(Raymond, 미발표 자료).
4. 몬태나 Bearpaw 산맥에 분포한 Eagle 사암층(상부 백악기)의 장석질 와케, 30−1 Anderson 코어의 시료 430.1(Gautier, 1981, 표 3).
5. 일리노이 Wayne County에 분포한 Trivoli 사암층(펜실베이니아기)의 암질 아레나이트, 시료 C4A(Andreson, 1961, 표 2).
6. 미네소타 Vermilion District에 분포한 시생대의 암질 와케, 시료 10(Ojakangas, 1972, 표 2).

a 표시된 측정 점들의 수에 근거한 부피 백분율.
b. 방해석이 아닌 망간 산화물(분석 1), 철 탄산염, 실리카 및 점토를 포함하는 교결물.
c 기질 물질은 점토, 녹니석, 그리고 실트 내지 점토 크기의 석영, 장석 및 기타 광물을 포함하기도 한다.
tr=미량

질물은 퇴적암 부피의 30% 이상을 차지하기도 한다.

쇄설성 모래와 사암의 모드는 기원지와 퇴적 환경에 대한 중요한 정보를 제공할 수 있다(Dickinson 1970a, 1982; Graham et al., 1976; Ingersoll et al., 1984).[15] 변성암 성분을 포함하며 장석과 화성암편 (화산암과 관입암) 모두가 풍부한 모드는 화산-심성호(volcanic-plutonic arc) 기원을 암시하며, 단결정질(monocrystalline) 석영이 풍부한 모드는 많은 강괴 내부(craton interior)-대륙성 암괴의 특징을 나타낸다(그림 6.3, 표 6.3). 석영과 암질편이 풍부한 모

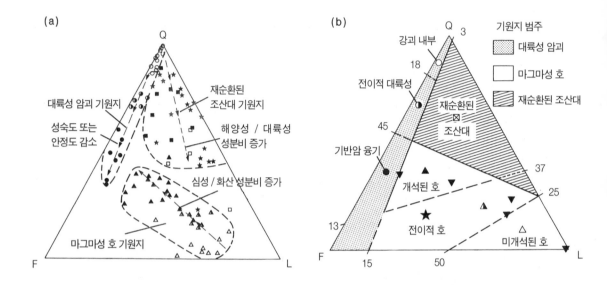

드는 일반적으로 산맥으로부터의 특히 퇴적암이 풍부한 조산대의 재순환된 퇴적물을 나타낸다(Critelli et al., 1990). 석영과 장석이 풍부하나 암질편이 낮은 모드는 강괴 기원지를 암시한다(Valloni and Mezzadri, 1984).

여러 가지 요인들이 퇴적물 모드에 대한 이러한 해석을 복잡하게 할 수 있는데, 그 이유는 성분이 기원지는 물론 운반 작용, 퇴적 환경 및 속성 작용에 의존하기 때문이다(Suttner, 1974). 예를 들면 풍화와 침식은 Q : F : L 값을 변화시킬 수 있다

그림 6.3 골격 입자의 다양한 모드를 갖는 사암의 기원지를 나타내는 QFL다이아그램. (a) 대륙성 암괴 기원지, 마그마성 호(magmatic arc) 기원지 및 재순환된 조산대 기원지 영역을 보여주는 Dickinson and Suczek(1979)의 QFL 다이아그램을 간단하게 변형한 것. (b) 3개의 중요 기원지 유형과 선택된 준영역을 보여주는 Dickinson et al.(1983)의 QFL 다이아그램. (b)에서의 역삼각형은 일부 심해 모래의 성분을 나타낸다(Harrold and Moore, 1975 참조; 교재의 논의). 별표는 Valloni and Maynard(1981)의 섭입대(subduction zone) 모래의 평균이다.

표 6.3 다양한 기원지로부터의 사암의 특징

특징	해양성 호	대륙성 호	조산대	강괴 내부	강괴 기반
QFL 비	Q<F≤≥L	Q≤≥F≤≥L	Q>F≤≥L	Q>>F>L	Q≥F>L
화학 성분	적거나 중간 SiO$_2$	적거나 중간 SiO$_2$	중간 SiO$_2$	많은 SiO$_2$	많은 SiO$_2$
	낮은 K$_2$O/Na$_2$O	낮거나 중간 K$_2$O/Na$_2$O	낮거나 중간 K$_2$O/Na$_2$O	중간 내지 높은 K$_2$O/Na$_2$O	중간 내지 높은 K$_2$O/Na$_2$O
	적은 REE	중간의 REE	LREE>HREE	LREE>HREE	LREE>HREE
특징적인 사암의 유형	화산암질 와케	장석질-암질 와케 또는 아레나이트	아레나이트 또는 와케	석영 아레나이트	석영 또는 장석질 아레나이트 또는 와케

출처: Dickinson and Suczek(1979), Bhatia(1983, 1985) 및 Roser and Korsch(1986)의 논문 일부에 근거를 둠

표 6.4 대표적인 사암의 화학 성분

	1	2	3	4	5	6
SiO_2	98.91[a]	88.7	77.6	67.3	65.0	60.9
TiO_2	0.05	0.21	0.6	0.6	—	0.6
Al_2O_3	0.62	5.03	12.4	15.5	9.57	16.4
Fe_2O_3	0.09	—	0.7	0.4	1.59	1.4
FeO^{*b}	—	3.60	—	—	—	—
FeO	—	—	0.2	3.8	1.08	4.4
MnO	—	0.04	—	0.1	—	0.1
MgO	0.02	0.29	0.3	1.9	0.4	3.1
CaO	—	0.43	0.4	0.6	10.1	3.9
Na_2O	0.01	1.14	0.3	4.2	2.14	4.2
K_2O	0.02	0.92	3.8	3.2	1.43	0.6
P_2O_5	—	0.03	—	0.1	—	0.1
H_2O^+	—	—	2.7	1.8	0.82	3.7
H_2O-	—	—	—	0.2	0.23	0.5
CO_2	—	—	—	—	6.9	0.1
연소 손실	0.27	1.02	—	—	—	—
기타	—	tr	—	—	0.31	—
합계	99.99	99.60	100.6	99.7	99.54	100.0

출처:
1. 미네소타 Mendota에 분포한 세인트 피터 사암(오르도비스기)의 석영 아레나이트. 분석자: A. William(Thiel, 1935).
2. 애리조나 Globe 부근 Pinal 편암(전기 원생대)의 변성된 석영 와케(Condie and DeMalas, 1985).
3. 프랑스 Auvergne의 장석질 사암(Huckenholz, 1963).
4. 캘리포니아 샌프란시스코 반도 San Bruno 산에 분포한 프란시스칸 복합체(쥬라기-백악기)의 장석질 와케(Bailey et al., 1964).
5. 텍사스 "Frio" (올리고세)의 석회질 암질 아레나이트, Wells와 Kleberg 지방의 10개 시료의 종합(Nanz, 1954).
6. 캘리포니아 샌프란시스코에 분포한 프란시스칸 복합체(쥬라기-백악기)의 암질(화산성) 와케(Bailey et al., 1964).
[a]무게 백분율 값
[b]Fe_2O_3로 나타낸 철의 총량

(Johnsson and Stallard, 1989; Mack and Jerzykiewicz, 1989).[16] 또한 퇴적 장소는 기원지로서 항상 동일한 국지적 구조 환경에 있지 않다. 따라서 사암의 성분이 기원지를 나타낼지는 모르지만 그들이 필수적으로 퇴적 분지의 특정 구조 환경(예, 변환 단층 열곡: 전호(forearc))을 반영하는 것은 아니다(Velbel, 1985; Schwab, 1991). 게다가, 분지는 모드의 특징을 복잡하게 하는 여러 기원지로부터 형성된 퇴적물을 수용하기도 한다.[17]

사암의 화학 성분 역시 기원지의 성분을 반영하기도 한다. 그러나 사암의 성분은 흔히 속성 작용에 의하여 변화되기 때문에, 화학 성분만 고려하여 기원지를 결정하는 것은 일반적으로 불가능하다. 기존의 석영 사암층이나 퇴적물의 광범위한 재동 둘 중의 하나로 기원된 거의 순수한 석영 아레나이트는 단정적으로 실리카가 풍부하다(표 6.4, 분석 1). 그러한 암석은 강괴와 비활동적인 대륙 주변부(passive margin) 환경의 특징을 이루며, 상대적으로 높은 K_2O/Na_2O 비를 갖는다(Crook, 1974; Roser and Korsch, 1986). 다양한 유형의 암석으로 구성된 지괴나 화산성 호(volcanic arc)로부터 기원된 사암은 일반적으로 실리카의 함량이 낮고, 알루미늄, 알칼리, 칼슘, 마그네슘 및 철의 함량이 풍부하다(표 6.3과 표 6.4의 분석 4와 6 참조). 해양성 마그마성 호는 전형적으로 낮은 K_2O/Na_2O 비를 갖으며 실리카가 낮은 와케를 형성한다(Crook, 1974; Roser and Korsch, 1986). 퇴적이나 속성 과정이 적철석, 방해석 또는 인회석과 같은 침전된 성분을 이끌어낸 경우에서는 화학 성분은 이에 부합하여 변화되며, 실리카의 함량이 상당히 감소되기도 한다.

미량 원소의 연구 역시 기원지와 퇴적 환경에 대한 정보를 나타낸다(Weber, 1960; Bhatia, 1985).[18] 예를 들면 Bhatia(1985)는 오스트레일리아 동부의 고생대 지층의 해양성 호의 와케는 상대적으로 REE 함량이 낮고, 일반적으로 음의(negative) 유로피움(europium) 이상이 없다는 것을 밝힌 바 있다. 대조적으로, 대륙성 호의 와케는 상대적으로 REE함량이 높고, 음의 Eu 이상이 작다는 것을 나타낸다. 비활동적 대륙주변부 내지 강괴 분지의 와케는 상대적으로 LREE가 HREE 보다 풍부하며, 뚜렷한 음의 Eu 이상의 나타낸다. 특수한 미량 원소에 기초한 구분 다이아그램(예, La−Th−Sc 다이아그램) 또한 사암체 사이의 차이를 보이며, 모래의 기원지를 나타낸다(Bhatia and Crook, 1986; Larue and Sampayo, 1970).

사암의 구조

사암은 거시적 규모에서부터 중간 규모까지 범위를 갖는 매우 다양한 구조를 나타낸다(Pettijohn and Potter, 1964). 이러한 구조는 표 6.5에 제시되어 있고, 많은 것들은 제6장에서 논의되고 설명되었다.[19] 최대 규모의 일차적 구조는 판상, 랜즈상, 쐐기형, 또는 구두끈 모양의 사암층으로 이루어진다. 이러한 사암의 가장 큰 것은 층과 층원을 형성하기도 한다. 다양한 형태의 층은 또한 크기가 작은 중간 규모의 구조까지도 범위가 내려간다(그림 6.4). 렌즈상의 지층을 형성하는 채워진 수로는 거시적 규모에서 중간 규모까지의 범위를 갖는다. 중간 규모에서 사층리, 엽층리, 사엽층리 및 점이층리와 같이 층 내부에 나타나는 무기적 구조들은 특징적인 일차구조이다. 일차적인 표면 구조에는 저면 구조(sole marks), 생흔 화석 및 연흔이 포함된다(그림 1.10과 1.11 참조). 그러한 일차적 구조들은 퇴적 동시성,

표 6.5 사암에서 나타나는 퇴적 구조

퇴적 구조	
층리	엽층리
사층리	사엽층리
연흔	점이층리
소금 결정 케스트	

침식 구조	
수로 구조	플루트 케스트
물체 마크	로드 케스트
건열	굴착 구조
보행흔과 파행흔	뜯어올린 구조

변형 구조	
연성 퇴적물 습곡	퇴적 동시성 단층
붕락 또는 미끄러짐 자국	붕락 또는 미끄러짐 케스트
각력암	모래 또는 이토 화산
사암 암맥과 암상	선회 엽층리
불꽃 구조	접시 구조
탈수 하도	생물 도피 구조
얼음 쐐기 케스트	뿌리 케스트와 몰드
공과 베개 구조	

속성 구조	
결핵체	모래 결정
스타일로라이트	리제강 띠 또는 고리

출처: Conybeare and Crook(1968), Collinson and Thompson(1982), Pettijohn et al.(1987), 그리고 필자에 의한 관찰. 이러한 구조의 기재와 그들의 기원에 관한 논의를 위해서 화성암석학의 제4장과 위에 제시한 출처를 참조하라.

즉 퇴적이 일어나는 때에 형성된 구조이다.

연질 퇴적물과 퇴적 후 구조들 또한 수없이 많다. 이에는 건열, 연성 퇴적물 습곡, 선회층, 생물교란층, 공과 베개 구조(ball and pillow structures), 연성 퇴적물 단층, 및 사암 암맥(sandstone dykes)과 같은 구조가 포함된다(그림 6.4). 굴착 구조(burrow)와 탈출 구조(escape structure)와 같은 생물 기원의 구조 역시 퇴적 후 구조이다.

와케의 산출과 기원

와케는 육성, 전이성 및 해성 지층에서 산출된다. 육성 환경에서 와케는 충적 선상지, 하천 수로(fluvial channels)와 범람원 및 호성 삼각주에서 형성된다. 와케가 발달되는 전이적 환경은 하구, 삼각주 그리고 조금 드물게 조간대−해안선을 포함한다. 해양 환경에서, 와케는 대륙붕에서 형성되기도 하나, 대륙사면 등수심 퇴적암(contourites)과 분지 평원 저탁암의 특징을 나타낸다.

저탁암과 관련 암석

저탁암은 퇴적물 집적체가 불안정하게 되어 혼탁한 흐름으로 사면 아래로 이동하는 곳에 발달하는 저탁류로부터 형성된다. 그러한 유수는 육지의 호수로부터 심해 분지까지의 범위를 갖는 환경에서 일어나는 것으로 인정되거나 추측된다.[20] 그럼에도 불구하고, 지질 기록에서 대부분의 저탁암은 아마도 해구, 대륙 사면 분지 또는 대륙대/분지 평원 지역에서 형성된 해성층을 의미한다.[21]

(a)

(b)

그림 6.4 사암의 선정된 퇴적 구조 사진. (a) 웨스트 버지니아 프린스톤 서쪽 460번 고속도로 부근에 분포한 미시시피기 Hinton층의 사암−이질암 지층의 층리로, 사암으로 채워진 수로(C)와 함께 층리(B)에 퇴적동시성 단층(A)을 보여준다. 오른쪽 아래의 막대기는 길이가 약 1m이다. (b) 캘리포니아 Diablo 산맥 북동쪽 Hospital 협곡에 분포한 상부 백악기 그레이트 벨리층군의 Panoche 층의 아레나이트에서 나타나는 선회층리와 엽층리. (c) 버지니아 Duffield 부근 Powell 산에 분포한 실루리아기 Clinch 사암층의 연흔과 건열 및 굴착 구조가 발달된 석영 아레나이트(원상 내지 타원상의 어두운 반점은 굴착 구조 Skolithos 의 끝부분이다).

(c)

저탁암은 완전하거나 부분적인 부마 윤회층 (Bouma sequences)에 의해 특징지워 진다(그림 1.5와 1.6 참조). 매우 얇은 층에서부터 두꺼운 층에 이르는 범위를 갖는 이러한 윤회층은 Mutti and Ricci-Lucchi(1972)의 해저 선상지 암상 C, D, E를 인식하기 위한 근거를 이룬다. 일반적으로, 이러한 암상은 수로(channel), 선상지 로브(lobe), 수로간 (interchannel) 및 분지 평원 지역에서 나타난다 (Mutti and Ricci-Lucchi, 1972; Shanmugam and Moiola, 1985). 그러나 그들은 해저 완사면(ramp)에서도 나타난다(Postma, 1981a; Chan and Dott, 1983); Heller and Dickson, 1985; Surlyk, 1987). Mutti and Ricci-Lucchi의 해저 선상지 암상 A, B, C를 구성하는 모래 입자류(sand grain flow) 퇴적층은 괴상 내지 중간 두께의 층을 이룬다. 이러한 암석은 해저 협곡과 선상지 수로에서 형성된다. 지질 기록에서, 저탁암과 모래 입자류 퇴적층은 일반적으로 와케로 구성되어 있다.

현생 해저 선상지의 두 가지 진기한 양상은 그들을 고기의 저탁암층의 유사물로 이용하는 데 혼란을 일으킨다. 첫째, 가장 큰 현생의 해저 선장지는 지질 기록에서 가장 큰 고기 선상지보다 매우 규모가 크다(Normark et al., 1983; Barnes and Normark, 1985). 그 중에서도 특히, 인도양 북동쪽에 있는 오늘날의 뱅갈(Bengal) 선상지 지역은 가장 잘 알려진 현생과 고기의 선상지 모두를 합해서 어느 것보다 크다(Curray et al., 1982; Barnes and Normark, 1985). 둘째, 고기 저탁암층의 지배적인 입자의 크기는 모래이나, 대부분의 현생 선장지에서 보고된 지배적인 입자는 점토나 실트 크기이다(Barnes and Normark, 1985).

등수심 퇴적암과 대륙붕 와케

와케는 또한 대륙붕에서 형성되며, 대륙사면에서 등수심 퇴적암을 이룬다. 등수심 퇴적암(contourites)은 대륙사면을 따라서 밑으로 흐르는 대신 해저 사면의 등고선을 따라서(along) 흐르는 해류에 의해 쌓인 퇴적물로 구성된 암석이다. 그들은 사면에 나란하게 흐르는 저층류가 이전에 쌓인 퇴적물을 재동하고 운반하는 곳에서 형성된다(Heezen et al., 1966; Bouma and Hollister, 1973).[22] 등수심 퇴적 사암은 얇은 층과 사엽층리 또는 생물교란 구조에 의하여 특징지워 진다(Lovell and Stow, 1981).

등수심 퇴적암은 저층류가 발달할 수 있는 커다란 어떠한 수괴에서도 역시 산출된다(Johnson et al., 1980). 전형적으로, 그들은 해성층에서 나타나나, 호성 퇴적층에서도 역시 나타난다(Johnson et al., 1980). 대륙붕에서, 이토질 모래로 구성된 외안 사주는 와케를 만든다. 예를 들면 텍사스의 상부 백악기 Woodbine-Eagleford층의 와케는 그러한 환경에서 발달한 것으로 해석된다(Turner and Conger, 1984). 이러한 암석은 연안류와 폭풍에 의하여 쌓인 퇴적물로부터 형성된다.

전이 환경과 육성 와케

대륙과 해양의 경계를 따라서 나타나는 전이 환경, 특히 삼각주 환경은 일부 와케 형태의 모래가 퇴적되는 장소로서의 역할을 한다.[23] 비록 아레나이트는 해안선과 같은 전이 환경에서 일반적이지만, 와케는 흔히 삼각주, 이질 평지(mudflats) 및 조간대 수로의 이질암과 수반된다. 삼각주 와케의 한 가지 예는 텍사스만 연안 Yegua층의 Davis Sand로서, 이는 9.5%의 이토를 포함한다(Casey and Cantrell, 1941, in Shelton, 1973).

충적 와케와 그들의 원래 모래 또한 상대적으로

흔하다. 예를 들면 아이오와에서 채취한 일부 미시시피강의 모래는 상당한 양의 이토를 포함한다 (Lugn, 1927). 이에 상응하는 사암으로는 일리노이 분지의 펜실베이니아기 Anvil Points 사암층이 포함된다(Hopkins, 1958).[24] 이러한 충적 사암은 전형적으로 노두에서 수로 구조가 특징적이며, 사층리가 발달된 구두끈(shoestring) 모양의 지층을 형성한다.

모래 크기의 퇴적물에 대한 상세한 암석학적 분석을 포함한 현생 환경의 철저한 연구는 놀랄만큼 드물다. 그럼에도 불구하고, 플라이스토세와 현세의 모래에 대한 소수 연구와 고기 와케에 대한 연구의 예들은 이러한 암석의 성질을 특징짓는 데 유익하다.

연구 사례: 심해저 모래

지질 기록에서 나타나는 많은 두꺼운 와케층은 전호 분지(forearc basins)와 해구의 해저 선상지에서 퇴적된 심해저 모래를 나타내는 것으로 해석된다. 그러한 환경의 구조적인 그리고 층서적인 골격은 상세하게 기재되어 왔다(Moore and Karig, 1976; Dickinson and Seely, 1979; Thornburg and Kulm, 1987).[25] 그러나 심해저 모래의 성분을 자세하게 다룬 연구는 거의 없으며, 특수한 지역에 대한 광범위한 연구는 출판되어 있지 않다.

일반적으로, 심해저 모래의 암상은 Mutti and Ricci-Lucchi(1972)의 해저선상지 암상, 특히 부마 윤회층에 의해서 구분되는 암상 C, D, E이다. 태평양 서부의 해구-대륙사면 지역으로부터의 일부 암상을 포함한(Harrold and Moore, 1975) 이러한 암상으로부터의 현생 심해저 모래 성분에 대한 요약은 그러한 환경(섭입대)의 종합적인 평균 성분이 $Q_{16}F_{53}L_{31}$임을 보인다(Valloni and Maynard, 1981)(그림 6.3). 화산암 암질편(Lv)이나 퇴적암 암질편(Ls) 둘 중의 하나가 주어진 지역에서 지배적이

기도 하다. 예를 들면 Nankai Trough(일본 남동부의 해구)의 내벽(inner wall)에 있는 DSDP 위치 298에서 플라이스토세 내지 현세의 7개 모래 시료의 평균은 $Q_{16}F_{17}L_{67}$이며, 6개 시료는 Ls가 풍부하다. 그러나 중앙 아메리카 해구(DSDP 위치 570)로부터의 모래는 Lv가 풍부하며 추정된 QFL 값은 1:1:98 내지 22:13:65이며, 이러한 모래에서 암질편은 거의 대부분이 화산 유리이다(von Huene et al., 1985). 이러한 자료들은 유사한 환경에서 형성된 것으로 생각되는 쥬라기-백악기 퇴적암(아래에서 제시됨)으로부터의 더욱 수많은 자료와 비교된다.

연구 사례: 캘리포니아 프란시스칸 복합체의 와케

프란시스칸 복합체는 캘리포니아와 오리건의 Klamath 산맥과 오리건의 해안 산맥[26] 남부의 일부분과 바하 캘리포니아의 일부분 뿐만 아니라 캘리포니아 해안 산맥의 대부분의 기반암을 형성하는, 암석학적으로 다양하고 구조적으로 복잡한 암체이다(그림 6.5)(Bailey et al., 1964; Berkland et al., 1972; Baldwin, 1976). 프란시스칸 복합체의 중요 암석 형태로는 와케("그레이와케"), 셰일, 역암, 각력암, 쳐트 및 현무암, 그리고 이들 암석 형태의 변성암이 포함된다. 추가적으로, 사문암과 관련된 초염기성암, 반려암과 변성반려암, 아레나이트, 대리암과 석회암, 에콜로자이트 및 다양한 남섬석(glaucophane) 편암(대부분은 변성 현무암과 변성 반려암이다) 등이 포함된다. 그 중에서 가장 풍부한 암석 형태는 와케와 변성와케(metawacke)이다 (Bailey et al., 1964). 추정된 퇴적암과 변성퇴적암의 부피는 그들이 600,000Km^3 이상을 차지하는 것을 지시한다.

와케는 대륙(Davis, 1918), 천해(Taliaferro, 1943) 및 심해(Bailey et al., 1964)에 쌓인 모래에서 다양

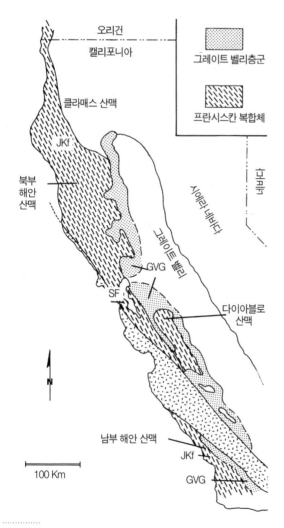

그림 6.5 캘리포니아의 프란시스칸 복합체(JKf)와 그레이트 벨리층군 (GVG)의 분포를 보여주는 일반화된 지도. SF=샌프란시스코.

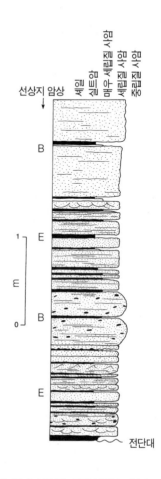

그림 6.6 캘리포니아 Diablo 산맥 북동부 카보나 15′ 도폭의 West Fork of Hospital Creek에 분포한 프란시스칸 복합체의 해저 선상지 암상을 보여주는 측정 단면.

하게 기원된 것으로 되어 왔다. 심해 기원은 일반적으로 화석이 없고[27], 심해 생흔화석 군집이 존재하며, 일반적으로 수반된 탄산염 층이 없고, 대규모의 사층리와 연흔(천해와 육성 퇴적층에서 기대되는)이 없으며, 방산충 쳐트와 교호되고 수반된 지층의 존재에 의하여 지지를 받고 있다(제9장 참조). 원양성이며 따라서 직접적으로 수심을 지지하지 않는 방산충을 제외하면, 반심해 내지 심해 환경을 지시하는 *Nereites* 생흔상의 풍부한 생흔화석 군집의 생

흔화석만이 풍부한 화석으로 나타난다(Miller, 1986, 1991). 해저 선상지의 점이층 암상 C를 포함한 암상 A–F의 존재는 저탁류와 입자류 및 암설류가 프란시스칸 와케와 수반된 해저 사태에 의한 해저 사태 퇴적층(olistostrome) 및 역암을 퇴적시킨 것을 지시한다(그림 6.6과 6.7).

광물학적 및 화학적으로, 프란시스칸 와케는 세계 도처에서 보고된 전형적인 "그레이와케"이다(표 6.6, 표 6.7). 암질 와케와 장석질 와케 모두 존재하나 석영 와케는 없다(Bailey et al., 1964; Jacobson, 1978; Dickinson et al., 1982; Underwood and

(a)

(b)

(c)

그림 6.7 프란시스칸 복합체의 해저 선상지 암상의 사진. (a) 캘리포니아 Diablo 산맥 북동부 Helsinger 협곡 부근의 베개 현무암 암괴(망치의 오른쪽 부근)를 포함하는 암상 F 해저 사태 퇴적층. 망치의 길이는 1/3m이다. (b) 캘리포니아 Diablo 산맥 북동부 카보나 도폭의 West Fork of Hospital 협곡에 분포하는 암상 B 와케. 축척용 막대는 30cm이다. (c) 캘리포니아 Diablo 산맥 북동부에 분포한 Sulphur Gulch Broken 층의 저탁암(암상 C와 E). 오른쪽 가운데에 있는 중부 사암층은 약 8cm 두께이다.

Bachman, 1986).[28] 프란시스칸 와케는 사장석과 화산암질 파편을 풍부하게 포함한다. 알카리 장석은 소량이나 없으며, 쳐트는 일반적으로 중간 정도 풍부하다. 프란시스칸 와케의 QFL 다이아그램은 그들이 주로 마그마성 호 기원지의 침식의 산물이라는 것을 보이나, 가장 젊은 와케(상부 백악기 내지 에오세)는 혼합된 강괴-조산대 호 기원지를 암시하는 QFL 값을 갖는다. 가장 흔한 중광물은 인회석, 흑운모, 녹니석, 클리노조이사이트(clinozoisite)와 녹렴석, 석류석, 감섬석, 티탄철석, 자철석, 백운모, 스핀(sphene) 및 저어콘이다(Bailey et al., 1964). 중광물 중에서도 풍부한 화산암편과 사장석과 결합된 흔치 않은 옥시혼블랜드(oxyhornblende), 휘석 및 자소휘석(hypersthene)은 많은 퇴적물이 화산성 호 기원임을 지시한다. 추가적으로 전기석, 남정석, 홍주석, 양기석 및 남섬석을 포함한 다양한 쇄설성 중광물이 존재하는데, 이들은 일부 퇴적물이 고압-저온의 암괴와 고온-저압의 암괴 모두로부터 기원되었음을 암시한다.

프란시스칸 와케의 기질은 원시 지질, 정 규질, 표생 기질 및 가짜 기질의 조합이다. 속성 작용과 변성 작용이 동쪽에 비하여 심하지 않은 프란시스칸 지괴의 서쪽 부분에서는, 표생 기질과 정규질이 지배적이다. 녹니석, 백운모 및 혼합층 층상 규산염 광물은 중요한 기질 물질이다. 동부에서는, 가짜 기질이 기질의 중요 성분이며, 전형적으로 녹니석, 녹니석-버미큘라이트 혼합층 광물, 백운모 및 국지적인 스틸프노멜레인(stilpnomelane)이 제이다이틱(jadeitic) 휘석, 로소나이트(lawsonite), 남섬석 또는 펌펠리아이트(pumpellyite)와 결합하여 암석에 변성 기원의 기질을 형성한다.

화학적으로, 와케는 평균 68~74%의 실리카 성분이 15~65%의 석영 성분을 나타내는 Crook(1974)

표 6.6 와케의 화학 성분

	프란시스칸 와케			평균 "그레이와케"		
	1	2	3	4	5	6
SiO_2	58.4[a]	67.3	71.72	57.2	69.0	85.0
TiO_2	0.5	1.8	0.35	1.0	0.6	0.3
Al_2O_3	14.2	12.4	13.23	16.0	11.7	7.2
Fe_2O_3	2.4	0.6	0.30	–	–	–
FeO^{+}[b]	–	–	–	8.8	6.2	4.2
FeO	1.4	4.0	3.58	–	–	–
MnO	0.2	0.1	–	0.1	tr	tr
MgO	1.2	2.3	1.81	3.4	nr	0.1
CaO	8.2	3.3	1.80	5.4	2.6	0.1
Na_2O	3.3	3.0	2.72	5.0	2.0	0.8
K_2O	2.0	1.2	1.29	0.7	1.5	1.7
P_2O_5	0.1	0.1	0.09	0.2	nr	tr
H_2O^{+}	3.1	2.5	2.53	–	–	nr
H_2O^{-}	–	0.3	0.15	–	nr	–
CO_2	4.8	0.6	0.32	–	nr	–
LOI	–	–	–	2.0	–	1.0
기타	–	–	0.04	–	tr	–
합계	100	99.5[c]	99.93	99.8	93.6	100.4

출처:
1. 캘리포니아 Sonoma County의 Reese Gap 북쪽 약 2km에 분포한 프란시스칸 복합체(백악기?)의 "그레이와케". 분석자: P. L. D. Elmore et al.(Bailey et al., 1964, 표 1, 분석 11).
2. 캘리포니아 Santa Clara County의 New Almaden District에 분포한 프란시스칸 복합체(쥬라기-백악기)의 "그레이와케". 분석자: A. C. Vlisides(Bailey et al., 1964, 표 1, 분석 2).
3. 캘리포니아 카보나 도폭의 Buckeye Gulch 협곡과 Hospital 협곡이 만나는 곳에 분포한 프란시스칸 복합체(쥬라기?)의 "사암"(변성와케). 분석자: Herdsman Laboratory, Glasgow(Taliaferro, 1943, 표 3, 분석 3, p. 136).
4. 와이오밍 Sierra Madre 산맥의 그레이와케, 10개 분석 자료의 평균(Reed and Condie, 1987, 표2).
5. 캘리포니아 Yreka부근 Gazelle 층(실루리아기)의 그레이와케, 6개 분석 자료의 평균(Condie and Snansieng, 1971; 표 2, 2와 3열).
6. 애리조나 Mazatzal 산맥의 석영 그레이와케(선캠브리아 이언). 2개 분석 자료의 평균(Reed and Condie, 1987, 표 2).
[a] 무게 백분율 값
[b] Fe_2O_3로 나타난 철의 총량
[c] 여러 곳에 보고된 원래 분석치는 99.41
nr=보고되지 않음
tr=미량

의 중간 범주에 해당한다. 실리카 성분과 함께 1 미만의 K_2O/Na_2O 값은 활동적 대륙주변부/ 안데스 산맥과 같은 호 환경을 지시한다(Bailey et al., 1964; Crook, 1974; Roser and Korsch, 1986).

종합적으로, 자료들은 프란시스칸 와케가 화산성−심성 호의 바다쪽 대륙주변부를 따라서 퇴적되었음을 지시한다(표 6.3, 그림 6.8 참조). 그레이트 벨리층군의 동시대 사암(아래 참조)은 호-해구(arc-trench) 사이에서 퇴적되었으며, 프란시스칸 암석은 해구-대륙사면 분지, 해구 및 인접한 해양저에서 퇴

표 6.7 프란시스칸 와케와 기타 와케의 모드

입자 유형	프란시스칸 와케				기타 와케		
	1	2	3	4	5	6	7
석영	(33.7)[a]	(20.3)	(22.2)	38	5.9	(36.8)	61
단결정질	15.7	13.5	17.8	—	—	22.4	—
복결정질	18.0	6.8	4.4	—	—	14.4	—
알칼리 장석	—	0.2	0.4[b]	2.7	5.9	16.9	}4
사장석	18.6	10.5[c]	23.4[c]	33	6.1	5.5	
녹니석/사문석	0.3	0.5	—	3	3.0	—	—
흑운모	0.6	—	—	1	—	—	—
백운모	0.9	—	—	—	—	—	—
기타 광물	0.3	2.0	1.0	0.2	4.0	2.9[d]	1
암석편	—	—	—	6.1		18.0	14
쳐트	5.4	8.2	8.2	5	26.9[e]	—	—
퇴적암편	4.5	0.5	1.6	—	14.6	—	—
규장질 화산암편	4.9	9.3	4.2	—	1.7	—	—
고철질 화산암편	0.3	7.8	0.8	—	11.6	—	—
변성암편	4.5	8.2	1.6	—	—[f]	—	—
기타/미구분	0.6	0.2	0.2	—	1.0	—	—
교결물	—	2.8	0.6	—	—	4.5	—
기질	25.4	29.5	35.8	11.0	19.3	15.4	20
합계	100	100	100	100	100	100	100
측정한 점들의 수	350	400	500	nr	1000	500	nr
Q/F/L	54:26:20	50:19:31	50:39:11	48:45:7	49:9:42	48:29:23	77:5:18

출처:

1. 캘리포니아 Diablo 산맥 북동부 프란시스칸 복합체(쥬라기?)의 Buckeye-Grummett Dismembered 층의 "그레이와케"(암질 장석질 와케)(Raymond의 미발표 자료).
2. 캘리포니아 샌프란시스코 Phelan 해빈에 분포한 프란시스칸 복합체(쥬라기-백악기)의 "그레이와케"(Raymond의 미발표 자료).
3. 캘리포니아 Willits의 서부에 분포한 프란시스칸 복합체(백악기)의 Coastal Belt의 "그레이와케"(장석질 와케)(Raymond의 미발표 자료).
4. 캘리포니아 Occidental-Guerneville 지역에 분포한 프란시스칸 복합체(백악기?) Coastal Belt(?)의 Bohemian Grove 층의 "그레이와케", 27개의 시료의 평균(Christiansen, 1973, 표 1, 3열).
5. 캘리포니아 Yreka 부근 Gazelle 층(실루리아기)의 "그레이와케", 6개 시료의 평균(Condie and Snansieng, 1971, 표1, 3과 5열).
6. 스웨덴 Vattern 호수 지역 Visingso 층군(상부 원생대)의 "그레이와케"(암질-장석질 와케)(Morad, 1984, 시료 1, 표1).
7. 아일랜드 남동부 Oakland 층(캠브리아-오르도비스기)의 "그레이와케"(암질 와케)(Shannon, 1978, 시료 1, 표 1).

[a] 나타난 바와 같이 측정한 점의 수에 근거한 부피 백분율

[b] 사장석을 포함한 쌍정이 없는 장석

[c] 사장석을 치환한 불석과 기타 광물은 사장석에 포함됨

[d] 운모를 포함한 구체적으로 제시되지 않은 기타 모든 광물 포함

[e] 규암 포함

[f] 천매암과 점판암은 퇴적암 암편에 포함

nr=보고되지 않음

Q=단결정질과 복결정질 석영+쳐트

F=장석의 총 합계, L=모든 불안정한 암편

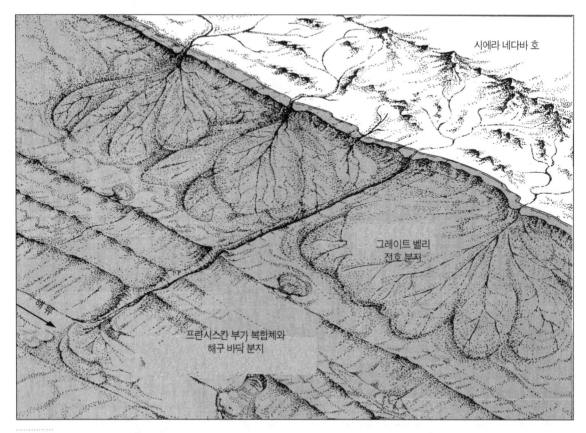

시에라 네다바 호

그레이트 벨리
전호 분지

프란시스칸 부가 복합체와
해구 바닥 분지

해류

그림 6.8 북아메리카 서쪽 해안을 따라서 상부 쥬라기 내지 에오세 동안 프란시스칸 복합체와 그레이트 벨리층군의 퇴적을 나타낸 고지리 모델.

적되었다(Hamiton, 1969; Bachman, 1978, Ingersoll, 1982).[29] 많은 퇴적물은 호로부터 침식에 의하여 기원되었으나, 일부 퇴적물은 분명하게 전에 해구에 쌓인 퇴적물이 대륙 주변부에 부가되어 해구 사면을 형성한 융기된 해구 퇴적물을 포함한 기타 기원지로부터 유입되었다. 저탁류와 입자류는 호와 침식이 일어나는 해구-대륙사면 분기점으로부터 해저 수로 선상지 복합체가 형성되는 분지로 모래를 운반하였다(예, Aalto, 1982; Aalto and Murphy, 1984).

아레나이트의 산출과 기원

아레나이트는 퇴적물을 양호하게 분급하여 모래입자로부터 이토와 실트를 분리시키는 매체에 의하여 운반되고 퇴적된 모래로부터 형성된다. 이 과정 동안에, 세립질 퇴적물은 골라내어져서 씻겨 나가고, 조립질 퇴적물은 운반되지 못하고 쌓이게 된다. 이러한 특유한 조건의 운반과 퇴적을 가능하게 하는 매체로는 상대적으로 일정한 유속을 갖는 해저의 해류, 연안류, 파도 및 바람이 포함된다. 대안적으로, 만약 기원지에서 생길 수 있는 유일한(only) 퇴적물이 분급이 양호한 모래라면, 하천의 유수와 저탁류가 아레나이트를 형성하는 모래를 운반하고 퇴적시킬 수 있다. 아레나이트는 또한 풍화, 운반 및 속성 작용이 세립질 퇴적물과 용해될 수 있는 성분을 제거하는 경우에도 발달할 수 있다.

아레나이트는 5%까지 달하는 기질을 포함한다.

기질 물질은 (1) 모래와 함께 퇴적되거나 퇴적 직후에 모래 속으로 들어간 일부 원시 기질 (2) 쇄설성 입자, 특히 장석의 변화로 생긴 표생 기질 그리고 (3) 정기질과 가짜 기질을 나타낸다.

대부분의 아레나이트는 표생쇄설성 조직, 등립질 봉합상 조직 또는 등립질 모자이크 조직을 갖는다. 다양한 형태의 교결물과 기질 물질은 입자들을 서로 묶으나, 입자들은 또한 속성 작용 동안에 재결정 작용으로 생성된 서로 맞물리는 입자 경계로 결속되어지기도 한다. 일부 등립질 모자이크 조직은 재성장, 특히 석영 골격 입자 위에 석영이 재성장으로 형성된다. 포이킬로토픽 조직은 탄산염으로 교결된 아레나이트에서 일반적이며, 규산염 광물과 불석 및 층상 규산염 광물로 구성된 교결물은 방사상 섬유상(radial fibrous) 조직, 빗살 조직(comb-textured)을 갖는 섬유상 정동(drussy) 조직 또는 구과상 조직을 형성한다(Hoholick et al., 1984).

가장 특징적인 아레나이트는 석영이 아닌 입자가 거의 없는 순수한 석영 아레나이트이다(그림 6.9, 그림 6.2a 참조). 순수한 석영 모래는 (1) 석영이 함유된 기원지로부터의 퇴적물이 광범위한 작용을 받거나 (2) 기존의 분급이 양호한 성숙된 모래가 재동을 받거나 (3) 기원지에서 석영을 함유한 암석의 심한 풍화 작용을 받거나 또는 (4) 이러한 작용들의 조합에 의해서 발달되기도 한다. 그러한 모래는 사구의 모래, 풍성의 판상 모래, 해안선을 따라 발달한 모래 및 대륙붕과 연해에 얇게 펼쳐진 모래층을 형성한다. 따라서 육성 환경과 해성 환경 모두가 순수한 모래의 퇴적 환경으로 제시된다. 고화 작용을 받아서 그러한 모래는 석영 아레나이트가 된다. 석영 아레나이트의 예로서는 북아메리카 중부 내륙 지방의 세인트 피터 사암층, 록키 산맥 지역의 나바호 사암층, 그리고 애팔래치아 계곡의 중부와 남부 및 Ridge Province의 Clinch-Tuscarora 층과 Keefer 층이 있다.[30]

석영 아레나이트는 또한 암편과 장석 및 기타 입자들이 풍화와 침식으로 파괴되고 석영이 풍부한 잔류물이 남은 곳에서도 발달한다(Lewis, 1984; McBride, 1984, in Chandler, 1984; Johnsson, 1990). 풍화 작용은 운반되기 전이나 운반되는 도중에 일어나나, 속성 작용은 고화 작용 동안이나 이후에 일어난다.

암질 아레나이트와 장석질 아레나이트(즉 아코스)는 오히려 국지적으로 풍부하다. 두 가지 모두는 석영이 풍부하나, 암질 아레나이트는 풍부한 암석편에 의하여 구별되며, 장석질 아레나이트는 풍부한 장석이 특징적이다(그림 6.9). 장석질 아레나이트가 형성되는데 필요한 특수한 조건은 일부 논쟁거리가 되어 왔다.[31] 분명하게 장석이 함유되거나 장석이 풍부한 기원지가 요구된다. 이 외에, 장석이 침식, 운반 및 퇴적 전에, 풍화되어 없어지지 않고, 운반 동안에 마멸되어 없어지지 않아야 한다는 것이 필수적이다. 또한 고화되는 동안 속성 작용이 장석을 파괴하지 않는 조건이 있어야 한다. 분해 작용이 제한된 건조한 환경과 짧은 단일 순환의 운반 역사 두 가지 모두가 장석의 보존을 위해 필요한 것으로 생각되나, 열대의 멕시코 기후에서 재순환된 장석의 존재는 (Krynine, 1935) 그러한 조건들만이 장석질 모래를 만들게 하는 유일한 것이 아니라는 것을 지시한다. 높은 기복과 빠른 침식 또한 장석의 보존에 기여한다. 따라서 Pettijohn et al.(1987, p. 155)은 장석질 모래가 분해 작용이 정지되는 "혹독한 기후(rigorous climate)"나 또는 기복이 높은 지역에서 가속화된 침식으로부터 나타나는 것으로 결론지었다.

암질 아레나이트는 퇴적암, 변성암, 화산암 또는

그림 6.9 아레나이트의 현미경 사진. (a) 미주리에 분포한 오르도비스기 세인트 피터 사암층의 석영 아레나이트(직교 니콜). (b) 유타 자이언(Zion) 국립공원 동쪽에 분포한 쥬라기 나바호 사암의 석영 아레나이트(표 6.2의 모드 2 참조)(직교 니콜). (c) 캘리포니아 Diablo 산맥 북동부 Hospital 협곡에 분포한 백악기 Panoche층의 장석질 아레나이트, 시료 C-1(표 6.2의 모드 3 참조)(직교 니콜). (d) 오리건 Canyonville 지역에 분포한 Myrtle 층군(쥬라기-백악기)의 암질 아레나이트(개방 니콜). 모든 사진의 세로 길이는 1.27mm이다.

이들이 조합된 암석이 지표에 노출된 기원지를 반영한다. 하천에 의한 운반은 일반적으로 필요한 운반과 입자의 분급이 일어나게 하나, 저탁류 또한 암질 모래를 퇴적시키기도 한다. 충적 암질 아레나이트의 예로는 조지아와 앨라배머의 Lookout 산에 분포한 Gizzard 층의 일부 사암과 펜실베이니아의 Pottsville 층의 사암과 같은 미국 동부의 석탄층과 수반된 일부 펜실베이니아기의 사암이 포함된다.[32] 캘리포니아 그레이트 벨리층군의 일부 사암(아래에서 기술함)은 저탁류와 입자류에 의해 퇴적된 암질 아레나이트의 좋은 예이다.

거대한 판상 모래

지질 기록은 수천 km²를 덮는 수 많은 커다란 판상 사암체를 포함한다. 본질적으로 그러한 모든 암체는 아레나이트로 구성되어 있다. 이러한 사암들은 일반적으로 대양이 얕은 대륙 주변부를 잠기게 할 때 형성되는 거대한 천해 대륙붕 지역인 넓은 연해(epeiric seas)에서 퇴적된 결과로 믿어진다. 대안적으로, 그러한 모래는 그러한 바다의 해침이 일어나는 해안선을 따라서 형성되기도 한다(Driese et al., 1981). 아레나이트는 또한 사막이나 해안 사구 지역에서도 형성된다. 비록 플로리다 대륙붕 북서부(Hine et al., 1988)와 같은 일부 현생 대륙붕이 부분적인 유사성을 갖기는 하지만[33], 불행하게도 많은 연해 퇴적 환경에 대한 현생 유사물은 없다(Irwin, 1965).

연해의 얇은 판상 사암이 천해 퇴적 환경에서 형성되었다는 것은 천해의 저서성 화석이 수반된 탄산염암, 광범위한 생물교란 작용과 생흔화석, 사암에서 거의 항상 나타나는 사층리, 연흔 및 흔히 나타나는 수로 구조(channeling)에 의하여 지시된다. 사층리의 형태와 수반된 퇴적 구조는 그러한 천해

의 암석과 유사하게 보이는 비해성 암석 사이의 구분이 가능하게 한다(Driese et al., 1981; Cudzil and Driese, 1987).

풍성 아레나이트는 사구 지역과 수반된 사구간(interdune) 사질 평지에서 형성되어진다. 이 암석은 전형적으로 사층리가 발달하며, 분급이 매우 양호한 모래로 구성된다. 일반적으로 모래는 원마도가 매우 좋으나. 이것이 모든 경우에서 해당되지는 않는다.[34] 수반된 증발암과 충적 선상지 퇴적층은 풍성 아레나이트가 사막 환경에서 형성되었음을 지시하며, 수반된 해성 퇴적상은 해안 사구 환경을 반영한다.

구두끈형 사암

구두끈형(shoestring) 아레나이트는 하성 환경, 외안(offshore) 사주 또는 해빈을 나타낸다.[35] 해안선을 따라서 파도의 작용은 모래를 양호하게 분급시킨다. 하성 아레나이트와 해안선 아레나이트의 구분은 수반된 암상과 퇴적 구조 및 포함된 화석에 근거하여 쉽게 이루어진다. 두 환경 모두 사층리가 발달된 모래를 생성하나, 해안선 아레나이트는 커다란 수로가 덜 흔하게 수반되며, 일반적으로 사층리는 저각도이다. 석탄을 함유한 범람원 이질암과 하성 역암 같은 수반된 암상 또한 육성 사암의 하성 특징을 지시하는 반면, 수반된 해성 이질암과 화석이 풍부한 탄산염암은 해안선 환경을 지시한다.

모래와 사암의 예

북아메리카 북중부의 세인트 피터 사암

오르도비스기의 세인트 피터 사암은 북아메리카의 상부 미시시피 계곡의 중서부와 미시간 분지 지역에서 얇은 판상의 석영 아레나이트를 형성한다.[36] 이 지층은 일반적으로 두께가 50m 이하이며 최대 두께가 140m에 불과하지만, 원래는 500,000km²이

상을 덮었다(Dake, 1921; Dapples, 1955; Bell et al., 1964).

세인트 피터 사암의 대부분이 해성 기원이라는 것은 구조와 화석 및 수반된 해성 암석에 의해서 지시되어진다. 화석은 생혼화석 *Skolithos* sp.와 국부적으로 산출되는 이매패, 복족류, 두족류, 및 태선동물이 포함된다(Sardeson, 1910, in Dake, 1921, p. 195; Dake, 1921; Lamar, 1927). 이 층에서 나타나는 구조는 얇거나 괴상의 판상 층, 대규모와 소규모의 사층리 및 연흔 등이 있다. 대규모의 사층 세트(sets)는 10~15m의 두께를 갖는다. 위로 볼록하고 아래로 볼록한 사층리가 존재하며, 전면층은 남동쪽으로 경사를 이룬다. 이 방향은 광역적인 고수류 방향과 평행하며, 종합된 자료는 북동-남서 방향의 해안선을 암시한다.[37] 대규모의 사층리는 그들이 해빈 퇴적층, 연안 내지 아연안의 이동하는 사구 및 연안 사주 복합체를 나타낸다는 것을 암시한다. 세인트 피터 사암층 위에 놓이는 지층은 이토질의 후사주(back-barrier) 석호층과 그 위에 놓인 해성 탄산염암이다(Fraser, 1976).

사암은 다소 순수하고, 세립 내지 조립질인 석영 아레나이트이다. 단결정질 석영은 대부분 암석에서 입자의 99%를 초과하며, 나머지는 저어콘이나 전기석과 같은 중광물과 점토 및 철의 산화물로 구성되어 있다(Lamar, 1927; Thiel, 1935). 광물 성분은 일반적으로 98 내지 99.5%의 SiO_2와 매우 소량의 기타 산화물로 이루어진 화학 성분으로 나타내어진다(예, 표 6.4, 1열 참조).

교결물은 돌로마이트, 방해석, 옥수, 석영, 경석고 및 미량의 녹니석을 포함한다(Hoholick et al., 1984). 방해석과 돌로마이트는 가장 일반적인 교결물이다. 교결물은 모든 장소에서 나타나는 석영의 재성장을 제외하고는 깊이의 지배를 받는 곳에서 나타난다. 옥수와 방해석, 방해석과 돌로마이트 및 경석고는 각각 얕게, 중간 깊이로, 그리고 깊게 매몰된 암석에서 형성된다.

조직적으로, 세인트 피터 암석은 표생쇄설성이며 분급이 대채로 양호하거나 매우 양호하다(그림 6.9a). 입자들은 일반적으로 원마도가 매우 높고, 많은 경우에 있어서 표면에 서리 자국이 있으나, 세립질 입자들은 아각상을 이루는 경향이 있다(Dake, 1921; Bell et al., 1964). 원마도가 높은 입자들은 바람에 의해 운반된 단계를 지시하는 표면 조직을 갖는다(Mazzullo, 1987). 흔히 나타나는 불규칙한 입자들은 물에 의한 운반과 복합적인 기원암(기원지에 사암과 화성암 및 변성암을 갖는)을 암시하는 표면 조직과 성분을 갖는다(Mazzullo, 1987). 입자의 크기는 시료에 따라서 균질적으로 세립질이거나 중립질 또는 조립질이다. 교결물은 암석이 포이킬로토픽, 방사상 섬유상, 빗살 무늬(comb), 섬유상 정동(drussy) 또는 구과상 표생쇄설성 조직을 나타내게 한다.

종합적으로 자료들은 세인트 피터 사암층이 원래 해침이 일어나는 연해에 퇴적된 해빈 내지 근안의 모래로 형성된 얇은 판상의 사암이라는 것을 암시한다. 해안선은 북동쪽에서부터 남서쪽으로 확장되었으며 아마도 북서쪽으로 이동하였다. 아마도 북쪽과 서쪽의 강괴 위에 노출되었던 일부 화성암과 변성암은 물론 기존의 사암으로부터 기원된 모래는 퇴적되기 전과 퇴적되는 도중에 바람에 의해 운반된 모래와 섞이게 되었다. 연안류와 파도는 모래를 운반하여 최종적으로 해빈과 사주 및 해저 사구에 퇴적시킨다. 속성 작용으로 인한 교결물의 침전은 사암의 최종적인 조직으로 귀착된다.

록키 산맥 – 콜로라도 대지 지역의 나바호 사암

장관을 이루는 사층리는 비해성의 쥬라기 하부 나바호 사암(Navajo Sandstone)의 특징을 나타낸다.[38] 이 층과 이에 대비되는 네바다 남부와 캘리포니아의 Aztec 사암층과 콜로라도 북서부, 유타 북부, 아이다호 및 와이오밍의 Nugget 사암은 2500m 이상

의 두께를 갖고 서쪽으로 갈수록 두꺼워지는 쐐기 모양의 암체를 형성한다(그림 6.10)(Gregory and Moore, 1931; McKee,1979; Peterson and Pipiringos, 1979).[39] 네 군데의 모서리 지역에서, 나바호 사암은 0에서부터 500m에 이르은 범위의 두께를 갖는다. 서쪽으로, 자이언 국립 공원의 적색, 오렌지색 및 백

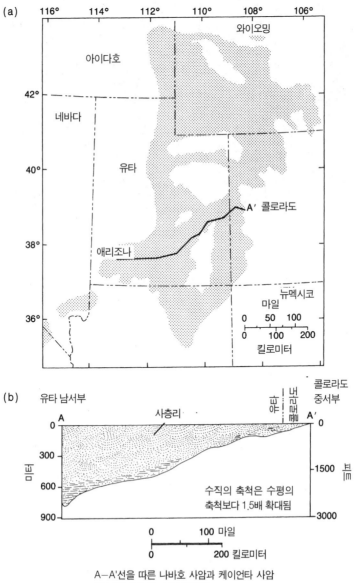

그림 6.10 미국 서부에 나바호 사암과 이에 대비되는 석영 사암의 분포도(a)와 단면도(b). (McKee and Bigarella, 1979).

A–A'선을 따른 나바호 사암과 케이언타 사암 및 이에 대비되는 사암의 단면

그림 6.11 유타 자이언 국립공원에 분포한 나바호 사암의 사층리 사진. 축척을 위해 왼쪽에 있는 사람의 키는 1.6m이다.

색을 띠는 거대한 절벽은 나바호 사암의 사층리가 발달된 사암으로 구성되어 있다(그림 6.11, 1쪽 참조).

대부분의 나바호 사암과 이에 대비되는 사암은 석영 아레나이트이다. 그러나 세인트 피터 사암층과는 달리, 나바호 사암은 의미는 있으나 소량인 장석과 소량 내지 미량의 쳐트와 복결정질 석영, 그리고 소량 내지 희박한 흑운모, 백운모, 자철석, 십자석, 저어콘 및 석류석과 같은 부수 광물을 포함한다. 장석은 일반적으로 알칼리 장석이나, 사장석이 국지적으로 풍부하기도 하다. 골격을 이루는 석영과 장석은 각상을 이루는 것부터 원마도가 높은 것까지 다양하며, 일반적으로 양호하거나 매우 양호한 분급을 갖고, 입자의 평균 크기는 약 0.15mm이다(그림

6.9b 참조). 많은 입자들은 표면에 서리 자국이 있다. 골격 입자들은 석영의 재성장에 의하여 국지적으로 교결되어 있으나, 방해석, 돌로마이트, 고령토 및 갈철석의 교결물도 역시 나타난다. 일부 암석에는 교결물과 기질이 존재하지 않는다. 기질이 나타나는 경우에는(대부분의 암석에서는 기질이 없음) 세립질 석영과 점토 입자들이 기질 물질을 이룬다(Gregory and Moore, 1931).

조합된 퇴적상뿐만 아니라 퇴적 조직과 구조 및 흔하지 않는 화석은 대부분의 나바호 사암이 육성기원의 풍성층이라는 것을 암시한다. 사층리는 전형적으로 대규모이고, 쐐기형-평면상 내지 판상-평면상이며, 세트(sets)의 두께는 2~33m이다(Hatchell, 1967, in McKee, 1979). 고사면(paleo-slip facies)은

20°를 넘기도 한다. 급하게 경사진 사층리 세트들이 교차하는 각도는 일반적으로 30°이상이다. 흔하지 않게 나타나는 바람으로 마식된 면이 발달한 자갈과 육성의 공룡 화석은 이들을 포함한 퇴적물이 육성 기원임을 지시한다. 두께가 얇으며 건열이 나타나는 사구간(interdune) 석회암과 돌로마이트질 석회암은 국지적인 증발과 건조를 입증한다(Gregory and Moore, 1931; McKee, 1979). 이러한 구조들과 매우 양호한 분급 및 대부분의 나바호 단면에서 전적으로 해성 기원임을 나타내는 퇴적 구조와 화석들이 전혀 존재하지 않는다는 사실, 그리고 수로와 기타 하성 구조들이 일반적으로 나타나지 않는다는 사실은 대부분의 나바호 사암이 육성의 풍성 기원임을 강력하게 암시한다(McKee, 1979). 풍성 환경은 나바호 사암의 최상부에 나타나는 소규모의 사층리와 흔치 않은 굴착 구조(burrows) 및 교호된 해성 퇴적물에 의해서 암시되어지는 것처럼 해양 분지의 주변부이었을지 모른다(Stanley et al., 1971; Doe and Dott, 1980). 그러나 대부분의 나바호 암석이 극히 일부 학자들에 의해 제안된 심해 환경에서 대규모의 모래파(sand waves)로 퇴적되었다는 것을 지시하는 증거는 없다.[40]

혼합된 사암 성분을 갖는 지층

환경과 산출

어떤 일부 환경에서는 기질의 함량에 영향을 주는 분급 작용과 기타 과정이 변하여, 결과적으로 아레나이트와 와케 모래 모두를 퇴적시킨다. 다양한 기원암, 운반과 퇴적 환경의 변화 및 속성 작용의 다른 정도는 기질이 풍부한 사암과 기질이 거의 없는 사암의 교호된 그러한 지층이 나타나게 된 요인들이다(Benchley, 1969).

해양 환경과 전이 환경 및 육성 환경은 모두 동시대의 아레나이트와 와케를 형성하는 장소이다.[41] 예를 들면 해저 선상지에서, 선상지로 유입되는 퇴적물 성분의 변화와 운반 매체(암설류, 입자류 또는 저탁류)의 작용으로서의 분급의 변화 및 속성 작용의 역사의 차이로 인한 기질 함량의 변화는 와케와 아레나이트 모두를 포함하는 지층이 나타나게 하는 원인이 된다. 유사한 요인들이 천해 환경과 만, 하구 및 육성 분지에서 유사한 지층을 이루게 한다. 다른 방법으로, 유기물이 아레나이트 모래와 이질암이 교호된 층으로부터 모래와 이토를 재동하고 섞이게 하여 와케를 형성하기도 한다(Kulm et al., 1975; Hine et al., 1988). 따라서 주어진 층서 기록에서 오직 한 종류의 사암을 찾는다는 것은 기대할 수 없다. 혼합된 암상을 갖는 지층은 일반적이다. 캘리포니아의 그레이트 벨리층군은 그러한 지층의 예이다.

연구 사례: 캘리포니아의 그레이트 벨리층군

캘리포니아의 그레이트 벨리층군(Great Valley Group)은 동쪽의 화산 호(volcanic arc)(현재의 시에라 네바다)와 서쪽의 해구 섭입대(오늘날의 해안 산맥) 사이에서 퇴적된 중생대 중기-신생대 전기의 전호 분지(forearc basin) 퇴적층이다(그림 6.5 참조)(Bailey et al., 1964; Berkland et al., 1972; Page, 1981).[42] 이 층군은 그레이트 벨리의 북동부와 서부에 노출되어 있고, 오리건 남부로부터 캘리포니아 남중부까지 거의 연속적으로 분포한다. 그레이트 벨리 암석의 추가적인 단면은 주 노두 지역의 서쪽에서 외좌층(outlier)으로 나타나며, 캘리포니아 남중부 연안(Naciamento 암괴에 있는)을 따라서 나타난다. 이에 대응되는 암석은 바하 캘리포니아 남부에 나타난다. 대부분의 암석이 사암과 이질암인 그레이트 벨리 암석의 최대 단면의 두께는 약 12km이다.

아레나이트와 와케 모두 그레이트 벨리층군에서 나타난다(표 6.8). 오래된 사암은 전형적으로 화산쇄설성 내지 표생쇄설성의 화산암질 와케이다. 젊은 사암은 장석질 와케와 아레나이트이다. 아레나이트는 국지적으로 철의 산화물과 기타 광물로 교결되었으나, 방해석 교결물이 일반적이다.

그레이트 벨리층군은 암석층서단위, 즉 층과 층원으로도 세분되고(Schilling, 1962; Ojakangas, 1968), 암상으로도 세분되어 왔다(Gilbert and Dickinson, 1970; Dickinson and Rich, 1972; Ingersoll, 1978; Manifield, 1979). 다양한 층과 층원들은 어느 주어진 단면에서 사암과 이질암과 역암의 비율에 기초를 둔다. 층과 층원은 지질도 작성과 국지적 층서 세분에 유용하다. 암상은 퇴적 환경을 결정하는 데 유용하다. 그러나 많은 그레이트 벨리 지층들은 렌즈상이고 다른 그레이트 벨리 지층으로 점이하기 때문에 노두 지역을 통하여 연속적으로 표시될 수 없다. 따라서 사암 성분의 유사성에 근거하여 층서를 나누는 **암상**(petrofacies)이 층서 단면을 세분하는 데 이용되어 왔다. 암상은 개개 사암의 성분의 함수이며, 이는 다시 층의 두께와 암석 종류의 풍부한 정도와 같은 층서적 특징보다는 기원암에 좌우되기 때문에, 암상은 먼 거리의 대비와 기원암 연구에 이용된다.

암상과 층서 연구는 그레이트 벨리층군이 삼각주, 대륙붕, 대륙사면, 해저 선상지 및 해저 분지의 두꺼운 쇄설성 퇴적암으로 이루어진 것을 나타낸다.[43] Mutti and Ricci-Lucchi(1972)의 해저 선상지와 대륙붕 암상 모두가 나타난다(그림 6.12와 6.13 참조). 저면 구조(sole marks)와 연흔 사엽층과 같은 고수류 지시자들은 퇴적물이 북, 서, 남쪽에서부터 남북 방향을 이루는 전호 분지로 유입되었음을 암시한다. 저탁류와 질량류(mass flow)는 서쪽으로 흘러 내렸고, 분지의 축을 따라서 북쪽과 남쪽으로 흘렀다.[44] 국지적으로 해구-대륙사면의 분기점을 포함한 높은 기복의 분지간(interbasin) 지역은 퇴적물을 동쪽으로 유출시킨다. 분명하게, 지배적인 기원지는 동쪽으로는 시에라 네바다에 그리고 북쪽으로는 Klamath 산맥에 있었다.

그레이트 벨리층군은 최초로 북쪽에서 9개의 암상으로(Ingersoll, 1978b), 그리고 남쪽에서 7개의 암상으로(Mansfield, 1979) 구분되었으나, 이들은 나중에 8개의 암상으로 통합되었다(Ingersoll, 1983). 암상은 QFL 비율과 네 가지의 추가적인 암석학적 변수, 즉 사장석과 총 장석의 비(P/T), 불안정한 암질 입자의 총량에 대한 화산암질 입자의 백분율(Lv/L), 단결정질 층상규산염 입자의 백분율(M) 및 복결정질 석영 입자와 총 석영 입자의 비율(Qp/Q)에 근거하여 알 수 있다. 그레이트 벨리층군 사암의 QFL 영역은 그림 6.14에 나타나 있으며 마그마성 호(magmatic arc) 사암의 영역에 해당된다. 그림 6.14를 그림 6.3과 비교하면 그레이트 벨리층군 암석이 호(arc) 기원 이외에도 재순환된 조산대 기원암을 포함하는 것을 알 수 있다. 흑운모와 백운모는 흔한 부성분 광물이나, 석류석, 자철석, 티탄철석, 녹렴석 및 각섬석을 포함한 다양한 미량의 부성분 광물이 존재한다. 이러한 광물들은 또한 시에라 네바다와 Klamath 암괴가 양립하는 혼합 기원을 암시한다.

시에라 네바다와 Klamath 산맥이 그레이트 벨리층군 퇴적물의 기원지로서 역할을 하였다는 학설을 지지하는 또다른 증거는 미량 원소 자료에 의하여 제공된다. Nd-동위 원소 비와 Sr- 동위 원소의 관계와 미량 원소 자료는 그레이트 벨리 사암과 호의 심성암에서 동일하며, 이는 후자가 전자 퇴적물의 기원암으로 역할을 하였다는 것을 지시한다(Linn et al., 1991).

표 6.8 선정된 그레이트 벨리층군 사암의 모드

입자 유형	1	2	3	4	5	6	7
석영	{7.6}[a]	{39.0}	14.3	25.7	{34.0}	23.7	{24.2}
단결정질	7.2	16.8			33.6		22.2
복결정질	0.4	22.2	–	–	0.4	–	2.0
알칼리 장석	–	3.5	–	14.7	13.0	14.0	1.6
사장석	61.4[b]	24.2	7.6	17.7	18.4	16.2	16.0[c]
운모	–	–	6.2	2.7	4.0	7.4	
백운모	–	–					0.6
흑운모	–	–					2.0
해록석	–	–					10.4
기타 광물[d]	1.4	3.0	2.2	1	0.6	2.4	0.2
암석편							
쳐트/변성쳐트	0.4	3.8	3.2	⟨1	0.2	1.9	1.6
퇴적암	1.0	0.5	17.1	1.9	1.2	1.7	–
규장질 화산암	3.6	1.5	}32.4	}22.2	}10.5	}26.3	3.2
고철질 화산암	2.0	0.2					0.2
변성암	0.2	4.5	4.1	1.5	1.3	1.7	0.6
기타/미구분	0.2	0.8	–	–	–	–	0.2
교결물	–	0.2	–	0.5	6.3	–	36.8
기질	22.2	18.8	12.9	11.6	10.5	4.7	1.2
합계	100	100	100	100	100	100	100
측정한 점들의 수	500	400	400	400	400+	400	500
Q/F/L	10:81:9	55:36:9	22:10:68	31:39:30	44:40:16	30:35:35	55:37:8

출처:

1. 캘리포니아 Diablo 산맥 북동부 Hospital 협곡에 분포하는 그레이트 벨리층군 Lotta Creek층(상부 쥬라기)의 화산쇄설성 장석질 와케(Raymond, 1969, p. 21, Raymond, 미발표 자료).
2. 캘리포니아 Diablo 산맥 북동부 Hospital 협곡에 분포하는 그레이트 벨리층군의 장석질 와케(상부 백악기의 하부)(Raymond, 미발표 자료).
3. 캘리포니아 Santa Lucia 산맥 남부에 분포한 그레이트 벨리층군(상부 쥬라기 ?) "하부층(lower unit)"의 암질 와케(Gilbert and Dickinson, 1970, 표 2, 시료 PR-43).
4. 캘리포니아 Santa Lucia 산맥 남부에 분포한 그레이트 벨리층군(백악기 ?) "중간층(middle unit)"의 장석질 와케(Gilbert and Dickinson, 1970, 표 2, 시료 PR-83).
5. 캘리포니아 Transverse 산맥의 Mono Creek/Agua Caliente 협곡 지역에 분포한 그레이트 벨리층군(캄파니안, 상부 백악기)의 암질 장석질 와케 (MacKinnon, 1978, 표 1, 시료 35)
6. 캘리포니아 Santa Lucia 산맥 남부에 분포한 그레이트 벨리층군(백악기 ?) "중간층(middle unit)"의 암질 장석질 아레나이트(Gilbert and Dickinson, 1970, 표 2, 시료 PR-37).
7. 캘리포니아 Diablo 산맥 남동부 Hospital 협곡에 분포한 Rumsey 암상(상부 백악기) 그레이트 벨리층군 Morero 층의 해록석질 석회질 장석질 아레 나이트(Raymond, 미발표 자료).

[a]표시된 바와 같이 측정한 점의 수에 근거한 부피 백분율
[b]사장석을 치환한 변성 광물과 불석은 사장석으로 취급함
[c]일부 쌍정이 없는 장석을 포함함
[d]구체적으로 제시하지 않은 기타 모든 광물을 포함함

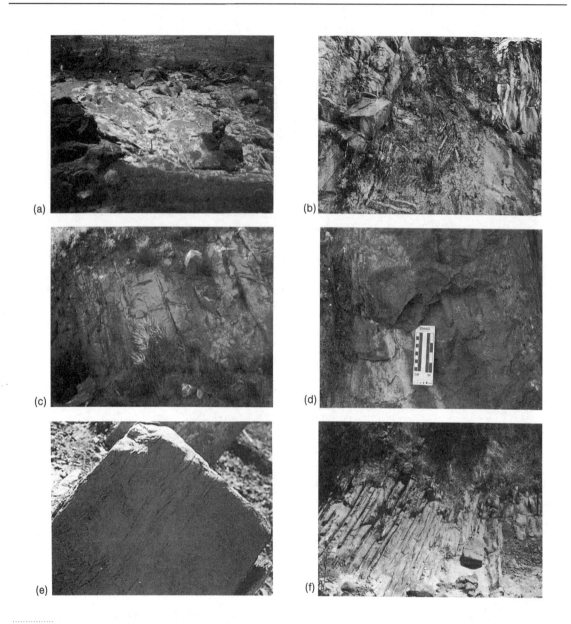

그림 6.12 그레이트 벨리층군의 해저 선상지 암상의 사진. (a) 캘리포니아 Diablo 산맥 북동부 Ingram 협곡에 분포한 상부 백악기 그레이트 벨리층군 Panoche층의 괴상이고 결핵체가 포함된 수로(channel) 사암(암상 A)와 이에 수반된 얇은 층리를 갖는 암상 B 사암. 중앙 좌측에 있는 망치 자루는 길이가 1/3m이다. (b) 캘리포니아 Berryessa 호수의 Monticello 댐 부근에 분포한 상부 백악기 그레이트 벨리층군 Cortina 층의 암상 F 해저 사태 퇴적층 위와 아래에 놓인 두꺼운 층리를 갖는 암상 A와 B 사암. (c) 캘리포니아 Diablo 산맥 북동부 Lone Tree Creek에 분포한 상부 백악기 그레이트 벨리층군 Panoche층의 암상 B와 C 사암. (d) 캘리포니아 Berryessa 호수의 Monticello 댐 부근에 분포한 상부 백악기 그레이트 벨리층군 Cortina층의 암상C 저탁암(기저에 있는 잔 자갈과 점이층리를 주목하라). (e) 캘리포니아 Diablo 산맥 북동부 Hospital 협곡에 분포한 상부 백악기 그레이트 벨리층군 Moreno 층의 대륙붕-사암 저탁암에 있는 Tbc 구간. (f) 캘리포니아 Diablo 산맥 북동부 Ingram 협곡에 분포한 상부 백악기 그레이트 벨리층군 Panoche층의 암상 E 사암과 셰일. (g) 암상 E 저탁암에 있는 Tcde와 Tce 군간의 근접 사진. (h) 캘리포니아 Berryessa 호수 부근 Wragg 협곡에 분포한 하부 백악기 그레이트 벨리층군 Lodoga층의 일부 사암과 함께 나타나는 암상 G 이질암과 암상 D 이질암.

(g)

(h)

그림 6.12 계속

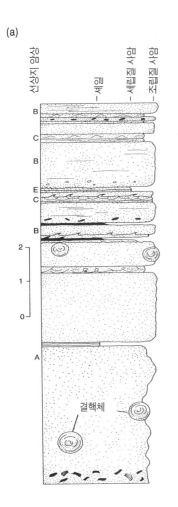

(a)

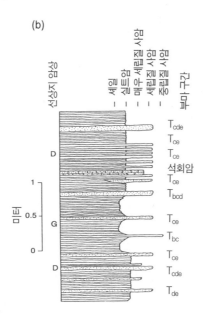

(b)

그림 6.13 그레이트 벨리층군의 해저 선상지 암상의 측정 단면. (a) Ingram 협곡의 Panoche층(상부 백악기), NW1/4 단면 10, T. 5S., R. 6E., M. D. B. M. (b) Hospital층(중부 백악기) NW 1/4 단면 34, T. 5S., R. 5E., M. D. B. M., 캘리포니아 Diablo 산맥 북동부 카보나 Q 15′도폭의 Hospital 협곡.

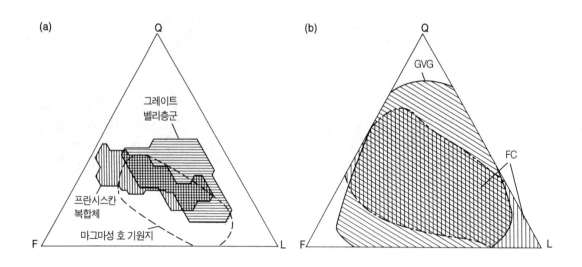

그림 6.14 프란시스칸 복합체(FC)와 그레이트 벨리층군(GVG) 사암의 QFL값을 포함하는 영역을 나타낸 QFL 다이아그램. (a) 평균 값과 표준 편차에 의해 정의된 영역을 나타낸 Dickinson et al.(1982; Ingersoll, 1978b의 일부 참고)의 QFL 다이아그램을 간단히 수정한 것. (b) 사암의 성분 범위를 나타낸 일반화된 QFL 다이아그램. Dickinson et al.(1982)에 포함되지 않은 추가 자료(Gilbert and Dickinson, 1970; Mansfield, 1979; Dickinson et al., 1982; Bertucci, 1983; Ingersoll, 1990; Golia and Nilson 1984; Jayko and Blake, 1984; Underwood and Bachman, 1986; Aalto, 1989b, Larue and Sampayo, 1990; Short and Ingersoll, 1990; Raymond, 미발표 자료)를 포함함. 주: 연구자들마다 입자를 측정한 방법이 다르기 때문에 다양한 연구에서 구한 자료들은 엄밀하게 비교될 수 없다. 그러나 (b)에 표시된 영역은 언급된 모두 연구자들로부터 구한 모든 개개의 시료 값을 포함한다.

요약

사암은 수많은 방법으로 세분되고 분류되나, 여기에서는 사암을 5% 이하의 기질을 갖는 아레나이트와 기질이 5%를 넘는 와케의 중요한 두 가지 범주로 구분하였다. 와케와 아레나이트 모두 다양한 육성 내지 심해 환경에서 나타나며, 국지적으로 함께 나타나기도 한다.

기질 물질은 일차 기질 또는 원시 기질, 정 기질로 불리는 재결정된 원시 기질, 가짜 기질로 불리는 변형되고 재결정된 암질편 및 표생 기질로 불리는 골격 입자들의 신결정작용과 변질로 생성된 속성 기원의 기질의 네 가지 유형으로 구성된다. 원시 기질은 10% 이상을 넘지 않는다. 기질의 함량이 많은 와케에서, 기질은 속성 과정으로부터 기인된다. 아레나이트에서 흔히 입자들을 서로 결속시키는 교결물은 철의 산화물, 망간의 산화물, 석고 및 다양한 기타 광물 뿐만 아니라 석영, 방해석 그리고 돌로마이트로 구성된다.

규질쇄설성 사암의 중요 골격 입자는 석영, 장석, 및 암질편이다. 이러한 성분들의 비율(QFL)이나 이러한 성분들의 세분은 퇴적물의 공급지를 반영하는 암상을 정의하는 데 이용된다. 다양한 골격 입자들의 함량(기질의 백분율은 물론)에 영향을 미치는 또 다른 요인으로는 퇴적 환경에서의 물리·화학적 과정과 속성 과정이 포함된다. 사암의 광물 성분은 그들의 화학 성분에 분명하게 반영되며, 이는 다시 기원지를 반영한다.

조직적으로 볼 때 사암은 상대적으로 단순하나, 구조적으로 볼 때는 사암은 매우 다양한 모양을 이룬다. 대부분의 사암은 표생쇄설성 조직을 갖는다. 일부는 화산쇄설성 조직을 나타낸다. 퇴적 구조는 층리와 엽층리, 수로 구조, 습곡 및 결핵체를 포함한 퇴적 구조, 침식 구조, 화학적 구조 및 변형 구조를 포함한다. 이 중에서 층리와 엽층리는 거의 모든 경우에서 나타난다. 모든 조직과 구조는 사암의 특정한 역사를 나타낸다.

주석 •••

1. 예를 들면 세인트 피터 사암층에 대한 Dake (1921), Lamar(1927), Dapples(1955), 그리고 Clinch/Tuscarora 사암의 논의를 위하여 Butts (1940), Cooper(1961), Yeakel(1962), Shelton (1973), Hayes(1974) 및 Whisonant(1977) 을 참조하라.

2. Pettijohn et al.(1987, ch. 1)은 모래 입자의 크기 범위에 대한 다른 견해들을 논의하였다. 예를 들면 토목 공학에서는 입도 등급이 퇴적학자들에 의해서 일반적으로 사용되는 것과 다르다.

3. 여러 지질학자들은 아레나이트와 와케 사이의 경계로서 다른 기질의 배분율을 이용한다는 것을 상기하라. 여기에서는 5%의 기질 함량을 경계로 채택하여 기질이 5% 이하인 사암만을 아레나이트로 생각하였다. 이론적인 근거는 제2장의 주석 7을 참조하라.

4. 이 용어의 역사와 사용에 대한 논의를 위하여 Dott(1964)의 논문을 참조하라.

5. 또한 심해저시추계획(DSDP)의 수많은 보고서와 특히 Bode(1973)을 참고하라. 모래의 점토와 실트(이토)를 포함한 성분은 일반적으로 10% 이상임을 주목하라.

6. 심해저시추계획의 보고서와 Pettijohn et al.(1987, p.40)를 참조하라.

7. 예를 들면 Dickinson(1970a, 1982), Moore(1979), Gergen and Ingersoll(1986) 및 Packer and Ingersoll(1986)을 참조하라.

8. Brush(1965), Sanders(1965), Leliavsky(1966, ch. 9) 및 Middleton and Hampton(1973)을 참조하라.

9. 제3장과 Garrels and Christ(1965, p.352-362)를 참고하라.

10. Kuenen(1966), Benchley(1969), Pettijohn et al.(1987, p.172, 431).

11. 예를 들면 교결물은 Scholle(1979), Meyer et al.(1987)에 의해 기재되었다.

12. 사암의 조직은 Scholle(1979)와 Adams et al.(1984)에 의해 칼라 현미경사진으로 설명되었다. 또한 Williams et al.(1982)나 Raymond(1993) 같은 암석학 교재를 참조하라. 화산쇄설성 사암은 Boggs(1992)와 Fisher and Smith(1991)에 의해 논의되었다.

13. 일부 학자들은 쳐트를 복결정질 석영으로서 석영에 포함시키나(Dickinson and Suczek, 1979), 다른 학자들은 쳐트를 암질편에 포함시킨다 (Folk, 1974). 이것은 L과 R 사이를 구분하는 중요한 특성 중의 하나이다.

14. 폭넓게 이용되는 Gazzi-Dickinson의 입자 측정 방법에서, 심성암 입자들은 그렇게 세어지지 않으며, L에 포함되어지지 않는다(Ingersoll et al., 1984). 오히려 심성암 암편에 있는 석영, 장석

및 기타 광물의 개별적 결정들은 석영, 장석 등으로 간주된다. 이 방법에서, L은 퇴적암과 화산암/반심성암 및 변성암의 세립질 입자들을 합한 것이다.

15. Ingersoll(1978), Mansfield(1979), Moore(1979), Dickinson and Suczek(1979), Dickinson and Valloni(1980), Dickinson et al.(1982), McLennan (1984), Valloni and Mezzadri(1984), Gergen and Ingersoll(1986), Packer and Ingersoll(1986) 및 Underwood and Bachman(1986)을 참조하라.

16. 추가적인 논의를 위해서 DeCelles and Hertel (1989, 1990), Dickinson and Ingersoll(1990), Johnson(1990), Johnson and Stallard(1990) 및 Johnson et al.(1990)을 참조하라.

17. 이렇게 복잡한 요인들에 대한 다른 논의를 위해서, Cleary and Connolly(1974), Moore et al.(1982), Ito(1985), Lash(1987) 및 Girty and Armitage(1989)를 참조하라.

18. 모래와 사암을 연구하는 데 미량 원소를 이용한 추가적인 예로는 Weber and Middleton(1961a, b), Wildeman and Haskin(1965), Bhatia and Taylor(1981), Peterman et al.(1981), Knedler and Glasby(1985), Bhatia and Crook(1986) 및 Larue and Sampayo(1990)의 연구가 있다.

19. 사암의 특징적인 구조를 포함한 일반적인 퇴적구조는 또한 Krynine(1948), Middleton(1965), Conybeare and Crook(1968) 및 Collinson and Thompson(1982)에 의해 기재되었다. Dzulynski and Walton(1965), Harms et al.(1982) 및 Pettijohn et al.(1987)과 같은 추가적인 연구는 특별히 사암의 구조를 다루었다.

20. 호수에서의 저탁류와 저탁암의 예는 Nelson (1967)과 Normark and Dickinson(1976)

에 의해 기재되었다. 얕은 물에서의 저탁암은 Fenton and Wilson(1985)에 의해 발표되었다. 해저 저탁암에 대한 정보를 위해서는, Kuenen and Migliorini(1950), Shepard(1961), Bouma and Brouwer(1964), Coleman et al.(1970), Hampton(1972), Bouma and Hollister(1973), Middleton and Hampton(1973), Vallier et al.(1973), Walker and Mutti(1973), Bouma et al.(1985), Jansen et al.(1987), Reynolds(1987) 및 이들 논문에 언급된 문헌을 참고하라.

21. 주석 20에 있는 논문들을 참조하라.

22. Hollister and Heezen(1972), Lovell and Stow(1981) 및 Reed et al.(1987)을 참조하라.

23. 예를 들면 Hantzschel(1939), Krumbein(1939), Paine(1964), Kanes(1970), Busch(1971, 1974), Schelton(1973) 및 Coleman and Prior(1982)를 참조하라.

24. Anvil Point 사암층은 또한 Potter and Simon (1961)에 의해 논의되었다.

25. 또한 Underwood et al.(1980)과 이 교재의 제4장 및 거기에서 언급된 문헌들을 참조하라.

26. 오리건에서, 프란시스칸 암석들은 Whitsett 석회암층, Dothan층 및 기타를 포함한 개별적인 층이름이 주어졌다(Wells and Peck, 1961; Bailey et al., 1964; Koch, 1966; Dott, 1971; Baldwin, 1976; Worley and Raymond, 1978).

27. 프란시스칸 암석에서 발견되는 생혼 화석을 제외한 거화석(megafossils)에 대한 재검토를 위하서는 Bailey et al.(1964)를 참조하라. 방산충은 Pessagno(1977a, b)와 Merchey(1984)에 의해 기재되었다. Miller(1986, 1988, 1991)는 생혼 화석과 일부 유공충을 논의 하였으며, Sliter(1984)는 유공충을 논의한 바 있다.

28. 프란시스칸 사암의 추가적인 암석학적 자료는 Soliman(1965), Swe and Dickinson(1970), Christensen(1973), Cowan(1974), O'Day(1974), Kleist(1974), Jordan(1978), Jayko and Blake (1984), Underwood and Bachman(1986), Aalto(1989) 및 Larue and Sampayo(1990)을 포함한 다른 여러 지질학자들에 의해서 제공되었다.

29. Ernst(1970), Raymond(1974a), Underwood (1977), Ingersoll(1978a), Smith et al.(1979), Aalto(1982), Dickinson et al.(1982) 및 Murchey (1984)를 참조하라. 프란시스칸 암석이 그레이트 벨리 호(arc)-해구 틈의 바다쪽에 쌓인 것인지에 대해서 는 논란이 있다. 일부 학자들은 어디에서 인가 형성된 프란시스칸 암석이 오늘날의 그레이트 벨리 암석의 서쪽과 바다쪽에 있는 위치까지 북쪽으로 이동한 의문의 암괴를 나타낸다고 주장하였다(Jones et al., 1978; Coney et al., 1980; Blake and Jones, 1981; Blake et al., 1984). 그레이트 벨리층군의 사암보다 장석질이 많은 프란시스칸 와케의 암석구조학(petrotectonic)인 고찰과 모드 평균은 이러한 해석을 지지하는 것으로 생각된다(Blake and Jones, 1981; Jayko and Blake, 1984). 프란시스칸 암석과 그레이트 벨리암석 사이의 동일한 모드의 차이는 Dickinson et al.(1982)에 의하여 기원지 암괴 내에서의 성분의 차이와 퇴적물의 운반에 의한 작용을 반영하는 것으로 생각되었으며, 이는 프란시스칸 복합체와 그레이트 벨리층군의 암석들이 동일한 호(arc)-해구 암괴의 인접한 부분을 나타낸다는 대안적인 견해를 지지한다. 후자와 같은 해석은 또한 두 가지 암층 모두에서 역암으로부터의 자료(Seiders, 1988; Seiders and Blome, 1984, 1988)와 암석 구조적 및 변성암석학적 증거

(Ernst, 1981b, 1984)에 의해 지지되어 왔다.

30. Cooper(1961), Yeakel(1962), Hayes(1974), Whisonant(1977) 및 Meyer et al.(1987)를 참조하라.

31. Krynine(1935), Blatt et al.(1972, p.279)의 재검토 및 Pettijohn et al.(1987, p.155)을 참조하라.

32. Grizzard층에 대한 위해서는 Cramer(1986)를 참조하라. Pettijohn et al.(1977, 그림 5-8)은 Pottsville 사암의 현미경사진을 제시하였다. 암질 아레나이트의 추가적 예는 몬태나 빙하국립공원의 중기 원생대 Snowslip층(Whipple and Johnson, 1988)과 일리노이의 펜실베이니아기 Trivoli 사암층(Andersen, 1961) 같은 지층에서 나타난다.

33. 예를 들면 Bouma et al.(1980)에 있는 논문과 Nittrouer(1981) 및 Tillman and Siemers(1984)를 참조하라.

34. 예를 들면 이 장에서 기재된 풍성의 나바호 사암은 많은 각상의 입자를 포함한다. 그림 6.14를 참조하라.

35. 예를 들면 Casey and Cantrell(1941), Nanz (1954), Busch(1974) 및 Scott(1982)를 참조하라.

36. 여기에 있는 세인트 피터 사암층의 기재는 Dake (1921), Fischer(1925), Lamar(1927), Thiel(935), Dapples(1955), Templeton and Williman(1963), Bell et al.(1964), Pryor and Amaral(1971), Amaral and Pryor(1976), Fraser(1976), Hoholick et al.(1984), Viscocky et al.(1985), Frazier and Swimmer(1987) 및 Mazzullo(1987)의 기재에 근거한 것이다. 또한 Dapples et al.(1948)을 참조하라.

37. 층리와 사층리에 대한 자료는 Dake(1921),

Lamar(1927), Dapples(1955) 및 Pryor and Amaral(1971)에서 찾을 수 있다.

38. 나바호 사암과 이에 대비되는 지층이 이 요약은 Darton(1925), Longwell et al.(1925), Gregory and Williams(1947), Gregory(1950), Kiersch(1950), Averitt et al.(1955), Stanley et al.(1971), Novitsky and Burchfiel(1973), Miller and Carr(1978), McKee(1979), Peterson and Pipiringos(1979), Doe and Dott(1980) 및 Kocurek and Dott(1983)의 연구에 근거를 두고 있다.

39. 나바호 사암에 대비되는 지층의 참고 문헌과 논의를 위해서는 Stanley et al.(1971), Novitsky and Burchfiel(1973), Miller and Carr(1978), McKee(1979) 및 Kocurek and Dott(1983)를 참조하라.

40. 나바호 사암이 내륙이나 연안의 사막에서 쌓인 지층인지는 일부 논란이 되어왔다(Frazier and Schwimmer, 1987, p. 323). 대부분의 지층은 모래 파도(sand waves)에 퇴적된 해양 모래를 나타내는 것조차 제안되어 왔다(Stanley et al., 1971). 그러나 부정적인 증거(예, 해양 화석의 결여)와 긍정적인 증거(예, 삼릉석과 공룡 화석의 존재) 모두는 풍성 기원을 지지한다.

41. Todd(1968), Stanley et al.(1971), Rupke(1977), MacKinnon(1978), Moore(1979), Kocurek and Dott(1983) 및 Coch(1986, 1987).

42. 캘리포니아 그레이트 벨리 지역의 중생대 지층은 오랫동안 "그레이트 벨리 층서" 라는 이름으로 불리어 왔다(Bailey et al., 1964; Page, 1966; Ingersoll, 1978c). 현대적인 층서 명명에 따라서, 이 지층은 그레이트 벨리층군으로 재명명되었고 (Ingersoll and Dickinson, 1981; Ingersoll, 1982), 여기에서도 그렇게 불리운다. 그레이트 벨리층군에 대한 연구는 수없이 많으나, 역사적으로 그리고 퇴적암석학적으로 중요한 연구들로는 Andersen(1905, 1958), Andersen and Pack (1915), Taliaferro(1943), Weaver(1949), Pryne (1951, 1962), Irwin(1957), Schilling(1962), Bailey et al.(1964), Page(1966, 1981), Ojakangas (1968), Gilbert and Dickinson(1970), Swe and Dickinson(1970), Dott(1971), Berkland et al.(1972), Dickinson and Rich(1972), Ingersoll et al.(1977), Lee-Wong and Howell(1977), Ingersoll(1978a, b, c, 1979, 1982, 1983, 1988), MacKinnon(1978), Mansfield(1979), Bertucci(1983), Golia and Nilson(1984), Underwood and Bachman(19886), Reid(1988), McGuire(1988), Imperato et al.(1990) 및 Short and Ingersoll(1990) 이 포함된다.

43. 예를 들면 Schilling(1962), Charles Bishop(개인적 대화, 1968), Ingersoll(1978c), Garcia(1981), Cherven(1983), Nilsen(1984a, b), Raymond(미발표 자료).

44. 고수류 자료와 해석은 Shawa(1966), Colburn (1968), Ojakangas(1968), Mansfield(1979), Cherven (1983) 및 Nilsen(1984a, 1990)을 포함한 여러 학자들에 의해 주어졌다.

연습 문제

6.1 표 6.2에 있는 사암의 성분을 그림 6.3b의 QFL 다이아그램 사본에 표시하여라. 이와 표 6.3을 이용하여, 각 사암의 기원지를 제안하여라.

6.2 (a) 표 6.7에 있는 자료를 이용하여 표에 있는 프란시스칸 사암의 Lv:Ls:Lm(화산암질편: 퇴적암질편 : 변성암질편) 자료를 표시하여라. (b) 표 6.8에 있는 자료와 다른 기호를 이용하여 이 표에 있는 그레이트 벨리 암석의 Lv:Ls:Lm 자료를 표시하여라. (c) 두 가지 표시를 비교하여라. 두 세트의 암석들의 근원지는 이러한 소수 자료에 근거하였을 때 다르게 나타나는가?

역암, 다이어믹타이트 및 각력암 7

서론

자갈이 고화된 역암과 각력암 및 다이어믹타이트는 넓게 분포하나, 층서 기록에서 많은 부피를 차지하는 성분은 아니다. 역암은 지표에 있는 퇴적암의 1% 이상을 차지하지 않는다(Blatt, 1970). 그럼에도 불구하고 역암은 산악의 빙하로부터 심해까지 걸치는 다양한 환경에서 형성된다.[1] 육상에서, 역암과 관련된 암석은 빙하, 사태, 호숫가의 파도 및 하천과 강에 의하여 퇴적된다. 강은 수로와 범람원 및 충적 선상지와 삼각주에 자갈을 퇴적시킨다. 해성 역암과 관련된 암석은 해빈, 얕은 대륙붕, 대륙사면과 대륙대, 해저 확장의 중심에 있는 해저 급사면, 해저 선상지의 로브(lobes)로 이어지는 수로에서 형성된다. 역암과 관련된 암석의 주목할만한 예로는 와이오밍 Big Horn 산맥의 선상지 역암(fanglome-rates)(Sharp, 1948), 몬태나의 Beaverhead층의 역암과 각력암(Lowel and Klepper, 1953), 오클라호마의 Collings Ranch와 관련된 역암(Ham,1954), 오하이오

의 Sharon 역암층(Fuller, 1955), 캘리포니아의 Blackhawk 사태층(Shreve, 1968), 아리조나 남동부의 마이오세 사태 각력암과 역암(Krieger, 1977), 오리건의 심해 Otter Point 역암(Walker, 1977),뉴펀들랜드의 Dunnage 멜란지(Horne, 1969; Kay, 1970, 1976; Jocobi, 1984), 버지니아 Nolichucky층의 캠브리아기 탄산염 역암(Markello and Read, 1981), 콜로라도 Cutler층의 육상 암설류 지층(Schultz, 1984), 및 앨버타 Wapiabi층의 천해 역암(Rosenthal and Walker, 1987) 등이 포함된다.

역암과 유사한 암석들은 암석학적 및 실용적인 두 가지 모두의 이유 때문에 중요성을 지닌다. 암석학적 관점에서, 역암은 암석의 형태로서 독립적으로 분석될 만큼 충분히 큰 입자들을 포함하고 있어 암석학자들로 하여금 퇴적물이 기원된 근원지 암석의 성분에 대한 특유의 정보를 얻을 수 있게 한다. 자갈 형태의 측정은 기원지의 암석학적 다양성에 대한 정보를 제공한다. 암상 관계와 연계된 그러한 정보들은 고지리 복원을 가능하게 한다. 실용적인 관

점에서 볼 때, 역암은 공극을 갖고 투수성을 지니기 때문에 지하수와 같은 경제적으로 중요한 유체를 위한 저류암(reservoir rocks)으로서의 역할을 한다. 또한 역질이나 역암질의 하성암상(fluvial facies)은 경제적으로 중요한 표사광상을 이루는 금을 포함한 중광물을 포함하기도 한다(Eric et al., 1955; Kingsley, 1987).

주요 조립질 쇄설성 퇴적암 유형의 특성

조립질 쇄설성 퇴적암의 중요 유형은 역암과 각력암 및 다이어믹타이트이다. 모든 이러한 쇄설성암은 흔히 일정한 특징, 특히 전반적인 기질 내의 쇄설물(clast-in-a-matrix) 특징을 갖는다(그림 7.1). 일부 암석에는 입자간 물질(interclast material)이 대부분 교결물이다.

기질 내의 쇄설물 또는 암괴(clast - or block in matrix) 구조는 조립질 쇄설성 퇴적암 뿐만 아니라, 화성 각력암(igneous breccia)과 포획된 심성암, 일부 변성암 및 퇴적과 화성 기원의 멜란지[2] 암석의 특징이다(표 7.1)(Raymond et al., 1989). 어느 하나의 과정으로 형성된 암석은 다른 과정으로 생긴 암석으로 점이적으로 변하거나 다른 과정으로 형성된 암석과 매우 유사한 특징을 보이기 때문에 기질 내의 암괴 구조를 나타내는 다양한 조립질 쇄설성 암석들 사이의 차이를 나타내는 특성을 인식하는 것은 중요하다.

화성 기원의 암석은 전적으로 또는 주로 화성 기원의 기질과 쇄설물로 구성된다. 화성 기원의 조직과 구조 및 광물은 화성암의 특징을 나타낸다. 현정질의(phaneritic) 삼성암 기질에 심성암의 쇄설물을 갖는 암석은 분명히 화성 기원이다. 화산 쇄설물을 갖는 암석의 기원은 더욱 모호한 경향이 있다. 전적으로 화산 기원의 기질과 쇄설물을 갖는 암석은 화

표 7.1 기질 내의 암괴 구조를 갖는 암석의 기원

기원	산물
퇴적 기원	역암
	각력암
	다이어믹타이트
화성 기원	
분출	포획된 유동암
	집괴암
	화산 쇄설암
관입	포획된 심성암
변성 기원(구조적)	
취성 변형	파쇄암[2], 특히 각력암
취성 및 연성 변형	원시 압쇄암, 준압쇄암[2]
연성 변형	압쇄암[1,2]
	혼성암[1,2]
다이아피릭 기원	다이어믹타이트
	파쇄암[2]
	준압쇄암[2]

출처: Raymond et al.(1989)
[1] 이러한 암석들은 쇄설성 조직을 갖지 않는다.
[2] 정의를 위해서는 용어 해설을 참조하라.

산 기원일 가능성이 있다. 그러나 화산 물질은 퇴적 매체에 의하여 재동될 수도 있으며, 따라서 화성 또는 퇴적 기원의 명확한 구조(예, 용결 또는 하성 사층리)를 파악하기 위하여 그러한 암석을 관찰하는 것이 중요하다.[3] 또한 화산 쇄설물을 갖는 일부 조립질 쇄설성 암석은 복잡한 역사를 갖기도 한다. 화산에서 분출된 화산 쇄설물은 퇴적되기 전에 하천에 의해 운반되기도 한다. 그러한 상태는 1980년 워싱턴의 세인트 헬렌스 화산이 폭발하는 동안 일어났으며, 이 때 화산 쇄설물과 이전에 형성된 화산 물질은 초기의 폭발과 눈사태(애벌랑슈, avalanche)에 의하여 분출되고 운반되었으나, 최종적으로 퇴적되기 전에 호수와 강물에 혼합되었다(Cummans, 1981; Foxworthy and Hill, 1982).[4] 특히 유리질 기질이 재결정, 변질 또는 풍화되어 점토나 기타 광물로 변한 화산 또는 화산-하성 기원의 고기 퇴적암에

서는 정확한 암석의 기원을 해석하는 것은 어렵다.

유사성과 점이적인 변화는 퇴적 기원의 조립질 쇄설암과 변성의 역사를 갖는 조립질 쇄설성암 사이에도 역시 존재한다. 특히 해저 사태 퇴적층(olis-tostromes)[5]이라고 부르는 암설류와 해저 사태에 의해 형성된 퇴적 기원의 다이어믹타이트는 다이아퍼(diapirs)와 구조적 멜란지(tectonic melanges)에서 나타나는 다이어믹타이트와 유사하다(그림 7.2의 3, 4열과 5열을 비교하라)(Raymond, 1984a).[6] 유사성은 연성 퇴적물의 변형이 다이어믹타이트에 영향을 끼치거나, 다이어믹타이트의 쇄설물들이 구조적인(tectonic) 파쇄 작용과 혼합 작용의 초기 단계에 의해서 또는 섭입된 퇴적물이나 암석의 다이아피릭(diapiric) 운반에 의해서 형성된 곳에서 특히 두드러진다(Sarwar and DeJong,1984; Cloos, 1982).

어느 다이어믹타이트에서든지, 쇄설물은 다양한 기원과 성분을 나타내며, 기질은 다양한 형태의 암석으로 구성된다. 그러한 암석들의 기원을 결정하는 데는 구조와 광역적인 관계가 결정적으로 중요하다. 예를 들면 해저 사태 퇴적층은 기저부와 최상부에 퇴적 경계를 가지며, 다른 해성 퇴적암과 교호된다(그림 7.1c 참조). 충적 선상지(이류, mudflow) 다이어믹타이트는 유사한 퇴적 경계를 가지며, 육성의 하성 지층과 교호된다. 빙성층(tillites)은 암석의 가루로 이루어진 기질을 포함하며, 낙하석(drop-stones)을 포함한 호수의 호상 점토 퇴적물과 수반되거나 빙하-하천 퇴적층과 수반되기도 한다. 이들역시 위와 아래에 퇴적 경계를 갖는다. 반면에, 구조적 메란지와 다이아퍼는 전단 경계와 상호 절단하는 경계를 갖는다.

조립질 쇄설성 퇴적물과 이에 상응하는 퇴적암의 중요 유형과 이에 수반된 구조와 조직에 대한 지식은 또한 기질 내의 암괴 구조를 갖는 암석에 대한

퇴적, 화성 및 변성 기원을 구분하는 데 도움이 되기도 한다. 역암(conglomerate)은 모래나 자갈로 된 기질에 크기가 2mm 이상인 원마상(rounded) 쇄설물을 25% 이상 포함한다는 것을 상기하자. 다이어믹타이트는 이토질 기질에 동일한 유형의 쇄설물을 포함한다.[7] 따라서 용어들은 본질적으로 조직에 근거한다. 역암과 다이어믹타이트 모두에서, 기질에 원마도가 높은 쇄설물의 존재는 비록 분명하지는 않지만 암석의 퇴적 기원을 지시하는 것으로서 매우 중요하다.

유사하게 화석이 풍부한 기질은 퇴적 기원의 강력한 지시자이다. 테일러스(talus), 각력(rubble), 스크리(skree)는 흔히 조립(>2mm) 쇄설물이 지배적인 각상(angular)의 퇴적물에 주어지는 이름이다. 각력암(breccia)은 2mm 보다 큰 각상의 쇄설물이 25% 이상이고, 기질이 사질 또는 조립질 물질인 테일러스와 유사한 퇴적물로부터 기원된 퇴적암임을 상기하라. 만약 기질이 이토질이면, 그 암석은 다이어믹타이트(diamictite)이다. 빙성층(tillite)은 빙하 기원의 다이어믹타이트로서 이토질이나 암석 가루로 된 기질을 갖는다.

각상의 쇄설물은 화성, 변성 및 퇴적 환경에서 일어날 수 있는 취성 파괴(brittle failure)(깨짐)에 의하여 생성되기 때문에, 퇴적 과정에 의해 형성된 각상의 쇄설물을 가진 암석과 다른 과정에 의해 형성된 각상의 쇄설물을 가진 암석을 구분하기 위해서는 고환경 분석과 병행하여 쇄설물과 기질에 대한 주의 깊은 성분 분석과 조직 분석이 필요하다. 혼합된 쇄설물과 기질의 성분은 퇴적 기원과 일치하는 고유 성질이나, 그것이 전적으로 퇴적암에 해당하는 것만이 아니다. 변성 기원의 쇄설성암은 역시 혼합된 암석 유형을 보이나, 그들은 상당히 입자가 변형된 모습을 나타낸다. 퇴적 경계는 각력암과

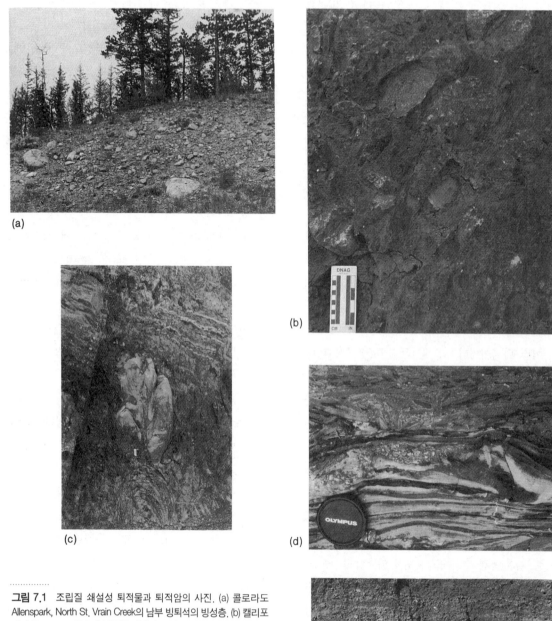

그림 7.1 조립질 쇄설성 퇴적물과 퇴적암의 사진. (a) 콜로라도 Allenspark, North St, Vrain Creek의 남부 빙퇴석의 빙성층. (b) 캘리포니아 Berryessa 호수에 분포한 백악기 그레이트 벨리층군의 다성분 해성 왕자갈 역암. (c) 캘리포니아 Berryessa 호수에 분포한 백악기 그레이트 벨리층군 Cortina층 Venado층원의 사암의 표력(커다란 암괴)과 셰일로 이루어진 해저 사태 퇴적층 (d) 버지니아 Radford Little Rivet 댐에 분포한 캠브리아기 낙스층군 Conococheague층의 엽층상 돌로스톤을 덮고 있는 "평력(flat pebble)" 돌로스톤 역암. (e) 몬태나 La Hood에 분포한 플라이스토세–현세의 다성분의 입자로 지지된 충적 선상지 각력암의 렌즈상 지층(2–30cm 두께)(또한 그림 7.6을 참조하라).

	퇴적암				맬란지 암석	
	다이어믹타이트				다이아피릭	구조적
조직	세립질 기질에 암괴, 파편 및 (또는) 입자를 갖는 표생설성 조직		세립질 기질에 판석, 파편 및 입자를 갖는 표생쇄설성 내지 엽리 조직		세립질 기질에 암괴와 파편을 갖는 쇄설성 내지 엽리 조직	세립질 기질에 판석, 암괴, 파편 및(또는) 입자를 갖는 엽리 조직
쇄설물 크기	파편 내지 작음 암괴 <1-15m	파편 내지 작음 암괴 <1-15m	파편 내지 큰 판석 <1-1500m	파편 내지 큰 판석 <1->1500m	파편 내지 작음 암괴 <1-15+m	파편 내지 큰 판석 <1->1500m
암괴/기질	낮거나 중간	일반적으로 낮음	일반적으로 높음	낮거나 높음, 일반적으로 낮음	일반적으로 낮음	낮거나 높음
경계부	퇴적경계		퇴적 내지 전단 경계		부조화 내지 전단 경계	전단 경계
수반된 암석과 구조	리드마이트 낙하석, 찰흔 쇄설물, 연마된 포석, 한랭한 기후의 화석	사층리와 수로 구조가 있는 하성 사암, 셰일 및 역암, 비해성 화석	봉적층, 충적층, 하성 퇴적암, 육성 유기적 쇄설물	해양 퇴적암 (저탁암 포함); 해성 화석	해양 퇴적암 육성 퇴적암	모든 종류의 암석 (단층 점토, 각력암 포함). 단층 마찰면
암석 유형	빙성층	빙성층과 유사한 암석 또는 역질 이암	빙성층과 유사한 암석 각력암 또는 거각력암 S-F 구조암	빙성층과 유사한 암석 각력암 전자갈 또는 표력 이암 또는 사암 S-F 구조암	표력 이암 S-F 구조암	각력암, 거각력암, 압쇄암(광의), S-F 구조암
암석 단위	층 또는 층원	층 또는 층원	층, 층원, 깨진 층 사태	층, 층원, 깨진 층, 해저 사태 퇴적층	층원이 없는 층, 다이아피릭 맬란지	깨진 층, 층원이 없는 층, 구조적인 멜란지
기원	빙하 퇴적	이류	육상 상태 (광의)	해저 사태	이토 다이아퍼, 이토 화산	단층이나 전단대에서의 취성 또는 연성 변형

그림 7.2 다이어믹타이트와 멜란지 암석의 비교. 3째와 4째 열은 다이어믹타이트와 퇴적 멜란지 모두의 특징을 갖는 암석을 나타낸다(Raymond, 1984a 수정; 부분적으로 Barber et al.(1986))과 Orange(1990)에 근거함).

다이어믹타이트가 퇴적 기원이라는 또 다른 지시자이다. 마찬가지로, 각력암이 횡적으로 사암이나 석회암으로 점이적으로 변하는 점이적인 암상 관계는 퇴적 기원을 암시한다. 최종적으로, 각력암과 다이어믹타이트의 기질에 있는 화석은 기질의 성분에 관계 없이 퇴적 기원을 강력하게 암시한다(예, Moiseyev, 1970; Carlson, 1984a, 1984b, 1984c).

조립질 쇄설성 퇴적암의 조직, 구조 및 성분

조직과 구조

조립질 쇄설성 퇴적암의 조직은 **표생쇄설성** (epiclastic), 즉 표생 기원의 쇄설성 조직이다. 대부분의 조립질 쇄설성 암석에서, 시각적으로 암석을 지배하는 커다란 쇄설물들은 더욱 세립적인 기질에 의하여 둘러싸여진다. 더욱 상세하게 조사하면 조립질 쇄설성 암석은 (1) 조직과 교결물과 기질의 함량 (2) 쇄설물과 기질 사이의 관계와 쇄설물과 기질의 분포에 변화를 나타낸다. 예를 들면 석회질 교결물은 모자이

 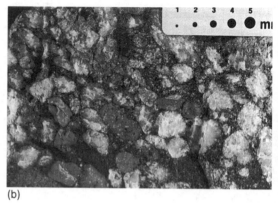

그림 7.3 기질 지지 역암과 입자 지지 역암. (a) 테네시 South Holston 저수지의 Avens Ford 다리 지역에 분포한 Knobs층(오르도비스기)의 기질 지지의 다성분 역암. (b) 테네시 Little 테네시강의 Chilhowee 댐 지역에 분포한 상부 원생대 Wilhite 층의 Citico 역암의 입자 지지의 다성분 역암.

크, 빗살 무늬(comb) 또는 정동(drussy) 형태의 결정질 조직을 갖는다. 이와는 달리, 규질 교결물은 물론 석회질 교결물은 일반적으로 암석이 포이킬로토픽(poikilotopic) 조직을 갖게 한다. 교결물은 조립질 내지 비현정질이기도 하다. 기질 물질 또한 조립질 내지 비현정질 이기도 하며, 표생쇄설물 내지 미약한 엽리 조직을 갖기도 한다.[8] 엽리는 판상의 점토와 운모 입자들이 배열되어서 나타난다.

풍부한 기질과 거의 서로 접촉하지 않고 산재된 입자를 갖는 암석은 기질 지지(matrix-supported)라고 부른다(그림 7.3a). 인접한 여러 쇄설물과 접촉할 정도로 쇄설물이 풍부한 암석은 **쇄설물 지지**(clast-supported)라고 부른다(그림 7.3b). 커다란 쇄설물들은 **골격**(framework)이라고 한다. 쇄설물 지지와 기질 지지 암석 모두에서, 입자 크기의 분포는 단봉(unimodal)(단일의 지배적 크기) 내지 다봉(polymodal)(둘 이상의 지배적 크기)이다(그림 7.4).[9] 예를 들면 그림 7.4의 시료 C50a는 크기가 약 8mm인 가장 일반적인 쇄설물과 직경이 약 1/2mm인 가장 풍부한 기질 입자로 이루어진 양봉(bimodal)(두 가지의 지배적 크기) 분포이다. 기질

지지의 암석에서는 가장 풍부한 입자들이 모래, 실트 또는 점토 크기인 반면, 쇄설물 지지의 암석에서는, 골격이 퇴적물의 주성분이다. 일반적으로, 쇄설물과 기질 물질 사이에 입자 크기의 불균형 때문에 역암과 각력암 및 특히 다이어믹타이트는 분급이 매우 불량하다. 그러나 일부 그래뉼과 잔자갈 역암은 분급이 중간 내지 양호하다.

쇄설성 퇴적물에서 다봉 분포와 양봉 분포의 원인은 이론의 여지가 있다(Schlee, 1957; Pettijohn, 1975). 가능한 기원으로는 (1) 기원지의 환경과 기원지에 있는 물질의 특성 및 풍화 작용에 의한 조정(예, 기원지에서의 풍화 작용이 두 가지 크기의 쇄설물을 생성하기도 한다), (2) 운반과 퇴적에 의한 조정(예, 밑짐과 뜬짐이 퇴적되는 동안 혼합되거나, 배수량이 변함으로써 입자 크기의 변화가 생길 수도 있다)[10] 또는 (3) 퇴적 후(after)의 변화(예, 세립질 퇴적물이 골격 물질이 퇴적된 후 커다란 입자 사이로 침투되기도 한다)가 포함된다. 많은 경우에 있어서, 퇴적 후 과정은 조직과 성분에 근거를 둔 원인으로써 무시되기도 하지만, 퇴적물의 양봉 분포 특성을 나타내는 데 대한 기원지와 운반 작용 및 퇴

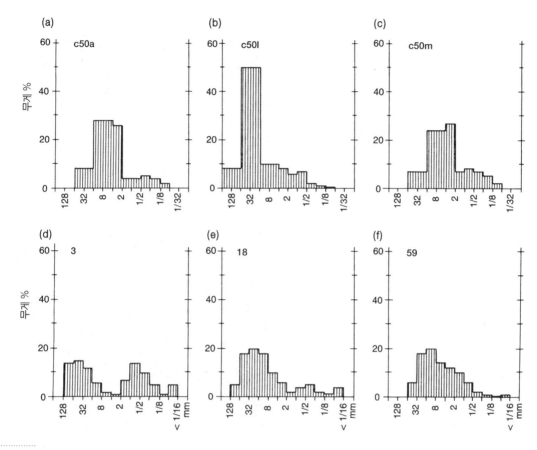

그림 7.4 조립질 쇄설성 퇴적물과 퇴적암의 입자(쇄설물) 크기 분포를 나타낸 히스토그램. (a), (b), (c) 캘리포니아 Diablo 산맥 북동부의 "카보나" 역암 (Raymond, 미발표 자료). (d), (e), (f) 멜릴랜드 남부의 고지대 자갈(Schlee, 1957).

적 작용의 역할은 다소 쉽게 식별된다.

　조립질 쇄설성 퇴적암에서 쇄설물의 크기는 대단히 변화가 심하다. 해저 사태 퇴적층에서, 개개의 쇄설물은 길이가 1km 이상이기도 하다(Maxwell, 1964; Hsu, 1967). 그럼에도 불구하고, 해저 사태 퇴적층의 기질은 이토가 지배적이다. 대조적으로, 많은 그래뉼 역암에서 쇄설물의 최대 크기는 4mm이다. 역암과 자갈에서 쇄설물의 최대 크기와 쇄설물의 기하학적 평균 크기 사이에는 **쇄설물의 최대 크기가 클수록 쇄설물의 평균 크기가 커진다**는 직접적인 직선적 관계가 있다(그림 7.5a)(Schlee, 1957, 그림 9.13; Pettijohn, 1975, p. 159). 유사하게, 적어도 일부

지층에서는, 입자의 최대 크기와 지층의 두께 사이에 선형적인 관계가 있다(그림 7.5b)(Bluck, 1967; Nemec and Steele, 1984; Walton and Palmer, 1988).

　조립질 암석의 조직을 평가할 때 추가적으로 고려되어야 할 요인들은 (1) 쇄설물의 원마도 (2) 쇄설물의 구형도와 모양 및 (3) 기질과 교결물의 상대적 비율 등이다. 원마도는 일반적으로 풍화와 운반의 함수이다. 표면 에너지와 이에 따른 화학 반응의 속도는 쇄설물의 모서리와 가장자리에서 크기 때문에, 이러한 부분은 인접하고 있는 편평한 표면보다 더욱 빠르게 풍화된다. 따라서 풍화 작용은 날카로운 가장자리와 모서리를 더욱 원마된 형태로 만드

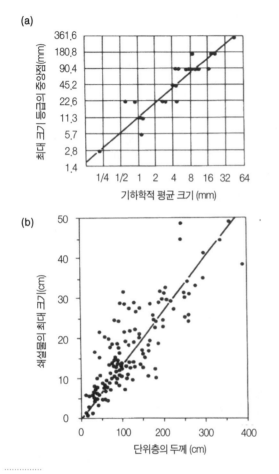

그림 7.5 폴란드 데본기 Ksiaz층의 쇄설물 지지 해저 선상지 복합체 역암에서 (a) 쇄설물의 최대 크기와 평균 크기(Pettijohn, 1975) 그리고 (b) 쇄설물의 최대 크기와 단위층의 두께 사이의 관계를 나타낸 그래프 (Nemec and Steel, 1984 수정).

그림 7.6 조립질 쇄설성 퇴적물과 퇴적암의 일부 구조. (a) 몬태나 La Hood에 분포한 플라이스토세－현세의 사층리가 발달된 층적 선상지 각력암. 축척을 위해 서 있는 사람의 키는 약 1.4이다. 사람의 뒤쪽과 왼쪽에 있는 지층의 접근 모양은 그림 7.1b를 참조하라. (b) 테네시 북동부 Holston 저수지 Avens Ford 다리 근처에 분포한 오르도비스기 Knobs층의 사암에 나타나는 수로를 채운 역암.

는 경향이 있다. 그러나 운반 작용에 의한 삭마 (abrasion)는 중요한 원마 과정이며, 이는 풍화에 의하여 촉진되어 지기도 한다(Wentworth, 1919; Krumbein, 1942; Bradley, 1970). 원마의 정도(입자 크기의 감소는 물론)는 운반 거리, 쇄설물이 성분, 수반된 쇄설물의 성분, 수반된 쇄설물과 입자의 크기 및 운반 매체의 성질을 포함한 수많은 요인들에 의하여 지배된다(Wentworth, 1919; Plumley, 1948). 분명하게, 석회암과 같이 더욱 연한 암석은 변성 규암과 같이 더욱 단단한 암석보다 한층 쉽게 원마된

다. 유사하게, 원마는 먼 운반 거리에 의해서 촉진되며, 따라서 일반적으로 원마도는 하류로 갈수록 증가한다. 이는 대부분의 퇴적 기원 각력암은 쇄설물이 거의 또는 상당히 운반되지 않은 상태에서 퇴적된 결과임를 암시한다. 암괴들은, 만약 그들이 암설류(debris flow)의 이토 기질에서 운반된다면, 수 km를 운반된 후에도 본래의 각상(angularity)을 간직하기도 한다.

역암, 각력암 및 다이어믹타이트의 구조는 층리, 사층리, 잔자갈 와상중첩구조(pebble imbrication), 여러 가지 유형의 점이층 및 수로 구조가 포함된다. 입자가 조립질이기 때문에, 단위층은 일반적으로 중간 두께 내지 괴상이다. 모양으로 볼 때, 단위층은 전형적으로 판상-렌즈상 또는 선상-렌즈상이나, 쐐기 모양과 로브상(lobate)의 단위층과 같은 다른 모양 또한 나타난다. 평면상과 곡상의 사층리 모두가 알려져 있다(그림 7.6a). 저각도 사층리는 천해의 역암과 하성층에서 나타나는 반면, 고각도 사층리는 하성의 수로층(channel deposits)과 충적 선상지에서 나타난다.

점이층 또한 운반과 퇴적 환경의 중요한 지시자이다. 점이(grading)라는 견지에서 여섯 가지 유형의 구조가 인정된다. 이들은 (1) 점이적이 아닌 지층 또는 무질서층(disorganized beds) (2) 정상 점이층 (normally graded beds) (3) 역전 점이층(inversely graded beds) (4) 역전-정상 점이층(inversely-normally graded beds) (5) 역전 점이-무질서층 (inversely graded-disorganized beds) 및 (6) 점이-층상 지층(graded-stratified beds)이다(그림 7.7) (Walker, 1975, 1977; Hein, 1982; Lowe, 1982). 정상 점이층(nomally graded beds)에서, 쇄설물 또는 입자는 단위층의 위로 갈수록 점이적으로 작아진다. 역전 점이층은 이와 반대이다. 역전-정상 점이층 (inversely-normally graded beds)에서, 쇄설물(또는 입자)은 단위층의 중간 부분까지는 점이적으로 커지고, 그 다음부터 최상부쪽으로는 쇄설물의 크기가 점이적으로 작아진다. 역전 점이-무질서층(inversely graded-disorganized beds)은 층의 기저부터 가운데까지 올라감에 따라 입자가 조립화 되며, 그 위로는 입자들이 무질서한 분포를 나타낸다. 점이-층상 지층 (graded stratified beds)에서, 하부의 점이층은 층상

을 이루는 상부층에 의하여 덮힌다. 만약에 점이가 단지 골격 또는 가장 조립인 쇄설물의 크기 변화만으로 정의된다면, 이러한 점이는 **조립 입자 점이** (coarse-tail grading)라고 부른다. 만약에 퇴적물의 모든 입자 크기가 변하면, 이러한 점이는 **전 입자 점이**(distribution grading)라고 한다. 점이층은 층이 발달한 상향 세립화(fining upwards) 층서나 층이 발달한 상향 조립화(coarsening upward) 층서와 혼동되어서는 안된다(그림 7.7)

다양한 점이층의 유형은 특수한 흐름 체계(flow regimes)와 운반 매체를 지시하며(그림 3.2 참조), 따라서 환경적 상태를 반영한다. 예를 들면 역전 점이층은 해저 사면과 수로 및 선상지 환경에서 일반적인 입자류로부터 발달될 수도 있다. 점이층은 동일 환경에서 저탁류에 의하여 퇴적된다. 그러나 무질서 층은 육상과 해저의 사태와 암설류에 의하여 퇴적된다.

쇄설물의 방향성 배열, 특히 와상중첩구조는 해성 역암은 물론 하성층과 빙성층 모두에서 다소 상세하게 연구되어 왔다.[11] 일반적으로, 쇄설물들이 입방체 모양이 아니라면, 그들은 퇴적되는 동안 방향성을 갖고 배열되어진다. 길죽한 쇄설물들은 그들의 장축이 운반 매체의 흐름의 방향과 나란하거나 또는 지각으로 놓이게 된다. 빙성층에서, 장축은 일반적으로 빙류(ice flow)의 방향과 나란하다(Richter, 1932, in Pettijohn, 1975; Krumbein, 1939; 그러나 주의를 위해서는 Visser, 1989를 참조하라). 유사한 결과가 일부 기질지지 역암의 퇴적 동안에 일어난다(Collinson and Thompson, 1982, 제7장; Walker, 1984d). 하성의 쇄설물 지지 역암은 쇄설물의 방향성 배열을 보이는 이외에도 상류쪽으로 경사진 쇄설물들이 중첩되어 마치 기와를 엮어 놓은 듯한 모습을 이룬 쇄설물의 **와상중첩 구조**(imbrication)를

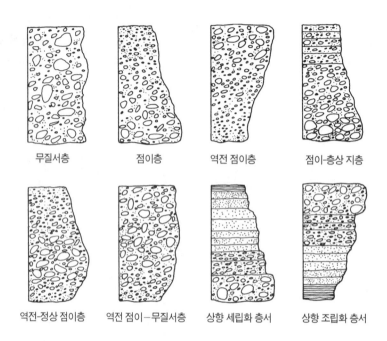

무질서층   점이층   역전 점이층   점이-층상 지층

역전-정상 점이층   역전 점이-무질서층   상향 세립화 층서   상향 조립화 층서

그림 7.7 상향 세립과 상향 조립화 층서와 비교하여 역암에서 점이층과 무질서층의 유형을 보여주는 주상 단면도(Walker, 1975; Hein, 1982).

그림 7.8 노스 케롤라이나 Grandfather 산에 분포한 Boone Fork 하상층의 와상중첩 구조를 보이는 자갈 사진. 왼쪽이 하류이다.

나타낸다(그림 7.8). 와상중첩 구조는 또한 해빈의 자갈과 역암에서도 나타난다(Bluck, 1967; Bourgeois and Leithold, 1984).

성분

역암의 성분은 화학 성분 또는 쇄설물과 기질의

성분으로 기재될 수 있다. 역암과 관련된 암석의 화학 성분을 분석한 연구는 문헌상에서 극히 소수만이 보고되어 있는데, 아마도 그 이유는 커다란 쇄설물 크기가 대표적인 시료를 구하는 것을 고된 일로 만들기 때문이다. 그럼에도 불구하고, 소수 조립질 쇄설성 퇴적물과 퇴적암의 분석이 표 7.2에 기록되어 있다. 이러한 분석은 지배적인 쇄설물의 성분적 다양성을 고려한다면 예상될 수 있는 광범위한 성분을 나타낸다(예, 시료 1의 석영과 시료 4의 석회암).

사암과 역암의 밀접한 연합은 이러한 두 종류 암석의 유사한 광물 성분과 결합하여 역암(각력암)의 화학 성분이 관련된 사암의 화학 성분을 모방한다는 것을 암시한다. 탄산염 각력암과 관련된 석회암과 돌로스톤도 아마 동일할 것이다. 지금까지 분석된 소수의 조립질 쇄설성암의 모든 화학 성분은 이것이 사실이라는 것을 암시한다. 따라서 단성분의

표 7.2 일부 조립질 쇄설성 퇴적암의 화학 성분

	1	2	3	4
SiO_2	98.95[a]	64.59	64.49	2.64
TiO_2	0.04	0.47	0.58	nr
Al_2O_3	0.52	14.66	26.50	0.67
Fe_2O_3	0.17	2.89	1.20	0.36
FeO	nr	3.55	nr	nr
MnO	0.01	0.08	nr	nr
MgO	0.02	3.83	nr	0.36
CaO	0.00	0.46	nr	52.82
Na_2O	0.01	1.60	nr	nr
K_2O	0.04	5.86	nr	nr
P_2O_5	nr	0.22	nr	tr
H_2O^+	nr	1.66	—	nr
H_2O^-	nr	0.08	—	nr
CO_2	nr	0.31	—	41.89
LOI[b]	nr	—	7.23[c]	—
기타	0.01	0.08	nr	tr
합계	99.77	100.35	100.00	98.74

출처:

1. 오하이오 Geauga County에 분포한 Sharon 역암층(펜실베이니아기) 의 석영 사암(Fuller, 1955).
2. 미시간 Dickinson County의 Fern Creek 빙성층(선캠브리아 이언). 분석자: B. Bruun(Pettijohn, 1975, 표 6).
3. 캘리포니아 Amador County에 분포한 Ione층의 점토가 풍부한 석영 역암(에오세)(Parker and Turner, 1952).
4. 캘리포니아 Siskiyou County의 석회암 역암(Heyl and Walker, 1949; Hill, 1981에 의해 조정됨).

[a]무게 백분율 값
[b]LOI=연소 손실
[c]H_2O 포함
nr=기록되지 않음
tr=미량

석영 역암과 석영 아레나이트는 유사한 성분을 갖는다(표 7.2의 분석 1과 표 6.4의 분석 1을 비교하라). 마찬가지로, 암질 와케와 다성분의 화산암질 역암과 각력암은 유사한 성분을 갖을 것으로 예상된다. 석회암 역암(예, 표 7.2의 분석 4)은 화학적으로 석회암과 유사하다(예, 표 8.1의 분석 1).

역암, 다이어믹타이트 및 각력암의 성분은 일반적으로 포함된 암석 유형의 쇄설물이나 암괴의 수로 보고되어진다. 표 7.3은 이런 유형의 일부 대표적인 분석을 나타낸다. 쇄설물의 성분이 광범위하다는 점을 주목하고, 또한 거의 단성분의 역암(한 가지 유형의 쇄설물을 갖는 역암)으로부터 매우 다양한 쇄설물의 집합으로 이루어진 다성분의 역암까지 완전한 점이적 변화가 있음에 유의하라. 단성분의 석영 역암은 석영이 풍부한 기원지로부터 유입된 퇴적물이 광대한 운반과 삭마(작동)로, 또는 이전의 작동(working)을 통하여 이미 석영이 풍부한 퇴적물질이 재동(reworking)을 받아서 형성된다. 대조적으로, 대부분의 경우에 단성분의 탄산염 각력암과 역암은 아마도 국부적으로 기원되고 거의 작동되지 않았다. 단성분의 쳐트 각력암 또한 국지적으로 기원된다. 다성분의 화산암질 역암은 화산 호(volcanic arcs)나 확장 중심과 변환 단층의 급사면의 판 경계로부터 기원된다. 화강암류, 화산암, 퇴적암 및 변성 암류를 포함하는 매우 다양한 입자를 갖는 다성분 역암은 일반적으로 조산대로부터 기원된다.

조립질 쇄설성 퇴적암의 기원

조립질 쇄설성 퇴적물의 형성을 목격할 수 있는 환경, 그리고 조립질 쇄설성 퇴적암과 수반된 우리들이 발견하는 암상과 화석은 그러한 암석의 일반적인 기원을 분명하게 지시한다. 그들은 유수나 파도에 의해 진동하는 물, 중력으로 야기된 흐름과 사태 및 낙하(falls), 그리고 움직이는 얼음에 의하여 운반되고 퇴적된 결과로 형성된다.

대부분의 역암과 일부 각력암은 물 속에서 운반되고 퇴적된다. 육상에서, 역암과 일부 각력암을 형성하는 중요한 매체는 하천과 호수의 파도이다. 하천에서, 자갈은 일차적으로 밑짐으로 운반된다.[12] 그러나 어떤 경우에는 빠른 유속과 교란이 자갈을 뜬

표 7.3 선정된 역암과 관련 물질의 쇄설물 수

	1	2	3	4	5	6	7
화성암	–	–	–	–	–	–	–
규장질 심성암	26[a]	2	0	1	–	–	–
고철질 심성암	12	0	1	0	–	–	–
규장질 화산암	11	23	0	3	–	–	–
고철질 화산암	21	1	1	1	–	–	–
퇴적암							
역암	0	0	0	0	tr	0	0
사암과 실트암	20	7	32	<1	1	12	0
셰일과 이암	0	15	0	50	0	0	0
석회암	0	2	0	0	0	78	<1
돌로스톤	0	0	0	0	0	1	61
쳐트	3	41	64	38	2	3	38
화석	–	–	0	0	0	–	tr
변성암							
변성 규암	0	1	0	<1	tr	4	–
점판암과 변성 이질암	6	–	0	2	1	–	–
사문석	0	–	2	0	0	–	–
석영	0	6	0	3	92	2	0
장석	0	0	0	0	3	0	0
미지의 암석과 잡동사니	0	2	0	<1	tr	–	0
측정된 잔자갈의 수	422	494	102	213	564	848	600

출처:
1. 뉴펀들랜드 New World섬의 Herring Neck 운하 지역에 분포한 Toogood 지층(실루리아기)의 Herring Head층 다성분 역암(Helwig and Sarpi, 1969).
2. 캘리포니아 북부 Pickett Peak 도폭에 분포한 프란시스칸 복합체(쥬라기/백악기)의 시료 39, 다성분 역암(Seiders and Blome, 1988).
3. 카보나 도폭의 시료 C51c(마이오세), 미약하게 고화된 다성분 역암(Raymond, 1969).
4. 캘리포니아 Diablo 산맥 북동부 Oso 산 지역에 분포한 프란시스칸 복합체(쥬라기/백악기)의 다성분의 셰일 암편, 그래뉼 각력암(Raymond, 미발표 자료).
5. 테네시 Little 테네시 강의 Chilhowee 댐 부근에 분포한 Wilhite층(원생대) Citico 역암의 석영 역암(Raymond, 미발표 자료).
6. 조지아 Cisco에 분포한 오르도비스기 Tellico 사암(층)의 다성분 역암(Kellberg and Grant, 1956).
7. 버지니아 Saltville 부근 Rich 계곡에 분포한 오르도비스기 모세임 석회암(층)의 쳐트-돌로스톤 각력암(Raymond, 미발표 자료).
[a]백분율 값
tr=미량

짐으로 들어올리기도 한다(Krumbein, 1942; Scott and Gravlee, 1968; Baker, 1984). 특히 홍수 기간 동안에 하상에 작용하는 전단력이 입자들을 제자리에 붙들어 놓은 힘을 초과하는 경우는 언제나, 대부분 밑짐의 운반이 시작된다. 유속과 수반된 전단력의 감소는 (1) 홍수가 잠잠해질 때, 또는 (2) 단일 수로의 흐름이 판상류(sheet flow)나 여러 수로의 지류로 대체되는 범람원, 선상지 또는 삼각주에서 물의 속도가 감소할 때 일어난다.[13] 퇴적 작용은 아마도 전단력이 최초로 움직이기 시작하는 데 필요한 값의 1 내지 6배로 감소할 때 일어나게 된다(Reid and Frostick, 1984). 하천의 운반으로 생긴 역암은 비록

그림 7.9 사암 위에 놓인 하성의 쇄설물로 지지된 왕자갈 내지 표력의 다성분 자갈. 오른쪽으로 그리고 관찰자쪽으로 경사진 쇄설물의 와상중첩 구조를 주목하라. 뉴멕시코 Taos 북부 Arroyo Hondo의 남쪽을 따라서 3번 고속도로변에 분포한 단구 자갈(플라이스토세?). 자갈로 된 급경사면의 높이는 약 5m이다.

그림 7.10 캘리포니아 Sonoma County의 Portuguese 해빈에 분포한 플라이스토세 해안 단구의 사암과 교호된 해빈 역암(다성분의 쇄설물로 지지된 잔자갈 형태).

순간적인 홍수로 생긴 역암이 상당한 양의 기질을 포함하기는 하지만, 전형적으로 쇄설물로 지지되어 있다(그림 7.9a) (Boothroyd and Ashley, 1975; Nemec and Steel, 1984; Middleton and Trujillo, 1984). 쇄설물의 와상중첩 구조는 사층리처럼 일반적이나, 점이는 단지 국부적으로만 존재한다.

충적 선상지에서 형성된 하성 역암과 각력암("선상지 역암", fanglomerates)은 기질 지지와 쇄설물 지지 형태를 포함한다. 이들은 이류(mudflows)와 암설류에 의해서 형성된 다이어믹타이트와 수반된다.[14] 하성의 선상지 역암과 각력암의 운반과 퇴적의 기구(mechanisms)는 하천의 수로와 범람원에서 작용하는 것과 동일하다. 대조적으로, 기질 지지의 암석은 퇴적물과 물의 비율이 높은 흐름에서 퇴적물이 쌓여서 형성된다(Sharp and Nobles, 1953). 이류와 암설류는 일반적으로 축적된 풍화 산물에서 많은 강수량에 의하여 중력 불안정이 일어나는 곳에서 시작된다. 이러한 흐름은 흐름에 대한 저항이

입자들 사이의 응집에 의해서 생기고, 마찰력이 퇴적물에 작용하는 중력에 의해 형성된 전단력을 초과할 때까지 사면 아래나 수로로 움직인다. 그 다음에는, 흐름이 갑자기 정지되며 퇴적물이 쌓이게 된다. 결과적으로 육상의 이류나 암설류에 의해서 만들어진 선상지 역암과 다이어믹타이트는 분급이 불량하고, 무질서하며, 기질로 지지된다. 일부 역전 점이가 각 층의 기저에 나타나지만, 점이는 보기 드물다. 쇄설물은 특히 다이어믹타이트에서 각상(angular)인 경향이 있다.

제4기 내지 현세의 암설류와 사태는 암석 낙하(rockfalls), 암석 사태(rockslides) 및 기타 유형의 사태와 같이 일반적이다(Pomeroy, 1980; Wells and Harvey, 1987).[15] 그럼에도 불구하고, 이러한 과정들은 침식이 일어나는 조산대 지역에서 일어나기 때문에, 이들에 의해 형성된 대부분의 다이어믹타이트, 각력암 및 역암은 장기적인 층서 기록에 보존되기 전에 침식된다. 빙하 퇴적물은 고위도와 고도가 높은 지역에서 국부적으로 흔하다. 그러나 그들의

고화된 대응체인 빙성층(tillite)은 마찬가지로 많은 층서 기록을 이루지 않는다.

질량류(mass flows)에 의해 생성된 다이어믹타이트는 빙하 퇴적물과 혼동될 정도로 유사한 특징을 갖는다(Sharp and Nobles, 1953; Lawson, 1981; Madole, 1982). 빙하퇴적물(tills)은 녹은 얼음이 운반하던 퇴적물을 떨어뜨리는 곳에서 빙하의 퇴적 작용으로 형성된다. 찰흔이 있는(striated) 쇄설물, 체터 마크가 있는(chatter-marked) 입자, 단봉(unimodal) 분포를 보이는 쇄설물이 방향성 배열, 그리고 수반된 낙하석(dropstone)을 포함한 엽층상 이암과 호상점토암(varvites)과 같은 특징적인 구조들은 고기의 빙성층을 알아내는 데 중요하다(Schwab, 1976).[16] 비록 빙하 퇴적물이 무질서하게 보이지만, 그들은 일반적으로 장축이 빙류(ice flow)의 방향과 나란한 쇄설물의 방향성 배열로 생긴 조직을 갖는다(Krumbein, 1939; Clague, 1975a).

바다의 해빈 퇴적물과 호수의 해빈 퇴적물은 성질이 유사하다.[17] 그들은 상대적으로 양호한 분급, 쇄설물의 와상중첩 구조 및 일반적으로 원반 모양의 잔자갈에 의하여 특징지어진다(Bluck, 1967; Bourgeois and Leithold, 1984). 또한 그들은 사층리가 발달하며, 국부적으로, 그러나 보기 드물게 화석이 나타난다. 쇄설물 지지와 기질 지지의 역암 모두가 해빈 내지 천해 환경에서 형성되지만(Phillips, 1984), 쇄설물로 지지된 역암이 보통이다. 그들은 일반적으로 사암과 교호되거나 횡적으로 사암으로 점이 된다(그림 7.10). 해빈 자갈(및 이로부터 생긴 역암)은 파도의 깨짐과 파도의 작용으로 인한 밀물과 썰물에 의하여 그들의 특징을 갖게 된다.

파도 또한 탄산염 각력암을 생성한다. 예를 들면 폭풍 파도는 조간대에 있는 건열과 엽층상 석회질 이토를 파편으로 깨뜨려 그들을 각력암 또는 "평력역암(flat pebble conglomerate)"으로 재퇴적시킨다(그림 7.1d).[18] 다소 깊은 물에서는, 각력암이나 역암이 발달하기도 한다(Hoffman, 1974).[19]

외안(offshore) 지역에서, 질량류와 해저 사태는 조립질 쇄설성 물질을 운반하고 퇴적시키는 유력한 방법이다. 수중 암설류는 분명히 해저 삼각주에서 나타나고, 대류사면에서 발달하며, 해저 협곡과 수로에서 일반적이다(Postma, 1984; Coleman, 1988). 유사하게, 해저 사태는 해저 사면에서 광범위하게 나타난다(Embley, 1976; Jacobi, 1984). 육상의 사태처럼, 해저 사태는 전단력이 퇴적물의 항복 강도(yield strength)를 초과할 때 움직이기 시작한다. 퇴적 작용은 일반적으로 경사의 감소에 기인하는 전단력이 감소함으로써 일어난다.

연구 사례

여기에 나타낸 예들은 조립질 쇄설성암의 산출과 성분 및 기원의 다양성을 설명한다. 그들은 또한 퇴적 구조와 암석의 성분 및 고지리적 자료들이 암체와 암석이 나타나는 지역의 역사를 이해하는 데 어떻게 이용될 수 있는지를 보여준다.

캘리포니아 카보나 도폭의 상부 마이오세 역암

사암과 이질암과 교호된 상부 마이오세의 자갈과 미약하게 고화된 역암, 각력암 및 다이어믹타이트가 캘리포니아 중부 해안 산맥의 하나인 Diablo 산맥의 북쪽과 서쪽 가장자리를 따라서 노출되어 있다(그림 7.11). 이러한 녹회색 내지 적갈색의 암석들은 Livermore 자갈, 카보나층 및 Oro Loma층으로 다양하게 불려져 왔다(Huey, 1948; Briggs, 1953; Pelletier, 1961; Raymond, 1969). 캘리포니아 Tracy 남쪽 카보나 도폭(Carbona Quadrangle)과 서쪽의 Telsa 도폭에서, 암석은 약 1200m의 최대 두께를 갖

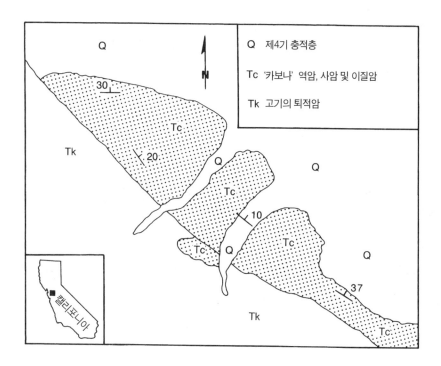

그림 7.11 캘리포니아 카보나 15' 도폭에 분포한 "카보나" 역암(Tc)의 지도(Raymond, 1969 수정).

는다. 카보나 지역에서, 중요한 노두는 서쪽과 동쪽으로 얇아지는 북동쪽으로 경사진 퇴적층을 나타내는 반원 모양의 지도를 이룬다.

노출은 일부 지역에서 불량하나, 지층은 골짜기와 협곡의 벽을 따라서 양호하게 노출되어 있다. 각각의 단위층은 렌즈상이며, 특히 노출된 단면에서 렌즈들은 1 내지 수m 가로 질러 있다. 그들의 두께는 약 5cm에서부터 1.5m까지의 범위를 갖는다(그림 7.12). 국지적으로 그들은 이러한 범위를 초과하기도 한다. 관찰된 쇄설물의 최대 크기는 60cm이다. 지층 내에 있는 퇴적 구조로는 사층리, 수로 구조, 일부 점이층 및 기원이 불분명한 관 모양의(tubular) 구조가 포함된다. 소규모의 역전 점이층이 국지적으로 존재하나, 일반적인 것은 아니다. 일부 쇄설물의 와상중첩구조 또한 나타난다.

조직적으로, 조립질 쇄설성 암석의 각각의 단위층은 보통 양봉 분포를 나타낸다(그림 7.4a, b, c 참조). 분급은 불량하다. 쇄설물 지지 암상과 기질 지지 암상 모두가 단면에서 나타난다. 쇄설물은 원마도가 높은 것부터 각상까지 변한다.

퇴적물의 기원지는 산맥의 측면에 있는 지층의 위치와 쇄설물의 성분 두 가지 모두에 의해서 지시된다. 카보나 역암의 잔자갈 수(표 7.4)와 역암과 교호된 사암의 중광물 분석(표 7.5)은 지배적인 근원지가 Diablo 산맥의 중심부를 이루며 남쪽에 노출된 구조적으로 하부에 놓인 중생대의 암석이라는 것을 지시한다(Raymond, 1969). 와케 사암과 쳐트 쇄설물의 풍부함과 중광물 중에서 남섬석(glaucophane), 제이다이트(jadeite) 및 로소나이트(lawsonite)와 같은 변성 광물의 존재에 의해서 지

표 7.4 "카보나" 역암의 각각의 단위층에 대한 쇄설물의 수

	C51a	C51b	C51c	C50a	C50L	C50m	C50n
처트	55[a]	63	64	80	43	63	74
녹색	28	26	33	18	18	33	27
적색−핑크색	2	22	17	19	12	14	21
황색−오렌지색	5	10	5	2	3	0	4
흑색	1	0	0	3	0	3	1
백색	9	6	9	37	10	13	20
각력암	0	0	0	0	0	0	1
사암	39	35	32	10	54	29	21
"그레이와케"	—	—	—	8	—	25	17
기타	—	—	—	2	—	4	4
역암	0	0	0	2	3	2	0
고철질 변성화산암	3	1	1	0	0	3	2
규장질 화산암	0	0	0	0	0	1	0
고철질 심성암	1	0	1	0	0	0	0
사문암	1	0	2	0	0	0	0
석영	0	0	0	2	0	0	0
방해석	0	0	0	0	0	1	0
칼리치	0	0	0	6	0	0	2
판정되지 않음	1	1	0	2	0	2	2
측정된 쇄설물의 수	136	126	102	124	61	117	128

출처: Raymond(1969).
[a]백분율 값. 합계는 돌면서 조사하는 착오로 100%를 초과하기도 한다. 단지 굵은 글씨의 수의 합계는 약 100%이다.

시되는 것처럼, 쥬라기-백악기의 프란시스칸 복합체는 퇴적물을 만드는데 중요한 기여를 하였다(표 7.5, 특히 시료 C50L과 C50r). 소량의 퇴적물은 아마도 동부(시에라 네바다)에 기원지를 갖는 하부에 놓인 그레이트 벨리층군과 신생대의 화산 기원 역암 및 이암으로부터 기원되었다. 이러한 2차적인 기원지는 하부에 놓인 기반암에는 없는 자소휘석(hypersthene)과 옥시혼블랜드(oxyhornblende)의 존재(예, 표 7.5의 시료 C22)에 의하여 지시된다.

함께 고려된 이 증거는 카보나 역암, 각력암 및

그림 7.12 층상의 "카보나" 역암, 사암 및 다이어믹타이트. 여기에서 최하부의 완전한 층은 약 1.5m 두께이다.

표 7.5 "카보나" 역암의 중광물

	C22	C22b	C50L	C50q	C50r
양기석	−	−	−	−	r
각섬석, 무색	−	−	C	C	m
인회석	−	r	−	r	r
흑운모	−	−	r	r	m
크롬철석	−	−	A	A	C
녹렴석	r	m	m	m	m
석류석	r	C	m	m	m
해록석	−	−	r	−	−
남섬석	m	m	C	m	m
각섬석	C	A	m	m	m
옥시혼블렌드	C	A	C	m	r
자소휘석	A	m	−	−	r
제이다이트	−	−	m	C	C
로소나이트	−	−	m	m	C
갈철석	−	−	A	C	C
자철석	C	C	C	C	C
스핀	−	r	m	m	m
저어콘	−	m	m	r	m

출처 : Raymond, 미발표 자료
A=풍부함, C=흔함, m=소량, r=희소함

다이어믹타이트의 기원이 충적 기원이라는 것을 지시한다. 암석 내에 말의 화석을 포함한 육성의 척추 동물 화석은 비해성 기원을 지지한다(Pelletier, 1951; 1961). 입도 분포(26쪽 문제 1.2의 "카보나" 역암의 누적 입도 곡선을 참조하라)와 곡상의 사층리, 수로 구조, 렌즈상의 지층 및 쇄설물의 와상중첩구조는 대부분의 지층이 하천에서 밑짐과 점이된(graded) 뜬짐으로 운반되었고, 충적 선상지나 충적 평야의 표면에 있는 수로와 범람원에 퇴적되었음을 암시한다. 소수 다이어믹타이트와 일부 역전 점이층의 존재는 암설류에 의한 퇴적 작용이 역시 일부 일어났다는 것을 암시한다. 융기하는 산맥으로부터 남쪽과 남서쪽으로 공급된 퇴적물은 산의 측면을 따라서 발달하는 바하다(bajada) 위로 운반되어 퇴적되었다.

버지니아 중기 오르도비스기 모셰임 석회암층의 알로켐 돌로스톤-쳐트 각력암

애팔래치아 산맥의 남부에는 캠브리아-오르도비스기의 낙스(Knox)층군을 포함한 캠브리아-오르도비스기의 탄산염 암석의 두꺼운 지층이 북아메리카의 비활동적(passive) 동쪽 대륙 주변부를 따라서 나타난다(Colton, 1970; Markello and Read, 1981). 탄산염 퇴적 작용은 대륙주변부를 융기시킨 오르도

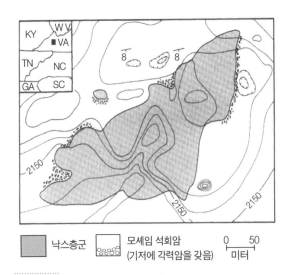

낙스층군 　　 모셰임 석회암 (기저에 각력암을 갖음)

0　　50 미터

그림 7.13 모셰임 각력암과 모셰임 석회암에 의하여 덮히는 낙스층군 탄산염암을 나타낸 Ben Clark 농장 지역의 지도(Webb, 1959 수정).

그림 7.14 모셰임 각력암의 사진. 쇄설물은 쳐트, 돌로스톤 및 하나의 두족류 화석을 포함한다.

비스기 타코닉 조산운동(Taconic Orogeny)에 의하여 중단되었으며, 이 결과로 중기 오르도비스기 동안에 육상의 노출이 있었으며 카르스트 지형이 발달하고 침식이 일어나게 되었다. 풍화와 침식으로 언덕과 계곡을 만들게 되어 150m에 달하는 기복을 갖는 고지형(paleotopography)을 형성하였다(Webb, 1959; Mussman and Read, 1986; Webb and Raymond, 1979, 1989).

침식된 낙스층군 위에 중기 오르도비스기의 침식으로 Tippecanoe층의 기저에 다양한 탄산염암과 셰일의 퇴적이 일어났다. 따라서 낙스-중기 오르도비스기 부정합이 형성되었다. 부정합 이후의 지층은 용식함몰지(sinkhole)를 채운 각력암, 석회질과 돌로마이트질 적색층, 기저의 탄산염(±쳐트) 역암과 각력암, 그리고 화석이 산출되는 석회암과 돌로스톤을 포함한다(Mussman and Read, 1986). 각력암으로 채워진 함몰지는 용식 동굴 위에 덮개암(roofs)의 용해와 수반된 붕괴가 각력암을 만들게 하였다는 것을 암시한다. 기저 각력암은 낙스층군의 고지형이

140m에 달한 버지니아 Saltville 근처 Rich 계곡 지역에 노출되어 있다(Webb, 1959).

Rich 계곡의 노두는 작은 렌즈나 쐐기 모양의 각력암으로 이루어져 있으며 이들은 모셰임 석회암(층)으로 명명되어 있다. 이러한 각력암은 낙스 기반암에서 지형적 고지대의 측면에 접한다(그림 7.13). 비록 여러개의 각력암층들이 단면의 하부 2/3m를 형성하며 층의 기저에 나타나지만, 다른 각력암층들은 기저로부터 수m 위에 교호층으로 나타난다. 지층은 일반적으로 1m 이하의 두께를 갖으며, 쇄설물의 최대 크기는 약 45cm이다. 돌로스톤이 가장 커다란 쇄설물을 형성하는 반면, 쳐트 쇄설물은 1에서 60mm까지의 범위를 갖으며 평균 직경은 약 9mm이다(Webb, 1959, p. 18). 각력암층 위에 놓이는 주로 창모양의 구멍이 있는(fenestral) 석회질 이암으로 구성된 모셰임 석회암은 천해 퇴적 환경을 지시한다.[20]

모셰임 각력암은 장소에 따라서 뚜렷하게 변한다. 대부분은 기질 지지이나, 쇄설물 지지 형태도 존

재한다(그림 7.14). 기질은 주로 돌로마이트이다. 어떤 곳에서 각력암은 단성분의 돌로스톤 각력암으로 이루어져 있으나, 다른 지역에서는 다성분의 쳐트-돌로스톤 각력암이 지배적이다. 국부적으로, 다성분 각력암은 드물게 해양 연체동물 화석을 포함하기도 한다.

자갈 성분의 측정은 각력암의 다양한 성분을 반영한다. 일부는 100% 쳐트 또는 100% 돌로스톤이며, 다른 것들은 다성분을 나타낸다. 표 7.3의 분석 7은 Webb(1959)의 Ben Clark 농장 지역에서 각력암의 평균 성분을 반영하는 모세임 각력암의 여러 판석(slabs)에 대한 자갈 측정 자료이다. 돌로스톤이 지배적이나 쳐트도 흔하다. 석회암 쇄설물은 희박하게 나타나며 방해석은 공동 충전물(cavity fillings)을 나타내는 "눈(eyes)"과 맥(vein)을 형성한다. 화석을 제외한 모든 쇄설물들은 하부에 놓인 낙스층군으로부터 기원되었다.

이용 가능한 자료들은 모세임 각력암이 침식되는 북아메리카 대륙주변부를 중기 오르도비스기 바다가 해침할 때 발달된 조간대에서 침식하는 파도의 작용과 후속적인 퇴적물의 퇴적에 의하여 형성되었다는 것을 지시한다. 용해로 인한 각력암화 작용(용식 함몰지 붕괴)은 국부적으로 낙스층군의 탄산염암과 쳐트의 파쇄 작용에 기여하였다. 그럼에도 불구하고, 파쇄 작용이 부분적으로 돌리네(doline) 붕괴로 결과된 것이든지 또는 전적으로 파도의 작용에 의한 것이든지 간에, 쇄설물의 운반 작용은 퇴적에 앞서서 매우 제한적이었다. 쇄설물의 각상에 의하여 지시되는 제한적인 운반 작용은 각력암이 낙스층군 기반암에 바로 인접해서 산출되는 사실에 의해서 지지된다(그림 7.13). 대부분의 각력암은 기질로 지지되어 있기 때문에, "잔류 퇴적물(lag deposits)"을 형성하기 위해서 유수나 파도에 의한

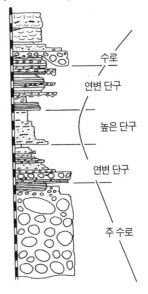

St. Simon Sur Mer, Est

수로

연변 단구

높은 단구

연변 단구

주 수로

그림 7.15 사암과 이질암과 교호된 수로와 단구 역암을 보여주는 Cape Enragé 층의 St. Simon Sur Mer Est에서의 층서(Hein and Walker, 1982 간단히 수정함).

퇴적물로부터의 세립질 물질 제거 작용은 모세임 각력암의 형성에 중요하지 않았다.

퀘벡의 Cape Enragé 층 역암

캠브리아-오르도비스기의 Cape Enragé 층은 퀘벡의 세인트로렌스강의 남쪽을 따라서 노출되어 있다(Hubert et al., 1970).[21] 270m에 달하는 역암과 사암은 6개의 암상으로 구분될 수 있는 층들의 복합체를 형성한다(Hein, 1982; Hein and Walker, 1982).

6개의 암상은 Orignal층의 분지-평원 이질암 위에 퇴적된 심해저 수로 복합체를 구성한다. 이러한 암상들은 (1) 조립질 역암(쇄설물 > 16mm) (2) 점이-층상 지층과 사층리가 발달한 세립질 역암 (3) 점이층이 없고 사층리가 발달한 세립질 역암, 역질 사암 및 사암 (4) 조립 입자 점이를 갖는 기질로 지지된 역질 사암과 세립질 역암 (5) 점이된 세립질

역암, 역질 사암 및 탈수 구조를 갖는 사암 및 (6) 괴상의 역질 사암과 사암이다(Hein, 1982; Hein and Walker, 1982). 정상 점이는 unit 3을 제외한 모든 units에서 나타나며, 점이는 3과 4를 제외한 모든 units에서 전 입자 점이(distribution grading)이다. 무질서 층은 물론 점이-층상, 역전-정상 점이, 역전 점이-무질서 및 역전 점이를 포함한 다른 점이 유형이 층에 나타난다. units의 기저 경계는 침식으로 깎인 기저 경계부가 퇴적물의 하중에 의해 눌려진 unit 3를 제외하고는 편평하거나 침식으로 깎여져 있다. 다양한 암상들은 서로 복잡하게 교호되고 서로를 침식한다(그림 7.15).

역암은 다성분이며 석회암 쇄설물이 지배적이다(Hubert et al., 1970; Johnson and Walker, 1979). 석영은 다른 우세한 쇄설물의 형태이다. 적어도 1개의 unit는 최대 직경이 4m에 이르는 탄산염암의 표력을 포함하나, 쇄설물의 크기는 일반적으로 10mm 이하로 그래뉼과 잔자갈 크기 범주에 해당한다.

역암은 수로 구조를 갖으며 암상은 복잡하게 교호되어 있다. 이러한 사실과 고수류 및 고지리적 고찰은 Cape Enragé 층이 대륙대의 기저에서 역암으로 채워진 해저 수로의 남서 방향 복합체 및 인접한 수로의 단구에 퇴적되었다는 것을 암시한다(Hein and Walker, 1982). 암상 3을 제외하면, 퇴적물 자체는 대규모 저탁류의 바닥으로 운반된 농집된 퇴적물 덩어리로부터 퇴적되었다(Hein, 1982). 이전에 퇴적된 물질을 나타내는 점이가 없는 units(암상 3)는 아마도(주 수로로부터의) 스필오버(spillover)가 주어진 저탁류의 주 퇴적 장소 밖에 유수를 만든 지역에 형성된 소류(traction currents)에 의하여 재동된 퇴적물일 것이다. 대륙붕 암석의 쇄설물은 천해 암석의 재동을 지시한다. 따라서 처음에는 대륙붕에 퇴적되고 나중에는 심해에서 재퇴적된 물질로 구성된 다양한 지층은 교호되고, 재퇴적된 역암과 사암을 나타낸다.

요약

역암과 각력암 및 이들과 유사한 암석들은 다양한 환경에서 형성된다. 이들에는 빙하, 하천, 충적 선상지, 호수 연안, 삼각주, 해빈, 조간대, 대륙사면, 및 해저 선상지/분지 평원 환경이 포함된다. 각각의 환경은 형성된 조립질 쇄설성 퇴적물의 독특한 특성에 영향을 미친다. 그러한 특징들은 조립질 쇄설성 암석의 비퇴적 기원과 퇴적 기원을 구분하는 데 이용된다. 암석에 수반된 화석은 지층이 만들어진 특수한 환경을 반영한다.

조립질 쇄설성 퇴적암의 골격 쇄설물은 원마상이거나 각상이다. 역암과 각력암의 기질은 사실상 석회질, 돌로마이트질, 사질, 또는 역질인 반면에, 다이어믹타이트의 기질은 이토이다. 쇄설물 지지와 기질 지지의 조립질 쇄설성 암석 모두는 점이를 보인다. 국부적으로 존재하는 추가적인 구조로는 사층리와 수로 구조(깎고 메우기 구조, cut and fill)가 있다. 이러한 구조와 수반된 화석은 구체적인 퇴적 환경을 지시한다.

역암은 특히 고지리를 복원하는 데 유용하게 이용된다. 쇄설물은 화석을 포함하기도 하며, 쇄설물의 암석 성분은 기원지에 대한 구체적인 정보를 제공한다. 따라서 비록 조립질 쇄설성 퇴적물은 충서기록에서 양적으로 작은 성분이기는 하지만, 그들은 매우 가치가 있는 정보의 원천이다.

주석 ●●

1. 자갈, 역암, 각력암 및 다이어믹타이트, 또는 그들의 기원을 기술한 논문의 예로는 Lawson(1913), Sharp(1948), White(1952), Chase(1954), Ham(1954), Fuller(1955), Kellberg and Grant(1956), Anderson(1957), Crowell(1957), Bailey et al.(1964), Hamilton and Krinsley(1967), Horne(1969), Helwig and Sarpi(1969), Abbate et al.(1970), Nordstrom(1970), Wilson(1970), Lowe(1972), Mutti and Ricci−Lucchi(1972), Anderson and Picard(1974), Cowan and Page(1975), Hubert et al.(1977), Walker(1975, 1977), Krieger(1977), Stanley(1980a), Daniels(1982), Hein(1982), Kalliokoski(1982), Madole(1982), McLaughlin and Nilsen(1982), Merk and Jirsa(1982), Seiders(1983), Moore and Nilsen(1984), Phipps(1984), Pickering(1984), Postma(1984), Suchultz(1984), Seiders and Blome(1984, 1988), Nadon and Middleton(1985), Postma and Roep(1985), Rosenthal and Walker(1987), Went et al.(1987), Barany and Karson(1989), Stevens et al.(1989), Eyles(1990), Mustard and Donaldson (1990), Robertson(1990) 및 Tanner and Hubert(1991) 가 있다.

2. 멜란지(melange)는 "1:24000축척의 지도에 표시할 수 있거나 조금 작은 암체이며, 경계나 지층이 내부적인 연속성이 결여되고, 세립질 물질의 파쇄된 기질에 둘러싸여 있으며 분지 외와 분지 내 두가지의 기원을 갖는 모든 크기의 파편과 암괴를 포유하고 있는 것이 특징적이다"(Raymond, 1984a).

3. 화산 쇄설성 화산암과 화산쇄설성 퇴적암 사이의 경계는 점이적이며, 일부 암석은 이들 중 어느 한

가지로 쉽게 지정될 수 없다.

4. 세인트 헬렌스 화산 폭발과 그의 결과로 생긴 지층의 기재를 위해서는 Lipman and Mullineaux(1981)에 있는 추가적인 논문을 참조하라.

5. 해저 사태 퇴적층(olistostrome)이라는 용어는 해저 사태 기원의 중간 규모 내지 지도에 표시될 수 있는 규모의 암체에 이용된다(Flores, 1955; Abbate et al., 1970; Hsu, 1974; Raymond, 1984a). 지도에 표시 될만한 해저 사태 퇴적층은 Horne (1969), Abbate et al.(1970), Page and Suppe(1981), Naylor(1982) Brandon(1989), Muller et al.(1989) 및 Eyles(1990)을 포함한 여러 학자들 에 의해 기재되고 논의되었다. 또한 Bouma(1987) Souquer et al.(1987) 및 Labaume et al.(1987)의 "대규모 저탁암(megaturbidites)"에 관한 논의를 참조하라.

6. 이 문제에 관련된 국면은 Raymond et al.(1989)에 의하여 논의되었다.

7. 역질 이암(pebbly mudstone)은 이토질 기질에 원마상 쇄설물을 갖는 암석에 사용되는 다른 이름이다. 논의를 위하여 Crowell(1957)을 참조하라.

8. 엽리(foliation)이라는 용어는 여기에서 성인적인 방법보다는 기재적인 방법으로 사용되었으며, 판상 내지 침상의 입자가 판상으로 배열된 것을 말한다.

9. 예를 들면 Lugn(1927), Krumbein(1942), Schlee (1957), Raymond(1969), Pettijohn(1975, p.158), Nemec and Steele(1984).

10. Shin and Komar(1990)는 유량 변화의 영향에 대해 논의하였다.

11. 더 많은 정보를 위해서는, Krumbein(1939a)과, Pettijohn(1975, 제6장)과 Collinson and Thomson

(1982, 제7장)의 검토를 참조하라. 예를 들면 White(1952), Byrne(1963), Bluck(1967), Pessl(1971), Clague(1975a) 및 Visser(1989)를 참조하라.

12. 하천의 침식, 운반 및 퇴적의 역학(mechanics)과 과정은 Krumbein(1942), Plumley(1948), Kuenen (1956), Wolman and Miller(1960), Byrne(1963), Bagnold(1966, 1973), Simons and Richardson (1966), Scott and Gravlee(1968), Keller(1971), Shroba et al.(1979), Faye et al.(1980), Kochel and Baker(1982), Baker(1984), Reid and Frostick(1984, 1987), Wells and Harvey(1984) 및 Shih and Komar(1990)와 같은 수많은 논문에서 논의되었다. 더 많은 정보를 위해서는 이들 논문 과 논문에 있는 참고 문헌을 참고하라.

13. Bull(963, 1968), Nilson(1982), Rust and Koster(1984).

14. 육상 암설류와 이류의 기원 또는 성질은 Sharp and Nobles(1953), Middleton and Hampton(1976), Nilson(1982), Schultz(1984) 및 Osterkamp et al.(1986)에 의해 논의되었다. 또한 Dott(1963)를 참조하라. 충적 선상지 퇴적물은 Lawson(1913), Bull(1963), Raymond(1969), Nilsen(1982), Harvey(1984), Kochel and Johnson(1984), Wells(1984) 및 Nadon and Middleton(1985)에 의해 논의되었다.

15. 사태 퇴적층은 Shreve(1968), Johnson(1978), Voigt(1978a, b), Plafker and Ericksen(1978), McLaughlin and Nilsen(1982), Harvey(1984) 및 Osterkamp et al.(1986)에 의해 논의되었다. 아리조나의 마이오세 사태 각력암은 Krieger(1977)에 의해 기재되었다. 콜로라도 상부 고생대 Cutler 층의 육상에서 형성된 다이어믹타이트는 Schultz(1984)에 의해 기재되었다.

16. 또한 Hanilton and Krinsley(1967), Schwab(1976), Easterbrook(1982), Collinson(1986b) 및 Mazzullo and Anderson(1987)을 참조하라.

17. 호수의 잔자갈 또는 왕자갈 해빈에 대한 문헌은 귀하다. 예로써 Krumbein and Griffith(1938)를 참조하라. 해양의 해빈은 Clifton(1973), 이 교재에서 언급된 다른 논문 및 Williams and Caldwell(1988)에 의해서 논의되었다.

18. 평력 역암은 Matter(1967), Shinn(1983) 및 Whisonant(1987, 1988)에 의해서 논의되었다.

19. 초 측면의 각력암과 역암은 또한 예를 들면 Cook et al.(1972)와 Beard(1985, in McKnight, 1988)에 기술되어 있다.

20. 탄산염 암상과 그들의 중요성에 대한 논의를 위해서는 제8장을 참조하라.

21. 이 검토는 Hubert et al.(1970), Davis and Walker(1974), Johnson and Walker(1979), Hein(1982) 및 Hein and Walker(1982)의 연구에 근거하였다.

연습 문제 ●

7.1 그림 7.4a의 히스토그램을 CM 다이아그램으로 바꾸어라.

7.2 표 7.3에 제시된 각각의 역암의 기원지를 기술하라.

탄산염암 8

서론

플로리다 서부해안, 멕시코의 칸쿤(Cancun) 또는 바하마와 같은 지역의 야자수 그늘진 해빈의 열대 외안 지역(offshore)은 탄산염암이 형성되는 대표적인 환경이다. 탄산염암은 몇 가지 이유에서 흥미롭다. 그들은 특정한 환경에 대한 확실한 지시자이고 지구 역사를 수립하는데 도움이 되며, 탄화수소의 저류암이고 특정한 유형의 광상의 모암인 동시에, 자연의 물체로서 흥미롭고, 생물학적인 진화의 기록으로서 필수적이며, 퇴적 환경의 재현에 지시적인 화석을 많이 갖고 있다.

탄산염 퇴적암(석회암과 돌로스톤)은 지표 암석의 4%의 부피에 해당하나, 대륙은 10~35%가 이 암석으로 되어 있다(Blatt, 1970; Folk, 1974).[1] 탄산염 퇴적물은 대서양, 인도양 그리고 남태평양을 덮고 있고, 열대와 아열대의 뱅크와 천해 대륙붕에서는 현저하게 많다. 대륙에서 탄산염 퇴적물은 건조하거나 반건조한 지역의 호수, 토양 및 사구 그리고 열수 작용과 지하수가 흘러나오는 샘에서 형성된다.

탄산염암의 특징

모든 암석과 같이 탄산염암은 그들의 광물 성분과 조직에 근거해서 분류한다(제2장 참조). 그러나 그들의 광물 성분이 제한되어 있기 때문에 탄산염암의 조직은 중요성을 더한다. 일부 탄산염암은 결정질이나, 다른 탄산염암은 쇄설성이다. 많은 탄산염암은 결정질 및 쇄설성 요소를 둘 다 갖는다.

정의에 따라 탄산염암(carbonate rocks)은 50% 이상의 탄산염 광물로 된 암석이다. 제일차적 분류의 관점에서 보아 그들의 침전물과 알로켐 형태(allochemical types)의 쇄설성 암석을 포함한다. 광물학적으로 탄산염암은 제일차적 광물, 제이차적 광물 그리고 재동된 입자를 포함한다. 대부분의 일차적 물질은 생물에 의해 침전된다. 가장 주목할 만한 제이차적 광물인 돌로마이트와 다른 속성 기원 탄산염 광물은 제3장에서 취급하였다.

탄산염암에서 쇄설성 입자는 패각 전체 또는 부서진 패각과 기존 암석의 조각을 포함하는 화학적이고 생화학적인 침전물의 파편으로 구성되어 있다.

이들 입자 파편들이 그들의 원래 퇴적지로부터 운반되면 그들은 알로켐(allochems)[2]이라고 부른다. 알로켐 암석은 주로 암로켐으로 구성된 암석임을 상기하라.

Folk(1974)는 단일 퇴적 역사와 다단계 퇴적 역사를 갖는 암석 사이에서 알로켐 암석을 제일차적 침전물과 분리하는데 중요한 구분을 하였다. 제일차적 침전물은 물리적 환경이나 생물체 또는 둘 모두에 의해 제공되는 화학적 조절에 따라 형성된다. 알로켐암석(allochemical rocks)은 그들의 특징이 그들의 초기 침전을 일어나게 하는 화학적 환경뿐 아니라 침식, 운반 그리고 재퇴적을 초래하는 물리적 환경으로부터 형성된다.

탄산염암의 광물 성분과 화학 성분

방해석, 마그네슘방해석, 아라고나이트로 구성된 석회암과 돌로마이트로 구성된 돌로스톤은 탄산염암의 두 가지 주된 유형이다. 마그네슘 방해석과 아라고나이트는 특히 속성 변질을 잘 받는다. 따라서 방해석과 돌로마이트는 오래된 탄산염암에서 가장 흔한 광물이다.

화학성분적으로 탄산염암은 주로 CaO, MgO, CO_2로 구성되어 있다. 산소와 탄소의 동위원소비는 일부 미량원소처럼 환경 분석에 중요하다.

탄산염 광물

여러 가지 탄산염 광물은 방해석의 두 가지 변형을 포함하여 탄산염 퇴적물과 탄산염암에서 산출된다. 방해석($CaCO_3$)은 방해석(calcite) 또는 저마그네슘방해석(low-Mg calcite)이라고 불리는 비교적 순수한 형태이거나, 또는 마그네슘 방해석(Mg calcite)이나 고마그네슘 방해석(high-Mg calcite)이라고 불리우는 경우 상당한 양의 마그네슘이온을 포함(최

대 30몰%까지) 한다(Friedman, 1964, 1965b; Scoffin, 1987, sec. 1.2).[3] 그것은 또한 철, 망간 또는 나토륨 같은 원소를 소량 함유할 수 있다. 방해석은 유기적 그리고 무기적 두 가지 방법으로 침전된다. 마그네슘방해석은 천해 열대 해양 환경의 저서성 생물에 의해 주로 생성된다. 그것은 또한 비열대지역의 퇴적물에서 화학적 또는 생물학적으로 산화된 메탄가스와 함께 Ca와 Mg 이온의 혼합의 결과로 형성될 수 있다.[4] 이외에도 고마그네슘방해석은 동아프리카의 큰 열대 호수인 Tanganyika호에서도 보고되고 있다(Cohen and Thouin, 1987). 저마그네슘방해석은 개방된 해양의 원양성 및 부유성 생물에 의해서 생성되고 깊은 곳에서 안정한 광물이다(Friedman, 1965b; Mullins, 1986).

아라고나이트(사방정계의 $CaCO_3$)는 유기적 그리고 무기적 작용을 통해 침전된다. 탄산염암에 존재하는 많은 아라고나이트는 생물 기원인데, 이것은 아라고나이트가 많은 무척추 골격의 주성분이고 일부 조류(algae)의 주침전물이기 때문이다(Lowenstam, 1955; Halley, 1983).[5] 마그네슘 방해석과 같이 아라고나이트는 전형적으로 저서성 생물에 의해서 생성된다.[6] 무기적 아라고나이트가 미국 와이오밍의 옐로스톤 국립공원(Yellowstone National Park)의 맘모스 온천(Mammoth Hot Springs)과 같은 온천으로부터도 침전된다(Pentecost, 1990). 삼방정계의 방해석 구조와는 대조적으로 사방정계인 아라고나이트 격자에는 많은 양의 Mg 이온이 결합되지 않는다. Sr과 Na는 아라고나이트에서 미량 산출된다.[7] 아라고나이트는 지표에서 준안정 상태이고 쉽게 방해석으로 전환되기 때문에 플라이스토세 이전의 아라고나이트는 비교적 드물다.

돌로마이트[$CaMg(CO_3)_2$]는 일차적 침전물과 치환 광물로 산출되나 대부분 이차적 광물로 산출된다.[8]

돌로마이트는 양이온의 절반이 크기가 작은 Mg 원자로 되어있다. 따라서 큰 Ca 이온(0.99Å)은 돌로마이트에서 Mg 이온(0.66Å)을 쉽게 치환하지 않는다. 그러나 철이온(0.74Å)은 Mg 이온을 치환하고 철성분이 많은 돌로마이트를 철돌로마이트(ferroan dolomite)라고 부른다.

다른 광물

다양한 다른 광물들이 탄산염암에서 산출된다. 이들 중에서 가장 흔한 것은 석영과 점토 광물이다. 전형적으로 이들 광물들은 소량 내지 미량 존재한다. 그러나 예외도 드물지 않다. 예를 들면 탄산염과 쇄설성 전이대에서 방해석 또는 아라고나이트는 많은 석영, 점토 광물 그리고 심지어는 장석과도 혼합된다(Driese and Dott, 1984; Mount, 1984).[10] 탄산염에서 발견된 가장 흔한 엽상규산염 광물에는 점토-일라이트, 스멕타이트, 고령토-그리고 해록석과 녹니석이 있다.[11]

그들의 일부가 속성 작용시 형성되는, 탄산염암에서 산출되는 추가적인 광물에는 단백석, 옥수, 앙케라이트, 능망간석, 갈망간석, 황철석, 흑연, 적철석, 자철석, 알칼리장석, 활석, 인회석, 석고, 경석고, 암염이 있다.[12] 특히 치환 작용이 광범위한 곳에서 이들 광물의 산출은 단지 가상(pseudomorphs)으로 나타난다.

탄산염암의 화학 성분

그들은 주로 칼슘과 마그네슘광물로 구성되어 있기 때문에 탄산염암은 이들 주 원소들과 CO_2의 성분이 높다. 표 8.1은 이들 원소의 함량비를 보여주는 일부 탄산염암과 탄산염 퇴적물의 화학 성분을 제시한다. 대부분의 탄산염암에서처럼 규산이 비교적 낮음을 주목하라. 점토 광물과 다른 광물이 암석의 주성분인 경우에는 규산, 알루미나 그리고 철의 함량이 높다.

일부 미량 원소 연구가 탄산염암에 대해 행해졌다(Parekh et al., 1977; Tling and M'Rabet, 1985). 일반적으로, 많은 미량원소들이 탄산염 광물에서 쉽게 치환되지 않기 때문에, 미량원소의 함량이 낮다. 예를 들면 Tunisia에서 돌로스톤 및 이와 관련된 석회암(모암)은 REE(희토류원소, Rare Earth Elements)의 함량이 낮다(Tling and M'Rabet, 1985). 더 나아가 Tling and M'Rabet의 연구는 돌로마이트화 작용이 REE 분포 형태의 급격한 변화를 만들지 않고 전체적인 REE 값을 낮추고 있음을 제안한다. 따라서 만일 특별한 REE 분포형태가 근원지나 환경 조건을 반영한다면 이런 형태가 속성 작용 동안 보존될 수 있다.

탄산염 물질의 동위 원소 분석은 미량 원소 연구보다 더 흔하다. 동위 원소는 그들이 퇴적이나 속성 작용시 존재하는 물의 특징과 상대적인 양을 반영할 수 있기 때문에 중요하다(Land, 1980).[13] 수소, 탄소, 산소의 안정 동위 원소가 그러한 분석에 사용되는 동위 원소이다.

탄산염암의 조직적 요소와 조직

탄산염암은 다양한 조직을 보인다. 대부분의 퇴적 기원 탄산염암은 세 가지 주 탄산염 광물 중 하나나 또는 그 이상의 광물로 구성되어 있기 때문에 암석의 특징은 조직적 요소의 특징과 분포에 의해 주로 조절된다.[14]

탄산염암의 조직적 요소

탄산염암의 주된 조직적 요소는 미크라이트, 스파라이트, 알로켐 그리고 생물암 요소(biolithic elements)들이다. 미크라이트(micrite)는 미정질 탄

표 8.1 선택된 탄산염암과 퇴적물의 화학 성분

	1	2	3	4
SiO_2	1.15[a]	13.9	7.96	0.28
TiO_2	nd	0.26	0.12	nd
AL_2O_3	0.45	4.57	1.97	0.11
Fe_2O_3	nd	3.8[b]	0.14	0.12
FeO	0.26	–	0.56	nd
MnO	nd	0.53	0.07	nd
MgO	0.56	1.56	19.46	21.30
CaO	53.80	38.2	26.72	30.68
Na_2O	0.07	0.20	0.42	0.03
K_2O	–	<0.02	0.12	0.03
P_2O_5	nd	0.19	0.91	0.00
H_2O^+	–	–	0.33	–
H_2O^-	–	–	0.30	–
CO_2	–	nd	41.13	–
LOI	43.61	35.8	–	47.42
기타	–	–	0.19	0.00
합계	99.90	98.7	100.40	99.97

출처:
1. 석회암, Solenhofen 층(쥬라기), (Bavaria, 독일. 분석자: G. Steiger (F. W. Clarke, 1924).
2. 석영, 장석, 그리고 소량의 점토를 포함하는(현생?) 유공충 연니, 태평양 Fiji 북쪽, Braemer Ridge(Knedler and Glasby, 1985).
3. Illinois, Joliet, 돌로스톤(실루리아기). 분석자, D. F. Higgins(Fisher, 1925, in Pettijohn, 1975, p. 362).
4. Oklahoma, Royer Dolomite(캄브리아기). 분석자: A. C. Shead, (Ham, 1949, 표 V, 표품 9294).
[a]측정치는 무게 %
[b]철의 총함량은 Fe_2O_3로 나타냄
nd=나타나지 않음

산염(직경 < 0.004mm)이다. 여기서 미크라이트는 직경이 0.06mm 이하인 모든 물질을 포함하는 석회 이토(lime muds)도 같이 포함된다. 석회 이토는 주로 조류의 파편으로 되어있다(Stockman et al., 1967).[15] 스파라이트(sparite)는 0.04mm보다 큰 결정질 탄산염 물질이며 마크로스파라이트(macrosparite)(> 0.06 mm)와 마이크로스파라이트(microsparite)(0.06~0.004mm)를 포함한다. 미크라이트와 스파라이트는 침전에 의해서 형성된다. 스파

라이트는 세립질 탄산염 광물의 재결정 작용을 통해 발달하고 표생 쇄설성 입자(epiclastic grains)로 운반되고 재퇴적된다.

조직적 요소의 두 가지 남은 범주인 알로켐과 생물암질 요소는 다양한 물질을 포함한다. 알로켐은 어떤 종류이든지 간에 운반된 화학적 또는 생화학적 침전물을 포함한다.[16] 이들은 이미 존재하는 탄산염암이나 광물, 쳐트 또는 다른 침전암편(탄산염암편을 포함); 어란석; 펠렛과 펠로이드; 포도석; 그리고 화석이나 화석 파편(생물 쇄설물)을 포함한다(표 8.2). 생물암 요소는 현지에서 생물에 의해 형성된 물질이며 침전된 물질이나 이토에 의해 결속된다.[18] 이들은 태선동물, 산호, 스트로마톨라이트, 부족류, 조류 매트와 덩어리(스트로마톨라이트와 온콜라이트)와 같은 다양한 유형의 화석을 포함하나 운반된 화석암편은 포함하지 않는다.

탄산염암의 조직 및 분류

탄산염 물질은 침전물과 쇄설물로서 산출되기 때문에 탄산염암의 조직은 표생 쇄설성과 결정질의 특징 두 가지를 갖는다는 것은 분명하다. 표생 쇄설성 조직은 규질 쇄설성암의 조직에 사용된 입자 구분(즉 Wentworth 입자 크기 등급)과 같게 사용될 수 있다. 그러나 가장 일반적으로는 입자 크기는 탄산염암 조직의 기재나 그들의 분류에 사용되는 주된 기준이 아니다.

입자의 함량비(Dunham의 분류)나 입자의 유형(Folk의 분류)이 조직과 암석의 유형을 구분하는데 일반적으로 사용된다. 입자를 미크라이트, 스파라이트, 탄산염 암편(intraclasts), 펠렛(pellets) 또는 펠로이드(peloids) 그리고 화석(생쇄설물, bioclasts)으로 구분한 Folk(1962)의 분류는 탄산염암의 분류를 위한 조직적 기준을 제시함을 상기하라. 이 분류에서

표 8.2 탄산염암과 퇴적물의 주된 조직적 요소

석회 이토(lime mud)—모래크기보다 작은 탄산염 입자로 구성된 물질.

   미크라이트(micrite)—직경이 <0.004mm인 미정질 탄산염 입자..

   마이크로스파라이트(microsparite—직경이 0.004와 0.06mm 사이의 결정질 탄산염 입자.

스파라이트(sparite)—0.004mm보다 큰 결정질 탄산염 입자.

   마이크로스파라이트(microsparite)—직경이 0.004와 0.06mm 사이의 결정질 탄산염 입자.

   마크로스파라이트(macrosparite—직경이 0.06mm 보다 큰 결정질 탄산염 입자.

알로켐(allochems)—침전된 물질의 운반된 파편.

   탄산염 암편(인트라클라스트, intraclasts)—기존의 침전 암석의 파편.

   어란석 입자(울리쓰, oolith, 어란석, oolites)—직경이 0.25와 2.0mm 사이의 구형 내지는 타원형의 동심원적으로 엽층리가 발달한 탄산염 입자.

   펠렛(pellets)—직경이 0.25mm 보다 작은 소규모의 둥글고 내부가 균질한 입자.

   포도석(grapestone)—탄산염 입자들 함께 교결된 둥근 덩어리.

   생물골격편(skeletal fragments)—원래 생물의 골격물질로 침전된 둥근 것에서부터 각진 탄산염(또는 다른) 물질의 파편(자세한 형태를 위해 "생물암 요소"의 목록을 보라).

   온콜라이트(oncolites)—조류의 침전에 의해 형성된 작고(<10cm) 둥글며 동심원적으로 엽층리가 발달된 탄산염체.

생물암 요소(biolithic elements)—생물에 의한 침전으로 현지에서 형성된 탄산염 물질.

   스트로마톨라이트(stromatolites)—생물의 침전과 이토의 포착으로 형성된 층, 기둥, 또는 반구형의 퇴적체를 형성하는, 엽리가 발달한 미크라이트질의 탄산염 물질.

   온콜라이트(oncolites)—조류의 침전에 의해 형성된 작고(<10cm) 둥글며 엽리가 발달한 탄산염체.

   껍질(tests)—침전된 생물, 특히 미생물의 껍질(예, 인편모조류와 유공충).

   생물골격(skeletons)—생물의 침전된 외부 또는 내부 골격.

   생물골격을 생성하고 탄산염암에 골격파편을 공급하는 전형적인 생물은 산호(강장동물), 층공충(stromatoporoid), 해면동물, 태선동물, 고배류(archeocyathids), 환형동물, 완족동물, 연체동물(복족류, 부족류, 두족류를 포함하는), 절족동물(삼엽충을 포함), 드리고 극피동물(해백합, 블라스토이드, 그리고 성게류를 포함하는)을 포함한다.

조직은 명칭에 반영된다(예, 어란석미크라이트, oomicrite). 이와는 대조적으로 Dunham(1962)의 분류에서 명칭은 입자의 특정한 크기나 특성에 근거하기 보다는 물질의 두 가지 주된 크기 범주(이토와 입자)의 퍼센트에 근거한다. Folk에 의해 인식된 입자의 유형과 다른 알로켐과 외부기원 입자(잔자갈, 자갈, 왕자갈 암편을 포함)와 같은 다른 쇄설성 유형은 Dunham의 암석명의 수식어로 사용될 수 있으나, 조직적 구분이나 분류에는 포함되지 않는다. 따라서 탄산염 암편질 조직, 어란석 조직, 펠로이드 조직, 생쇄설성 또는 화석함유(fossiliferous) 조직(그림 8.1)과 같은 조직들은 인식이 되나 분류의 기준을 제공하지 않는다(그림 2.6).

Embry and Klovan(1971)과 Cuffey(1985)는 Folk의 분류 체계에 의해 제공된 것과 같은 수준의 입자 크기의 등급을 제공하면서 Dunham의 분류 체계에 추가적인 요소를 가했음을 기억하라. 이 생쇄설성 입자의 조직적 배열과 유형이 암석의 명칭을 결정 짓는다. 특정한 유형의 생쇄설성 입자와 생물기원 요소는 시간에 따라 함량비와 특징이 변화하기 때문에 이들 명칭은 부분적으로 지질시대의 함수이다(M. Pitcher, 1964; Wilkinson, 1979). 예를 들면 초를 형성하는 생물은 오도비스기 초기에는 주로 해면동물(sponges)과 조류(algae)였으나, 신생대에서는 이들 생물의 서식처에 산호가 대신 서식하게 되었다(그림 8.2b).

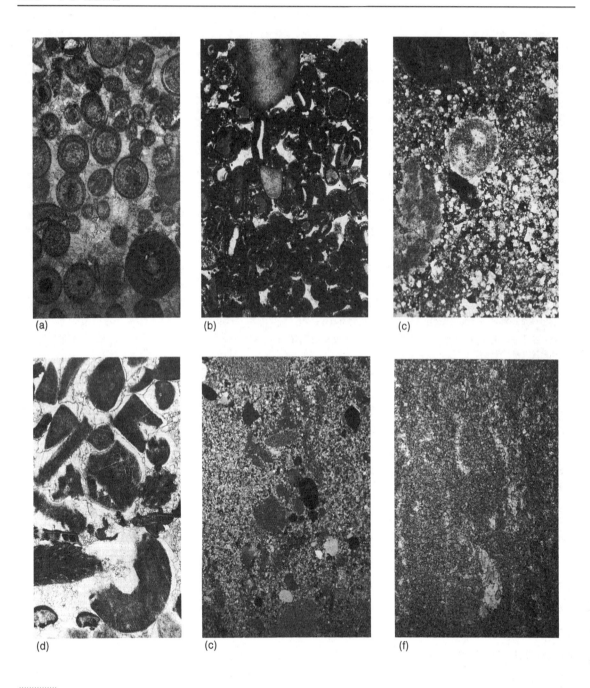

그림 8.1 탄산염암 조직의 현미경 사진. (a) 테네시, Alcoa, 오도비스기 오토시(Ottosee)층의 어란석 조직의 어란석 팩스톤(직교 니콜). (b) 웨스트 버지니아, Pence Springs, 미시시피기의 펜스스프링석회암의 어란상－펠렛상 팩스톤의 펠렛상 조직(직교 니콜). (c) 애리조나 그랜드 캐년, 페름기의 Kaibab 층의 생물골격 입자암(직교 니콜). (d) 켄터키, Woodson Bend, 미시시피기 Pennington 층의 케로젠이 얼룩진 결정질 골격 팩스톤(개방 니콜). (e) 버지니아, 네보도폭(Nebo Quadrangle), 오르도비스기 Knox층군의 모래크기의 탄산염암편질 돌로팩스톤(직교 니콜). (f) 버지니아, 네보도폭 오르도비스기 Knox층군의 결정질 돌로와케스톤(개방 니콜). (a), (b), (e), 그리고 (f)의 사진의 긴쪽 길이는 6.5mm이다. (c)와 (d) 사진의 긴쪽 길이는 3.25mm이다. (f)에서 상부는 오른쪽이다.

(d)는 애팔라치안 주립대의 Dr. F. K. McKinney가 제공

결정질 조직은 전형적으로 **결정질로** 된 경우에 부여되며, 그 명칭은 앞에 **세립, 중립** 또는 **조립**이 수식어로 될 수 있다. 대부분의 일차적 결정질 조직은 세립 결정질이나 일부 중립내지 조립 결정질 조직이 육성 탄산염암에서 발달될 수 있다. 전형적으로 이들 조직은 등립질 모자이크나 등립질 봉합선 조직(equigranular-sutured textures)이다(그림 8.1 및 1.14). 속성 작용시 결정질 조직은 대개 더 커지게 된다.

생물암이나 바운드스톤(엄밀하게 관측 가능한 기준보다는 조직과 기원의 해석에 주로 근거한 명칭)의 조직은 쇄설성이거나 결정질이며 또는 둘다 해당될 수 있다. 그런 암석의 기본 특징은 생물 기원 요소들이 성장 위치(growth positions)로 해석되는 방향으로 산출된다는 것이다. 즉 방향성이 생물 기원 요소의 운반이 일어났음을 지시하지 않는다. 그와 같은 암석의 구분은 다른 탄산염암의 경우와 같이 배열성 요소의 유형에 근거하여 완충석회암(bafflestone) 또는 상치암(lettucestone)과 같은 이름을 부여하는 식으로 가능하다(Cuffey, 1985).

Dunham(1962)과 Folk(1962)의 분류에서 수식어인 **돌로(dolo)**와 **돌로마이트질(dolomitic)**은 그 성분을 가진 암석을 명명하기 위해 사용됨을 기억하라. 방해석 및 아라고나이트질 암석은 석회암의 여러 가지 원래 암석의 이름에 붙여 명명되며(예, 펠스파라이트 또는 입자암), 방해석으로 구성된 암석과 아라고나이트로 구성된 암석 사이에 구별이 없다.

탄산염암 내의 구조

여러 유형의 층리와 엽층리는 탄산염암에서 우세한 퇴적 구조이다. 층리는 괴상부터 아주 얇은 층리를 갖는 형태까지 있고 엽층리는 흔하다(그림 8.3). 가장 두꺼운 층 형태는 흔하지 않고 이런 유형

표 8.3 탄산염암에서 발견되는 퇴적 구조

퇴적 구조	
층리	엽층리
사층리	사엽층리
스트로마톨라이트	온콜라이트
펠렛	포도석
연흔	점이층리
초	마운드
침식 구조	
하도	플루트 캐스트
물체 자국	로드 캐스트
함몰사태 또는 미끄럼사태 흔적	위로 뜯긴 암편
굴착 구조	보행흔과 파행흔
변형 구조	
연성퇴적물 습곡	준동시적 단층
건열	선회 엽층리
각력암	불꽃 구조
속성 구조	
결핵체	단괴
암맥	정동 공극
스타일로라이트	스트로마텍티스
티피	경질 기반
각력암	공극
리세강 띠 또는 고리	두석

출처: Canybeare and Crook(1968), Collinson and Thompson(1982), Reijers and Hsu(1986), Pettijohn, Potter, and Siever(1987), 그리고 다른 저자에 의한 관찰. 이들 구조의 기재와 이들의 기원에 관한 논의를 위해 제1장의 출처를 보라.
[1]구조적이거나 또는 조직적 요소로서 간주될 수 있다.

은 (1) 빌드업에서의 퇴적 (2) 퇴적 후의 생물 교란 작용 또는 (3) 속성 작용 동안의 퇴적층의 융합(amalgamation)으로부터 생긴다. 더욱 흔한 얇은 층은 전형적으로 셰일층이나 셰일 호층에 의해 분리되어 있다. 층리는 판상, 단괴상, 파도상, 사층리상, 선회상 또는 점이층리상이다.

탄산염암에 존재하는 추가적인 구조에는 스트로마톨라이트, 스트로마텍티스, 마운드, 초, 조안 구조, 정동 공극, 결핵체, 단괴, 티피 구조(표 8.3 참조)가

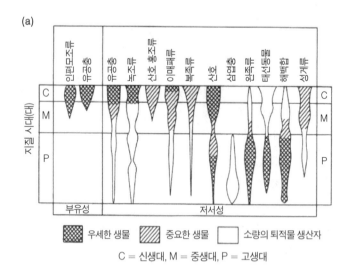

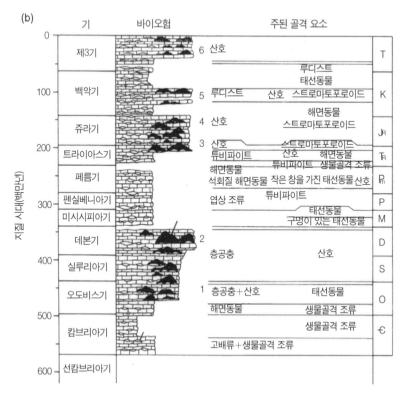

그림 8.2 시간에 따른 해양 석회질 골격을 생성한 생물의 존재비와 우세함의 변화. (a) 여러 생물 그룹의 존재비와 우세함의 변화 (after Wilkinson, 1979). (b) 여러 지질 시대 동안 우세했던 초형성(reef-forming) 생물(After James, N. P., 1983).

(a)

(b)

(c)

(d)

그림 8.3 탄산염암의 일부 구조 사진. (a) 미주리, Kansas City, I-470에 있는 펜실베이니아기 Kansas City 층군의 Dennis 층의 조하대(대륙붕) 생물골격 입자암, 팩스톤, 와케스톤 그리고 점토 셰일에 있는 파도 모양과 렌즈상, 그리고 불규칙하고, 판상인 층들. (b) 조지아, Lookout Mountain, 미시시피기 Monteagle 층의 입자암에 있는 사층리. (c) 버지니아 Nebo 도폭, 오도비스기 Knox 층군의 돌로스톤에 있는 쳐트. (d) 몬태나, 빙하 국립 공원, 원생대 Helena층의 스트로마톨라이트 돌로바운드스톤의 스트로마톨라이트 엽층리.

있다. 이들 중 몇 가지는 제1장에 기술되어 있다. 정동 공극(vugs)은 결정으로 둘러싸인 공극이다. 결핵체(concretions)는 화석이나 다른 성분의 입자로 된 물질 주위에 침전되는 교결물(옥수, 철산화물)로서 형성되는 불규칙하거나 등근, 보다 저항성이 강한 암석 물질이다. 결핵체의 직경은 전형적으로 30cm 이내이나, 때로는 2m이상일 수 있다. 단괴(nodules)는 규모가 작고 둥글거나 불규칙한 등근 돌출 마디를 갖는다. 스트로마텍티스(stramatactis)는 퇴적 후에 형성되는 층구조이다. 그것은 렌즈 형태의 물로 채워진 공동 내에 있는 미크라이트질 석회 이암 내에 결정질 방해석 층이 침전되어 생긴다(Scoffin, 1987, p.87). 치환 작용은 또한 스트로마텍티스 형성에 기여할 수 있다(Walker and Ferrigno, 1973). 티피(teepees)는 미국의 인디안 원주민의 티피 천막과 비슷하게, 반대 방향의 위로 볼록한 두 개의 층이 열극을 향해 수축되어 생성된, 규모가 작은(cm 내지 m규모) 각진 배사 구조이다(J. E. Adams and Frenzel, 1950).[20] 수축은 층 내의 광물의 결정 작용을 동반하는 팽창에 의해 생성된 횡적 힘에 의해 생긴다. 티피는 건조 환경에서 증발암을 포함하는 층 내에서 형성된다. 경질 기반(hardgrounds)은 비퇴적 기간 동안 해저면 위에 형성되는 수 cm두께의 단단하게 암석화 된 퇴적물 층이다. 그들은 천공되거나(bored) 굴착(burrowed)되고 화석을 포함하며, 하위 암석이나 주위의 암석과는 다른 색을 띤다.[21] 조안 구조(fenestrae)는 그들이 흔히 고기의 암석에 분포하는 것처럼 나중에 방해석으로 침전되어 채워질 수 있는 탄산염암 내의 공극("birdseyes")이다(Tebbutt, Conley, and Boyd, 1965; Shinn, 1983). 그들은 길죽한 경향이 있으며 조간대와 조상대에서 조류 매트의 분해와 퇴적물이 건조되는 동안 수축하거나 미고결 퇴적물 내에 공기가 포획됨으로써

생긴다. 각각의 이들 구조는 이것을 포함하는 탄산염암의 퇴적 환경에 대한 증거나 그 탄산염암이 후속 속성 작용 역사의 증거를 나타내 보인다.

탄산염암의 산출 및 기원

대부분의 탄산염암은 천해 해양 환경에 퇴적된 퇴적물로부터 형성된다. 또한 탄산염암은 심해, 전이 환경, 육성 환경에서도 형성된다. 조간대와 같은 전이 환경에서 탄산염 퇴적 작용은 아주 흔하다. 이와는 대조적으로 육성 탄산염 퇴적물은 양적으로나 분포면에서 제한되어 있는 경향이 있다. 그러나 드물게는(예, 와이오밍, 콜라드 그리고 유타에 분포하는 그린 리버층의 경우) 대규모 호성 탄산염암이 발달 될 수도 있다. 육성 탄산염 퇴적물은 호수, 충적 선상지, 사구, 샘, 열수 분출구 또는 토양 퇴적물로서 형성된다.

다양한 환경에서 퇴적되는 대부분의 탄산염 물질은 생물에 의해 용액에서 침전된다. 무척추동물의 패각은 대륙붕, 여울, 완사면, 초, 마운드 암상에 상당한 탄산염 물질을 공급하고 조류는 석회 이토의 중요한 공급자이며 사브카, 조간대 초지, 탄산염 대지, 초 그리고 심해 환경을 포함하는 다양한 암상에 탄산염물질을 침전시킨다. 해빈, 사구, 여울에서 생물의 잔해들(organic remains)은 바람이나 파도에 의해 재동된다. 여울내의 어란석 입자는 유기적 또는 무기적 기원의 핵을 형성하는 입자 위에 무기적 침전물이 침전되어 형성되는 데, 조류에 의한 침전이 일부 어란석 입자를 형성하는데 2차적으로 중요하다(N. D. Wewell, Purdy, and Imbrie, 1960; Simone, 1980; B. Jones and Goodbody, 1984b). 심해 분지에서 원양성 미생물, 특히 인편모류(鱗片毛類, cocolithophores)와 유공충(특별히, 지질시대가 젊은 암석에서 *Globogerina*)은 탄산염 퇴적물의 주

된 기여자이다(McIntyre and Be, 1967; Taft, 1967).[22] 육성 환경에서 조류 침전물(algal precipitates)과 무기적 침전물이 산출된다. 칼리치(caliche)와 증발암은 대체로 무기적이나, 조류는 호수와 일부 샘에서 탄산염 퇴적 작용에 중요한 역할을 한다(Dean and Fouch, 1983; Pentecost, 1990). 다양한 이들 탄산염 물질과 그들의 특징적인 조직 및 구조는 다른 환경에서 형성되는 탄산염암을 구분하는 기초를 제공해 준다.

해성 탄산염암

지질 기록에서 9가지 주된 퇴적 환경이 해성 탄산염암에 의해 나타내진다(Bathurst, 1975; J. L. Wilson, 1975; J. F. Read, 1980a).[23] 이들은 분지, 사면, 완사면, 대륙붕 주변부, 사면전면부, 초 그리고 다른 탄산염 빌드업, 개방된 대륙붕, 여울, 대지 해양 환경을 포함한다. 각각은 특정한 암상, 구조 및 화석으로 특징지어진다(그림 8.4).

분지암

분지 탄산염암(basinsal carbonate rocks)은 전형적으로 얇은 층리와 엽층리로 구성된 어두운 색의 석회 이암과 와케스톤이다(Enos, 1974; J. L. Wilson, 1974, 1975; Yurowicz, 1977). 그들은 같은 두께의 엽층리와 이질암의 호층으로 특징지어진다. 그러나 국지적으로 일부 층들은 괴상으로 보이는 두께를 갖기도 한다(Enos, 1974b). 다른 경우에 T_{abe}와 T_{bde} 연계층으로 구성된 엽층리가 발달된 암상 C와 D, 탄산염 및 비탄산염 저탁암—그리고 암상 F의 해저 사태 퇴적물기원의 이토와 입자로 지지된 다이어믹트와 각력—이 분지 탄산염암과 함께 산출될 수 있는데, 특히 분지 주변부에서 그렇다(R. E. Garrison and Fisher, 1969; Bornhold and Pilkey, 1971).[24] 처

트 호층(chert interbeds)이 쇄설성 퇴적물의 근원지로부터 유래되어 먼거리에서 산출된다(J. F. Hubert, Sucheki, and Callahan, 1977). 분지 암석에서 화석은 주로 원양성 형태이나 일부 저서성 형태도 저탁류에 의해 분지로 운반될 수 있다.

밝은 것에서부터 어두운 회색 그리고 희미한 적색의 분지 탄산염암의 층들이 해저확장 중심과 해산(seamount)을 따라 분포하는 화산고지대에 형성된다. 이 곳에서 탄산염 퇴적물은 현무암질 베개용 암사이(베개용암사이 석회암, interpillow limestones 으로서)의 퇴적물이나 염기성 암석 위에 있는 얇은 층으로서 쌓인다(그림 8.5)(R. E. Garrison, 1972).

탄산염 사면암

탄산염 사면(slopes)은 분지에서 대륙붕이나 탄산염 대지로 변하는 수심이 깊은 전이 지대이다.[25] 탄산염 사면 퇴적 환경은 국지적인 입자암을 포함하는 석회 이암과 와케스톤을 생성한다(McIlreath, 1971; Cook and Taylor, 1977).[26] 이들 암석은 어두운 색의 얇은 층과 엽층리로 특징지어진다. 국지적으로 경질 기반으로 덮인 얇은 층으로 된 분급이 양호한 입자암과 석회 이암으로 구성된 탄산염 등수심 퇴적층(carbonate contourites)이 탄산염 사면을 따라 산출된다(Mullins, 1983; Cook, 1983).

해저 선상지나 탄산염 사면-에이프런 퇴적물이 발달하는 곳인 사면의 기저부(base of slope)에서 형성되는 대조적인 암석은 탄산염 각력암과 Mutti and Ricci-Lucchi(1972)의 선상지 암상 A, C, F 및 G에 대응되는 탄산염 각력암과 탄산염암이다(J. E. Sanders and Friedman, 1967; Enos, 1974; Bennett and Pilkey, 1976).[27] 암상 A는 일반적으로 두꺼운 층에서부터 괴상까지의 입자지지 역암이나 입자암이다. 부마윤회층 내의 입자암은 암상 C의 보다 얇은

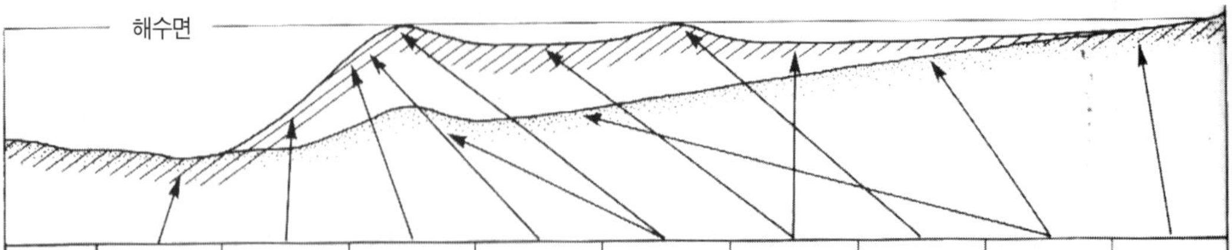

환경	심해 분지	사면 및 대륙대	사면전면부	대륙붕 주변부	빌드업(초)	대륙붕	여울	완사면	대지 (내륙해)
암석 유형	석회이암, 와케스톤, ±팩스톤	석회 이암, 와케스톤, ±국지적 입자암+사면 기저 각력암, 다이어믹타이트 그리고 팩스톤	생물골격 팩스톤, 생물골격 입자암+와케스톤 루드스톤, 각력암 그리고 다이어믹타이트	생물골격 입자암 ±어란석 그리고 펠렛, 그리고 국지적 팩스톤	석회이암, 그리고 생물골격 입자, 어란석 그리고 펠렛을 포함하는 와케스톤, 팩스톤, 완충석회암, 부유석회암과 함께 산출되는 바운드스톤	와케스톤. 팩스톤+생물골격 입자와 펠렛을 포함하는 석회이암과 입자암	생물골격 입자와 어란석±펠렛으로 구성된 입자암, 국지적 팩스톤	입자암, 팩스톤, 와케스톤, 그리고 생물골격 입자와 펠렛을 포함하는 석회이암	석회이암, 와케스톤 ±어란석, 펠렛, 그리고 생물골격 입자를 포함하는 팩스톤
구조 및 관련 암상	엽층리가 발달한 층, 이질암 호층, 엽층리에서부터 얇은 층의 처트, 주변부 부근의 암상 C와 D(선상지 암상)	얇은 층에서부터 괴상의 층, 경질 기반, 사면 기저에서의 선상지 암상, 운반된 생물골격 입자, 국지적 점이층리 이질암	국지적 사층리, 국지적 혼합층, 얇은 층부터 괴상의 층	얇은 것부터 두꺼운 층리, 사층리단위	얇은 층부터 괴상의 층, 국지적 스트로마톨라이트, 전체로 보존된 화석, 국지적 사암과 이질암	엽리나 얇은 층에서 중간두께의 층, 이질암 호층, 굴착구조, 언덕 사층리층, 전체로 보존된 화석, 국지적 사암 그리고 이질암	얇은 것부터 두꺼운 층리, 사층리단위	얇은 층부터 두꺼운 층, 국지적 점이층리, 굴착구조, 전체가 보존된 화석, 국지적 호층을 이룬 세일 및 사암	굴착 구조, 국지적 스트로마톨라이트, 돌로스톤, 증발암 (육지쪽), 경질 기반, 전체석이 보존된 제한된 동물군, 얇은 층부터 두꺼운 층, 석영아레나이트

그림 8.4 탄산염암이 형성되는 9개의 주된 해양 환경의 일부 특징을 보여주는 그림(Based on J. L. Wilson, 1975, and J. F. Read, 1980a).

그림 8.5 캘리포니아, 다이아블로 산맥 북동부, 쥬라기−백악기, 프란시스칸 복합체의 염기성 화성암 (해양지각?)위에 놓여있는 엽층리가 발달하거나 얇은 층이진 원양성 결정질 석회 이암.

층(중간 내지는 두꺼운 층)을 형성하고 이들은 암상 G의 석회 이암과 호층을 이룬다. 암상 F는 각력암과 다이어믹트이다. 이 암석 내의 입자, 덩어리, 암편은 길이가 수백 m까지 달할 수 있는 왕자갈 내지는 거력 크기의 초나 대륙붕 암석 파편이다(Davies, 1977; J. F. Hubert, Suchecki and Callahan, 1977). 이 암석 파편들은 석회 이토에 의해서 지지된다(Mullins and Cook, 1986). 탄산염 사면 암석의 예는 Alberta의 데본기 Ancient Wall 탄산염 복합체와 Nevada의 실루리아기-데본기의 Roberts Mountain 층에서 산출된다(H. E. Cook et al., 1972; Cook, 1983).

대지, 여울, 대륙붕 및 완사면 암석

탄산염 완사면(carbonate ramps)은 급격한 경사의 변화 없이 연안에서 분지까지 연장되는 경사가 완만한 사면이다(Ahr, 1973; J. F. Read, 1980a).[28] 완사면은 전형적으로 경사가 $1°$ 미만이다(J. F. Read, 1980a, 1982a). 완사면에서 형성된 암석은 밝거나 어두운 색이고 얇은 층부터 두꺼운 층의 생물골격으로 구성된 입자암, 팩스톤, 와케스톤 그리고 석회 이암이다(J. F. Read, 1980a). 조립질의 두꺼운 층으로 된 이토가 적은 암석(입자암)은 파도의 활동이 고에너지 환경을 만드는 곳인 연안과 탄산염 빌드업 부근의 사면의 낮은 곳에서 발달한다. 굴착 작용이 완사면 암상에서 광범위하게 일어난다. 셰일이 협재하는 얇거나 단괴상 층들이 탄산염 완사면의 깊은 부분에서 형성된다. 일부 층들은 굴착 동물에 의해 교란되고 다른 층들은 점이층리가 분포하거나 또는 엽층리가 발달되어 있다(J. F. Read, 1980a).

완사면 암석과 대륙붕 암석 사이의 중요한 암석학적 차이는 완사면에서는 입자암과 팩스톤 암상이 석회이질 암상보다 연안쪽으로 분포한다는 점이다

(Ahr, 1973). 대륙붕과 탄산염 대지에서는 이것과 반대되는 경향이 사실이다. 즉 조립질 암석이 세립질 암석의 바다쪽에서 산출되며(Enos and Perkins, 1977), 특히 초들(reefs)이 대륙붕단에서 형성되는 곳에서 그런 경향이 있다.

대륙붕은 경사각의 갑작스런 증가가 바다쪽 대륙붕에서 일어난다는 점에서 완사면과 구별된다. 대륙붕, 여울 그리고 빌드업에서는 조립질 퇴적물이 생성된다. 대륙붕 환경은 개방된 해양이며, 연안 환경이고 조하대인 점에서 탄산염 대지 환경과 차이가 있다(J. L. Wilson, 1975). 대륙붕 퇴적물은 특징적으로 얇은 층에서부터 중간 두께의 층으로 된 생물 골격 와케스톤과 팩스톤 그리고 펠로이드 팩스톤과 와케스톤으로 구성되어 있으나, 석회이암과 역질 퇴적물(rudstone)이 일부 지역에서 형성된다(LaPorte, 1969; Doyle and Sparks, 1980; P. M. Harris, 1985; Dix, 1989).[29] 협재된 쇄설성 암석, 특히 이질암은 탄산염 층 사이에서 산출된다. 탄산염 암의 층은 파도 형태 내지는 불규칙한 형태이다(그림 8.3a). 전형적인 생물의 전체나 일부 화석이 흔한 것처럼 굴착 작용이 흔하거나 아주 흔하다(J. L. Wilson, 1975; Enos and Perkins, 1977; Driese and Dott, 1984). 이런 암석은 어두운 경향이 있고 흔히 회색, 녹색 또는 갈색의 바탕에서 산출된다. 대륙붕에서의 많은 퇴적은 해류가 영양 염류를 해양 생물에 운반하고 생물 사이에 포착되거나 퇴적된 퇴적물을 운반시키는 파도 저면 아래에서 일어난다. 간헐적인 폭풍은 낮은 대륙붕지역의 해저면에 영향을 미치고 언덕사층리가 발달하고 화석이 포함된 팩스톤 퇴적물이 폭풍의 활동으로 인해 생긴다(Harms et al., 1975; Kreisa, 1981). 미시시피-알라바마-플로리다의 현생 대륙붕 퇴적물, 플로리다 남부의 대륙붕 퇴적물 그리고 Belize대륙붕의 퇴적물(Purdy,

Pusey, and Wantland, 1975; Pusey, 1975)이 대륙붕 퇴적물의 좋은 예들이다.[30] Cincinnati Arch 지역의 이질암이 협재된 오르도비스기 상부 석회암(제5장에 기술)은 대륙붕 석회암의 한 예이다. 폭풍 퇴적물은 남부 애팔래치안 분지의 Martinsburg 층의 석회질 부분을 형성하는 흔한 대륙붕 암석을 구성한다(Kreisa, 1981; Kreisa and Springer, 1987).

탄산염 대지는 기본적으로 바다에 의해 잠긴 대륙붕이나 내륙해이며, 판상의 사암과 광범위한 판상의 탄산염암의 퇴적 환경으로서 역할 한다(M. L. Irwin, 1965).[31] 탄산염 대지의 물은 기본적으로 해성이나, 제한된 영양 염류와 제한된 순환 그리고 염분의 변화 때문에 동물군과 식물군은 흔히 다양성이 제한된다. 그러나 굴착 구조(생흔 화석)는 흔하고 조류가 많다(J. L. Wilson, 1975). 탄산염 대지 소환경은 사질 평지, 여울 그리고 탄산염 빌드업을 포함한다. 어두운 색에서부터 밝은 색을 띠는 국지적으로 생물골격질 입자암, 팩스톤, 와케스톤 그리고 석회이암 모두 탄산염 대지에서 형성된다(Krebs and Mountjoy, 1972; Steiger and Cousin, 1984; Hanford, 1988).[32] 입자암과 팩스톤은 여울 지역 그리고 여울과 여울 사이의 지역(사질 평지)에서 이전에 형성된 탄산염 물질이 파도에 의해 재동되어 생성된다. 와케스톤-석회 이암상은 다양한 탄산염 빌드업과 여울 사이의 지역에서 생성된다. 이런 암석들은 펠렛상이거나 어란상 또는 생물 골격질이다. 탄산염 빌드업에서 현지(in situ) 해양 생물의 골격은 조류와 다른 해양 생물의 부서짐에 의해 생긴 탄산염 모래와 이토를 포착하는 골격을 형성한다. 결과적으로 다양한 조립질 탄산염암이 부유 석회암(floatstone), 완충 석회암(bafflestone) 그리고 크러스트스톤(cruststone)과 같은 바운드스톤(boundstone)과 루두스톤(rudstone)을 포함하는 빌드업을 특징짓

는다. 대바하마뱅크(아래에 기술)의 일부 현생 환경은 고기의 탄산염 대지 환경과 비슷하다.

여울은 탄산염 대지, 대륙붕 그리고 완사면에서 산출된다.[33] 여울에서 원래 살고 있던 동물군은 대지의 사질 평지에서보다 더 제한될 수 있다. 화석이 산출되는 곳에서, 예를 들면 화석이 풍부한 입자암(패각암)에서 그들은 주로 운반되고 해양 환경의 다른 곳에서 유래된 재동된 무척추 유해이다. 정의대로 여울은 낮은 지역이며 결과적으로 파도의 활동이 퇴적물의 이동에 중요하다. 결과적으로 생성되는 암석은 밝은 색의 화석을 포함하는(생물골격질) 입자암과 어란상 입자암 그리고 국지적인 팩스톤이다(Newell, Purdy, and Imbrie, 1960; P. M. Harris, 1985).[34] 사층리는 이들 파도에 의해 이동된 퇴적물에서 흔한 양상이다(J. L. Wilson, 1975; Driese and Dott, 1984). 따라서 여울의 암상은 사층리가 발달한 입자암층으로 되어 있다. 전형적인 현생 탄산염 여울 퇴적체는 대바하마뱅크에서 발견된다.[35] 고기의 예는 뉴욕의 캠브리아기 Hoyt층 앨라배마와 조지아의 데본기 Bangor and Monteagle 석회암 그리고 콜로라도와 유타의 펜실베이니아기 Morgan 층에서 산출된다.[36]

대륙붕과 완사면의 수심이 낮은 지역에서 조수로는 다른 환경을 가로질러 분포할 수 있다. 이 조수로에서는 석회암편질 팩스톤이 형성된다(P. M. Harris, 1985).

뱅크, 대륙붕, 대지 주변부의 암석, 초 그리고 빌드업

보다 넓은 천해의 해양 환경─대지, 대륙붕, 완사면─은 뚜렷한 빌드업이나 주변부 환경이나 또는 두 환경 모두를 형성하는 퇴적물 집적 지대에 의해 경계되거나 포함된다. 이들 주변부와 탄산염 빌드업 환경은 뱅크주변부와 완사면 사주대와 여울, 초 그

리고 마운드를 포함한다.[37] 탄산염 빌드업은 전형적으로 다른 탄산염 퇴적물과 관련하여 형성되나 그들은 삼각주, 선상지 삼각주, 해빈, 조간대의 규질 쇄설성 퇴적물과 함께 산출된다(J. L. Wilson, 1975; Multer, 1977; Santisteban and Taberner, 1988).[38]

뱅크주변부 모래, 대지 가장자리 모래, 조간대 사주 모래 그리고 해양 모래 지대로 언급되는 해성 모래의 퇴적체는 흔히 뱅크, 대륙붕 그리고 대지의 테두리를 형성하고 완사면에서 형성된다(Ball, 1967; J. L. Wilson, 1974, 1975).[39] 폭풍과 조석에 의해 형성된 해류에 의해 이동된 모래는 바람에 의해 형성된 사구가 발달된 섬을 형성하기 위해 해수면 위로 국지적으로 노출된다(Ebanks, 1975). 해성 탄산염(그리고 규질 쇄설성) 모래는 사층리가 발달된 얇은 층부터 두꺼운 층을 갖는 단위를 형성한다. 그런 퇴적체를 대표하는 탄산염암은 어란상, 생물 골격질 그리고 펠로이드 입자암과 팩스톤을 포함한다. 원래 서식하는 생물은 단지 국지적으로 이들 해성모래에 많이 분포하나, 둥글거나 마모된 생물골격질 파편과 일부 침전물은 일반적이다.[40] 앨라배마의 Conasauga 층의 여울 모래는 대지 가장자리 모래를 대표한다(Sternbach and Friedman, 1984).

초는 (1) 주변 지역의 암질과는 다른 암질 (2) 동시대의 주위에서 형성된 층서 단면보다 두꺼운 층서 단면을 형성하고 (3) 상당한 생물 기원 성분 그리고 (4) 파도 활동의 증거에 의해 특징지어지는 탄산염 빌드업의 한 유형임을 기억하라(Heckel, 1974). 마운드는 조용한 물에서 형성된 유사한 탄산염 빌드업이나 그들은 실질적으로 생물 골격 물질을 갖지 않는 점이 특징이다(Lees, 1982; N. P. James and Macintyre, 1985, p. 28). 두 구조는 탄산염 퇴적물의 국지적인 퇴적을 나타내며, 초는 생물 골격 물질이 우세하나 마운드는 이토가 우세하다.

초환경은 복합적이다. 그들은 고에너지와 저에너지 지역 둘다 포함하고 결과적으로 다양한 퇴적물과 암석 유형을 포함한다(Krebs and Mountjoy, 1972; N. P. James, 1983, 1984b; Adjas, Masse, and Montagioni, 1990).[41] 그러므로 초의 중심부(reef core), 석호 지역(lagoonal areas) 그리고 초 옆면(reef flanks) (사면전면부, foreslope)을 포함하는 다양한 초 환경은 다양한 암석 형태, 층형태 그리고 층두께로 구성된 암상을 생성한다. 초의 중심부는 초를 구축하고 초의 위치(해빈, 대지, 완사면)를 결정짓는 생물에 따라 하나나 그 이상(예, 패각암, 완충암, 바인드스톤)의 밝은 색의 바운드스톤으로 구성되어 있다. 이런 지층은 두껍거나 괴상이다. 펠로이드상과 어란상 형태를 포함하는 석회 이암, 팩스톤 그리고 입자암은 바운드스톤 집합체 사이의 층과 렌즈에서 산출된다. 석호나 초의 평지(reef flat)에서 암상과 암석 형태는 여울의 암상 및 암석 형태와 유사하다. 그러나 국지적인 스트로마톨라이트는 석회암상에서 호층을 형성할 수 있다. 생물 골격 입자암 기질물을 갖는 부유 석회암과 석회 역암(rudstone)은 초의 평지 퇴적물이 해류나 파도에 의해 이동되는 곳에서 산출된다(Viau, 1983). 초의 사면(사면전면부)에서 암석은 밝은 색부터 어두운 색을 띠는 석회이암, 와케스톤, 생물골격질 입자암, 생물골격질 팩스톤, 석회역암, 바운드스톤, 각력암 그리고 탄산염 사태 다이어믹트를 포함하는 다양한 형태가 있다. 층은 얇은 것부터 두꺼운 층까지 있다. 일부 입자암과 팩스톤은 전면층 층리(foreset bedding)를 보인다(J. L. Wilson, 1975; N. O. James and Macintyre, 1985). 초암의 예는 뉴멕시코와 텍사스 서부의 유명한 Guadalupe Mountains의 페름기 초복합체(Reef Complex)의 초 암석, Alberta의 데본기 Swan Hills와 Golden Spike Reefs, Michigan 분지의 실루리아기 Pinnacle Reefs 그리고 Arkansas의 쥬라기 Smackover Reefs를 포함한다(King, 1948; Huh, Briggs, and Gill, 1977; Baria et al., 1982; Harris and Crevello, 1983; Toomey and Babcock, 1983; Viau, 1983; Walls, 1983).

마운드(mounds)는 초보다 더 많은 이토를 포함하기 때문에 그들은 화석이 많은 암석 유형보다는 석회 이암, 와케스톤 그리고 완충 석회암에 의해 특징지어진다(D. T. King, 1986; Ausich and Meyer, 1990). 부유 석회암은 팩스톤처럼 국지적으로 존재한다(예, Toomey and Babcock, 1983, p.21). 층리는 얇은 것부터 괴상까지 있다. 마운드의 사면에서 퇴적물의 이동은 팩스톤과 입자암을 생성한다(Toomey and Babcock, 1983, p.74; D. T. King, 1986). 이런 암석은 어두운 것부터 밝은 색을 띠는 것까지 다양하고 흔히 회색이나 갈색이다.

전이 환경에서 형성된 탄산염암

전이 환경(transitional environment)에서 형성된 탄산염암은 해빈의 조간대와 조하대 환경, 만과 석호 그리고 사브카에서 형성된 퇴적암을 포함한다. 이런 암석은 다양한 조간대 암질의 석회 이암에서부터 입자암으로 된 해빈암과 증발암을 포함한다. 이들 환경의 일부에서 많은 증발암은 암석의 특징에 영향을 미치는 중요한 환경 조건이다. 특별히 무기적인 탄산염 침전은 증발이 많은 지역에서 가능하다. 전이 환경의 높고 다양한 염분은 그곳에서 서식하는 조류를 제외하고는 생물에 의한 직접적인 퇴적물 생성이 제한된다. 국지적으로 연체동물은 상당한 양의 탄산염 물질을 제공하며 인접하는 환경에서 침식으로부터 유래된 생쇄설성 입자와 함께 탄산염 퇴적물의 조립질 쇄설성 성분을 제공한다(High, 1975; Wigley, 1977). 전이 환경에서 형성된

암석층의 예는 New York의 오도비스기 중기 Black River 층군, 남부 Appalachian Valley and Ridge Province에 있는 비슷한 시기의 암석, 뉴욕의 데본기 Helderberg 층군의 Manilaus 층을 포함한다.[44]

조간대, 만, 석호 암석

조간대(tidal flat), 만(bay) 그리고 석호(lagoon)에서 형성된 암석은 특정한 환경의 에너지에 따라 특징이 변한다.[45] 조간대는 전형적으로 폭풍이 불 때를 제외하고는 개방된 해양과 밀려오는 파도로부터 보호된 에너지가 낮거나 중간 정도인 환경이다. 조간대는 조상대(평균 고조면 위), 조간대, 조하대(평균 저조면 아래)를 포함하기 때문에 이들 환경에서 형성된 암석은 다양한 색, 퇴적 구조 그리고 암석 유형을 나타낸다(LaPorte, 1967; Ebanks, 1975; Shinn, 1986).[46] 구조는 탄산염암과 셰일이 교호하는 얇은 층("리본암, ribbon rock"); 얇고 불규칙한 사엽리; 평행하고 둥근 역암; 건열; 굴착 구조와 불규칙한 생물 교란 층; 증발 광물 케스트와 주형; 스트로마톨라이트 엽층리; 그리고 티피 구조를 포함한다(Hardie, 1977). 조상대 암석은 건열, 스트로마톨라이트 층리[47]와 조안 구조(지질 시대의 암석에서 방해석으로 채워짐; Textoris, 1968 참조)에 의해 특징지어진다. 이런 암석은 은정질 조류 바운드스톤에서부터 평력암과 각력암─각력암은 엽층리가 발달된 석회 이토가 뜯겨져서 폭풍에 의해 다시 퇴적되는 곳에서 형성─그리고 생물골격질 석회 이암에서부터 생물 골격질 팩스톤까지 다양하다. 많은 이들 암석은 돌로마이트화되고 쳐트를 포함한다(LaPorte, 1967, 1971; Cluff, 1984). 돌로스톤-쳐트의 관련성은 조간대 지역의 표면과 지하에서 퇴적물의 속성 변질 결과 생긴다. 적색, 오랜지색, 갈색, 회색 그리고 흰색을 포함하는 다양한 색이 조상대 암석을 인근

환경에서 형성된 비교적 단조로운 색의 암상과 구분한다.

조간대와 조하대 암석은 색과 구조가 다르다. 조간대 암석은 전형적으로 발 발달된 엽층리가 결여된 밝은 색의 중간 두께 내지는 두꺼운 두께의 층을 가진 와케스톤과 입자암이다. 엽층리는 생물의 광범위한 생물 교란 활동에 의해 파괴된다(LaPorte, 1971; N. P. James, 1984c; Shinn, 1986). 국지적으로 스트로마톨라이트 엽층리가 존재하고 경질 기반과 조안 구조가 흔하다. 일부 석회암편질 역암과 각력암이 조간대에서 형성된다(N. P. James, 1984c).

조하대 암석은 어두운 회색을 띠는 경향이 있다. 이것은 아마도 높은 유기탄소 함량 때문에 기인 되는 것으로 보이며 이 암석은 퇴적 구조가 거의 없다. 생물 골격질 석회 이암, 팩스톤 그리고 입자암이 산출되나 화석 전체가 산출되는 경우는 많지 않다. 조하대 조수로에서 에너지가 높은 화석을 포함하는 (생물 골격질) 부유 석회암, 와케스톤, 팩스톤 그리고 입자암을 생성하는 잔류 퇴적물을 생성한다(Shinn, 1983; Cloyd, Demicco, and Spencer, 1990). 이들 암석은 밝은 색이나 어두운 입자와 밝은 입자가 혼합되어 있는 국소적인 조각("소금과 후추 모래, salt and pepper sands")을 포함한다. 사층리는 흔하고 조하대 우각 사주 암상이 일부 조수로 단면에서 존재한다(J. L. Wilson, 1975; Shinn, 1986).

만과 석호에서 물은 일반적으로 조용하며 따라서 퇴적물은 세립질이다. 생물 골격질과 펠렛상 석회이암, 와케스톤, 팩스톤 그리고 포도석이 이 환경을 대표한다(Gebelein, 1973; D'Aluisio-Guerrieri and Davis, 1988; Colby and Boardman, 1989). 해류와 파도의 활동이 보다 흔한 곳에서는 그러나 생물 골격질과 어란상 입자암, 생물 골격질 팩스톤과 생물골격질 와케스톤 역시 인근 환경에서 씻겨오거나

인근 서식 동물군으로부터 유래된 생물 골격 파편으로부터 형성된다(Howard, Kissling and Lineback, 1970).[48] 이런 암석은 엽층리가 잘 발달되어 있거나 또는 없을 수 있고 생물에 의해 교란 될 수 있으나, 동물군은 물의 염분이 다양하거나 높아서 다양성이 제한되어 있다(Ginsburg, 1956; Ebanks, 1975). 돌로스톤과 스트로마톨라이트가 국지적으로 발달되어 있다(P. M. Harris, 1985).

사브카 암석

사브카(sabkha)는 건조 지역 내지는 반건조 지역에 형성되는 조상대이다. 그들은 은조적(cryptalgal) 스트로마톨라이트질 바운드스톤과 평력각력암(flat pebble breccias)과 평력암(flat pebble conglomerates)을 포함하는 조상대 이질 평지(mudflats)에서 발견되는 것과 같은 형태의 암석에 의해 특징 지어지나 그들은 또한 증발암(석고 증발암, 경석고 증발암, 돌로스톤)을 포함한다. 돌로스톤은 흔하며 석고 단괴는 돌로마이트질 암석에서 국지적으로 산출된다(Hardie, 1986a). 붉은 층이 조간대에서 산출되는 것처럼 이곳에서도 산출된다. 구조적으로 이들 층은 엽층리가 발달하거나 불규칙하고 또는 단괴상이다.

해빈 암석과 해빈암

해빈(beach)은 완만한 해안 평원 형태에서부터 암석 절벽으로 된 것까지 여러 유형이 있다.[49] 해빈 환경은 전안과 후안 두 부분으로 나눌 수 있다. 전안(foreshore)은 고조와 저조 사이의 지대를 포함한다. 후안(backshore)은 조상대로서 정상 고조면 위이다. 암석 절벽으로 된 연안에서 후안은 전체가 다 안타나날 수 있다. 전안의 바다쪽, 저조면과 파도기저면 사이의 지대는 대륙붕의 육지 가장자리에 대

응되는 해양 지대인 연안면(shoreface)이다.

연안의 암석은 특징적으로 입자암이다. 이들은 평행 엽층리, 저경사에서 고경사의 사층리 그리고 수직 굴착 구조를 보인다(Multer, 1977, 제2장; Inden and Moore, 1983; Strasser and Davaud, 1986). 전체 패각 암석이 입자암에 흩어져서 산출될 수 있으나 입자 자체는 전형적으로 어란석과 원마도가 좋은 석회 암편 그리고 조류 입자와 유공충, 연체동물, 산호, 태선동물 그리고 극피동물 파편과 같은 화석 파편으로 구성되어 있다. 암석 절벽으로 된 해안에서 전안 퇴적물은 입자암 이외에 초 바운드스톤(reefal boundstone), 생쇄설성 또는 생물 골격질 역암이나 석회역암을 포함할 수 있다 (Multer, 1977; 제2장; Harland and Pickerill, 1984). 해빈암의 커다란 석회암편과 "키스톤 정동공극(keystone vugs)"(모래 입자의 모서리끼리 모여서 생긴 공극)은 입자암의 전안기원에 대한 좋은 지시자이다 (Inden and Moore, 1983; Strasser and Davaud, 1986). 이들 특별한 구조와 함께 상조합−측방으로 연안면이나 조상대 암상이 분포하는 사층리진 입자암−은 전안층을 지시한다.

해빈암(beachrock)은 퇴적 후 곧바로 해빈에서 방해석에 의해 교결되는 전안 입자암이나 역암이다(Ginsburg, 1953).[50] 이 암석은 흔히 전안 입자암, 특히 전형적인 사층리의 양상을 포함한다. 비록 해빈암의 파편과 암편들이 일부 전안층들에서 발견되나,[51] 그들은 아마도 그 암석 특징을 지워버리는 파도의 침식과 생물학적 파괴 때문에 지질 기록상에서 비교적 드물다(B. J. Jones and Goodbody, 1984a).

해빈의 조상대 부분은 해빈 정단(berm)과 사구 입자암으로 구성되어 있다. 해빈 정단 입자암은 엽층리와 국지적인(바람) 연흔 사층리를 포함한다. 이들 암석이 교결된 곳에서 이들 암석은 교결물에 입

방(암염) 몰드를 포함하기도 한다(Strasser adn Davaud, 1986). 해빈 정단에서 폭풍에 의해 퇴적된 패각 잔류물을 나타내는 국지적인 패각층은 해빈 정단 입자암에서 산출된다. 사구 입자암은 전형적으로 대규모 풍성 사층리를 보이고 흔히 생물 교란 되어 있고 규모가 큰 굴착 구조, 뿌리, 뿌리 몰드(root molds)를 포함할 수 있다.[52] 국지적으로 판상의 해빈일류(overwash) 입자암이 사구 암석에서 협재된 층으로 산출된다(Strasser and Davaud, 1986).

육성 탄산염암

육성 환경(continental environments)에서 퇴적된 탄산염암은 바람에 의해 생성된 사구에서 만들어진 탄산염 입자암, 충적 탄산염암, 호수 탄산염암, 샘 퇴적층(spring deposits) 그리고 칼리치(caliche)를 포함한다.[53] 육성 탄산염암의 어느 것도 흔하지 않으나 호수 탄산염암은 국지적으로 큰 퇴적체를 형성한다.

호수에서 형성된 탄산염암은 무기적으로 침전된 탄산염, 호수에서 서식하는 동물에 의해서 형성된 생물 기원 탄산염, 유입 하천에 의해 호수로 운반되는 쇄설성 탄산염을 포함한다.[54] 각 기후권에서 호수는 독특한 암상을 생성한다. 많은 경우 탄산염암은 호수 중심부 깊은 곳에서 형성된 "이회암(marls)"(이질 탄산염암)이다. 호상 점토나 엽층리가 발달된 암석은 흔하다. 스트로마톨라이트와 다른 조류 바운드스톤은 수심이 낮은 온대 내지 열대 호수, 특히 호수 주변부를 따라 발달한다(Eardley, 1938; Cohen and Thouin, 1987). 돌로스톤은 플라야와 열대 담수 호에서 형성된다(R. L. Hay et al., 1986; Demicco, Bridge, and Cloyd, 1987). 연안 암상은 국지적으로 어란상이나 생쇄설상인 석회이암, 입자암 그리고 팩스톤을 포함한다. 각 환경에서 형성되는 암상이 외

관상 독특함에도 불구하고 고호수 퇴적층(ancient lake deposits)의 고환경을 구분하는 것은 어렵다. 제5장에서 기술한 Green River 층의 호수 돌로스톤과 석회암("이회암")은 호수 탄산염암의 좋은 예이나 이 암석의 기원에 대해서는 아직까지는 논란이 되고 있다.

충적 탄산염암은 전형적인 하성 및 충적 작용에 의해 형성된 셰일, 사암, 역암과 대응되는 탄산염 성분이 많은 암석이다. 이런 암석은 바람과 물에 의해서 운반된 분지 외의 탄산염 입자와 생화학적이고 무기적 탄산염 침전물이 충적 선상지와 이와 관련된 호수에 퇴적되는 곳인 건조 기후 조건하에서 형성된다(E. Nickel, 1985).

사층리와 엽층리가 발달하고 국지적으로 연흔이 있는 입자암을 생성하는 탄산염 사구 모래는 일차적으로 연안지역에서 산출된다(Sayles, 1929; McKee and Ward, 1983). 사구 지역은 확장된 후안 지역이나 연안 사막 모래 지대로 나타날 수 있다. 그러나 풍성 입자암과 다른 입자암(예, 전안의 입자암) 사이의 유사함 때문에 고기의 풍성 입자암의 식별은 어렵고, 육성 암상 조합의 일부로서 입자암이 인식될 수 있는가에 따라 식별 될 수 있다. 탄산염 사구 암석의 알려진 예는 멕시코의 유카탄 반도 해안을 따라 있는 Cancun 근처의 플라이스토세 암석이 있다(Ward, 1975).

층이 발달해 있거나 결핵체양상을 이루는 다양한 색의 암석인 트래버틴(travertine)과 석회화(tufa, vuggy travertine)는 샘, 호수 그리고 강에 의해서 퇴적된 암석이다(그림 8.6) (J. E. Sanders and Friedman, 1967; Julia, 1983; Goff and Shevehell, 1987).[55] 지하수나 열수가 표면으로 나오는 곳에서 물의 온도가 변할 수 있고 그 물이 지표수와 혼합되어 포화되고 방해석과 아라고나이트 같은 탄산염 광물의 무기적 침전으로 나타난다. 비슷한 물로부터 유기적 침전의 역할은 논의의 여지가 있다.[56] 흔히 트래버틴의 정동 공극이 발달하고 층이진 특징과 침전 석회암의 세포조직의 특징은 샘기원을 지시하는 특징적인 양상이다. 또한 층에서 초기의 높은 경사각과 횡적으로 제한된 탄산염암의 분포는 그런 퇴적물을 인식하는 데 유용하다(Steinen, Gray, and Mooney, 1987). 와이오밍의 옐로우스톤 국립공원의 Mammoth 온천의 트래버틴과 뉴욕의 Saratoga Spa 주립 공원의 트래버틴(Friedman, 1972)은 현생 트래버틴의 좋은 예들이다. 고기의 예는 드물지만 코네티컷의 Hartford 분지의 중생대 암석에서 기술되었다(Steinen, Gray and Mooney, 1987).

칼리치(Caliche)는 토양, 퇴적물 또는 기존의 암석에서 증발과 방해석의 침전에 의해서 형성된 백악의, 밝은 색을 띠는 미크라이트질 내지는 마이크로스파질 암석이다(Bretz and Horberg, 1949; Multer and Hoffmeister, 1968; Esteban and Klappa, 1983).[57] 그것은 일반적으로 밝은 색, 미크라이트질 특징 그리고 이전의 지표지역의 존재와 관련되어 있음이 특징이다 (Esteban and Klappa, 1983). 저마그네슘 및 고마그네슘 방해석이 칼리치에서 산출되는 것으로 알려져 있으나, 저마그네슘 방해석이 전형적인 것으로 생각되고 있다(Coniglio and Harrison, 1983; Esteban and Klappa, 1983). 칼리치는 흔히 결정질 맥을 포함하고 두석, 라이조리쓰(rhizoliths), 어란석, 펠로이드 또는 단괴를 포함할 수 있다.

연구 사례

바하마와 같은 연구가 잘된 지역에서 현생 탄산염 퇴적 작용의 예는 고기 탄산염암의 이해를 위한 토대를 마련해 준다. 그런 목적을 위해 탄산염 퇴적

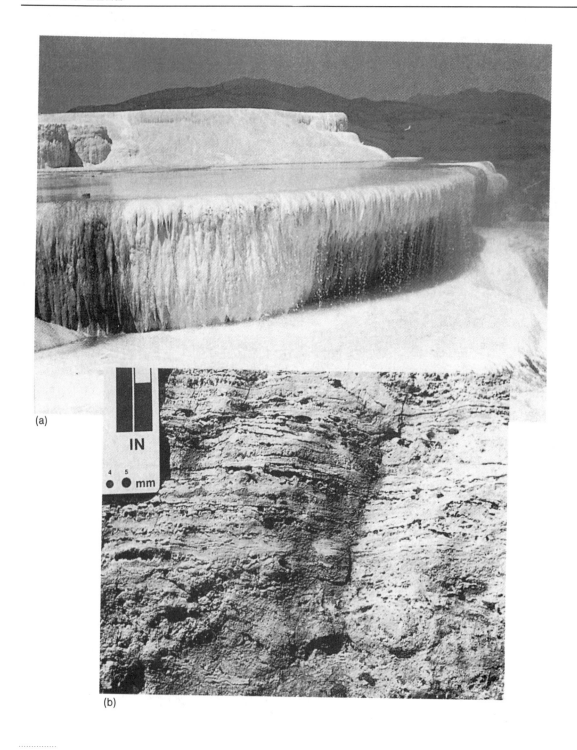

그림 8.6 트래버틴(travertine). (a) 열천으로부터 형성된 트래버틴, 와이오밍, 옐로우스톤 국립공원 Mammoth 온천. (b) 와이오밍, 옐로우스톤 국립공원의 층이진 트래버틴, 석회화(tufa), 그리고 규질 신터.

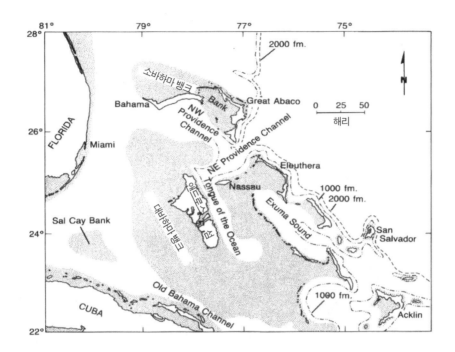

....
그림 8.7 플로리다 남동쪽 대서양에 있는 바하마 지역의 지도(Modified from Newell, 1955).

물의 현생 예와 고기 석회암의 예가 여기에 제시되 었다.

대바하마 뱅크 앤드로스 대지와 인접 지역의 천해 탄산염 퇴적물

대바하마 뱅크의 앤드로스 대지와 인근 지역의 천해 탄산염 퇴적물 대바하마 뱅크(Great Bahama Bank)는 플로리다의 남부 연안의 동쪽과 남동쪽에 위치한 해저면으로부터 높이 솟아 올라온 천해의 대지와 대륙붕 지역이다(그림 8.7).[58] 그것은 동쪽과 남동쪽으로는 절벽과 고각의 경사를 이루고 있고 주변부를 뚫고 들어온 몇 개의 깊은 내만과 분지를 갖고 있으며, 플로리다의 저지대와는 플로리다 해협 에 의해 분리되어 있다. 이런 요인들 때문에 대바하 마뱅크는 규질 쇄설성 퇴적물의 주된 근원지로부터 오랫동안 분리되어 있었다(Newell, 1955). 뱅크의

중앙부 및 동부는 여러 개의 섬(바하마)이 분포한 다. 이들 섬에서부터 뱅크는 서쪽 사면을 따라 갑작 스럽게 아래로 떨어지기 전까지 서쪽으로 2m 이내 의 깊이에서부터 5m 깊이를 보이면서 완만하게 경 사져 있다.

대바하마 뱅크는 또한 앤드로스 대지(Andros Platform)라고 불리우는데, 바하마 뱅크의 서부 중앙 부에 위치하고 있다. 바하마 대지와 앤드로스섬은 많은 연구의 대상이 되어 왔다. 산호초 암상, 산호 조류(탄산염 모래) 암상, 어란상(모래) 암상, 포도석 암상, 펠렛(석회) 이토암상 그리고 석회이토 암상을 포함하는 6가지의 주된 암상이 앤드로스 대지에서 인식 되어진다(Imbrie adn Purdy, 1962; Purdy, 1963b). 이들 암상의 분포는 그림 8.8에 제시 되었다.

산호초는 앤드로스섬의 동쪽 측면에 위치하고 있다. 산호조류 모래 암상은 뱅크의 동쪽, 북쪽 그리

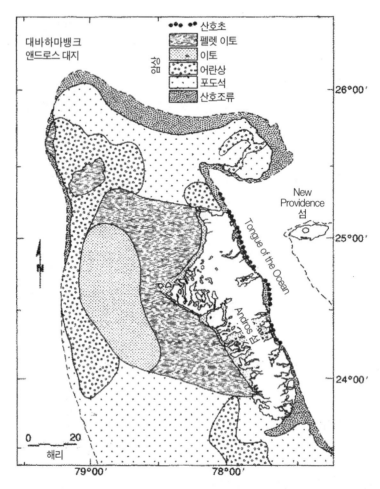

그림 8.8 바하마 뱅크, 앤드로스 섬의 암상지도. 표시된 지역의 가장자리는 100 패덤(fathom)의 수심을 나타낸다(Modified from Purdy, 1963b).

고 북서쪽 주변부로 연장된 대륙붕 주변부임을 주목하라. 포도석과 어란상 모래암상은 국지적으로 대륙붕의 테(rim)를 형성하고 앤드로스 섬의 북서부와 남서부 지역에서 사질 평지 판상퇴적체(sand-flat blanket deposits)를 형성한다. 동쪽에서 불어오는 탁월풍의 영향으로부터 보호된 이들 섬의 내리바람 쪽(lee)에는 석회 이토가 퇴적된다. 추가적인 암상(여기서는 단지 간단히 언급)은 앤드로스 섬과 초사면 전면부를 따른 지역의 전이지대, 뱅크사면, 그리고 바하마 지역 분지들에서 존재한다.[59] 예를 들면

섬에서 탄산염 모래로 된 해빈 융기부(beach ridges)와 자연 제방은 어두운 색의 조안 구조를 갖고 생물교란된 석회 이토가 퇴적되는 습지로 점점 변한다(Shinn, Lloyd, and Ginsburg, 1969; Multer, 1977). 국지적으로 조하대 지역은 연안쪽으로 돌로마이트질 퇴적물이 형성되는 조간대로 바뀌게 된다(Gebelein, 1974). 사면 전면부, 사면 그리고 분지는 이들 환경을 대표하는 전형적으로 층리가 발달된 탄산염 퇴적물을 포함한다.

앤드로스 지역에서 6가지의 주암상은 수온, 수심

그리고 탁월풍과 파도의 방향에 따라 발달된다. 바하마의 초는 앤드로스 섬의 동쪽(오르바람쪽, windward)에서 다양한 기반암질 위에 발달한 흩어진 초(patch reefs)와 거초(fringing reefs)로서 산출되는 비교적 규모가 작고 얇다. 석질산호(stony corals)와 조류는 다른 곳의 전형적인 신생대 초와 마찬가지로 바하마 산호초에서 주된 초형성자이나 일부 흩어진 초에서는 태선동물이 주된 초형성 동물이다(Newell and Rigby, 1957; Cuffey and Gebelein, 1975). 주된 초암석은 골격암(framestones)과 완충석회암(bafflestones)과 같은 다양한 바운드스톤이다. 파도의 활동은 초물질의 많은 부분을 산호 조류(coralgal) 모래로 전환한다. 생물에 의한 굴착 작용과 석회 이토 모래에 의해 굴착 구조가 채워지는 것은 지질 시대의 기록의 일부가 되는 초암석의 특징을 변화시킨다.[60]

산호 조류 암상(coralgal facies)은 산호, 조류, 연체동물, 다른 생물 그리고 어란석, 포도석, 펠렛, 이토 파편 그리고 다른 알로켐으로 구성된 생물 골격 모래 이토(skeletal sand)이다(표 8.4, 여섯째 세로줄)(Purdy, 1963b). 국지적으로 퇴적물은 많은 부분이 이토이다. 암석화됨에 따라 그런 퇴적물은 생물 골격질 입자암이나 팩스톤으로 된다.

어란상(모래) 암상은 사질 평지, 하도 그리고 해성모래 지대(marine sand belts)나 조석 사주로 형성되는 여울에서 산출된다(P. A. Harris, 1979). 그것은 어란석이 우세한 산호 조류 암상과 대조적이다(그림 8.9와 표 8.4, 다섯째 세로줄) (Purdy, 1963b). 일부 표품에서 어란석 입자는 퇴적물의 98%를 차지한다. 비록 변화가 있기는 하지만 추가적인 성분은 이 암상의 많은 퇴적물에서 특히 많지 않으나 가장 많은 성분은 포도석, 펠렛, 생물 골격편 그리고 미크라이트질(?) 알로켐이다. 국지적으로 이토는 퇴적물

그림 8.9 앤드로스 대지의 어란석 모래 사진

의 33%까지 달한다(P. A. Harris, 1979; F. K. McKinney, pers. commun., 1989). 이 암상에서 특징적인 퇴적 구조는 판상의 사층리, 연흔 그리고 판상의 층을 포함한다(Imbrie adn Buchanan, 1965; P. A. Harris, 1979). 대부분의 이들 퇴적물의 암석화는 밝은 색의 사층리가 발달한 중립질 어란석 입자암을 생성한다. 이토가 더 많은 곳에서 결과적으로 생성되는 암석 유형은 어란상 팩스톤이다. 여울 아래 지하로부터 채취한 시추코아는 이들 암석 유형 둘 다 포함한다(P. A. Harris, 1979).

포도석 암상은 또한 모래 암상이나 이 경우 모래는 포도석과 은정질(미크라이트질?) 알로켐이 우세하다(표 8.4 셋째 세로줄) (Purdy, 1963b). 모래의 다른 주된 성분은 펠렛, 어란석, 생물 골격편 특히 연체동물 파편을 포함한다. 국지적으로 이토가 상당량 존재한다. 포도석 암상의 주된 퇴적 구조는 사층리이나 대부분의 경우 생물 교란 작용이 층리를 파괴한다(Imbrie and Buchanan, 1965; Multer, 1977, p. 130). 포도석이 많은 석회암은 지질 시대의 기록에서 일반적으로 인식되지 않기 때문에, 그런 퇴적물

표 8.4 선택된 탄산염암과 퇴적물의 모드

	1	2	3	4	5	6	7	8
이토	100[a]	42.8	4.5	4.5	5.0	10.8	10.5[b]	0.0
스파	—	00.0	00.0		00.0	00.0	—	—
방해석	—	—	—	20.0	—	—	—	0.0
돌로마이트	—	—	—	—	—	—	—	99.9
교결물	—	—	—	—	—	—	18.8[c]	—
인트라크라스트	—	1.9[d]	26.9[d]	1.0	7.5	22.8	<1	0.0
우이드	—	6.3	14.9	34.5	66.6	6.4	—	0.0
펠렛	—	32.6	4.9	—	7.2	4.7	tr	0.0
포도석	—	0.3	32.0	—	4.5	5.4	—	0.0
생물 골격 입자				40.5				0.0
산호	—	0.0	0.1	—	0.1	5.9	nr	—
연체동물	—	2.7	4.1	—	1.4	7.1	<1	—
완족류	—	—	—	—	—	—	<1	—
극피동물	—	—	—	—	—	—	33.8	—
조류	—	1.3	2.8	—	1.9	11.6	4.5	—
유공충	—	3.9	2.6	—	1.0	7.1	nr	—
태선동물	—	—	—	—	—	—	17.2	—
삼엽충	—	—	—	—	—	—	2.2	—
개형충류	tr	—	—	—	—	—	<1	—
기타	—	2.9	3.2	—	1.9	9.5	3.8	—
기타	—	5.3	4.0	—	3.0	8.8	0.0	tr[e]
합계	100	100	100	100	100.1	100.1	100	100
측정 점수	nr	11500[f]	32000[f]	200	35500[f]	16500[f]	nr	200

출처:
1. 석회 이암(분지), 9개 품목의 평균, 버지니아 서부, Liberty Hall 및 리치 베리(Rich Valley)층 (오도비스기 중기)(J. F. Read, 1980a).
2. 펠렛상 이토 암상, 23개 품목의 평균, Great Bahaman 뱅크(현생) (Purdy, 1963b).
3. 포도석 암상, 64개 품목의 평균, Great Bahama 뱅크(현생) (Purdy, 1963b).
4. 앨라배마, Huntsville 부근, Monteagle 층(미시시피기)의 어란상 화석함유 입자암(H. Gault의 비출간 자료).
5. 어란상 암상, 71개 품목의 평균, Great Bahama 뱅크(현생)(Purdy, 1963b).
6. 산호조류 암상, 33개 품목의 평균, Great Bahama 뱅크(현생)(Purdy, 1963b).
7. 생물골격 입자암, 25개 품목의 평균, 버지니아 서부, Effna, Murat, 그리고 Ward Cove 석회암(오도비스기)(J. F. Read, 1980a; 아래 b 주석을 보라).
8. 버지니아, Nebo 도폭 Knox 층군 상부 오도비스기의 세립질 결정질 돌로스톤 (L. A. Raymond의 미출간 자료).
[a] 나타낸 바와 같은 포인트 카운트에 근거한 부피 % 값.
[b] 입자+교결물=전체를 가정한 보고된 값으로부터 전환한 값.
[c] 조립 및 섬유상 교결물로서 보고됨
[d] 이런 퇴적물에서 은정질 결정으로 보고된 입자는 인트라크라스트에 포함되었다.
[e] 몇개의 흩어진 석영 입자와 은정질 철 산화물로 구성
[f] 표품수 × 500 점/표품.
nr=보고되지 않음(not reported).
tr=미량(trace).

은 암석화 됨에 따라 석회이암, 와케스톤 또는 사층리가 발달된 석회암편이나 펠렛상 입자암이나 팩스톤으로 인식되는 암석이 되는 것 같다.

펠렛상 이토 암상은 분립(fecal pellets)과 크기가 1/8mm이하의 세립인 퇴적물에 의해 특징지어진다 (표 8.4, 세로줄 2) (Purdy, 1963b). 펠렛은 퇴적물의 50%까지 달할 수 있다. 함량비가 5% 이상인 다른 알로켐은 생물 골격편, 어란석 그리고 이토 입자이다. 이토질 암상에서 흔한 생물 교란 작용은 엽층리를 파괴시키고 층리를 융합시킨다. 암석화가 됨에 따라 펠렛이토는 펠렛팩스톤과 와케스톤을 생성한다.

앤드로스 대지의 이토 암상은 펠렛 이토 암상보다 이토가 많고 펠렛이 적다(Purdy, 1963b). 알로켐은 국지적으로 퇴적물의 70%까지 차지하나 전형적으로 그들은 50% 이하를 차지한다. 알로켐 중에서 가장 많은 것은 생물 골격편과 펠렛이다. 이토 자체는 주로 작은 아라고나이트 막대로 구성되어 있다 (Bathurst, 1975, p. 137). 생물 교란 양상은 주된 구조이다(Imbrie and Buchanan, 1965; Multer, 1977). 이들 퇴적물의 암석화는 시추 코아에 의해서 지하에서 발견한 것처럼 반점이 있거나 미미한 층리의 생물 골격질 또는 펠렛상 석회 이암, 와케스톤 또는 팩스톤을 생성한다(Beach and Ginsburg, 1980).

일반적으로 앤드로스 대지의 다양한 탄산염 퇴적상은 한 암상에서 다른 암상으로 점차로 변해가고 지질 시대의 기록에서 관찰되는 전형적인 암상에서와 같이 지교(interfinger)한다. 따라서 그들의 분포와 기원에 대한 이해는 그런 기록의 탄산염 층서에 대한 통찰의 기회를 제공한다.

버지니아 남서부의 오르도비스기 완사면-분지 암상

버지니아 남서부 Appalachian Valley와 Ridge Province의 중기 오르도비스기 암석은 지질 기록에서 탄산염 완사면에서부터 분지까지의 층서에 대한 훌륭한 예를 보여준다(J. F. Read, 1980a).[61] 완사면의 수심이 낮은 지역은 대바하마 뱅크의 퇴적물의 일부와 비슷하다. 오르도비스기 동안 융기가 남동쪽으로 "지구조적 고지대"를 생성하는 동안 대륙의 동쪽 주변부를 이루고 있던 캠브로-오르도비스기 비활동 주변부(passive margin) 대륙붕으로부터 하나의 엔시알릭(ensialic) 전지 분지(foreland basin)가 발달되었다. 규질 쇄설성이고 국지적으로 석회질 저탁암인 Knobs 층이 남동쪽에 있는 고지대에서 유입되었고 분지의 남동쪽 부분을 채우게 되었다(F. B. Keller, 1977; Raymond et al., 1979).[62] 분지의 남서쪽 가장자리에 탄산염 완사면과 이와 인접하는 조상대 이질 평지(mudflat)는 탄산염 퇴적물의 퇴적지로서 역할을 하였다(그림 8.10)(J. F. Read, 1980a).

중기 오르도비스기 탄산염암을 형성했던 퇴적물은 Knox 층군-중기오르도비스기 부정합-이 된 침식된 지표위에 퇴적되었다(Webb, 1959; Webb and Raymond, 1979; Mussman and Read, 1986). 조간대, 완사면 그리고 분지의 다양한 환경에서 형성된 이들 암석은 그들의 암상에 근거하여 층으로 각각 명영되었다(그림 8.11). New Market, Blackford, Mosheim 석회암과 Bowen 및 Moccasin 층을 포함하는 조상대, 조간대 그리고 제한된 층들은 석회암과 돌로스톤 암상을 모두 포함한다. 이들은 탄산염 이암 적색층, 얇은 두께의 층에서부터 괴상으로 나타나는 석회이암, 조류 엽층리 석회이암, 와케스톤, 펠렛 팩스톤, 석회암편 돌로스톤 그리고 적은 양의 각력암[63]과 셰일을 포함한다(그림 8.12와 8.13). 건열, 생물 교란 층 그리고 조안 구조는 특징적인 구조이다. Bowen 층과 Lincolnshire-Wardell 석회암과 같은 데서는 경질 기반이 나타난다. Knox 처트에서

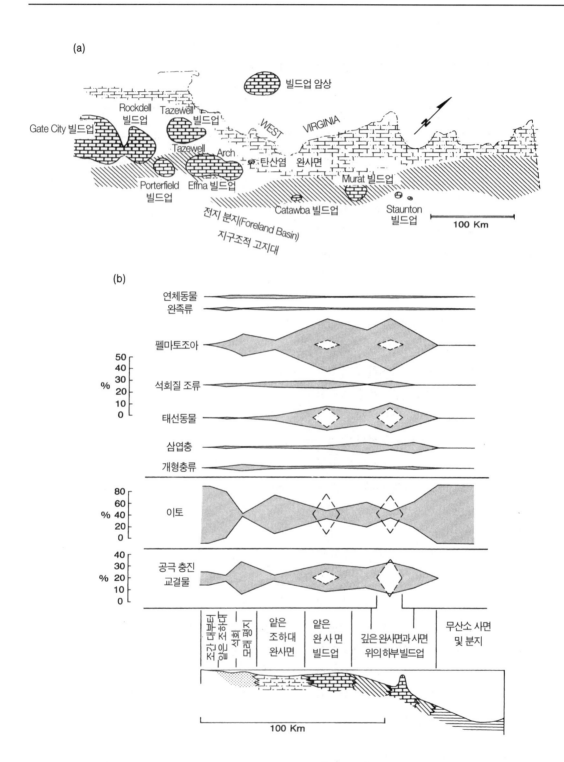

그림 8.10 버지니아 남서부 완사면-분지 모델. (a) 완사면과 분지의 위치를 보여주는 지도. (b) 각 암상의 성분 변화를 보여주는 개략적인 단면도. 빌드업 암상의 성분은 삼각형 점선으로 나타냈다(Modified from J. F. Read, 1980a).

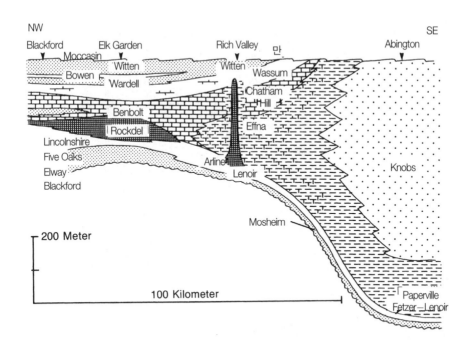

그림 8.11 버지니아 남서부를 북서에서 남동으로 가로지르는 완사면-분지 단면. 분지암상의 전체 두께는 표시하지 않았다. 이름은 각각의 층이다 (Modified from J. F. Read, 1980a).

보존된 보기 드문 셰브론 조직(chevron texture)은 국지적으로 중기 오르도비스기까지 존재했던 부정합 이전의 조간대가 형성된 사브카 환경을 지시한다(Webb and Raymond, 1989).

조간대의 바다쪽에는 석회 사질 평지가 Whistle Creek, Witten 그리고 Elway, Wardell 및 Wassum 석회암(층)의 일부에 의해 나타내진다(J. F. Read, 1980a). 이들 암석은 얇은 두께와 중간 두께의 층으로 된 국지적으로 사엽층리가 발달한 회색의 쳐트가 협재된 생물 골격질-펠렛상 입자암과 일부 석회암편질 및 공극을 포함하는 석회암에 의해 특징지어진다(그림 8.12와 8.13).

완사면은 사질 평지의 바다쪽에 있다. 가장 수심이 낮은 조용한 완사면 층서의 조하대 부분은 어두운 회색, 생물 골격질 석회 이암, 팩스톤 그리고 와

케스톤을 포함하는 쳐트질 석회암을 포함한다(그림 8.12와 8.13)(J. F. Read, 1980a). 이들 암석은 얇은 층에서부터 두꺼운 층으로 되었고, 생물교란 되었으며 그들은 경질기반과 온콜라이트를 포함한다. Lincolnshire 석회암과 Elway, Wardell 그리고 Wassum 석회암의 일부와 같은 층들은 이 완사면 내부를 대표한다. 수심이 깊은 사면 암석은 Benbolt 와 Chathan Hill 층과 같은 층에 의해 나타내 진다. 이들 암석은 회색 내지는 검으며 얇은 층의 생물골격질 팩스톤, 와케스톤 그리고 셰일이 협재된 이암으로 구성되어 있다(그림 8.12와 8.13). 경질 기반은 이 층에서 국지적으로 많이 분포한다(Markello, Tillman, and Read, 1979).

수심이 낮고 깊은 곳 모두을 포함한 완사면의 여러 곳에서 탄산염 빌드업이 발달 되었다(J. F. Read,

(a)

(b)

(c)

그림 8.12 버지니아 남서부 오도비스기 중기 완사면-분지 연계층의 선택된 사진. (a) 버지니아, Walker Mountain, 고속도로 16번에 있는 Moccasin 층의 조간대 암상. (b) 버지니아 고속도로 16번 Walker Mountain 북쪽에 있는 Mosheim 석회암의 조하대 암상. (c) 버지니아, Rye Cove지역, Benbolt 층의 완사면 암상. (d)와 (e) 버지니아, Tazewell County, Walker Mountains 북쪽 고속도로 16번 Effna 층의 탄산염 빌드업 암상. (f) 버지니아, Saltville 부근 Rich Valley 층의 분지암상.

(d)

(e)

(f)

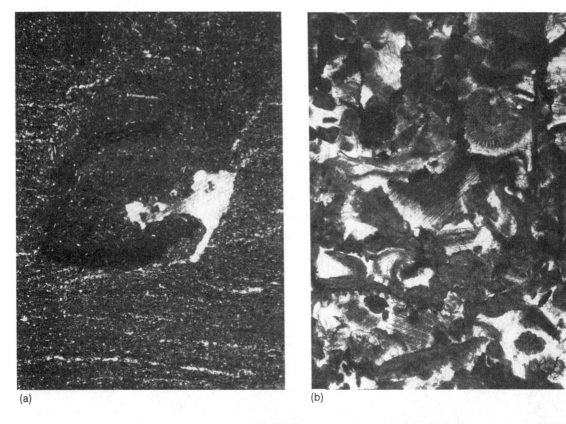

(a)

(b)

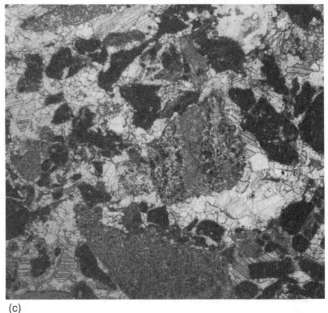

그림 8.13 버지니아 남서부 오도비스기 중기 완사면-분지 연계층으로부터 선택된 암상의 현미경 사진. (a) Moccasin 층; 굴착 구조를 포함한 적철석의 이질 적색 석회이암, 조간대 암상(개방 니콜). (b) Wassum 석회암; 버지니아 Walker Mountain 고속도로 16번에 있는 펠렛 생물골격 입자암, 사질 평지 암상(직교 니콜) (c) Mosheim 석회암; 버지니아 Nebo 도폭, 탄산염 암편상 팩스톤, 조하대 암상(직교 니콜). (d) Bowen 층; 버지니아, Gate City 생물 골격 와케스톤, 조하대 암상(개방 니콜). (e) Effna; 버지니아, Walker Mountain 북쪽, 고속도로 16번에 있는 완충석회암, 탄산염 빌드업 암상. (f) Rich Valley 층; 버지니아 Saltville 부근 Rich Valley의 석회이암, 분지암상(개방 니콜). (a), (b) 그리고 (e)에서 세로의 길이는 6.5mm이다. (d)와 (f)의 가로의 길이는 3.25mm이다. (c)의 가로의 길이는 약 2mm이다.

(c)

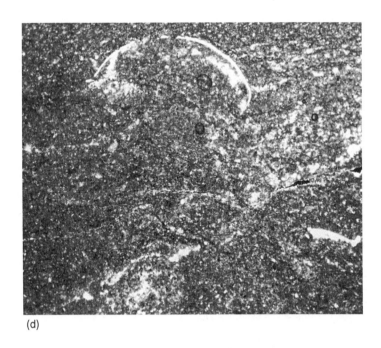

(d)

(e)

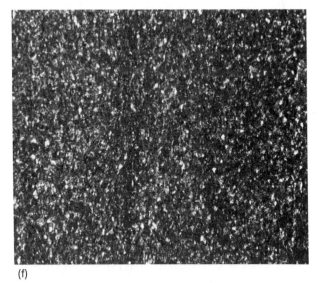

(f)

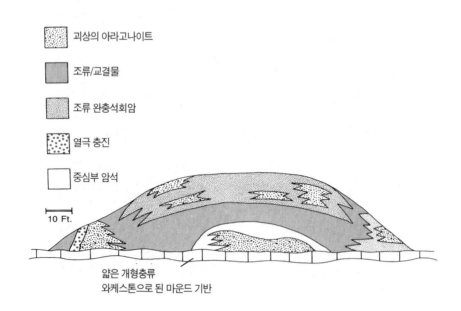

괴상의 아라고나이트

조류/교결물

조류 완충석회암

열극 충진

중심부 암석

10 Ft.

얇은 개형충류
와케스톤으로 된 마운드 기반

그림 8.14 다양한 암상을 보여주는 뉴 멕시코 페름기의 Laborcita 층의 Scorpion Mound(Modified from S. J. Mazzullo and Cys, 1979; Toomey and Babcock, 1983을 보라).

1980a; Grover and Read, 1983). 이들 빌드업은 국소적인 완충 석회암을 포함하는 밝은 회색의 바운드스톤이나 석회 이암-와케스톤으로 된 중심부에 의해 특징지어지고, 그들은 비슷한 색의 중간 두께 내지는 두꺼운 층의 생물 골격 입자암과 팩스톤이 옆으로 인접하여 발달한다(그림 8.12와 8.13, 표 8.4 네 번째 세로줄) (J. F. Read, 1980a, 1982b; Grover and Read, 1983). 펠마토조아(pelmatozoan), 해면동물, 조류 파편이 혼합되고 국지적인 산호와 스트로마토포로이드와 같이 산출되는 태선동물이 초의 골격과 골격입자를 형성한다(Grover and Read, 1983). 옆으로 인접하는 퇴적물은 국지적으로 처트질이나 세일질이다. 그들은 사층리가 발달하고, 연흔 사층리나 얇은 층이 발달했으나 중심부는 괴상이다. Rockdell, Ward Cove, Effna 그리고 Murat 석회암은 탄산염 빌드업을 대표한다.

분지와 인접하는 사면의 층서 단면은 국지적으로 세립질의 석회 이암 저탁암을 포함하는 석회 이암과 세일로 구성되어 있다(표 8.4 첫 번째 세로줄). 층리는 일반적으로 얇으나 일부 저탁암은 중간내지는 두꺼운 층리를 보인다. 엽층리는 흔하고 점이층리와 연성 퇴적물의 변형 양상(예, 습곡)이 국지적으로 존재한다. 일부 회색 저탁암을 제외하고 암석들은 검은 색이다. Paperville 세일, Rich Valley 층 그리고 Liberty Hall 층이 분지층을 형성한다.

분명히 여기서 기록된 대부분의 오르도비스기 중기층은 탄산염 대륙붕과 대지의 현생층과 유사하다. 고생물학적 연구와 함께 그런 직접적인 유사함에 대한 지식은 고지리 및 층서 기록에서 암석층의 역사를 정확하게 재현하게 한다. 그러나 만일 우리가 특별한 양상을 산출하는 작용을 이해하기 원한다면 우리는 면밀히 관찰해야 한다.

빌드업의 면밀한 관찰: 뉴멕시코 페름기 Laborcita 층의 조류 마운드

뉴멕시코의 Sacramento Mountains의 페름기 Laborcita 층은 수많은 탄산염 빌드업을 포함하고 있다(Toomey and Cys, 1977, 1979; Mazzulo and Cys, 1979; Toomey and Babcock, 1983). 이들 바이오험(bioherm)은 Scorpion 마운드와 조류 마운드이다. 마운드는 기저의 개형충류와 와케스톤 위에 세워졌고, 다섯 가지의 주된 암질 단위로 구성 되어 있다(그림 8.14). 이들은 "아라고나이트 괴상암", 조류/교결물암, 조류 완충암, 열극 충진(fissure fill) 그리고 중심부의 암석(core rock)을 포함한다(S. J. Mazzullo and Cys, 1979; Toomey and Babcock, 1983). 중심부의 암석과 아라고나이트 괴상암은 실제로 회색의 생물골격질 석회이토 기질 내에 있는 검은색의 결정질 방해석(이전의 아라고나이트?)이다. 아라고나이트 괴상 암상/중심부 암상 위에는 조류/교결물 암상(암석이 원래 조류의 판으로 구성된 것으로 생각됨)으로 불리우는 교결물의 검은 띠와 덩어리를 포함하는 뚜렷한 밝은 회색의 부서지지 않은 부족류 팩스톤-와케스톤 암석이 있다. 마운드의 상부는 조류로 된 완충 석회암상으로 구성되어 있다. 이 암상 또한 밝은 색인데 철돌로마이트의 부분적인 조각과 조류 와케스톤을 포함한다. 마운드를 자르는 열극은 결정질 방해석 교결물 내에 생물 골격 팩스톤-와케스톤과 조류팩스톤 그리고 와케스톤 입자를 포함하는 석회 역암과 각력암으로 구성된 열극 충진물을 포함한다.

마운드는 여러 단계의 역사를 갖는다(Toomey and Babcock, 1983). 초기 "개척자" 군집인 부족류와 다른 무척추 동물이 빌드업을 형성하기 위해 시작하나 조류에 의해 덮이게 된다. 이 조류의 초 표면(algal reef surface)은 완족류, 태선동물, 연체동물, 개형충류에 의해 점령되게 된다. 마지막으로 노출과 교결 작용의 시기가 지난 후, 초는 물에 잠기고 방추충 골격 와케스톤에 의해 덮이게 된다.

요약

탄산염암은 방해석, 고마그네슘 방해석, 돌로마이트 그리고 아라고나이트로 된, 하나 또는 그 이상의 광물로 주로 구성된다. 석영, 점토광물 그리고 다른 광물은 나머지 성분을 이룬다. 탄산염암의 화학 성분은, 우세한 탄산염 화학 성분과 동위 원소비가 형성 환경을 지시한다는 것을 반영한다.

다양한 조직과 구조는 해양, 전이 지대 및 육성 환경에서 형성된 탄산염암을 특징 짓는다. 현재 사용되고 있는 탄산염암의 두 가지 주된 분류는 주된 조직적 요소―미크라이트, 스파라이트, 어란석, 펠렛, 탄산염 암편, 생물 골격편(Folk의 분류)―의 주된 산출에 근거하거나, 두 가지 크기의 탄산염 물질―석회 이토와 입자(Dunham의 분류)―의 상대적인 함량비에 근거한다.

탄산염암은 9가지의 주된 해양 환경 그리고 전이 환경과 육성 환경에서 형성된다. 대부분의 탄산염암은 해성이다. 주된 해양 환경은 분지, 사면, 사면 전면부, 탄산염 빌드업, 완사면, 트인 대륙붕, 여울 그리고 대지 환경이다. 전이 환경은 조간대, 조상대(이질 평지와 석호를 포함) 그리고 만 형태이다. 호수, 충적 퇴적물, 샘, 사구 그리고 토양은 육성 탄산염암이 형성되는 곳이다. 분지, 사면, 대륙붕 그리고 석호 암상은 풍부한 석회 이암과 와케스톤을 포함한다. 팩스톤은 사면, 사면전면부, 빌드업, 완사면, 대륙붕, 대지, 만 그리고 석호에서 형성된다. 입자암은 여울, 조간대(해빈), 대지, 일부 충적 퇴적물 그리고 사구 환경의 특징이다. 샘은 트래버틴과 석회화를 생성하고 칼리치는 토양과 충적 퇴적물에서 형성된다. 여러 형태의 바운드스톤(예, 부유 석회암, 완충 석회암, 패각암(shellstone), 가지 석회암(branch-stone))과 석회 역암은 초와 다른 빌드업에서 형성된다. 스트로마톨라이트 바운드스톤은 일부 호수 환경과 조간대와 조상대 환경, 특히 조간대와 사브카 환경의 특징이다. 돌로마이트는 이런 환경에서 형성된 암석의 속성 작용으로 형성된다. 특징적인 구조와 관련암상과 함께 암상은 층서 기록에서 탄산염암층의 다양한 환경을 인식하는데 열쇠 역할을 한다.

주석 ●●●

1. 탄산염암의 존재비에 대한 추정은 심하게 변한다. Ronov and Yaroshevsky(1969)는 탄산염은 지각을 구성하는 암석 부피의 2% 밖에 되지 않는다고 했고, Halley(1983)는 8%로 추정했다. 대륙 암석 중 탄산염암이 차지하는 부피를 10 %로 추정한 Blatt의 추정은 Kuenen(1941)의 29% 그리고 Folk(1974)의 25~35%에 비해 낮다.

2. 알로켐 또는 알로켐 성분은 Folk(1974, p.1)에 의해 "퇴적 분지 내의 용액으로부터 침전된 물질이나, 일반적으로 그들은 후에 그 분지 내에서 고체로서 이동하기 때문에 그것은 비정상적인 "화학적 침전물"로서 정의되었다. 예로서, Folk(1974)는 어란석, 화석의 전체 또는 파편, 배설물 펠렛, 그리고 자갈을 형성하는 재동된 준동시기적인 탄산염 퇴적물의 입자를 들었다. Folk는 퇴적 분지 내에서 침식, 운반, 그리고 퇴적 작용에 의해 유래된 물질로 구성된 입자와 퇴적 분지 밖의 지역의 침식으로부터 유래된 입자를 구분했는데, 전자를 알로켐이라고 하고 후자를 육성 기원 성분이라고 명명하였다. 분지 내와 분지외의 구분은 기원적인 해석을 필요로 하며, 많은 경우 적용하기가 어렵거나 주관적인 판단을 필요로 한다. 따라서 Raymond(1984c)는 알로켐을 어란석, 화석, 펠렛을 포함하는 화학적이고 생화학적으로 형성된 물질로 재정의 했다. Raymond에 의해서 정의된 것처럼 비록 기원적인 해석을 필요로 하지만(그 물질이 침전물이건 또는 아니든 간에) 알로켐은 암석 파편에서 관찰할 수 있는 것처럼 조직적이고 광물학적 기준에 근거하였다. 또한 제1장의 주석 설명 3번을 보라.

3. Bathurst(1975, p.235ff.)는 또한 탄산염 광물 성분과 화학 성분의 요약을 제시하였다. Wray(1971)를 보라.

4. Friedman(1965b), Ebanks(1975), Multer(1977, ch. 2), C. S. Nelson and Lawrence(1984). 마지막 논문은 메탄가스의 역할을 논의하였다.

5. 해양에서 아라고나이트의 산출에 관한 논의를 위해 Friedman(1965b)를 보라. 또한 A. C. Newman and Land(1975)를 보라. 조류에 의해 형성된 탄산염의 퇴적 및 초기 속성 변화에 대한 논의를 위해 Wolf(1965), W. B. Lyons et al.(1984), 그리고 Lasemi and Sandberg(1984)를 보라.

6. 예를 들면 Mullins(1986)를 보라.

7. Scoffin(1987, pp.5-6) 그리고 Wray(1971).

8. 제3장의 돌로마이트화 작용에 대한 논의를 참고하고 Friedman and Sanders(1967) 그리고 Scoffin(1987, 134)을 보라.

9. Mason and Berry(1968, p.78)의 이온 반경. 또한 Pauling(1927), J. Green(1959), 그리고 Clark(1989 in Carmichael, 1989, p.35)을 보라. Bloss(1971, p.201ff.)는 이온 반경 자료에 대한 좋은 검토 자료를 제시했다.

10. 또한 P. G. Flood and Orme(1988)과 Doyle and Roberts(1988)에 있는 논문들을 보라.

11. 예를 들면 Spock(1953), Bathurst(1975, p.137), M. R. Scott(1975), D. L. Williams et al.(1982).

12. Spock(1953), Friedman(1965a), D. L. Williams et al.(1982), A. C. Kendall(1984), Huebner et al.(1986a) 그리고 저자에 의한 관찰.

13. 안정 동위 원소 연구에 관한 대략적인 M. G. Gross and Tracey(1966), Milliman(1974, p.30ff), J. D. Hudson(1977), Boggs(1987, p.688ff.), 그리고 Richardson and McSween(1989, pp.208-232)을 보라. 자세한 토의와 예를 위해서 M. L. Keith and Weber(1964), J. D. Hudson(1975, 1977), R. L. Hay et al.(1986), T. R. Taylor and Sibley(1986), 그리고 Ditchfield and Marshall (1989)를 보라.

14. 탄산염암의 조직은 Scholle(1978)와 A. E. Adams, MacKenzie, and Guilford(1984)에 칼라로 제시되어 있다.

15. 또한 Land(1970), Ginsburg(1971), 그리고 Halley(1983)를 보라. Howard, Kissling, and Lineback(1970)는 국지적으로 세립질 탄산염 퇴적물은 조립질의 패각 파편의 파괴에 의해 형성될 수 있다.

16. 만일 입자들이 그들의 근원지로부터 제거되거나 또는 유기적 입자의 경우 만일 입자들이 생물이 서식하는 국지적 환경으로부터 제거된다면, 입자들은 운반되는 것으로 간주된다. 실제로 암석의 알로켐은 만일 입자들이 운반의 증거를 보이거나(예, 원마도가 증가함) 또는 입자들이 발견되는 기질물, 동물군 또는 암상에 대해 외부기원적일 때만 인식된다.

17. 포도석(Grapestones)은 포도가 모여 있는 형태로 미크라이트에 의해 함께 교결된 모래입자의 덩어리로 구성된 퇴적물 입자이다(Illing,1954; Bathurst,1975, pp.89 and 316ff.) 이들과 다른 알로켐의 칼라 사진을 위해 A. E. Adams, MacKenzie and Guilford(1984)를 보라. 펠렛은 일반적으로 너무 작아서 표품에서 알아 보기가 어렵다. 따라서 박편이나 아세테이트 필(acetate peel)이 석회 이암으로부터 펠렛상 와케스톤이나 팩스톤을 구분하는 데 필요하다.

18. 생물암의 요소(Biolithic elements)는 생물에 의해서 형성된 생물암이나 바운드스톤이다. 생물암의 요소는 정의대로 현지에서 형성된다. 이곳에서 사용된 용어인 **생물 기원의 요소**(biogenic elements)는 생물 활동에 의해 형성된 암석의 조직적 성분이다. 생물 기원 요소는 생물 암의 요소, 생쇄설물(운반된 화석 파편), 그리고 펠렛을 포함한다.

19. 탄산염 입자는 이미 존재하는 물질이 부서져서 형성되거나(이 경우 그들은 작아짐) 어란석이나 포도석의 형성처럼 교결 작용에 의해서(이 경우 그들은 커짐) 형성된다. 이들 중 어느 작용도 퇴적 장소 부근에서 산출되거나 퇴적 장소로부터 좀 떨어진 곳에서 산출될 수 있다. 결과적으로 탄산염 입자의 크기는 규질 쇄설성 입자와 같이

분명하게 수리역학적 상태를 반영하지는 않는
다. 이런 이유 때문에 탄산염암의 분류에서 입
자의 크기는 규질 쇄설성 암석의 분류에서보다
중요하지 않다.

20. 기재나 예를 위해 D. B. Smith(1974), Assereto
and Kendall(1977), Worley(1979), 그리고 C.
Kendall and Warren(1987)을 보라.

21. 경질 기반은 Scoffin(1987, pp.70,96-98)에 의해
서 기술되었고 H. E. Cook and Mullins(1983,
pp.603-606)에 의해 칼라로 묘사되었다.

22. 또한 R. E. Garrison(1972), Milliman(1974, p.
54ff. and ch. 8), 그리고 DSDP의 보고서를 보라.

23. 탄산염 환경의 추가적인 논의는 Halley(1983),
Halley, Harris, and Hine(1983), N.P.James(1984a),
그리고 Mullins and Cook(1986)에 의해 제공되
었다.

24. 또한 Yurewicz(1977), Mullins(1986), 그리고
C.W. Holmes(1988)를 보라.

25. 탄산염 사면과 분지 주변부 퇴적물은 요즈음 일
반적으로 대지 주변부 퇴적물(peri-platform
sediments)로 불린다(Schlager and James,1978;
Cook,1983).

26. 또한 Mullins(1983), McIlreath and James(1984),
S. C. Ruppel(1984), 그리고 C. W. Holmes(1988)
를 보라.

27. Carrasco-V(1977), Cook and Taylor(1977),
Davies(1977), Evans and Kendall(1977), J. F.
Hubert, Suchecki, and Callahan(1977),
Yurewicz(1977), Davis(1983), Mullins(1983),
Coniglio and James(1985), Mullins and
Cook(1986).

28. 대륙붕과 대지라는 용어는 흔히 동의어로 사용
된다. 예를 들면 많은 다른 저자들과 마찬가지

로 P. M. Harris, Moore, and Wilson(1985)은 대
지는 트인 해양 및 내대륙 해양 환경을 나타내
는 말로 사용한다. 주석 설명 31을 보라.

29. 추가적인 관련 논의가 Enos(1983), J. L. Wilson
and Jordan(1983), Cluff(1984), Driese and
Dott(1984), 그리고 C. W. Holmes(1988)에서
발견될 수 있다.

30. C. W. Holmes(1988)역시 Florida 남부 외안의
대륙붕과 대지주변부 퇴적물을 기술하였다.
Dix(1989)는 호주의 고에너지 대륙붕 암상에 대
해 토론하였다.

31. 대지라는 용어는 다른 지질학자들에 의해 다르
게 사용되어져 왔다. J. L. Wilson(1975, p. 21)은
대지(platforms)를 "다소 수평적인 상부와 급격
한 대륙붕의 주변부를 갖는 탄산염체"로 정의
하였다. Ahr(1973)는 대지라는 용어에 평평한
천해의 석호나 습지 지역을 포함하여 사용하였
다. 나는 여기서 대지라는 용어를 약간 순환이
나 조석활동이 제한되고, 일반적으로 평평하고,
광역적인 범위를 갖는 내대륙해를 언급하는 것
으로 사용한다.

32. 또한 Enos(1974b), Hagan and Logan(1974),
Read(1974b), J. L. Wilson(1975), 그리고 Driese
and Dott(1984).

33. Ball(1967), J. L. Wilson(1975), Driese and
Dott(1984), Smosna(1984), Sternbach and
Friedman(1984), 그리고 Handford(1988)을 보라.

34. 또한 LaPorte(1969) 그리고 J. L. Wilson(1975)을
보라.

35. 참고 문헌을 위해 주석 58을 보라.

36. S. J. Mazzulo et al.(1978), McKinney and
Gault(1979), Driese and Dott(1984), Sternbach
and Friedman(1984), Cramer(1986).

37. 예를 들면 Halley, Harris, and Hine(1983), Handford(1988), Holmes(1988), J. H. Anderson and Machel(1989), 그리고 Poppe, Circe, and Vuletich(1990)을 보라.

38. 추가적으로 Friedman(1988)과 Doyle and Roberts(1988), 그리고 Poppe, Circe, and Vuletich(1990).

39. 또한 P. A. Harris(1979), Halley, Harris, and Hine(1983), 그리고 Hine(1983)을 보라.

40. Wilson(1975, p.27), P. A. Harris(1979), Halley, Harris, 그리고 Hine(1983).

41. Milliman(1974, ch.6), Pusey(1975), Hopkins(1977), Multer(1977, chs. 2, 6, 7), R. W. Scott(1979), Enos and Moore(1983), Viau(1983), Toomey and Babcock(1983), N. P. James and Macintyre(1985), Shaver and Sunderman(1989).

42. Friedman and Sanders(1967), Textoris(1968), LaPorte(1971), Friedman(1972).

43. 오르도비스기 완사면에서 분지 암상의 예는 아래를 보라.

44. LaPorte(1967).

45. 이 부분은 LaPorte(1967, 1969, 1971), Read (1974b), Ebanks(1975), High(1975), Hardie (1977a,b, 1986a,b), Hardie and Ginsburg(1977), Cluff(1984), P.M.Harris(1985), Shinn(1983b), A.C.Kendall(1984), Steiger and Cousin(1984), Hardie and Shinn(1986), Colby and Boardman (1989), and Cloyd, Demicco, and Spencer (1990)의 연구에 근거하였다.

46. 또한 LaPorte(1971), Read(1974b), High(1975), P.M.Harris(1985), 그리고 Hardie(1986a,b)를 보라.

47. 논의와 기재를 위해 Ginsburg(1960, 1967), P.Hoffman(1974), Logan, Hoffman, and Gebelein(1974), 그리고 Multer(1977)를 보라.

48. 또한 Hagan and Logan(1974), P. M. Harris(1985), 그리고 D'Aluisio-Guerrieri and Davis(1988)를 보라.

49. 현생의 해빈-사주-석호-삼각주 해안의 환경과 퇴적물은 Purdey, Pusey, and Wantland(1975), Pusey(1975), and High(1975)를 보라.

50. Stoddart and Cann(1965), Multer(1977, pp.33-34), Strasser and Davaud(1986); H. H. Roberts and Murray(1988).

51. Inden and Moore(1983), Strasser and Davaud (1986)

52. F. Webb(개인적인 접촉, 1989)는 멕시코 유카탄 반도의 Tulum 지역의 풍성 탄산염에서 많은 뿌리의 침투를 보고하였다.

53. Bretz and Horberg(1949), Dean and Fouch (1983), Esteban and Klappa(1983), McKee and Ward(1983), E. Nickel(1985), R. L. et al.(1986), Pentecost(1990).

54. Dean and Fouch(1983)는 호성퇴적작용에 대해 좋은 검토 결과를 제공하였다. 또한 Friend and Moody-Stuart(1970)를 보라.

55. 또한 Friedman(1972) 그리고 Pentecost(1990)를 보라.

56. Folk et al.(1985), Pentecost(1990)와 그곳에 있는 참고 문헌을 보라.

57. 또한 J. E. Sanders and Friedman(1967), Read(1974a), Folk and McBride(1976), J. F. Hubert(1978), 그리고 Coniglio and Harrison (1983)을 보라.

58. 바하마의 퇴적물에 대해서는 많은 문헌이 존재한다. 이 예는 Imbrie and Purdy(1962) 그리고 Purdy(1963a,b)의 지도에 근거했으며; Illing(1954),

Newell(1955), Newell and rigby(1957), Newell, Purdy and Imbrie(1960), Cloud(1962), Imbrie and Buchanan(1965), Shinn(1968), Ball(1969), Shinn, Lloyd, and Ginsburg(1969), Bornhold and Pilkey(1971), Gebelein(1973, 1974), Bathurst(1975, ch.3), Cuffey and Gebelein(1975), Hardie(1977), Hardie and Garrett(1977b), Hardie and Ginsburg(1977), Multer(1977), P. A. Harris(1979), Beach and Ginsburg(1980), N. P. James(1983)에 의한 추가적인 연구; 그리고 Milliman(1974, ch.6), Multer(1977), Leeder(1982, pp.219-226), 그리고 Halley, Harris, and Hine(1983)의 검토에 근거하였다. Enos(1974b)는 바하마 지역의 퇴적물 지도를 제시하였다. 플로리다 남부의 관련퇴적작용은 Enos and Perkins(1977)에 의해 기술 되었다.

59. 앤드로스 섬(Andros Island)과 주변의 깊은 해양 환경은 이 검토의 제 일차적인 초점이 이니나 이들 암상에 대한 정보는 Newell and Rigby(1957), Cloud(1962), Shinn, Lloyd, and Ginsburg(1969), Bornhold and Pilkey(1971), 그리고 Multer(1977)에서 발견될 수 있다.

60. Shinn(1968)의 연구와 Milliman(1974, p.168)에 있는 Ginsburg et al.(1971)의 연구의 토의를 보라.

61. 이 예는 Read(1982a, b), Butts(1940), B.N.Cooper (1961, 1964, 1968), Shanmugam and Walker (1978, 1980)의 연구에 의해 제공된 추가물 및 배경과 함께, Read and Tillman(1977), Markello, Tillman, and Read(1979), J. F. Read(1980a, b),

그리고 Grover and Read(1983)와 이 부분에서 인용된 추가적인 참고 문헌과 저자에 의해서 제공된 관찰 그리고 F. Webb(개인적인 접촉, 1972-1989)에 의해 출판된 연구에 주로 의존하고 있다. 관련 연구는 R. B. Neuman(1951), Pitcher(1964), Walker and Benedict(1980), S. C.Ruppel and Walker(1982, 1984), Walker et al.(1983), Harland and Pickerill(1984), R. E.Johnson(1985), Simonson(1985), and Wedekind(1985)를 포함한다. Shanmugam and Lash(1982)는 대륙붕의 붕괴와 전지분지 (foreland basin)의 발달에 대해 자세히 묘사 하였으며, Timor 지역에서 현생 유사체를 제안하였다. 여기서 기재된 전지분지는 Tennessee 남쪽까지 뻗쳐있으며; 대응되는 암석은 F. B. Keller(1977), Shanmugam and Walker(1978), Walker et al.(1983), and S. C. Ruppel and Walker(1984), 그리고 다른 사람들에 의해 기술 되었다. 버지니아에 있는 완사면과는 대조적으로 테네시에 있는 대륙붕은 급경사의 하부 사면을 갖는 사면의 경사가 급변하는 곳을 갖는다 (S. C. Ruppel and Walker, 1984). 또한 Sternbach and Friedman(1984)에 있는 토의를 보라.

62. F. B. Keller(1977) 그리고 Shanmugam and Walker(1978, 1980)은 테네시 동부에 노출된 비슷한 암석을 보다 철저하게 기술하였다.

63. 제7장에 있는 Mosheim 각력에 대한 토의를 기억하라.

연습 문제 ●●

8.1 다음의 각각의 탄산염암 층서의 형성 환경을 제시하라. 이 장과 제4장을 참고하라.

a. 스트로마톨라이트(엽리가 발달된) 석회암과 국지적으로 두꺼운 층의 바운드스톤이 분포된 어란석 입자암이 호층을 이룸.

b. 얇은 층리가 발달되었으며 국지적으로 인편모류가 포함되고(coccolithic), 점토 셰일이 협재하는 담회색의 석회 이암.

c. 우상 층리가 발달하고(flaser-bedded), 얇거나 중간정도 두께의 층리가 발달된, 회색의, 생물 골격질 (태선동물) 석회질 점토 셰일이 협재하는 생물 골격질 팩스톤.

8.2 a. 다음 단위를 나타내는 주상 단면을 그려라 (상부에서 하부로):

• 중간 내지는 두꺼운 두께의 층이 발달하고, 사층리가 발달한 생물골격 입자암(6.3m)

• 세립의 생물 골격 입자암 기질물과 함께 산출되는 평력 돌로스톤 각력암(0.2m)

• 철산화물로 물들어 있고, 건열이 있는 엽층리가 발달된 돌로스톤(0.5m)

• 흰색의 쳐트 단괴와 포도석을 포함하는 엽층리가 발달된 돌로스톤(3.5m)

• 돌로마이트화되고, 중간 두께의 층이 발달하고, 사층리진 생물골격 입자암(7.5m)

b. 위 탄산염암의 단면에 의해서 제시되는 지질학적 역사를 설명하라.

쳐트, 증발암, 기타 퇴적암 9

서론

쳐트, 규질 침전물, 증발암, 침전염암, 인산염암, 함철암 그리고 철층은 용액으로부터 침전되어 생성되는 주된 비탄산염암이다. 용액은 해성이나 비해성의 저농도 또는 고농도일 수 있고 일반적으로 중간 정도의 pH와 Eh이다.[1] 그런 용액으로부터 침전되는 광물은 유기적이고 무기적인 작용에 의해서 침전되고 일차적인 것과 속성 기원의 상 둘 다 포함한다.

쳐트(chert)는 주로 규산염 광물로 구성된 단단하고 매끄럽거나 입상 조직으로 된 비현정질 퇴적암이다. 이들 광물은 무기적으로 침전된 단백석(opal), 옥수(chalcedony), 석영과 유기적으로 침전된 단백석을 포함한다. 쳐트가 침전되는 용액은 해수, 담수 및 염수 호수물, 속성수 그리고 열수용액이 있다. 쳐트질 암석은 현재 반심해성 내지는 심해성 해양 환경—예를 들면 나쯔카판(Nazca Plate)의 북쪽 가장자리와 캘리포니아 만(T.A. Davis and Gorsline, 1976; Calvert, 1966)—과 오스트레일리아 남부 쿠롱

(Coorong) 석호와 관련된 일시적 호수(Peterson and von der Borch, 1965)에서 형성되고 있다. 규질 신터(siliceous sinter, 규질 침전물)는 규질 암석이지만, 공극이 많고 온천이나 간헐천으로부터 침전된다. 규질 침전물은 예를 들면 와이오밍의 예로우스톤 국립공원의 간헐천 주위에서 형성된다.

염암(salinastone)은 염류 광물(saline minerals)로 구성된 암석이다.[2] 두 가지 주된 유형의 염암—증발암과 살리나이트—이 인식되고 있다. 증발암(eva-porites)(협의의)은 증발에 의해 생성된 고농도 용액으로부터 만들어진 염류의 결정화에 의해 형성된 퇴적암이다. 그들의 형성에는 많은 증발이 요구되기 때문에, 증발암은 사막 분지의 플라야(salinas), 더운 연안 지역을 따라 있는 사브카 그리고 건조한 연안을 따라 있는 거의 고립되었거나 고립된 해양분지(marine salinas)와 같은 건조지역에서 형성된다. 그런 증발암 형성 환경의 예는 캘리포니아 남부 Death Valley와 Searles 호, 유타의 Great Salt Lake City, 페르샤만(Persian Gulf)과 Baja California의 사

브카 그리고 지중해의 사이프러스 섬의 Lanarca 호수를 포함한다. 화학적 침전을 통한 탄산염 퇴적 작용은 이들 환경에서 일어나고 따라서 탄산염암은 틀림없는 증발암이다.

증발의 결과 형성되는 것 이외에, 증발암과 같은 암석 또는 살리나이트(salinites)는 다른 작용에 의해서도 형성된다. 이런 비증발 염암은 육성 및 해양 분지, 극지방의 지하수와 호수, 지하의 암석과 퇴적물의 공극, 특히 조상대에서 발달된 염수로부터 결정화 될 수 있다(Craig et al., 1975; A. C. Kendall, 1984; Sonnenfeld and Perthuisot, 1989). 육성 및 해양분지의 광물은 단순히 침전물이다. 지하의 광물은 흔히 속성 변질이나 치환 광물이지만 증발 침전 광물일 수도 있다. 드물게는 염암은 "심해"와 해저 선상지를 포함하는 다양한 환경에서 퇴적되었음이 알려져 있다(A. C. Kendall, 1984; Sonnenfeld, 1984; J. K. Warren and Kendall, 1985).

반혼합호(meromitic lake)와 극도로 고립된 해양 분지에서 저층수는 (1) 증발암, (2) 침전 염암, (3) 엽층리가 발달한 케로젠이 많은 탄산염암, (4) 처트 그리고 (5) 이질암을 포함하는 암석들을 생성한다. 탄산염암과 침전염암의 일부 그리고 모든 이질암은 증발암이 아니며, 그들은 기원적으로 증발암과 관련되어 있고 따라서 이 장에서 취급하였다.

인산염암(phosphorite)은 P_2O_5가 19.5% 이상 함유된 퇴적암이다(Cressman and Swanson, 1964; Pettijohn, 1975, p. 427). 이와 같은 P_2O_5의 함량은 약 50%의 인회석을 포함하는 것과 같다. 대부분의 인산염암은 해성 기원이나 육성 기원 인산염 자갈과 구아노(guano, 새똥거름) 퇴적물이 알려져 있다. 아마도 가장 잘 알려진 인산염암을 포함하는 층은 Colorado, Idaho, Montana, Nevada, Utah 그리고 Wyoming의 페름기 인산염암 층이다(McKelvey et al., 1956, 1959; Cressman and Swanson, 1964).

함철암(ironstone)과 철광층(iron-formation)은 20% 이상의 철산화물 $(FeO+Fe_2O_3)$을 포함하는 철 성분이 많은 퇴적암이다. 함철암은 비처트질이나 철광층은 처트질이다. 북아메리카 오대호 지역에서 사용되는 "타코나이트(taconite)"라는 용어는 풍화가 되지 않은 철산화물을 일컫는 말이다. 비록 철성분이 많은 암석은 지질 시대의 기록에서 공간과 시간적으로 광범위하게 분포되어 있지만 그들의 기원은 잘 알려져 있지 않다. 철을 포함하는 많은 암석들은 천해와 육지의 늪지 또는 호수 퇴적물에서 산출되는 것 같다. 함철암이나 철광층의 좋은 현생의 예는 동남아시아와 카리브해의 남부에서 최근에 발견되기까지는 알려져 있지 않았다(G. P. Allen et al., 1979; Kimberly, 1989). 철이 많은 퇴적물에 대한 현생의 예가 없는 것은 아마도 속성 작용과 치환 작용이 이 암석의 형성에 중요하다는 것을 지시한다. 어쨌든 간에 철광층은 선캄브리아기 암석, 특히 오대호지역과 Labrador 분지의 철을 포함하는 여러 지층과 같은 원생대 암석에 주로 제한되어 있다. 함철암은 New York, Pennsylvania, Maryland와 Virginnia의 Rose Hill 층을 포함하는 뉴욕과 그리고 인접하는 주의 실루리아기 "Clinton" 층과 앨라바마의 실루리아기 Red Mountain 층과 같은 초기 지질시대의 암석에 널리 분포되어 있다(Van Houten, 1990).[5]

처트

처트는 여러 가지 방법으로 형성된다: 처트는 (1) 심해부터 천해에 이르는 해양표면 퇴적물로서 (2) 여러 유형의 호수 표면 퇴적물로서 (3) 육성 및 해성 암석, 특히 화산암에서의 열수 용액으로부터 침전된 암맥이나 공극의 충진물로서 그리고 (4) 석회암과 같은 기존에 존재하는 암석에서 속성 치환 퇴적물로서 형성된다. 처트는 화학적 침전물이나 쇄설성 알로켐의 집적체일 수 있다. 화학적인 침전일 경우 규산 광물이 용액으로부터 직접 결정화되고 흔히 이전에 형성된 광물의 치환물로서 결정화된다. 쇄설성 알로켐 처트는 생화학적 침전이 유기물의 (대개는 단백석질) 껍질의 집적으로 나타나서, 이것들이 해류에 의해서 운반되고 재퇴적되는 두 단계 작용에 의해 형성된다. 처트의 입자가 세립질이고 생물이 비정질 단백석을 침전시키기 때문에 재결정 작용이 쉽게 일어나고, 이런 재결정 작용은 알로켐 기원 및 생물 기원에 대한 증거를 흐려 놓거나 완전히 제거시키는 경향이 있다.

처트의 잘 알려진 예는 캘리포니아의 쥬라기-백악기 프란시스칸 복합체(Franciscan Complex)의 방산충 처트, 데본가미시시피기의 아칸사스 "Novaculite" 그리고 철층인 미네소타와 온타리오의 선캄브리아기 Gunflint와 Biwabik 층과 관련된 처트들이다. 다른 예들은 캘리포니아의 마이오세 Monterey 층의 처트, 조지아와 테네시의 미시시피기 Fort Payne 처트층 그리고 텍사스의 실루리아기-데본기의 Caballeros Novaculite를 포함한다.[6] 이들 중 일부는 부분적으로 알로켐적인 역사를 가졌다. 치환에 의해서 형성된 처트는 흔히 다른 암석 유형과 관련되어 작은 규모로 형성된다. 이와는 대조적으로 해저의 넓은 지역, 특히 저위도와 고위도 지역은 생물 기원에 의해 침전된 규산으로 덮여 있다(그림 5.5 참조).[7] 마찬가지로 선캄브리아기 철 함유 층들은 많은 양의 처트가 많이 포함된 암석을 형성한다.[8]

처트의 성분, 조직, 구조

위에서 언급한 것처럼 처트는 주로 하나나 또는 그 이상의 규산 광물―단백석, 옥수 그리고 석영으로 구성되어 있다. 생물 기원적으로 침전된 규산은 비정질 단백석 또는 단백석 A(opal-A)이다.[9] 단백석 A 퇴적물은 방산충, 규조 또는 해면의 침골로 구성되어 있다(그림 9.1a). 속성 작용에 의해 단백석 A는 단백석 CT(opal-CT) (준안정적으로 결정화되고 협재되는 크리스토발라이트(cristobalite)-트리디마이트(tridymite) 형태의 규산)나 직접 석영으로 전환된다(R. Greenwood, 1973). 치환 처트는 석영의 직접적인 침전이나 또는 처음에는 단백석이 침전되나 나중에는 입상이나 옥수 형태의 석영(옥수)에 의해 치환되는 여러 단계의 침전과 재결정 작용을 통해 형성 될 수 있다.[10]

처트 내의 추가적인 광물은 여러 가지이다. 이런 부수 광물의 특징과 다양함은 주로 관련 암석에 의해 결정된다. 철산화물, 특히 적철석 그리고 점토 광물은 흔한 부수 광물이다. 탄산염암에서 처트가 단괴로서 산출되는 곳에서는 방해석과 돌로마이트가 전형적인 부수 광물이다. 이외에도―흑연, 황철석, 자철석, 망간산화물(예, 하우스마나이트=hausmanite, 갈망간석=braunite), 알칼리 장석(조장석, 미사장석), 점토 광물(예, 일라이트, 스멕타이트, 세피어라이트=sepiolite), 운모(흑운모, 스틸프노멜레인=stilpnomelane, 운모), 녹니석(예, 챠모사이트=chamosite 예, 그린알나이트=greenalite), 활석(예, 미네소타이트=minnesotite, 클리로라이트=clinoptilite), 쇄설성 규산염 광물(예, 휘석 또는 각섬석), 다른 탄산염 광물(앙케라이트=ankerite, 능철석=siderite 그리고 능망간석=rhodochrosite), 인회석 그리고 황산염광물(석고, 경석고 그리고 중정석)―을 포함하는 다른 광물이 여러 처트에서 산출된다.[11]

예측할 수 있는 바와 같이, 많은 처트의 분석은 처트가 규산 성분이 아주 높음을 보여준다(표 9.1).

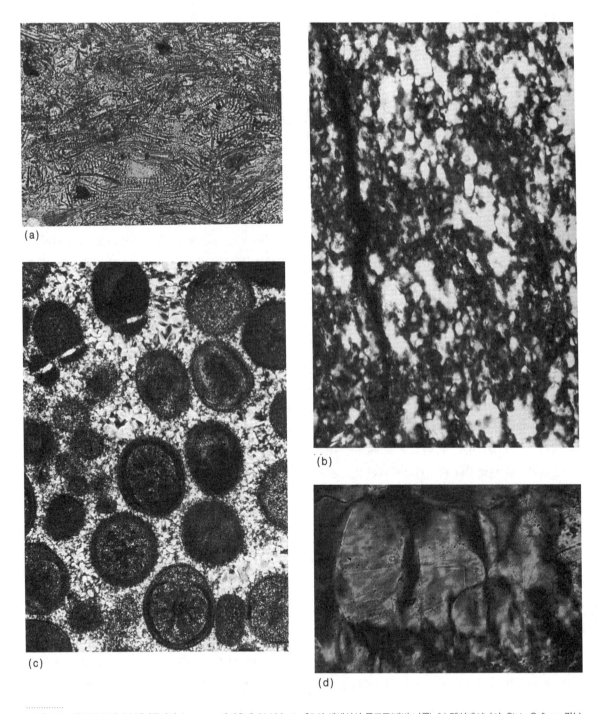

(a)

(b)

(c)

(d)

그림 9.1 처트의 조직. (a) 캘리포니아, Lompoc, 마이오세 "Val Monte 층"의 생쇄설성 규조토(개방 니콜). (b) 펜실베이니아, State College, 캄브리아기의 Gatesburg 층, Mines 층원 어란석 처트의 방사상 섬유상 조직. 여기서 처트는 어란석 석회암을 치환한 것으로 보인다(직교 니콜). (c) 캘리포니아, Daiblo Range 북동부, 프란시스칸 복합체의 쥬라기 Falcon 층. 층진 처트 내의 등립질 봉합선 조직(직교 니콜). (d) 버지니아, Smyth 카운티, 오르도비스기 Knox 층군 상부 처트 내에서 발견된 "하퍼(hopper)" 내지 셰브론(chevron) 조직. 하퍼 조직과 셰브론 조직은 증발암 내의 암염을 특징 짓기 때문에 이들 조직은 처트가 증발암을 치환했음을 제시한다(직교 니콜). (a), (d) 사진의 가로의 길이와 (c)의 세로의 길이는 0.33mm이며 (b) 사진의 세로의 길이는 3.25 mm이다.

표 9.1 쳐트와 규질 신터의 화학분석

	1	2	3	4	5	6
SiO_2	99.10[a]	97.4	91.7	38.66	82.2	69.00
TiO_2	0.06	0.03	0.17	–	nr	0.10
AlO_2	0.19[b]	0.47	3.31	1.94	0.67	1.5
Fe_2O_3	0.06	1.3	–	–	–	–
$FeOx_{total}$	–	–	0.93[c]	0.22[d]	0.38[d]	3.2[d]
FeO	nr	<0.26	–	–	–	–
MnO	–	tr	0.42	tr	nr	nr
MgO	0.64	0.05	0.92	0.21	0.16	0.39
CaO	0.10	0.05	0.06	0.76	5.12	13.20
Na_2O	0.02	0.01	0.23	1.20	0.08	0.32
K_2O	0.06	0.55	0.77	0.42	0.09	0.42
P_2O_5	nr	0.04	0.04	nr	0.06	4.71
LOI	nr[e]	0.62	1.39	11.60	10.8	6.0
기타	tr	–	tr	tr	–	0.78
합계	100.23	100.2	99.9	100.34	99.7	99.6

출처:
1. 캔사스, Scott County, Ogallala 층(마이오세) 실트질 및 사질 석회암(?)에서의 "부드러운 단백석(soft opal)"(Franks and Swineford, 1959).
2. 적색 쳐트(괴상의 층). 캘리포니아, 샌프란시스코, (Ortega Street 부근, 프란시스칸 복합체(쥬라기–백악기)(E. H. Bailey, Irwin, and Jones, 1964).
3. 캘리포니아, Trinity County, Blue Jay Mine, 프란시스칸 복합체(쥬라기–백악기), 쳐트 품번 BJ14 (Chyi et al., 1984).
4. 와이오밍, 옐로우스톤 국립 공원 Daisy 간헐천 부근, 규질 신터(현세)(Allen and Day, 1935, in T. P. Hill, Werner, and Horton, 1967, p. 13).
5. 캘리포니아, Lompoc 채석장 Monterey 층(마이오세) "도토질암" 단괴(Weis and Wasserburg, 1987).
6. 와이오밍, Lincoln County Phosphoria 층 쳐트(인산염성분을 포함)(McKelvey et al., 1953, in T. P. Hill, Werner, and Horton, 1967, p. 70).
[a]무게비로 나타낸 값.
[b]만일 존재한다면 MnO와 Ga_2O_3를 포함.
[c]전체 철의 함량은 FeO로 나타냄.
[d]전체 철의 함량은 Fe_2O_3로 나타냄.
[e]물이 없는 것으로 다시 계산한 분석.
nr=보고되지 않음.
tr=미량.

그러나 순수하지 않은 쳐트는 상당히 많은 양의 철, 알루미나, 석회 또는 다른 성분을 포함한다.

쳐트의 조직과 구조는 약간의 다양성을 보인다. 단백석이 우세한 쳐트는 비정질이다. 옥수쳐트는 섬유상(fibrous), 구과상(spherulitic) 또는 빗살 조직(comb texture)(그림 9.1b)을 갖는다. 아마도 쳐트에서 가장 일반적인 조직은 등립질-봉합구조(그림 9.1c)이나, 등립질 모자이크 조직이 완전히 재결정된 쳐트에서 발달된다(Folk and Weaver, 1952). 각력 조직도 비교적 흔하다. 알로켐적인 쳐트에서 쇄설성 조직이 전형적이다.

다양한 쳐트는 특별한 이름이 주어진다. 이들은 방산충암(radiolarite)(방산충이 많은 쳐트), 리본 쳐트(윤회적으로 층이 발달한 쳐트), 벽옥(jasper), 자스퍼라이트(jasperite), 다이어스포리티(diasporiti)(적색쳐트), 라이다이트(lydite)(흑색쳐트), 플린트 flint)(균질한 흑색 또는 암회색 쳐트) 그리고 포셀레나이트(porcellanite)(단단하고 세립질의 점토와 방해석 함유 쳐트) (예, D. L. Jones and Murchey, 1986)를 포함한다. 규조토는 규질 조류 (수생식물)의 껍질로 구성된 부드럽고 가벼우며 밝은 색의 암석이다. 속성 작용은 규조질 퇴적물을 쳐트로 전환시킨다(Ernst and Calvert, 1969; J. R. Hein, Yeh, and Barron, 1990).

구조적으로 쳐트는 엽층리와 층리가 발달되고 단괴상이거나 기다란 렌즈 형태 내지 암맥 형태이다 (그림 9.2). 이외에도 일부 쳐트는 흩어져 있어서 암석에 반점이 있는 모양으로 보인다(Bustillo and Ruiz-Ortiz, 1987). 특별히 화산암을 특징짓는 긴 렌즈 형태나 암맥같은 쳐트는 층리나 단괴 형태보다 훨씬 적게 산출된다. 비록 일부 쳐트가 광범위하게 분포된 중생대 "리본 쳐트"와 같은 층리가 발달한 쳐트-세일 연계층에서 산출되나, 단괴는 탄산염암에서 산출되는 쳐트의 특징이다(그림 9.2a). 단괴는 층리면에서 전형적으로 평평한 형태인 잘 발달된 타원으로부터 무수한 둥근 돌출부를 갖는 아주 불규칙한 형태까지 다양하다.

층리가 발달한 쳐트는 (1) 규칙적으로 호층을 이룬 쳐트와 세일의 연계층 내에서 (2) 증발암이나 염암연계층에서의 층으로서 (3) 탄산염이 많은 층 내에 (4) 층상 철광층(banded iron-formations)의 주성분으로서 (5) 층리가 발달한 인산염암과 함께 산출된다. 층리가 발달한 쳐트 내에서의 층들은 미세한 엽층리부터 두께가 수 m에 이르는 괴상의 층까지 두께가 변한다. Iijima and Utada(1983)와 Iijima et al.(1985)은 층이 발달한 다섯 가지 유형의 연계층을 기술하고 있다(그림 9.3). 이들은 상하가 세일에 의해서 경계지어진 균질한 단일층(single-layered) 유형; 상하 이질 성분이 점점 많아지고 가운데에 점토가 별로 없는 3층으로 구성된(triple-layered) 유형; 평행 엽리를 갖는 엽층리(laminar)유형; mm 넓이의 엽층리가 발달한 점토가 많은 물질로 특징지어지는 줄무늬(striped) 층; 소규모 쳐트질 부마 층서와 함께 산출되는 점이층리(graded bad) 유형을 포함한다. 이런 다섯 가지 유형에 두 가지의 추가적인 유형—각력암층(breccia beds)과 단괴층(nodular beds)이 더해질 수 있다(단괴 내지는 불규칙한 층들은 가상, 구과상 또는 치환 기원으로 해석되는 다른 속성 기원에 의해 발달된 양상에 의해 특징지어진다).

쳐트의 기원

쳐트는 다음과 같은 작용 중, 하나나 그 이상에 의해서 형성된다: (1) 생화학적 침전 (2) 수용액 침전 (3) 열수 침전 (4) 치환 그리고 (5) 이전에 형성된 규질물의 침식, 운반 그리고 퇴적. 하나나 그 이상의 이들 작용에 의해 형성된 물질의 규산 함량은 (6) 속성 작용에 의해서 증가될 수 있다; 즉, 규산이 쳐트층 내에 더 농집될 수 있다. 다섯 번째 작용은 알로켐의 퇴적 작용이다. 첫 번째로부터 네 번째 작용은 용액으로부터 규산의 침전을 포함하나 여섯 번째 작용은 이전에 퇴적된 규산의 재이동을 포함한다.

생화학적 침전은 살아있는 생물이 용액으로부터 고체의 결정화를 유발시키는 모든 작용을 포함한다. 보통의 하천과 지하수에서 규산의 농도는 약 10에서 60ppm이고 해수에서는 더 낮다(1에서 2 ppm) (Krauskopf, 1967, pp. 168-169).[12] 이 값들은 약 60~150ppm인 비정질 규산의 평형 용해도보다 훨씬 낮다(Krauskopf, 1967; L. A. Williams, Parks, and Crerar, 1985). 따라서 규산은 이들 물로부터 평형 상태 하에서는 침전될 수가 없다. 그런데도 불구하고 규산을 분비하는 생물은 이들 불포화된 물로부터 규산을 추출하여 침전시킬 수 있고, 그 생물이 살아있는 한 생물 기원으로 침전된 단백석은 용해

(a)

(b)

(c)

그림 9.2 처트의 구조. (a) 캔사스, Manhattan 남쪽, I - 70, 출구 311, Admire 층군 석회암-셰일 연계층의 층상 내지 단괴상 처트. (b) 캘리포 니아 Diablo Mountains 북동부, 프란시스칸 복합체 쥬라기(?) Grummett Creek 층의 국지적으로 단괴상이며 얇거나 중간두께의 층으로 된("리본")처트와 규질 셰일. 국지적인 습곡과 층내의 얇아지고 두꺼워지는(pinch-and-swell) 구조를 주목하라. 해머의 손잡이 길이는 46cm 이다. (From Raymond, 1973a). (c) 아칸소 Magnet Cove 2마일 동쪽 고속도로 70, 데본기-미시시피기 아칸소 Novaculite의 얇은 것에서부터 두꺼운 층의 "노바큐라이트"(처트).

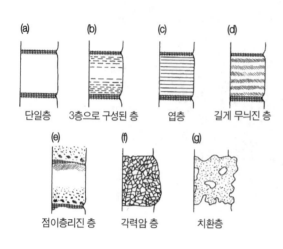

그림 9.3 처트를 포함하는 층(formations)에서의 단위층의 유형: (a) 단일층, (b) 3층으로 구성된 층, (c) 엽층, (d) 길게 무늬진 층, (e) 점이층리진 층, (f) 각력암 층, (g) 치환 층. [(a)-(e) After Iijima, Matsumoto, and Tada(1985)]

(아마도 유기물 코팅의 일부 형태로서)로부터 보호한다. 그 생물이 죽은 후에는 용해 작용과 속성 재결정 작용이 단백석 물질에 작용해서 단백석을 단백석 CT, 옥수 또는 석영으로 변질시킨다(Bramlette, 1946; Thurston, 1972; R. E. Garrison et al., 1975).[13]

수용액 침전－낮은 온도의 수용액으로부터의 침전－은 처트의 기원과 관련된 두번째 작용이다. 용액이 규산으로 과포화 되어 있는 곳에서만 수용액 침전이 일어난다. 그런 상태는 용액이 농집된 곳, 예를 들면, 반혼합호의 고농도 저층수나 pH 값이 주기적으로 변하는 일시적 호수 또는 증발 속도가 빠른 천해 해양 환경에 존재한다(예, Peterson and von der Borch, 1965).[14] 유체가 농집됨에 따라 규산의 농도는 물의 용해 한계를 초과하게 되고(특히 pH가 9 이하이면) 규산이 침전된다.[15] 현재의 해양이 일반적으로 규산에 대해 불포화 되어 있고, 선캄브리아기 때부터 그런 상태였었기 때문에 현생누대

(Phanerozoic Eon)동안 개방된 바다에서 수용액으로부터 무기적인 침전은 생각하기 어렵다(G. R. Heath, 1974).

규산의 열수 용액 침전은 처트의 기원을 설명하기 위해 널리 받아들여지고 있다. 열수에서 규산의 용해도는 10배 이상 증가한다(Morey et al., 1964; Krauskopf, 1967, p. 169). 높은 압력 하에서 규산의 용해 결과 규산이 부화된 열수는 포화되고 냉각됨에 따라 규산을 침전시킨다. 규질 신터는 열천과 간헐천 주위에서 이 작용의 결과 형성된다. 더욱 중요하게는 중앙 해령을 따라 해저면에서 있는 광범위한 열수 작용의 최근의 발견은 해저 화산으로부터 방출되거나 또는 뜨거운 화산암과 해수의 상호 작용에 의해서 생성된 열수 용액이 침전되는 규산의 근원이라는 오래 동안 지지되어 온 가설을 지지하게 되었다(E. F. Davis, 1918; Taliaferro, 1943; E. H. Bailey, Irwin, and Jones, 1964; Crerar et al., 1982). 처트의 일부 유형의 주원소, 미량 원소 그리고 동위원소 자료는 이 견해를 지지한다.[16]

치환은 규산이 기존 암석에 존재하는 다른 유형의 화학 성분 특히 석회암 내의 방해석을 대체하는 작용이다. 이 작용이 일어나는 증거는 원래는 석회질 화석의 형태가 처트의 단괴와 층 내에서 규질화석으로서 자세하게 보존됨으로써 제공된다. 비슷하게 다른 조직과 구조 역시 자세하게 보존되어 처트로 치환될 수 있다(Folk and Pittman, 1971; Namy, 1974). 석회암에서 이 작용은 치환을 촉진시키는 용액은 규산에 대해서는 과포화 되어 있으나 방해석에 대해서는 불포화된 용액을 필요로 한다(Knauth, 1979).[17] 그런 상황이 해안의 육지쪽에서 온 지하수가 바다쪽으로 이동함에 따라 규산을 용해시키면서 규산을 포함하는 암석을 통과해 지나가는 곳인 해안 지역에서 있을수 있다(그림 9.4). 그런 물은 해수

그림 9.4 해안지역에서 혼합모델(mixing model) 쳐트화작용을 보여주는 모식도. 쳐트화 작용이 일어나는 지역은 C로 나타냈다(Modified from Knauth, 1979).

보다 상당히 많은 용해 규산(평형상태하)을 포함할 수 있음을 기억하라. 이 물은 계속해서 바다쪽으로 이동해서 해수와 혼합하여, 만일 두 종류의 물의 CO_2의 부분압, 온도, pH가 다르다면 규산에 대해서는 과포화되고 방해석에 대해서는 불포화된다. 이런 조건하에서 방해석이 용해되고 규산이 침전된다.

속성 작용은 단백석질 규산을 석영으로 전환시킨다(Ernst and Calvert, 1969). 규산이 많은 퇴적물 내에서 속성 작용시 규산의 이온형태의 이동은 일부층에서 규산의 추가적인 집적으로 나타날 수 있으나 다른 층에서는 감소로 나타날 수 있다. 이런 작용을 통해서 규산이 부화된 층은 쳐트로 되나 점토를 포함하고 규산이 감손된 층은 셰일을 형성한다(E. F. Davis, 1918; Jenkyns and Winterer, 1982). 결과적으로 생성되는 쳐트층은 층리가 발달하거나 또는 윤회적으로 층이 발달하고 부분적으로 속성 기

원이다.

속성 기원 석영의 특별한 유형인 마가디(Magadi) 유형 쳐트는 증발암층에서 형성된다(Eugster, 1967, 1969; Surdam, Eugster, and Mariuer, 1972; Sheppard and Gude, 1986).[18] 마가디 유형 쳐트는 두단계의 작용에 의해서 발달한다. 마가다이트 $[NaSi_7O_{13}(OH)_3 \cdot 3H_2O]$ 또는 비슷한 광물 침전물은 염수의 pH가 감소할 때 산도가 증가하며, 규산이 많은 염수를 형성한다(예를 들면 홍수 때 염수와 담수가 혼합). 침전된 마가다이트는 Na 이온과 물을 제거시키는 속성 작용을 거쳐 쳐트로 전환된다. 마가디 유형의 쳐트는 단괴 또는 층상이다.

분명하게 쳐트는 화학 성분, 광물 성분 그리고 암질의 조합이 다양하고, 이곳에서 기술된 하나 또는 그이상의 작용을 거쳐 다양한 환경에서 형성되는 것이 분명하다. 어떤 경우는 일련의 독특한 사건들이 많은 규산의 침전을 초래한다(McGowran, 1989). 다른 경우에는 퇴적물이 여러 기원으로부터 유래되고 속성 작용은 쳐트를 더욱 변질 시킨다(Chyi et al. 1984). 또 다른 경우 쳐트는 단일 치환 작용에 의해 기원된다(N. A. Wells, 1983). 석회암과 돌로스톤에서 산출되는 단괴 내지 층상의 쳐트 내의 화석과 어란석을 포함한 제 일차적 양상의 존재는 그와 같은 치환 기원을 지시한다. 복잡한 성분이나 역사를 갖는 여러 종류의 쳐트의 기원은 일반적으로 논란이 되고 있다.

쳐트층이 협재하는 규질 셰일층과 함께 산출되는 층진 방산충("리본")쳐트의 기원은 오랫동안 특히 논란이 되어 왔다.[19] 그와 같은 암석은 조산대의 중생대층 특히 알프스-히말라야 그리고 서부 코딜레란(Cordilleran) 조산대에서 흔하다. 심해 시추는 개방된 해양에서의 시추가 단지 비슷한 암석의 두꺼운 층을 거의 보여주지 않음에 따라(Tucholke et al., 1979) 이들 쳐트(Jenkyns and Winterer, 1982; J. R. Hein and Parrish, 1987)와 유사한 예가 거의 없음을 시사한다. 그러나 쳐트의 화학 성분과 함께 해성 및 육성 쳐트(Garrison et al., 1975)의 광물 성분, 조직 및 구조는 리본 쳐트의 대부분은 해양 환경에서 형성되었음을 시사한다. 심해저, 해저 산맥, 주변부 분지(marginal basins), 전호 분지(forearc basin) 그리고 천해 조간대 이질 평지(mudflat) 환경이 쳐트의 퇴적환경으로 제시되어 왔었다.[20]

기원에 관한 몇 가지 모델이 리본 쳐트를 위해 제안되었다. 이들은 다음을 포함한다:

1. 리본 쳐트는 플랑크톤의 생산성이 높은 용승 지역에서 점토와 방산충(생물기원)의 퇴적이 교호하는 환경에서 생성된다. 쇄설성 퇴적물의 주기적인 유입(예를 들면 저탁류 퇴적의 결과)이나 방산충 생성의 주기적인 증가(예를 들면 기후 영향에 의해)는 교호하는 퇴적층을 생성한다.
2. 리본 쳐트는 화산 기원 규산이 물에 유입되어 방산충의 갑작스런 발생으로 생긴 생물 기원 성분의 증가와 함께 점토와 방산충이 많은 퇴적물이 교대로 퇴적되어 생성된다.
3. 리본 쳐트는 원양성 또는 반원양성 이토 퇴적층에 협재되는 방산충이 많은 저탁암이 퇴적되어 생긴다.
4. 리본 쳐트는 점토를 포함하는 규질 퇴적물이 쳐트와 규질 셰일의 호층으로 전환되어 생긴다.

부분적으로 부마윤회층과 같은 방산충 저탁암이 프란시스칸 복합체(Franciscan Complex)에 국지적으로 존재하고, 일부 화학적, 조직적 그리고 층서적 증거는 국지적으로 리본 쳐트가 그들의 특징이 위 1에서 3까지의 작용 때문에 존재함을 지지한다. 이들

작용 중 어느 것이 리본쳐트의 형성에 가장 중요한지는 아직 해결 되지 않았다. 결과적으로 주어진 쳐트의 산출을 위해 쳐트 및 그와 관련된 암석들의 여러 가지 특징에 대한 자세한 분석은 일반적으로 그 쳐트를 위한 결정적인 역사가 밝혀지기 전에 필요하다. 심지어 그런 분석이 주어진다 할지라도 Northern Appenine 방산충 쳐트와 같은 일부 쳐트의 기원은 수수께끼로 남아있다(Bosellini and Winterer, 1975; Folk and McBride, 1978; McBride and Folk, 1979; Barrett, 1982).

연구 사례

애리조나, Grand Canyon 카이밥(Kaibab)층의 쳐트

Kaibab 층은 그랜드 캐넌의 가장자리를 따라 노출된 쇄설성 및 탄산염암으로 구성되어 있다. 이 암석을 생성한 퇴적물은 페름기 중기 때 대륙붕 및 그것과 인접하는 조간대와 사구에서 퇴적되었다(McKee, 1938, 1969; J. W. Brown, 1969; R. A. Clark, 1980). 이 층은 3개의 층원으로 구분되며, 상부 두 개의 층원은 그랜드 캐넌 마을 근처에 노출되어 있다.

그랜드 캐넌 마을의 서쪽과 주위의 Kaibab 층은 일련의 쳐트질 돌로스톤, 쳐트, 석고 증발암 그리고 적색층으로 구성되어 있다(그림 9.5와 9.6). 동쪽으로 사층리가 발달한 풍성 사암이 노출되어 있다. McKee(1938), J. W. Brown(1969) 그리고 R. A. Clark(1980)에 의해 그랜드 캐넌 지역에서 기재된 암석기재학적 특징과 암상 변화는 Kaibab 환경은 석호와 조상대 그리고 인접하는 사구—간단히 말해, 대륙붕과 그리고 그것과 인접하는 연안 사브카 임을 보여준다(R. Q. Clark, 1980). 건열, 암염 가상(halite pseudomorphs), 조류 스트로마톨라이트 그

리고 석고 단괴의 산출은, 쳐트를 포함하는 일부 돌로스톤이 이질 평지 기원임을 증명한다. 다른 돌로스톤에서 해성 화석은 그들이 대륙붕 석회 이암, 팩스톤, 입자암에서 유래되었음을 지시한다. 쳐트-돌로스톤 층서에서 반복적인 윤회는 층의 반복적인 작용을 시사한다(McKee, 1969; F. K. McKinney, 개인적인 접촉, 1988).

쳐트는 단괴에서부터 층리가 발달된 것까지 다양하다. 단괴는 타원 내지는 불규칙하며 전형적으로 층리면 내에서 평평하다(그림 9.5). 단괴의 길이는 흔히 5∼15cm 이지만, 1/2m 까지 달할 수 있다(J. W. Brown, 1969; R. A. Clark, 1980). 일부 복합된 쳐트는 길이가 1m 이상이다. 층이 발달한 쳐트는 전형적으로 몇cm 두께이나, 일부 쳐트 각력을 포함하는 일부 두꺼운 쳐트 층들이 층 내에서 산출된다.

돌로스톤

돌로스톤을 포함한
쳐트 각력암

국지적 단괴층을
포함하는 돌로스톤

국지적 쳐트 단괴를 포함
하는 화석함유 돌로스톤

단괴상 및 판상층을 포함
하는 돌로스톤

5 미터

쳐트 단괴(국지적으로 화석을
함유)를 포함하는 돌로스톤

그림 9.5 애리조나, 그랜드 캐년 빌리지 서쪽, Hermit Trail을 따라 발달해 있는 페름기 Kaibab 층의 상부 50m에서 나타나는 여러 가지 암상을 보여주는 주상단면도(Unpublished data courtesy of F. K. McKinney).

그림 9.6 애리조나 그랜드 캐년 마을 서쪽 약 500m의 페름기 Kaibab 층의 단괴상 쳐트.

쳐트의 광물은 쿼친(quartzin), 옥수(chalcedony) 그리고 미정질 및 현정질 석영을 포함하나 부수적인 광물이 흔하다(J. W. Brown, 1969). 이들은 탄산염암 입자와 쇄설성 석영 입자를 포함한다. 주위에 있는 탄산염암 내의 조직의 관계처럼 모래 입자와 재결정된 석회 이토는 퇴적 후의 쳐트화 작용을 시사한다(J. W. Brown, 1969).

미세 구조가 보존된 규화된 화석은 일반적으로 화석의 미세 구조를 파괴하는 돌로마이트화 작용 이전에 쳐트화 작용이 일어났음을 시사한다. 규화된 화석과 증발 광물의 가상(석고와 암염)은 쳐트가 치환에 의해 기원되었음을 분명하게 지시하나, 해면의 침골과 같은 구조(R. A. Clark, 1980)는 일부 규산이 생물 기원이고 국지적으로 유래되었음을 암시한다. 또한 이런 양상은 규산을 포함하는 물이 이미 퇴적되었으나 완전히 암석화 되지 않은 석회암을 통과해서 탄산염 광물이 규산에 의해 치환되는 모델과 일치한다. 치환은 화석, 해면 침골의 퇴적체 또는 층리의 일부에 집중되는 것 같다. 이들 유체는 동쪽에 존재하는 많은 모래를 통과하는 하천수(바다로 향하는)인 것 같다. 모래 내에서 규산이 용해되었을 것이다. 사브카에 도달하자마자, 담수와 해수의 혼합(R. L. Nielson, 1983)은 pH를 변화시켰고 규산의 무기적 침전으로 나타났다. 얼마나 많은 규산이 유입되었으며 얼마나 많이 국지적으로(해면 침골로부터)유래되었는가는 알려져 있지 않다.

멕키(McKee, 1969)는 Kaibab 층의 층상 쳐트는 무기적 침전물이라고 주장한다. 그는 규산을 포함하는 하천수가 해수와 혼합되는 곳에서 침전이 일어났다고 제안한다.

McKee(1969)가 제시하는 증거는 다음과 같다. (1) 층상 쳐트는 동쪽의 순수한 석영 사암과 서쪽의 순수한 석회암 사이의 지역에서 산출된다. (2) 동쪽

의 연안 연체동물군에서 서쪽의 천해 완족류-태선동물-성게류 동물군으로 완전한 동물군의 변화가 있다. (3) 쳐트의 산출은 윤회적이다. 즉 단면에서 반복적으로 나타난다. (3)의 관찰 내용은 규질 담수의 유입은 주기적이었음을 시사한다.

California의 프란시스칸 복합체의 쳐트

프란시스칸 복합체(Franciscan Complex)는 오레곤 남부에서 바하 캘리포니아까지 이르는 Coast Ranges의 많은 지역에서 기반암을 형성한다(E. H. Bailey, Irwin, and Jones, 1964; Berkland et al., 1972).[21] 이 복합체는 해저 선상지 암상 암석, 해저 사태 멜란지(부분적으로 해저 암설류), 쳐트-셰일 연계층, 오피오라이트(ophiolite) 파편, 지구조적 멜란지 그리고 이런 암석이 변성되어 형성된 변성암을 포함하는 다양한 암석과 암석체로 구성되어 있다. 방산충 쳐트는 규질 셰일이 협재되고 오피오라이트 파편 위에 놓이는 암편질 와케가 협재되는 국지적으로 두꺼운 층에서 산출되며, 협재된 층과 단괴로서 원양성 석회암내에서 소량 산출된다(그림 9.7, 그림 9.2b) (E. F. Davis, 1918; Taliaferro, 1943; E. H. Bailey, Irwin, and Jones, 1964; Raymond, 1973a, 1974a). 가장 두꺼운 쳐트층은 시대가 쥬라기 초기에서부터 백악기 후기까지이다(Murchey, 1984; Karl, 1984; K. Yamamoto, 1987). 전형적으로 이 쳐트는 습곡되었다(그림 9.8).

많은 중생대 쳐트처럼, 가장 많이 산출되는 프란시스칸 쳐트는 윤회적으로 층리가 발달되어 있으며, 규질 셰일의 호층을 포함한다. 이 층들은 전형적으로 1~5cm 두께이나, 이보다 두껍고 얇은 층도 존재한다. 층의 형태는 얇은 단일층, 3개의 층으로 구성된 층, 점이층리, 각력암층 그리고 괴상의 층을 포함한다. 많은 쳐트는 적색이나 녹색, 회색, 흑색, 핑크

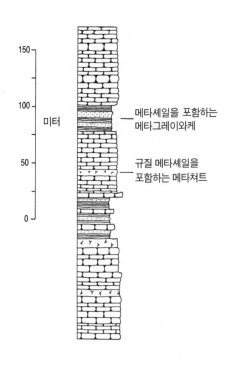

그림 9.7 캘리포니아 Diablo Range 북동부 쥬라기-백악기 프란시스칸 복합체 Falcon 층의 쳐트, 셰일, 그리고 와케 사암(모두 변성됨)의 호층을 보여주는 주상단면도(Modified from Raymond, 1973a).

색, 노란색 그리고 흰색의 쳐트도 산출된다. 흰색의 쳐트는 암맥이 발달하고 흔히 두껍거나 괴상의 층리가 발달했으며 적색과 녹색의 쳐트보다 조립질인데 이런 것들은 광범위한 재결정 작용을 시사한다.

쳐트의 주된 광물은 석영이다. 비록 단백석 CT가 J. R. Hein, Koski and Yeh(1987) 그리고 J. R. Hein and Koski(1987)에 의해서 보고되었지만 그것의 존재는 Huebner and Flohr(1990)에 의해서 의문시 되었다. Huebner and Flohr는 단백석 CT를 찾으려 했으나 동일 장소에서 채취한 그들의 표품 어느 곳에서도 찾지 못하였고 추가적인 광물은 적철석, 다양한 망간광물(Huebner and Flohr, 1990), 방해석, 장석, 녹니석, 점토 그리고 악마이트(acmite), 펌펠라이트(pumpellyite), 크로사이트(crossite), 아라고나이트(aragonite)와 같은 프레나이트-펌펠라이트(Prehnite-Pumpellyite)와 청색편암(Blueschist) 암상 변성 광물을 포함한다. 여러 쳐트에서 방산충이 풍부하다(그림 9.9).

프란시스칸 쳐트의 기원은 거의 1세기 동안 관심

그림 9.8 습곡되고 호층을 이루며 아주 얇거나 얇은 층의 쳐트와 규질 셰일; 캘리포니아, Sonoma County, Goat Rock 부근 쥬라기-백악기 프란시스칸 복합체.

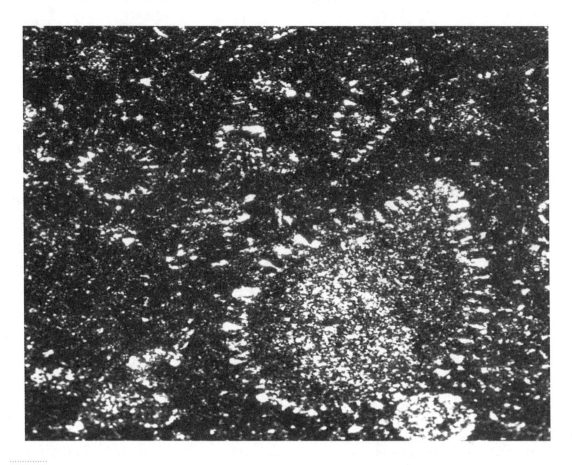

그림 9.9 캘리포니아, Sonoma County, The Geysers 부근 쥬라기 프란시스칸 복합체에서 산출된 적색의 층상 방산충 쳐트의 방산충을 보여주는 현미경 사진(직교 니콜). 사진의 세로의 길이는 1.27mm이다(See Raymond and Berkland, 1973; McLaughlin and Ohlin, 1984).

과 논란의 대상이 되어왔다. 데이비스(E. F. Davis, 1918)는 이전의 연구를 요약하였으며, 윤회적으로 층리가 발달한 쳐트-셰일 층서가 속성 변화로부터 기원될 수 있음을 제시하였고, 프란시스칸 쳐트는 염기성 화산암과 관련된 규질 온천에서 침전되었음을 시사하였다.[22] Taliaferro(1943), E. H. Bailey, Irwin, and Jones(1964) 그리고 Granau(1965)는 쳐트와 염기성화산암이 관련되어 있음을 강조하였으나 Taliaferro(1943)와 E. H. Bailey, Irwin, and Jones(1964)는 해수와 화산암 또는 마그마의 상호작용이 관련된 Franciscan 쳐트의 기원을 제시하였다.

E. H. Bailey, Irwin, and Jones(1964)는 마그마와 해수의 상호작용이 규산으로 포화된 가열된 해수를 생성하는 이 무기적 침전-속성변질 가설(inorganic precipitation-diagenetic alteration hypothesis)을 자세히 설명하였다. 이 가설에서 가열된 해수가 상승하고, 냉각되며 다른 해수와 혼합됨에 따라 가열된 해수는 과포화되어서 해저면 위에 가라앉는 규산 겔을 침전시킨다. 물 속에 규산이 풍부한 것은 방산충이 번식하는 것을 허용하며 이 방산충은 퇴적물의 부수적인 생쇄설성 성분으로서 퇴적된다. 이 모델에서 윤회 층리는 단백석 A가 석영으로 전환되는

속성 작용시 생성된다.

무기적 침전-속성변질 가설은 (1) 프란시스칸 복합체 내에서 쳐트와 화산암이 흔히 관련되어 있다는 점 (2) E. F. Davis(1918)에 의해 생성된 윤회층의 속성기원적인 발달에 대한 실험적 증거 그리고 (3) 망간을 포함하는 쳐트 내에서 열수기원의 여러 원소를 제시하는 망간을 포함하는 쳐트의 일부 화학적 증거(Crerar et al., 1982; Chyi et al., 1984)에 의해 지지된다. 그것은 또한 단일 층으로 된 쳐트층의 흔한 산출 (2) 3층으로 구성된 쳐트층의 존재 그리고 (3) 이용 가능한 규산 용해도 자료와 일치한다. E. H. Bailey, Irwin, and Jones (1964년, 판구조론 이전)에 의해 제시된 쳐트를 포함하는 프란시스칸 암석의 퇴적 환경은 대규모의 대륙 주변부의 엔시마틱(ensimatic) 분지이다.

프란시스칸 쳐트에 적용된 쳐트 형성에 관한 두 번째 가설은 쳐트는 속성 작용에 의해서 변질된 규질 퇴적물을 나타낸다(Ransome, 1894; Chipping, 1971; Thurston, 1972).[23] 이 생물 기원-속성 작용 가설(biogenic sedimentation-diagenesis hypothesis)에서 쳐트층은 주로 재결정된 방산충, 규조 그리고 해면 침골로 구성된 것으로 생각되며, 협재되는 셰일층은 다양한 비율의 생물 기원 규질 및 자생 물질과 혼합된 화산재를 포함하는 육성 기원 물질로 구성되어 있다. 부분적으로 쇄설성 퇴적 작용으로부터 보호된 고위도와 저위도의 용승 및 규질이 많은 생물의 생산성이 높은 지역은 두꺼운 쳐트층을 생성하는데 필요한 많은 양의 생물 기원 규질 퇴적물의 퇴적 장소를 제공한다. 이 모델에서 속성 작용은 단백석 A를 변질시키고, 쳐트의 조직을 조립질로 만들며, 쳐트층 내에서 규산을 집적시킬수 있다.

프란시스칸 쳐트의 생물기원 퇴적 작용-속성 작용 가설은 Chipping(1971), K. J. Hsu(1971),

Raymond(1974a), Karl(1984) 그리고 Murchey(1984)에 의해 지지되었는데, 그들은 심해시추자료(DSDP)의 현생 유사체와 중생대의 자료를 비교하였다.[24] Chipping(1971)은 화산암과 관련된 쳐트는 기원과 관련되기보다는 지형과 관련된 것이라고 제안하였다. 화산암이 저탁류와 다른 쇄설성 퇴적 작용의 희석의 영향으로부터 보호된 고지대를 형성하기 때문에 쳐트는 화산암 위에 분포한다고 그는 제안했다. Murchey(1984)는 퇴적물 근원지로부터 먼거리는 같은 효과를 나타내기 위해 필요하다고 제안한다. Chipping(1971)과 Raymond(1973, 1974)는 윤회층의 기원에 대해 자세히 제시하지는 못했으나, Chipping의 언급은 교호층을 형성하며 다소 일정한 방산충 생성시기 동안 쇄설성 퇴적 작용이 방해를 받는다고 생각한 것처럼 보인다. Murchey(1984)는 층리 현상은 원래부터 있으나 속성 작용에 의해서 더욱 뚜렷하게 보인다고 제시하였다. Chipping(1971), Raymond(1974a), Karl(1984) 그리고 Murchey(1984)는 모두 개방된 해양 퇴적지를 선호하고 Murchey와 Karl은 쳐트는 저위도의 고생산성 해역의 바닥에서 퇴적된다고 주장한다. B. M. Page(1970), K. J. Hsu(1971) 그리고 Murchey(1984)의 모델은 심해저 평원이 하부에 놓인 염기성 화산암과 함께 섭입하는 북미의 서쪽 주변부에 접근했을 때 쇄설성 암석이 유입될 수 있음을 제시한다.

생물 기원 모델은 덜 재결정화된 쳐트 내의 많은 방산충 껍질과 화산성 또는 육성기원 퇴적물의 협재층이 결여된 두꺼운 쳐트층에 의해 지지된다. 생물 기원 퇴적 작용-속성 작용 가설은, 3개의 층으로 구성된 층의 산출과 국지적으로 협재된 저탁암 사암의 존재, 쳐트와 염기성 화산암의 흔한 관련성 그리고 쳐트 내에 산화망간과 철의 존재—개방된 해양 환경의 특징이며 대륙주변부 퇴적물이 아닌

(Karl, 1984)-와 일치한다. 이 모델은 또한 해양 지각 위에서의 퇴적과 해저 확장의 중심부로부터 점점 더 멀어짐을 지시하는 세륨(Ce)의 이상과 희토류 원소(REE) 자료와 일치한다(R. W. Murray et al., 1990, 1991).

쳐트가 재퇴적된 알로켐적 퇴적을 나타내는 쳐트 형성의 세 번째 모델은 J. R. Hein and Karl(1983), J. R. Hein, Koski, and Yeh(1987) 그리고 Hein and Koski(1987, 1988)에 의해 제안되었다. 그들 역시 규산은 무기적이기 보다는 생물 기원임을 제안하고 있으나 쳐트의 조직, 암질의 조합 및 기원은 현생의 적도 지역의 해저 방산충과 규질 연니를 특징짓는 그것들과 다르다고 주장한다. 그들은 이런 퇴적물은 초기 해양 분지, 배호 분지, 전호 분지 또는 인접하는 육지와 가깝게 위치하는 지역인 분열된 대륙 주변부 분지에 퇴적되었다고 주장한다. 이 세번째 모델에서 쳐트는 (1) 용승에 의해 만들어진 높은 방산충의 생산성과 퇴적 (2) 저층수와 저탁류에 의한 생물 기원 규질 퇴적물의 주기적인 재퇴적 그리고 (3) 협재하는 규질 셰일층을 형성하는 반원양성 점토 퇴적의 산물이다. 간단히 말해 윤회층리는 일정한 이토 퇴적 기간 동안 방산충 퇴적물의 빠르고 주기적인 해류의 재퇴적 작용에 의해 생성된다. Hein and Karl(1983)은 퇴적 환경은 무산소 환경임을 제시한다. 후속적으로 일어나는 속성 작용은 쳐트의 현재의 특징으로 나타난다.

이 생물 기원 재퇴적 작용(biogenic resediemtation) 모델은 만일 점이층리를 갖는 층이 퇴적의 양상이면 주로 부마윤회층과 유사한 연계층(Raymond, 미출간 자료)과 점이층리를 갖는 층을 포함하는 방산충 저탁암의 산출에 의해 지지된다(J. R. Hein, Koski, and Yeh, 1987; Murchey, 1984; Chipping, 1971).[25] 이 가설은 국지적으로 쳐트는 화산암이 별

로 없는 층에서 저탁암 사암과 셰일이 호층을 이루는 것의 관찰과 일치한다(Raymond, 1974a, 1988; J. R. Hein and Koski, 1987; J. R. Hein, Koski, and Yeh, 1987).

망간 광상 형성 모델과 부합되게 발달된 생물기원 재퇴적 모델의 한 변형이 Huebner, Flohr and Jones(1986a), Huebner, Flohr and Matzko(1986b) 그리고 Huebner and Flohr(1990)에 의해 제안되었다. 그들은 망간을 포함하는 쳐트-셰일 연계층은 망간을 포함하는 열수와 방산충 저탁암으로서 퇴적되는 생물 기원 규산 사이의 상호 작용의 결과로서 퇴적물-해수의 경계 부근에서 형성되는 화학적으로 침전된 이토와 겔을 나타낸다. Huebner, Flohr, and Matzko(1986b)는 이질암은 화학적 침전물이라고 하고 성분적인 층리 현상은 기후적으로 조절될 수 있음을 제안한다. 퇴적 작용은 개방된 해양, 아마도 해저확장 중심 부근에서 일어나는데, 열수 활동이 물에서 Mn과 Fe의 근원으로서 역할하는 곳이다(Crerar et al., 1982). 이 생물 기원-재퇴적 작용(biogenic resedimentation), 열수(hydrothermal), 겔-침전 가설(gel-precipitation hypothesis)을 지지하는 증거는 (1) Mn 광상을 배태하는 쳐트의 층에 보존된 겔 같은 잔류 물질과 (2) 부마윤회층과 비슷한 연계층과 점이층리가 발달한 층을 포함하는 방산충 저탁암의 존재에 의해 제공된다.[26]

프란시스칸 복합체는 아주 대규모의 암석 단위이며 다양한 환경에서 퇴적된 다양한 암석을 포함하는 것으로 알려져 있음을 고려한다면(E. H. Bailey, Irwin, and Jones, 1964; Wachs and Hein, 1975; R. W. Murray et al., 1990), 프란시스칸 쳐트 형성의 몇 가지 모델이 가능하다는 것을 생각 할 수 있다(Murchey and Jones, 1984). 무기적 침전-속성변질 가설은 이 쳐트들이 주된 생물 기원 성분을 포

함하고 있고 적어도 일부 화산 기원의 화학적 증거의 결핍 때문에 대부분의 프란시스칸 쳐트를 위해 의심되어져 왔다(Chi et al., 1984; Karl, 1984; Murchey, 1984). 생물기원 재퇴적 작용 모델은 쳐트 저탁암이 기재된 곳에서 국지적으로 가능할 수 있다. 그러나 일반적인 모델로서 그들은 받아 들일 수 없는데, 이것은 (1) 쳐트의 환원 또는 무산소 퇴적 환경(J. R. Hein and Karl, 1983) (2) 대부분의 쳐트 내에서의 쇄설성 성분 그리고 (3) Franciscan 쳐트 내에 있는 저탁암, 등수심층 그리고 저층수 퇴적물이 우세함—이들 중 어느 것도 대부분의 Franciscan 쳐트의 성분과 조직에 의해 지시되지 않음을 필요로 한다. 비록 흥미롭기는 하지만 이 모델의 겔-침전물의 변형은 이제까지 단지 하나의 일반적이지 않은 장소로부터의 자료에 의해 지지되었을 뿐이다. 따라서 Jenkyns and Winterer(1982), J. R. Hein and Karl(1983) 그리고 J. R. Hein and Koski(1987)에 의해 제기된 반대되는 주장에도 불구하고 몇 가지 증거에 의해 지지되는 생물 기원 퇴적-속성 작용 모델은 대부분의 프린시스칸 쳐트를 위해 현재 접할 수 있는 최선의 일반적인 암석기원적인 모델인 것 같다.

증발암 및 관련 암석

증발암의 광물 성분, 암석기재학적 특징 그리고 구조

증발암은 혼한 광물들을 포함 할 수 있으나 많은 증발암들은 혼하지 않거나 드물게 산출되는 염화물, 황산염 그리고 붕산염으로 구성되어 있다. 표 9.2는 여러 가지 증발 광물의 이름과 화학식을 제시하고 있다. 가장 혼한 광물은 진하게 인쇄되어 있는데, 탄산염 광물(carbonates)인 방해석, 돌로마이트, 마그네사이트를 포함하고; 염화물(chlorides)인 암염, 실

표 9.2 선택된 증발암 및 관련 광물과 그들의 화학식

탄산염 광물 및 중탄산염광물

나콜라이트	$NaHCO_3$
아라고나이트[1]	$CaCO_3$
방해석	$CaCO_3$
마그네사이트	$MgCO_3$
돌로마이트	$CaMg(CO_3)_2$
앙케라이트	$(Ca,Mg,Fe)CO_3$
트로나	$NaCO_3(HCO_3) \cdot 2H_2O$
피어소나이트	$CaCO_3 \cdot Na_2CO_3 \cdot 2H_2O$
도소나이트	$Na_2AlCO_3(OH)_2$

염화물

실바이트	KCl
암염	$NaCl$
비셔파이트	$MgCl_2 \cdot 6H_2O$
카널라이트	$KMgCl_3 \cdot 6H_2O$
타키하이드라이트	$CaMg_2Cl_6 \cdot 12H_2O$

황산염 광물

피크로메라이트	K_2SO_4
시나다이트	Na_2SO_4
미라빌라이트	$Na_2SO_4 \cdot 10H_2O$
글라우버라이트	$Na_2SO_4 \cdot CaSO_4$
경석고	$CaSO_4$
석고	$CaSO_4 \cdot 2H_2O$
키세라이트	$MgSO_4 \cdot 2H_2O$
헥사하이드라이트	$MgSO_4 \cdot 6H_2O$
입소마이트	$MgSO_4 \cdot 7H_2O$
셀레스타이트	$SrSO_4$
에프디탈라이트	$K_3Na(SO_4)_2$
글라우버라이트	$Na_2Ca(SO_4)_2$
블레다이트	$Na_2Mg(SO_4)_2$
쇼에나이트	$K_2Mg(SO_4)_2$
랑베이나이트	$K_2Mg_2(SO_4)_2$
폴리할라이트	$K_2MgCa_2(SO_4)_4 \cdot 2H_2O$
카이나이트	$KMg(SO4)Cl \cdot 2H_2O$

표 9.2 계속

붕산염 광물

커나이트	$Na_2B_4O_7 \cdot 4H_2O$
틴캘코나이트	$Na_2B_4O_7 \cdot 5H_2O$
붕사	$Na_2B_4O_7 \cdot 10H_2O$
콜레마나이트	$Ca_2B_6O_{11} \cdot 5H_2O$
울렉사이트	$NaCaB_5O_9 \cdot 8H_2O$

다른 광물(음이온과 결합하는 광물)

버카이트	$2Na_2SO_4 \cdot Na_2CO_3$
갈레이트	$Na_2SO_4 \cdot Na(F,Cl)$
행크사이트	$9Na_2SO_4 \cdot 2Na_2CO_3 \cdot KCl$
노수파이트	$Na_2CO_3 \cdot MgCO_3 \cdot Na_2CO_3$
티파이트	$Na_2B_2O_4 \cdot 2NaCl \cdot 4H_2O$
황철석	FeS_2
계관석	AsS
웅황	As_2S_3

자생기원 관련 규산염 광물

석영	SiO_2
빙장석	$KAlSi_3O_8$
조장석	$NaAlSi_3O_8$
방불석	$NaAlSi_2O_6 \cdot H_2O$
시얼레스타이트	$NaBSi_2O_6 \cdot H_2O$
마가다이트	$NaSi_7O_{13}(OH)_3 \cdot 3H_2O$
필립사이트	$KCaAl_3Si_5O_{16} \cdot 6H_2O$
휼랜다이트	$CaAl_2Si_6O_{16} \cdot 5H_2O$
일라이트	$KAl_4Fe_4Mg_{10}(si,Al)_8O_{20}(OH)_4$
스멕타이트	
$(K,Na,Ca,Mg)_{0.33}Al_2Si_4O_{10}(OH)_2 \cdot nH_2O$	

출처: Many sources, including Gale(1915), J. E. Adams(1944), Scruton(1953), Murdoch and Webb(1956, 1960), G. I. Smith(1962, 1979), F. H. Stewart(1963), Borchert and Muir(1964), G. I. Smith and Haines(1964), v. Morgan and Erd(1969), Hosterman and Dyni(1972), Roehler(1972), Dyni(1976), Holser(1979), G. I. Smith et al.(1983), Donhahoe and Liou(1984), Sheppard and Gude(1986), 그리고 저자에 의한 관찰을 포함하는 많은 출처. 추가적인 광물의 목록을 위해서는 Borchert and Muir(1964)을 보라. Sonnenfeld(1984), 그리고 Perthuisot(1989).
[1]주된 증발 광물은 볼드체로 나타냈다.

바이트(칼리암염, sylvite), 카널라이트(carnallite); 그리고 황산염인 경석고, 석고, 폴리할라이트(polyhalite), 카이나이트(kainite), 랑베이나이트(langbeinite)를 포함한다(F. H. Stewart, 1963; Borchet and Muir, 1964).

증발암 및 그와 관련된 암석에 널리 사용되는 분류 체계는 없다. 일반적으로 암석의 이름은 전적으로 광물 성분에 근거한다. 조직적 명칭은 사용되지 않는다. Shrock(1948)은 염광물(saline minerals)로 구성된 모든 암석을 염암(salinastone)이라고 했다. 이 명칭은 지질학자들에 의해 널리 받아들여지지 않았으나 할로겐화물(halides), 황산염(sulfates), 붕산염(borates) 그리고 관련 광물로 구성된 퇴적암을 지칭하는 일반 용어로 유용하다. 실제로 암염이 많은 광물은 "암염(rock salt)"이라고 불리고 대부분의 다른 염암은 우세한 광물명(예, 경석고 또는 석고)에 의해서 이름이 붙여진다. 일부 지질학자들은 anhyrock, anhydrite rock, gypsite, gyprock, gypsum rock과 같은 명칭을 사용한다. Raymond(1984c)는 증발암 이름 앞에 광물명을 첨부하였다. 따라서 증발 기원이 알려진 곳에서 기원적인 암석명은 경석고 증발암(anhydrite evaporite), 암염증발암(halite evaporite), 울렉사이트 증발암(ulexite evaporite) 또는 경석고-석고 증발암과 같이 이름이 붙여진다. 염이 많은 암석이 증발에 의해 형성되지 않는 곳에서 대응되는 명칭은 경석고 살리나이트, 경석고-석고 염암 또는 암염 살리나이트(halite salinite)이다. 여기서는 이 명칭들이 채택되었다.

증발암과 살리나이트(salinite)는 미정질-봉합선 조직이나 반자형-입상조직을 갖을 수 있으나 많은 다른 조직도 산출된다. 구과상 조직(spherulitic texture), 빗살 조직(comb texture), 반상변정 조직(porphyroblastic texture), 포이킬로토픽 조직

(poikilotopic texture), 타형질 입상조직(allotriomorphic texture), 쇄설성 조직(clastic texture)[28] 그리고 다양한 치환 조직은 증발암과 염암에서 발견되는 조직이다(Lowenstein and Spencer, 1990 참조). 암염과 암염 집합체의 셰브론(chevron)과 "하퍼(hopper)" 조직(그림 9.10)과 암염을 뒤따르는 가상은 증발암과 살리나이트의 특징이다.

증발암과 살리나이트 연계층의 구조는 다양하다(Lucia, 1972; Lowenstein and Hardie, 1985; J. K. Warren and Kendall, 1985).[29] 이것들은 불규칙하거나 엽층리가 발달된 층리, 연흔 사층리, 스트로마톨라이트, 석고와 경석고 단괴, 창자처럼 휘어진(enterolithic) 경석고층[30]; 그리고 평력암과 각력으로 된 조상대와 대기 중에 노출된 연계층을 포함한다. 티피(tepees)는 살리나(salina) 주변부를 따라 형성된다.[31] 조간대는 굴착되고 생물교란되었으며 펠렛상의 불규칙하거나 우상 층리(flaser bedding); 선회구조; 그리고 스트로마톨라이트에 의해 특징지어진다. 염수의 석호 사브카 그리고 외해 퇴적물은 전형적으로 엽층리나 층리가 발 발달된 퇴적층이나; 불규칙하거나 우상 층리, 빗살 조직의 결정질층, 사엽층리가 발달한 층 그리고 셰브론 조직으로 된 층도 또한 흔하다. 사브카에서 경석고 다이어퍼(diapirs)가 석고 이토에서 형성된다.

증발암 및 관련 암석의 기원

증발암 및 그와 관련된 암석은 $MgSO_4$가 많은 그룹과 $MgSO_4$가 적은 그룹으로 된 두 개의 주된 화학적 그룹으로 구분된다(Hardie, 1990). $MgSO_4$가 많은 그룹은 석고, 경석고, 암염 그리고 카이나이트(kainite)와 같은 광물로 나타내지고, $MgSO_4$가 적은 그룹은 암염, 칼리암염(sylvite) 그리고 카날라이트(carnallite)와 같은 광물에 의해서 특징지어진다. 대

규모 퇴적체는 $MgSO_4$가 많은 해양 염수에서 유래되었으나, $MgSO_4$가 적은 퇴적물은 "육성염수(continental brines)"에서 유래된다(Sonnenfeld, 1989; Hardie, 1990). 암맥, 공극 그리고 심지어 환초절벽[32]에서도 증발 광물의 소규모 산출이 알려져 있다. 암맥과 공극의 메꿈은 다양한 지하수, 속성수 또는 열수로부터 침전되어 일어난다.

염암의 주된 산출은 농집된 수화물 용액(염수)로부터 염의 결정화에 의해 형성된다. 여러 가지 요인이 결과적으로 생성되는 광물집합체, 조직 그리고 구조를 조절한다. 이들은 기후, 수로학적 조건(예, 해류 및 염수와 밀도층), 유입되는 용액의 화학 성분 그리고 분지의 형태이다(Logan, 1987; Lowenstein, Spencer, and Pengxi, 1989; Sonnenfeld, 1989; Hardie, 1990). 증발암은 사막 분지의 플라야(살리나), 고온의 연안 지역 그리고 건조한 연안을 따라 분포한 극도로 순환이 제한되어 있거나 고립된 해양 분지(해양 살리나)와 같은 건조지역에서 형성된다. 증발암 형성의 주된 조건은 물수지의 결손(water-balance deficit)이 있다는 것; 즉 증발에 의한 손실이 적어도 주기적으로 유입을 초과해야 된다는 것이다(Logan, 1987). 비증발 염암은 대륙과 해양분지, 극 지역 지하수와 호수 그리고 지하 암석과 퇴적물, 특히 조상대 환경에 발달된 염수로부터 결정화될 수 있다.[33]

몇 가지 모델은 여러 가지 증발 퇴적층을 제시해 왔다(그림 9.11).[34] 어느 단일 모델도 모든 산출을 설명할 수는 없으나, 모든 모델은 물의 손실이 유입을 초과하는 조건에는 부합한다. 이 조건은 분지의 입구가 지형이나 지리적으로 제한된 곳이거나(그림 9.11a와 b) 증발이 지형이나 기후적으로 또는 수로학적 조건에 의해 유입을 초과하는 곳에 생긴다(그림 9.11c와 d). 후자의 경우(즉 수심이 낮은 대륙붕

"하퍼(hopper)" 조직의 결정   셰브론(chevron) 조직

그림 9.10   암염 증발암에서 셰브론(chevron)조직과 제분용 깔대기(hopper)조직의 그림.

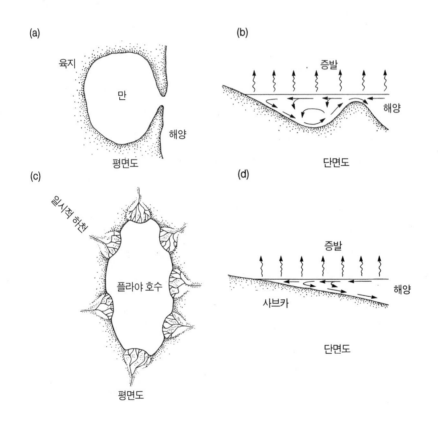

그림 9.11 증발암 퇴적 환경의 그림. (a) 개방된 해양과 좁은 출구에 의해 연결 격리된 만(Sonnenfeld, 1989, figs. 13-16 참조). (b) 분지 입구에서 지형적인 장애물에 의해 격리된 분지의 단면(Schmalz, 1969 참조). (c) 주위가 육지로 둘러싸인 건조 분지인 플라야 호수(Kendall, 1984, fig. 1 참조). (d) 건조한 해안선을 따라 발달한 사브카의 단면(수직스케일은 물과 해류를 나타내 보이기 위해 과장되었다).

을 따라) 증발은 높은 증발률 때문에 개방된 해양으로부터 유입보다 많다. 마찬가지로 육지의 폐쇄되고 건조한 분지에서 강수 후에 오랫동안 지속된 증발이 있는 곳에서 증발된 물이 유입된 물보다 많을 수 있다. 분지의 형태가 어떤 형태로 생겼다 할지라도,

분지로 유입되는 저밀도의 물은 그곳에 있는 물의 상부로 퍼질 것이다. 그 물은 표면에서 노출되기 때문에 증발이 될 것이고 밀도가 증가한다. 염분과 밀도가 증가함에 따라 그 물은 증발 광물을 침전시키고, 장벽이 쳐진 분지에서 그 분지로부터 유출되는

것이 불가능한 깊이까지 내려가게 된다. 사브카나 폐쇄된 대륙 분지와 관련된 모델에서 높은 증발률만으로도 증발 광물이 침전되는 고염도 물을 유지한다. 사브카에서 증발은 개방된 해양으로부터 멀어지면서 발생한다. 대륙 분지에서 증발은 분지로 염분이 낮은 물을 유입시키는 하천의 입구로부터 먼 곳에서 일어난다. 해수가 증발 분지로 유입되는 곳에서 $MgSO_4$가 많은 증발 광물 연계층이 발달한다. 대조적으로 칼리 증발암을 생성하는 육성 염수는 $CaCl_2$를 포함하는 열수 용액이 분지 호수의 물과 혼합되어 $MgSO_4$가 적은 증발 광물 연계층을 생성하는 염수를 생성하는 곳에서 형성된다(Lowenstein, Spencer, and Pengxi, 1989; Hardie, 1990).

연구 사례

미시간 분지의 실루리아기 살리나(Salina) 층군의 증발암

실루리아기 Salina 층군은 미시간 분지 및 미국과 캐나다의 인접지역에 있는 주된 층서 단위이다(그림 9.12).[35] 이 층서 단위는 대륙붕을 따라 흩어져 있는 돌로마이트화된 층공충 − 조류초(stromatoporoid-algal reefs)("pinnacle reefs")를 포함하는 Niagara 층군의 탄산염 뱅크, 초, 대륙붕 및 분지 연계층 위에 놓여 있다(Huh, Briggs and Gill, 1977). 일부는 공식적으로 명명되고 일부는 비공식적으로 명명된 12개나 되는 단위들이 살리나 층군을 구성한다(그림 9.13). 이들은 기저의 실루리아기 중기의 탄산염 단위(A0), 그 위에 차례로 놓이는 A1 증발암, A1 탄산염암 또는 Ruff 층, A2 증발암, A2 탄산염암 그리고 일련의 암염, 이질암 그리고 탄산염 단위(B에서 G까지의 단위와 Bass Islands 층을 포함한다(Alling and Briggs, 1961; Budros and Brigg, 1977; Huh, Briggs, and Gill, 1977).

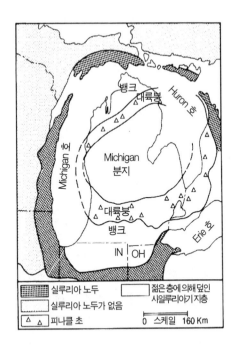

그림 9.12 Salnina 층군과 뱅크, 대륙붕, 그리고 "뾰죽한 초(pinnacle reef)"를 포함하는 실루리아기 노두의 분포를 보여주는 Michigan 분지의 지도(Modified from Huh, Briggs, and Gill, 1977).

	통	층군	
상부 실루리아기	Cayugan	Salina	Bass Islands 층
			G Unit
			F Unit
			E Unit
			D Unit
			C Shale
			B Unit / B Salt
			A2 탄산염
			A2 증발암
			Ruff 층
			A1 증발암
			AO 탄산염
중부 실루리아기	Niagaran	Niagara	

그림 9.13 Salnina 층군의 층서적 구분(Modified from Budros and Briggs, 1977).

기저에 뾰죽한 초(pinnacle reefs) 위에 있는 조상대 조류 스트로마톨라이트 석회암이 기저 탄산염(A0)단위를 형성한다. 초 사이와 분지 지역에서 위로 가면서 창자처럼 휘어진 증발암으로 변하는, 국지적으로 엽층리가 발달한 미크라이트질 석회암이 기저 A0 단위를 형성한다. A1 증발암은 암염 증발암과 칼리암염 증발암과 함께 산출되는 단괴상과 창자처럼 휘어진 경석고 증발암에 의해 특징지어지나 그것은 또한 미크라이트질 돌로스톤을 포함한다. Ruff 층은 석회암 내지는 돌로스톤으로 되어 있는, 화석을 포함하는 탄산염 이암으로 주로 구성되어 있다. 단괴상 경석고 증발암 역시 다른 돌로마이트질 탄산염 단위인 A2 탄산염암에 의해 덮인 A2 증발암에서 산출된다. A2 탄산염암은 소량의 돌로스톤(단위 B와 D), 셰일 그리고 경석고 증발암(단위 C, E, F 및 Bass Islands 층)과 함께 산출되는 돌로스톤 그리고 적색 및 녹색 셰일(단위 G)과 함께 산출되는 돌로스톤을 포함하는 국지적으로 두꺼운 암염 증발암에 의해 덮여있다. 경석고 증발암과 돌로스톤은 Salina 층군의 상부를 형성하고 있다. 이들 단위들의 층서는 일반적으로 돌로스톤과 셰일이 많은 단면이 증발암이 많은 단면과 교호하는 윤회적 특징을 가졌다.

여러 층서 단위들의 자세한 분석은 그들이 여러 가지 암상으로 구성되어 있음을 보여준다(Dellwig and Evans, 1969; Budros and Briggs, 1977; D. Gill, 1977; Nurmi and Friedman, 1977). 예를 들면 A1 증발암의 단괴상 경석고 암상(nodular anhydrite lithofacies)에서 가장 흔한 암석 유형은 증발암 단괴, 석회물질 그리고 미크라이트질 돌로스톤이 교호하는 "엽층리가 발달된 괴상의(laminated massive)" 경석고와 치밀하게 배열되고 병합된 단괴로 구성된 "변형된 모자이크상(distorted mosaic)" 경석고이다.

이 두 가지 유형의 암석은 창자처럼 휘어진 경석고와 같은 많이 산출되지 않는 암석유형과 함께 cm규모로 호층을 이룬다. 직경이 6cm까지 달하는 일부 규모가 작은 옥수처트단괴는 경석고에서 산출된다(Gill, 1977). 건열과 엽층리가 발달된 돌로스톤 미크라이트 입자와 경석고 기질물을 갖는 각력암이 산출되는 수평층이 산출된다. 두 번째 암상인 석고 몰드-엽층리가 발달된 경석고 암상(gypsum mold-laminated anhydrite lithofacies)은 엽리가 발달된 경석고와 암염 및 경석고로 채워진 석고 몰드가 교호하는 층으로 구성되어 있다(Nurmi and Friedman, 1977). 소금 또는 암염 암상은 전형적으로 50cm 두께의 층으로 된 암염 증발암과 얇은 엽리의 석고, 경석고 그리고 돌로스톤의 호층으로 구성되어 있다(Dellwig and Evans, 1969; Nurmi and Friedman, 1977). 국지적으로 암염 증발암은 연흔을 보인다(Kaufman and Slawson, 1950). 추가적인 암상은 미세 엽층리가 발달한 탄산염 이암상, 펠렛 와케스톤 암상, 엽층리가 발달한 조류(스트로마톨라이트) 암상, 층내 각력암(intraformational breccia)과 평력암상, 펠로이드-어란석 암상 그리고 칼리암염상을 포함한다.

호층을 이루는 암석 유형과 그들의 구조는 여러 가지 암상이 조하대, 조간대 그리고 조상대 이질 평지(사브카) 퇴적 환경을 나타낸다는 것을 시사한다(Nurmi and Friedman, 1977; Gill, 1977). 이들 증발암이 얕은 수심 내지 대기 중의 노출 환경임을 지시하는 중요한 것은 어란석과 스트로마톨라이트이다.[36]

실루리아기 후기에 미시간 분지는 긴 바다였던 것 같다. 높은 증발률과 보다 규모가 큰 주위의 내륙해로부터 연결된 몇 개의 입구들은 해수면 하강의 원인이 되었고 미시간 분지가 고염분 분지가 되게 하였다(Cercone, 1988).[37] 결과적으로 증발암이 형성되었다. 대기에 노출되어 평력암이 발달되었고 증발암의 발달을 촉진 시켰다. 많은 해수가 주기적으로 유입되어 윤회적인 충서가 발달 되었다(Mesollela et al., 1974; Bay, 1983). 추가적으로 인접된 개방된 바다로부터 지하로 유입된 해수는 석회이토의 돌로마이트화 작용과 암염이나 경석고에 의한 석고 가상의 치환을 촉진시켰다.

콜로라도, 유타, 와이오밍의 Green river 층

Green River 층의 연구는 일부 염암과 그와 관련된 암석이 형성되는 고환경 조건을 결정하는데 대한 이해를 가능하게 한다.[38] 비록 W. H. Bradley(1966)는 일부 플로리다와 아프리카 호수에서 유사점을 발견하기는 했지만 이들 암석에 대한 딱 들어맞는 현생의 유사체는 없다. "오일 셰일(oil shale)" 때문에 유명한 Green River 층은 와이오밍의 남서부, 콜도라도의 북동부 그리고 유타의 북부에서 6개의 구조적 분지에 의해 노출되어 있음을 기억하라(제5장 참조). 이 구조 분지들의 암석은 충적 선상지와 충적 범람원에 의해서 테두리진 분지에서 에오세 동안에 형성되었다. 이 분지들에는 Gosiute 호수, 유타 호수, 그리고 와이오밍 서부—유타 북동부 경계 부근의 조그마한 이름 없는 호수가 분포하고 있다(그림 9.14) (W. H. Bradley, 1931, 1948, 1963, 1964). 인근 융기된 산맥으로부터 흘러나온 강은 호수로 유입되어 호수 분지로 퇴적물을 운반시켰다.[39] 모든 호수와 같이 이들 에오세 호수는 일시적이나 큰 규모의 호수는 1300만년 동안 존재해서 국지적으로 5000m 이상 달하는 층을 발달시킨 퇴적물을 퇴적시켰다(Picard, 1963; R. C. Johnson and Nuccio, 1984).

Green River 층이 호성 기원 퇴적암이라는 것은 (1) 포함된 화석 (2) 암석 내에서 층과 엽층리가 횡적으로 광범위하고 연속적인 특징을 갖는 점 (3) 암석의 광물 그리고 (4) Green River 층과 인근 호성 암상의 층 사이의 고지리적이고 층서학적인 관계에 의해 지시되어 진다.[40] 하성 퇴적물은 분지 주변부에서 호수 퇴적물 속으로 기다랗게 혀 모양으로 유입된 하성 기원 사암에 의해 나타내지는 것처럼 때때로 호수 분지 속으로 운반되었다(W. H. Bradley, 1964; Cashion, 1967; Roehler, 1991). 고지리적인 이유 때문에 Green River 층은 하성층인 Wasatch, Uinta 그리고 Bridger 층에 의해 둘러싸인 렌즈 모양의 호성층을 형성한다(그림 9.15). Green River 층을 생성했던 호수는 규모가 변화했었다.[41] Green River 및 관련 암석에 의해 나타내지는 환경은 삼각주, 이질 평지/습지/호수 주변부, 호수 연안선, 호수 연안 그리고 호수의 연안에서 먼 안쪽을 포함한다(그림 9.16).

비록 암질이 다양할지라도 그린 리버 층의 우세하고 뚜렷한 암석인 소위 "오일 셰일"은 우세한 케로젠이 많은 탄산염암이다. 석회암과 돌로스톤은 둘 다 많이 산출된다. 이들과 다른 암석은 뚜렷하게 엽층리와 층리가 발달해 있다(그림 9.17). 탄산염암 외에도 석고, 경석고, 암염 그리고 트로나와 같은 광물과 함께 여러 종류의 염암이 있다. 일부 "오일 셰일", "트로나층", 그리고 "암염층"을 포함하면서 이들 광물과 함께 산출되는 암석은 실트암, 셰일, 응회암 그리고 사암 호층이다.[42] 이들 암석은 전형적으로 갈색, 회색 또는 녹색이나 그들은 황철석과 같은 철함유 광물의 산화에 의해 적색, 오렌지색, 노란색을 포함하는 여러 종류의 색으로 풍화되었다.

Green River 층의 여러 암석의 광물 성분은 다양하다(W. H. Bradley, 1948; Milton and Eugster, 1959; W. H. Bradley and Eugster, 1969).[43] 돌로마이

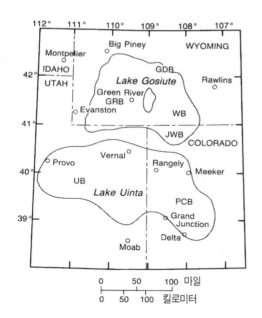

그림 9.14 Green River 층이 퇴적된 두 개의 커다란 에오세 호수, Gosiute 호와 Uinta 호의 위치를 보여주는 콜로라도, 유타 그리고 와이오밍의 지도. 일부 현재의 구조적 분지의 위치는 다음과 같은 글씨로 나타냈다: GDB＝Great Divide Basin (Bridger Basin), GRB＝Green River Basin, PCB＝Piceance Creek Basin, SWB＝Sand Wash Basin, UB＝Uinta Basin(Source: J. R. Dyni, "The origin of oil shale and associated minerals" in US Geological Survey, pp. 1310, 1987).

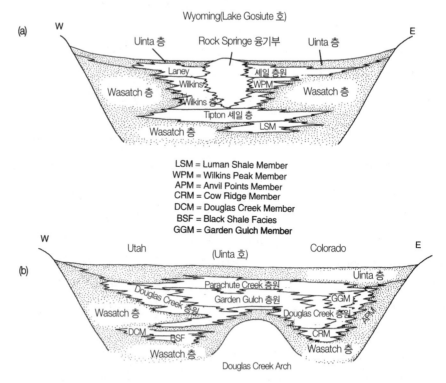

LSM = Luman Shale Member
WPM = Wilkins Peak Member
APM = Anvil Points Member
CRM = Cow Ridge Member
DCM = Douglas Creek Member
BSF = Black Shale Facies
GGM = Garden Gulch Member

그림 9.15 Green Rver 층원 사이의 관계를 보여주는 모식적인 단면도 (a) 와이오밍의 Gosiute 호에서 형성된 층서(based on W. H. Bradley, 1964; W. H. Bradley and Eugster, 1969의 자료를 근거로한 수정; Surdam and Wolfbauer, 1975; 그리고 Surdam and Stanley, 1980a). (b) 콜로라도와 유타의 Uinta 호의 층서(Based on data from Picard, 1955; Cashion, 1967; Cashion and Donnell, 1974; Johnson, 1984; R. D. Cole, 1985; and MacLachlan, 1987).

환경	충적선상지 하성 삼각주	탄산염 이질 평지 습지	연안 호성	외안 호성	분지 중심부
특징	사층리가 발달한층 하도 길버트형 삼각주 사암 및 셰일	건열 스트로마톨라이트 탄산염 역암 어란상 탄산염 연흔 엽층리 사엽층리 이질암(소량)	엽층리가 발달한 탄산염 및 이질암 소량의 "오일 셰일"	엽층리가 발달한 "오일 셰일" 및 이질 탄산염암	"오일 셰일" 및 (엽층리와 층리)
물의 염분 Eh	담수 산화	담수내지 엽수 산화	염수 약간 환원	염수 보통내지 아주 강한 환원	고염수 강한 환원

그림 9.16 각각의 환경의 특징을 보여주는 그린 리버층과 인접된 층들의 여러 퇴적 환경에 대한 모식적인 그림(Based on many sources, especially Dyni, 1976; cole and Picard, 1978; and Roehler, 1990).

트, 방해석, 나토륨 함유 탄산염 및 중탄산염(예, 쇼타이트(shortite), 트로나(trona), 도소나이트(dawsonite) 그리고 나콜라이트(nahcolite)), 석영 그리고 장석은 가장 많은 광물들이다. 암염, 석고, 여러 종류의 점토 광물 그리고 불석은 덜 흔하나 국지적으로 많이 산출된다. 이외에 소다휘석(acmite)과 각섬석(마그네시오리베카이트, magnesioriebeckite)과 유기적 광물인 길소나이트(gilsonite), 유타하이트(utahite), 유인타하이트(uintahite)도 산출된다. 나토륨 함유 탄산염암과 중탄산염 그리고 돌로마이트 및 방해석과 관련하여 산출되는 암염과 석고는 극도의 염수 환경에 대한 좋은 지시자 이다.

Green River 층의 여러 가지 퇴적암은 여러 구조를 포함한다. 주위에 있는 하성 퇴적물로 점이적으로 변해가는 호수 주변부 암상은 전형적인 하성 구조, 특히 사층리와 연흔을 보인다. 상향조립화 경향의 전면층(foreset)과 정치층(topset)을 이루는 사암

그림 9.17 콜로라도 Garfield 카운터, Piceance Creek 분지, 에오세 Green River층의 엽리가 발달한 "오일 셰일" 의 현미경 사진. (개방니콜). 사진의 긴쪽의 길이는 3.25mm이다.

층으로 덮인 세립질의 호성 저치층(bottomset)에 의해 지시되는 삼각주는 레이니(Laney) 층원에서 잘 나타나고 있다(K. O. Stanley and Surdam, 1978). 하성 또는 삼각주 주변부 암상에는 스트로마톨라이트 석회 이암, 조류로 외부가 덮인 막대를 포함하는 입

자암 그리고 건열이 있는 이암과 탄산염층이 협재된 연계층과 함께 산출되는 이질 평지 암상이 국지적으로 산출된다(W. H. Bradley, 1964; Eugster and Hardie, 1975; Surdam and Wolfbauer, 1975). 평력암은 Eugster and Hardie (1975)에 의해 이질 평지 환경에서 일어난 호수면의 상승을 보이는 것이라고 해석되었다.

주변부 암상은 호수 암상으로 점점 변하게 된다. 이 호수층은 암질이 변하나 이회암—이암, 이회암—오일 셰일, 돌로스톤—오일 셰일—트로나 염암, 돌로스톤—오일 셰일—돌로마이트질 이암 그리고 조류 바운드스톤—오일 셰일—돌로마이트질 이암을 포함하는 뚜렷한 윤회층을 갖는다.[44] 자세히 보면 이회암—오일 셰일은 케로젠을 포함하는 돌로마이트와 방불석 그리고 이질암이 교호하는 엽리로 구성되어 있으나, 국지적인 황철석 오일 셰일은 도소나이트와 석영 그리고 돌로마이트 이질암이 협재되는 돌로마이트를 포함한다(Brobst and Tucker, 1973). 오일 셰일 그리고 쇼타이트(shortite)와 에이텔라이트(eitelite)를 포함하는 오일셰일과 관련된 트로나와 암염층은 분명히 염암이 오일 셰일과 함께 형성되었음을 지시한다(W. H. Bradley, 1964; Dyni, 1974; Dyni, Milton, and Cahsion, 1985).

뚜렷한 암석과 광물 이외에 Green River 층은 화석에 의해서 나타내지는 중요한 호수 동물군과 육성 및 호수 식물군을 포함한다(MacGintie, 1969; Grande, 1980). 사악류 물고기(catfish), 악어, 박쥐 그리고 새 화석(bird fossils) 그리고 화석 물고기; 무수한 곤충; 연체동물; 개형충류; 조류와 곰팡이 미화석; 가문비 나무, 소나무 그리고 여러종류의 피자식물로부터 나온 화분(pollen)이 이들 셰일로부터 알려져 있다(D. E. Winchester, 1923; W. H. Bradley, 1931; Bucheim and Surdam, 1977). 이들 생물 모두

는 육성 환경을 지시하고 특히 몇 가지는 담수 호수를 지시한다.

오일 셰일을 포함하는 Green River 층의 염암의 기원은 논란의 여지가 있다. 화석, 엽층리, 광물 그리고 암상은 분명히 호수 기원을 지시한다. 대부분의 연구자들은 인근의 고지대의 육지에서 배수된 강에 의해서 모래와 이토가 호수로 유입되었다고 동의한다. 하천 및 연안의 이질암은 주로 쇄설성 퇴적의 산물이다. 그러나 실제로 모든 연구자들이 연안에서 먼 곳의 퇴적물은 호수에서 퇴적되었다는 것에는 동의하나, 호수의 특징, 호수물의 특징과 분포, 트로나층 그리고 관련 암석은 상당히 논란이 되고 있는 문제이다. 이 논란은 Gosiute 호와 Uinta호가 서로 다른 역사를 가졌다는 사실 때문에 더욱 복잡해진다(Picard, 1985). 따라서 어느 호수의 역사와 환경을 보고 다른 호수의 역사와 환경을 알 수는 없다.

세 종류의 호수 모델은 Green River 층의 발달을 설명하는 골격으로서 제안되었다. 첫 번째 것은 아마도 수심이 25m 이상인 산소가 결핍된 염수의 저층수를 이루는 심수층(hypolimnion)이 호수 분지의 깊은 중앙부를 차지하는 영구적으로 층상을 이루는 반혼합 호수(permanently stratified(meromictic) lake)를 이룬다는 것이다(W. H. Bradley, 1948; W. H. Bradley and Eugster, 1969; Desborough, 1978; Picard, 1985).[45] 염수 위에 놓여 있는 밀도가 낮은 담수 표수층(epilimnion)은 일부 탄산염 침전과 유산소 생물을 위한 서식처를 제공한다. 오일 셰일은 (1) 소규모로 공기로부터 운반된 실트와 점토 (2) 하천의 유입으로 첨가된 소규모 부유 점토 그리고 (3) 트로나, 암염, 석고 그리고 점토 광물을 포함하는 호수 바닥 침전물과 함께 투광대(표수층)에서 생성된 조류와 곰팡이류 물질의 퇴적으로부터 생긴다.

조류 및 곰팡이류 물질은 케로젠과 다른 유기 탄화수소의 근원인 것으로 일반적으로 이해되고 있으며(W. H. Bradley, 1973), 조류물질은 고마그네슘 탄산염의 근원으로 역할한다(Desborough, 1978).

반혼합호(meromictic lake) 기원을 지지하는 증거(아래에 기술된 플라야호 기원에 반대되는)는 다음과 같다.

1. 층서학적 증거는 고기의 호수중의 하나인 Uinta 호는 적어도 300m 깊이였음을 제시한다(R. C. Johnson, 1981).

2. "오일 셰일"의 엽층리가 발달된 층은 상당한 거리까지 연속적이다(Desborough, 1978).

3. 광범위한 오일 셰일 저탁암은 깊고 덜 일시적인 호수를 시사한다(Dyni and Hawkins, 1981).

4. Green River 층의 저탁암은 깊은 호수 모델과 부합된다(Dyni and Hawkins, 1981).

5. 미크라이트 엽층리는 반혼합호 퇴적물과 동시대적인 양상인 미크라이트로 점이적으로 변하는 유기물이 많은 엽층리와 교호한다(B. W. Boyer, 1982).

6. 평행부정합이 거의 존재하지 않는다. 그러나 만일 호수가 주기적으로 메마르게 되면 평행부정합이 암염이나 트로나층과 위에 놓이는 호수층 사이에 있을 것으로 기대된다(W. H. Bradley and Eugster, 1969).

7. 높은 마그네슘 함량은 풍부한 돌로마이트(그리고 앙케라이트)에 의해 지시되는 것처럼 호수 중 심부 퇴적물에서 산출된다. 그리고 높은 마그네슘 함량은 방해석이 가장 풍부한 곳인 호수주 변부 퇴적물에서 산출되지 않는다(R. D. Cole and Picard, 1978).

8. 오일 셰일 내에 산화 철을 함유하는 광물이 결핍되어 있다. 대신 환원 상태를 지시하는 황철석이 이들 암석에서 풍부하다(Desborough, 1978; Dyni and Hawkins, 1981).

9. 플라야 호수 모델에 의해서 예측되는 것처럼, 만일 석회암과 돌로마이트가 원래 호수 주변부에 퇴적되었다면 기대될 수 있는 것처럼, 호수 주변부를 따라서 두꺼운 석회암과 돌로마이트층이 없다(Desborough, 1978).

10. 반혼합호는 오일 셰일의 양에 의해서 지시되는 많은 양의 조류의 성장에 필요하다(W. H. Bradley and Eugster, 1969).

11. 염수에서 무성하게 자랄수 있는 남조류의 마그네슘 집적능력은 조류의 성장이, 높은 마그네슘 함량과 고케로젠이 오일 셰일 퇴적물을 생성할 수 있는 작용을 제공함을 의미한다(Desborough, 1978).

12. 고염분에 견딜 수 있는 저서성 생물일지라도 오일 셰일에서 저서성 생물이 일반적으로 결핍되는 경향이 있다(Boyer, 1982).

13. 오일 셰일은 생물 교란 작용이 결핍되어 있지만(Boyer, 1982), 바닥에 서식하는 생물이 퇴적물을 교란시키는 곳에서 유산소 환경의 바닥 퇴적물에서 생교 교란작용은 기대된다.

14. 사악류(catfish)의 전체골격은 무산소 저층수의 특징인 부식동물이 없음을 의미한다(Boyer, 1982).

Green River 암석의 기원에 대한 두번째 모델은 플라야호(playa lake) 모델이다(W. H. Bradley, 1973; Eugster and Surdam, 1973).[46] 플라야호 모델에서 호수는 유산소 환경으로 넓고 낮았으며 주기적으로 증발과 건조를 겪은 것으로 해석된다. 대규모 플라야 평지가 분지 주변부의 하천권에서 분리된 호수를 둘러싸고 있었다. 플라야 평지는 알칼리 염수가 물의 증발과 방해석 및 프로토돌로마이트 (protodo-lomite)의 침전과 관련된 작용을 거쳐 지하수면 위의 모세관대에서 생성되는 장소를 제공한다. 주기적인 홍수는 방해석과 돌로마이트를 호수 속으로 유입시키고 담수는 조류의 갑작스런 번식을 위한 환경을 제공하면서 호수의 염분을 희석시킨다. 따라서, 오일 셰일은 호수에서 생성된 유기물의 퇴적과 플라야 평지로부터 유래된 쇄설성 탄산염암이 혼합된 산물이다. 건조기 때는 호수는 줄어들고 호수를 향해 흘러내리는 염수의 흐름은 방해석과 프로토돌로마이트의 침전에 의해서 초래된 칼슘의 결핍을 동반한다. 염수가 호수에 도달하여 유입될 때까지 염수는 Na가 증가하게 된다. 염수가 증발됨에 따라 트로나, 암염 그리고 다른 증발광물의 침전이 일어난다.

플라야 호수 모델을 지지하는 증거는 다음과 같다.

1. 습윤과 건조 그리고 극도로 얕은 수심 환경이 교호함을 지시하는 퇴적 구조와 건조 양상은 Green River 층에 광범위하게 분포되어 있다. 이들은 건열, 평력암 및 각력암, 정상부가 평평한 연흔, 염광물 캐스트 그리고 렌즈형태의 실트 엽층리를 포함한다(Eugster and Surdam, 1973; Eugster and Hardie, 1975; Lundell and Surdam, 1975; surdam and Wolfbauer, 1975).

2. 간섭과 진동 형태의 연흔이 Green River 암석에 널리 퍼져있다(Lundell and Surdam, 1975).

3. 어란석 및 두석 탄산염암이 널리 분포되어 있다(Lundell and Surdam, 1975).

4. 탄산염 실트 엽층리 내의 돌로마이트와 비슷한 크기의 석영 입자는 교결물로서 돌로마이

트보다는 유수에 의한 쇄설성 돌로마이트의 운반을 시사한다(Eugster and Hardie, 1975).

5. 아마도 기존의 돌로마이트질 이토의 침식으로부터 유래된 돌로마이트 펠로이드는 일부 퇴적암에 존재한다(Eugster and Hardie, 1975; Surdam, 1978).

6. 호수 퇴적암 단면 내에서 돌로마이트-트로나 층의 반복은 호수면이 변동했음을 시사한다 (Eugster and Surdam, 1973).

7. 칼리치, 침전석회암 그리고 표면 돌로마이트 피각(crust)으로 해석되는 탄산염층이 Green River 층에 존재한다(Smoot, 1978).

8. 오일 셰일의 고 Mg/Ca 비와 고마그네슘 함량은 염호수 모델과 일치한다(Eugster and Surdam, 1973).

9. 그렇게 크지 않은 호수와 관련된 멤버인 Wilkins 멤버 내의 많은 양의 Na 염류와 돌로마이트질 이암이 있다(Eugster and Surdam, 1973).

10. Laney 멤버(사악류 저서성 물고기)의 오일 셰일 단위 내에 무수하게 많고 광범위하게 분포된 사악류 화석의 존재는 반혼합호인 Gosiute 호수는 오일 셰일의 퇴적을 필요로 하지 않는다(Burchheim and Surdam, 1977).

11. 섬세한 화석의 유별난 보존은 그들이 주기적인 건조함을 겪은 응집된 조류 연니 내에서 퇴적되고 보호되었음을 시사한다(W. H. Bradley, 1973).

12. Tipton 멤버에서 고염분 환경으로 변했음을 시사하는 스트로마톨라이트와 같은 조류 구조에 의해 지시되는 것처럼 저서성 동물군의 주된 감소와 조류에 의해 그 동물군이 바뀌었다(Surdam and Wolfbauer, 1975).

Green River 암석의 기원에 관한 세번째 모델은 호수 역사가 플라야 호수와 반혼합호 양상을 둘 다 포함하는 혼합된 다원적(polygenetic lake) 모델이다 (Boyer, 1982).[47] 이 모델에서 건조 양상과 증발암을 생성하는 플라야 환경은 오일 세일을 생성한 반혼합호 환경으로 주기적(시간적)으로 또는 횡적(공간적)으로 바뀌었다.

다원적 모델에 부합하는 증거는 위에서 언급한 플라야호와 반혼합호 모델의 증거를 포함한다. 이외에도 이 모델은 다음 주장에 의해 지지된다.

1. Wilkins Peak 층원은 Wilkins Peak 암석이 퇴적되었을 때(최소의 호수 크기) 상당한 양의 담수의 유입을 지시하는 광범위한 하성 쇄설성 퇴적체인 Wasatch 층과 손가락으로 깍지끼우듯이(interdigitated) 교호한다(Sullivan, 1985).

2. 아열대 기후 순환의 증거는 변화하는 기후와 결과적으로 수반되는 담수 유입의 변화를 시사한다(Sullivan, 1985).

3. 저서성 화석이 없는 미세한 엽층리의 퇴적물에 의해 덮인 증발암 층은, 호수물은 염수였고 이와 수반되어 염수 저층수가 층을 형성하였음을 시사한다(Boyer, 1982).

어느 모델이 자료를 가장 잘 설명하고 있는가? 대답은 논란이 되고 있다. 부분적으로 논란을 해결하는데 필요한 것은 특정한 시간에 형성된 같은 시대의 퇴적 양상을 보여주는 Green River 층의 자세한 지도이다. Surdam and Wolfbauer(1975)는 이런 유형의 초기 지도를 제공하였다. 이 자료는 호수의 규모와 암상관계와 관련된 질문을 해결하는 자세한 고지리도를 제공한다. 건열 및 평력암과 각력암을 포함하는 현재 이용 가능한 자료는 건조된 플라야 평지는 일부 지역에 발달했음을 지시한다. 그러나 다른 요인—호수 퇴적물 내의 Mg의 분포, 엽층리가 발달된(생물 교란되지 않은) 층내의 관절로 접합된 척추화석(articulated vertebrate)의 존재, 마그네슘 농도와 조류에 의한 유기탄소의 형성 사이의 연관성, "오일 세일" 엽층리의 연속성과 특징 그리고 고지리—는 "오일 세일"과 적어도 호층을 이루는 염암의 일부는 반혼합호에서 퇴적되었음을 시사한다. 따라서 증거는 반혼합호 환경이 우세했으면서 시간과 공간에 따라 플라야와 반혼합호 환경 둘다 존재했다는 것과 부합된다. 요약해서 이용 가능한 자료는 Green River 층의 기원에 대한 모델은 다기원적 모델을 지지한다.

함철암 및 철광층

철과 산소는 지구에서 가장 많은 원소이며 따라서 철산화물이 많은 암석이 형성되리라는 것을 기대할 수 있다. 지각 내의 많은 철은 그러나 함철암을 형성하기에는 충분하지 않은 규산염 광물을 형성하기 위해 다른 원소와 결합한다. 그러나 어떤 조건하에서는 철산화물, 철규산염광물, 철황하물 또는 이들의 조합은 철성분이 많은 퇴적암인 함철암과 층상 철광층을 형성한다.

함철암과 철광층의 암석기재학적 특징 및 구조

철성분이 많은 퇴적암의 광물 성분은 놀랍게도 다양하다.[48] 이들 암석에서 의심할 여지 없이 가장 흔한 철함유 광물은 자철석과 적철석이며 이들 둘 다 풍부한 석영과 함께 산출된다. 이들 암석 역시 철산화물인 케노마그네타이트(kenomagnetite), 마그헤마이트(maghemite), 침철석(goethite) 그리고 "갈철석(limonite)"; 철탄산염인 능철석(siderite)과 앙케라이트(ankerite); 철황화물인 황철석(pyrite)과 백철석(marcasite); 스틸프노멜레인(stilpnomelane)과 미네소타이트(minnesotite), 챠모사이트(chamosite), 해록석(glauconite) 그리고 그린알라이트(greenalite)(철성분이 많은 녹니석, 운모, 사문석)와 같은 철규산염 광물을 포함한다. 관련된 광물은 장석, 방해석, 돌로마이트, 점토광물, 백운모, 녹니석, 활석, 흑연 그리고 인회석이다. 변질되거나 변성된 곳에서 철감람석(fayalite), 사방휘석(orthopyroxene)과 단사휘석(clinopyroxene), 그룬에라이트(grunerite)-커밍토나이트(cummingtonite), 각섬석(hornblende), 양기석(actinolite), 흑운모 그리고 석류석(garnet)과 같은 추가적인 광물이 산출된다(S. M. Richards, 1966; C. Klein, 1973; Dymek and Klein, 1988).[49]

철성분이 많은 암석의 조직 역시 다양하다. 다른 화학적 침전물과 마찬가지로 이들 암석은 알로켐 그리고 교결물과 기질물을 포함하는 쇄설성 성분을 포함할 수 있다. 알로켐은 어란석, 두석(pisolites), 펠렛, "잔자갈(granules)", 인트라크라스트(intraclasts) 그리고 화석을 포함한다(Dimroth and Chauvel, 1973). 다른 쇄설성 성분은 석영과 장석 입자, 암편 그리고 여러 가지의 다른 광물을 포함하는 다른 퇴적암에서 발견되는 둥글거나 각진 물질들로 구성되어 있다. 교결물은 빗살 조직,[50] 방사상 섬유상 조직(radial fibrous textures) 그리고 포이킬로토픽 조직(poikilotopic textures)에 존재한다. 이들 성분은 전형적으로 미정질 석영, 옥수, 방해석, 능철석, 철규산염 광물 그리고 적철석으로 구성되어 있다. 기질물은 적철석을 포함 할 수 있으나 점토 그리고 방해석 역시 산출된다. 이토 크기의 철광물 교결물과 기질물은 페미크라이트(femicrite)로, 규산 교결물은 기질 쳐트(matrix chert)라고 일컬어진다.[51] 상당히 많은 양의 기질물을 갖은 암석은 표생 쇄설성 조직(epiclastic textures)을 갖으며 일부는 각력 조직을 갖는다. 기질물이 거의 없는 암석이나 쇄설성 물질에서 등립질의 모자이크, 등립질의 봉합 또는 구과상 조직이 존재한다.[52] 함철암의 아주 전형적인 조직과 일부 철광층에서 나타나는 조직은 기질물 또는 교결물 내의 어란석으로 구성된 표생 쇄설성 조직이다(그림 9.18a). 함철암에서 어란석 및 이와 밀접하게 관련된 모래 입자는 적철석 점토 기질물에 의해 경계지어진다. 철광층에서 석영 교결물은 전형적이다.

구조적으로 철광층은 흔히 층상 철광층(banded iron-formation) 또는 BIF로 불리우는 엽층리 내지는 얇은 층으로 되어있다(그림 9.18c). 층상 철광층은 특징적으로 능철석 팩스톤, 능철석 입자암, 재결정된 능철석암, 헤마티타이트(hematitite) 또는 마그네티타이트(magnetitite)의 층이나 엽리와 교호하는 쳐트층과 엽층리로 구성되어 있다(LaBerge, 1964; Gole, 1981; Ewers and Morris, 1981).[53] 철광층에서 산출되는 다른 구조는 스타일로라이트, 단괴, 미화석 그리고 연성퇴적물 습곡이다.[54] 해록석 사암과 실트암을 포함하는 함철암은 국지적으로 사층리와 사엽층리, 연흔 그리고 생흔화석을 포함하는 화석이 포함된 전형적으로 엽층리 내지는 층리가 발달된 암석이다(그림 9.18d).

함철암과 철광층의 기원

함철암과 철광층의 기원은 여러해 동안 논의가 되어 왔다.[55] 이 논의의 주된 이유는 철성분이 많은 대부분의 암석 유형에 대한 현생의 유사체가 알려져 있지 않다는 것이다. 비록 해록석이 많은 암석이 현생 해양 환경에서 형성되는 것이 알려져 있으나(Galliher, 1935; Ehlmann, Hulings, and Glover, 1963), 주된 지질 시대의 기록을 생성하는데 필요한 적철석 퇴적물의 유형과 양이 대부분 알려져지지 않았다. 철성분이 많은 퇴적 작용의 두 가지 현생 유사체가 동남아시아와 카리브해에서 인식되었다 (G. P. Allen, Laurier, and Thouvenin, 1979, p. 92 ff.; Kimberly, 1989), 그리고 일부 철광층은 홍해와 다른 해양 분지의 퇴적물과 화학적으로 유사점을 가졌다(Barrett, Fralick, and Jarris, 1988). 철성분이 많은 암석의 다양성은 이들 유사체가 모든 철성분이 많은 암석의 대표가 될 수 있다는 가능성을 배제한다.

철성분이 많은 암석의 기원을 논함에 있어서 두 가지의 주된 질문이 타당하다. 철의 근원이 무엇이며 퇴적되는 동안 어떤 환경과 작용이 우세하였는가? 철의 근원의 관점에서 한 가지 견해는 철은 화산 활동, 화산암, 화산 온천 또는 해저 온천에서 유래했다는 것이다(Goodwin, 1956; G. A. Gross, 1980; Dymek and Klein, 1988). 일부 BIF에서 REE 패턴과 La, Eu 그리고 Ce 이상은 이 견해를 지지한다.[56] 화산암과 철성분이 많은 퇴적암의 일대일 관련성의 결핍은 화산 기원에 반대되는 주장으로 사용되어져 왔다. 이에 대한 대안으로 철성분이 보통의 대기하의 풍화 작용과 침식으로부터 유래되었다고 제안되었다(H. L. James, 1951; Govett, 1966). 확실히, 열대지역과 아열대 지역의 하천수는 주된 철광상을 형성하는데 필요한 철을 운반하였다 (Gruner, 1922; H. L. James, 1954). 그러나 철은 콜로이드 상태의 수산화제이철(ferric hydroxide)로서 그리고 철을 포함하는 규산염 쇄설성 입자 내의 한 성분으로서 또한 점토 입자에 붙은 산화물 표면 막으로서 운반되고 결합되기 때문에, 이 철은 일반적으로 이용 불가능하고, 따라서 넓은 지역에 퇴적되는 퇴적 단위 내의 많은 철의 근원으로 되기는 어렵다.[57] 철의 기원이 지표 암석의 풍화 작용이라는 생

각에 대한 한 가지 변화는 원래의 층상 철광층이 그들이 초기에 형성된 이후 철이 많아 지게 되었다는 것을 시사하는 supergene enrichment hypothesis에 집약된다(Gair, 1975; R. C. Morris, 1980, 1987). 이 모델에서 지표 암석의 풍화 작용은 지하로 스며드는 속성수에 철을 공급하는데 지하에서는 속성수가 속성 작용이나 열수 작용에 의해 철성분을 증가시키면서 지하의 암석을 변질시킨다.

많은 함철암은 치환의 증거를 보인다. 탄산염 광물로 구성된 것으로 알려진 화석 그리고 적철석에 의해서 부분적으로 치환된 석회질 어란석이 이 작용에 대한 증거이다. Burchard, Butts, and Eckel(1910)과 Alling(1947)은 이런 사실과 알라바마와 뉴욕의 "Clinton" 함철암에서 몇 가지 추가적인 치환 조직을 언급하였다.

치환 조직 역시 철광층에서 인식되어져 왔다. 예를 들면, Lougheed(1983)는 Superior 호 지역의 선캄브리아기 철광층에서 치환된 어란석과 석고의 형태를 닮은 자철석 가상을 포함하는 여러 가지의 치환 조직을 기술했다. 그는 이들 암석이 원래는 조상대, 조간대, 조하대 탄산염 퇴적물이었으나 철광층으로 변질되었다고 주장하였다.

철의 운반과 퇴적은 물을 포함하는 용매의 Eh와 pH에 의해서 조절된다(그림 9.19). 철의 용해는 낮은 pH(산성 환경)에 의해서 촉진되나 적철석의 침전은 높은 pH와 Eh(산화 내지는 약간의 환원-염기성 환경)이 결합된 환경에서 잘 일어난다(Garrels and Christ, 1965, ch. 7). 자철석과 철규산염 광물의 침전은 자철석이 규산으로 포함된 용액에서 불안정하게 보이는 낮은 Eh와 높은 pH(환원-염기성 환경)에서 잘 일어나며 서로 배타적으로 보이는 자철석과 규산이 공존하는 것은 수수께끼이다.

Garrels(1987)은 층상 철광층의 기원에 관한 논의

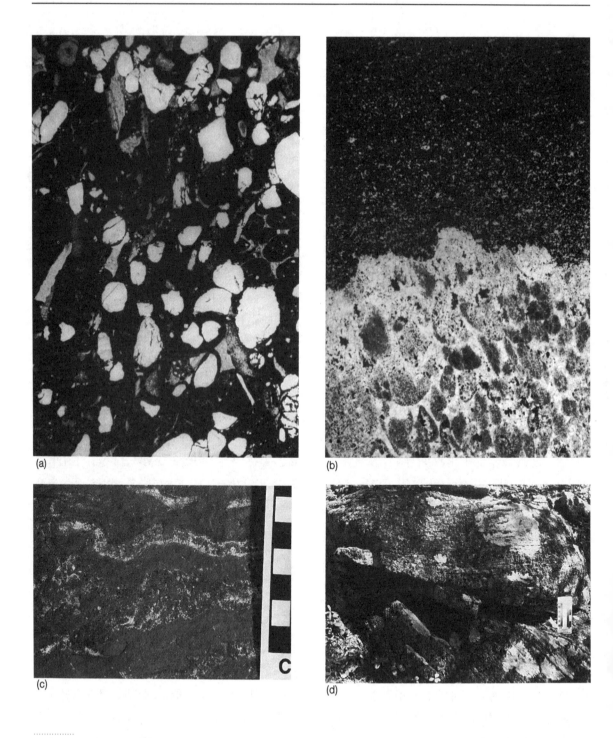

그림 9.18　철광층과 함철암의 조직과 구조. (a) 앨라배마 Birmingham 고속도로 31번에 있는 실루리아기 Red Mountain 층의 어란석 함철암의 현미경 사진(개방 니콜). (b) 층상 철광층의 현미경 사진; 위스콘신 Florence County 선캄브리아기의 Riverton 층(개방 니콜) (c) 위스콘신 Florence County 선캄브리아기의 Riverton 층에서 산출된 층리와 엽층리가 발달된 층상 철광층의 사진. (d) 버지니아 남서부 Saltville 도폭 Laurel Bed Lake 지역 실루리아기 Rose Hill 층의 사층리가 발달한 함철암과 철을 포함한 사암.

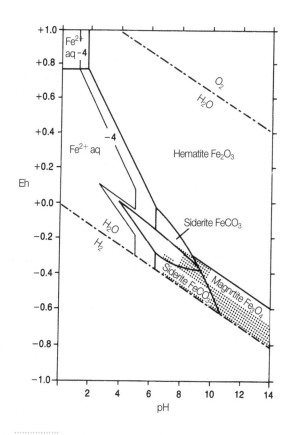

그림 9.19 탄산염이 높게 용해되고 아주 낮은 환원 황이 있는 환경이며 1기압 하에서 철을 포함하는 광물의 안정도를 보여주는 Eh-pH 그림. 아주 낮은 용해된 탄산염과 규산이 높게 용해된 환경 하에서는 철 규산염은 점으로 표시된 지역에서 안정할 수 있다(From R. M. Garrels and C. L. Christ, Solutions, Mineral, and Equilibrium. © 1965 Boston: Jones and Bartlet Publishers. Reprinted by permission).

를 요약했고 다양한 초기 퇴적 환경이 제안되었음을 언급했다. 이들 환경은 플라야 호수(Eugster and Chou, 1973), 조상대에서 조하대(Lougheed, 1983), 대륙붕(Ewers and Morris, 1981), 그리고 해양 분지(H. D. Holland, 1973) 유형이다. Garrels(1987)은 대부분의 견해는 이들 암석이 순환이 제한된 해양 환경에서 형성되었다는 것이다. 그러나 지화학적이고 질량 수지자료의 분석은 그로 하여금 순환이 제한된 분지로 유입되는 하천수로부터 증발암으로서 철 광물과 쳐트층이 제일차적으로 침전되었다는 모델

을 제안하게 하였다.

분명히, 이 문제들은 아직까지 해결되지 않았다. 치환과 변질은 여러 가지 함철암의 현재 상태를 제약하나, 퇴적 환경과 조건은 논란의 여지가 있다. Virginia 남서부의 Rose Hill 층과 같은 일부 함철암층은 제일차적 퇴적물이 조하대, 개방된 해양 퇴적 환경을 분명하게 지시하는 해성 화석, 어란석 그리고 사층리를 포함한다. 이들 퇴적물은 쇄설성이고 적어도 철의 일부분은 원래 퇴적된 물질을 치환하거나 교결시킨다. 현생의 함철암은 조하대 해성 환경과 분지 하도 사이의 환경에서 형성되는 것 같다(G. P. Allen, Laurier, and Thouvenin, 1979, p. 92 ff.; Kimberly, 1989). 이와는 대조적으로 해수 및 열수는 분명히 일부 BIF의 형성에 기여한다(Beukes and Klein, 1990). 오대호 지역의 Biwabik 층과 같은 침전이 관련된 작용은 적어도 부분적으로 해결되지 않고 있다. 분명한 것은 다른 종류의 함철암과 따라서 단일 암석 기원 모델은 이들 모두의 기원을 설명할 수 없다.

인산염암

철광층처럼 인산염암(phosphorites)의 기원에 관해 논쟁이 되고 있다. 인은 암석에서 흔하게 존재한다. 인은 화성암과 변성암의 인회석에서 산출되고 유기적 생물 골격 비정질 인산염 그리고 퇴적물과 퇴적암의 인회석과 다른 광물에서 산출된다. 그러나 대부분의 암석에서 P_2O_5의 농도는 무게비로 1% 이하이다. 그러면 어떻게 P_2O_5의 함량이 20%가 넘는 퇴적암이 형성되는가? 이 질문에 대한 답을 찾기 위해 우리는 우선 인산염암의 특징에 의해 제공되는 광물성분과 조직적 증거를 검사해야 한다.

인산염암의 암석기재학적 특징

인산염암은 알로켐적(allochemical)인 쇄설성 암석, 인산염 셰일, 단괴상 암석 그리고 속성 작용적으로 변질된 쇄설성 암석으로 산출된다.[58] 알로켐의 형태는 해류에 의해 재동된 인산염 물질로 구성되어 있다. 단괴상, 셰일상 그리고 속성 작용적으로 변질된 제일차적 또는 제이차적으로 용액으로부터 침전되는 인산염 광물의 침전으로부터 생긴다. 어란석과 펠렛은 인산염 광물에 의해 치환되는 가장 흔한 대상이며 석회질 화석 역시 치환된다.

대부분의 인산염암의 주된 인산염 광물은 은정질 형태의 인회석인 콜로페인(collopane)과 칼슘 형석인회석 또는 프랑코라이트(francolite) [$Ca_5(P_2O_5)3F$]이다(Heinrich, 1956; Manheim and Gulbrandsen, 1979; Slansky, 1980). 다른 인산염 광물은 덜 흔하며 대부분은 희귀하다. 이들 중에는 칼슘 하이드록실인회석(hydroxyapatite) 또는 달라이트(dahllite) [$Ca_5(P_2O_5)_3(OH)_2$], 메타바리스카이트(meta-variscite) ($AlPO_4 \cdot 2H_2O$) 그리고 와벨라이트(wavellite) [$Al_3(OH)_3(PO_4)_2 \cdot 5H_2O$]이다(D. McConnell, 1950; Heinrich, 1956).[59] 인산염암의 다른 침전물은 방해석, 옥수, 석영을 포함하며 이들은 교결물로서 특히 흔하고 또한 석고, 경석고 그리고 황철석을 포함한다. 석영, 장석, 운모 그리고 점토 광물은 인산염의 흔한 쇄설성 성분이다.

인산염암의 조직은 전형적으로 표생 쇄설성-은정질(epiclastic-cryptocrysalline) 내지는 표생 쇄설성-미정질(epiclastic-microcrystalline)(이토), 표생 쇄설성 모래 크기 조직(팩스톤과 와케스톤 유형), 표생 쇄설성-역암 내지는 각력암 유형; 또는 그들은 인광물이 알로켐이나 화석 또는 두 가지 모두가 치환된 표생쇄설성 어란상의 화석을 함유하거나 또는 펠렛

형태이다.[60] 표생쇄설성 모래크기와 더 큰 조립질의 조직에서 콜로페인이나 다른 인산염 물질은 교결물로서 역할 할 수 있다. 침철석 역시 교결물로서 산출될 수 있다(G. F. Birch, 1980). 점토와 실트는 전형적인 기질물이다. 일부 인산염암에서 관찰되는 조직은 미세 엽충리가 발달된 모자이크와 등립질 모자이크 조직을 포함한다(Cressman and Swanson, 1964).

인산염암의 주된 구조는 단위층, 엽층, 단괴를 포함한다. 층은 수 cm에서 수십 cm의 두께에 달하고 (P. J. Cook, 1984) 흔히 흑색 셰일, 쳐트 또는 탄산염암과 교호된다. 단괴는 전형적으로 작으나, 수십 cm까지 달할 수도 있다. 뼈 그리고 다른 화석은 일부 인산염암의 주된 성분이다.

인산염암의 기원

인산염암의 기원은 해양저에서 인산염 퇴적층이 발견되기 전에는 특히 문제였었다. 다음을 포함하는 여러 가지의 가설이 19세기와 20세기 초에 대두 되었다. (1) 인산염암은 뼈 및 다른 척추 잔류물의 재결정화된 퇴적물이다; (2) 인산염암은 유기 잔류물과 배설물질로부터 유래된 용액 내의 인산염 물질에 의해 치환된 이회암 단괴와 층이다; 그리고 (3) 인산염암은 인을 포함하는 이회암이나 다른 퇴적암의 용해나 변질 후에 남은 잔류 표피층이나 토양이다(G. S. Rogers, 1915). 분명히, 유기적이고 무기적 기원이 고려되었다. 둘 다 국지적으로 중요하다.

인산염암 잔류물은 약간 이해하기 힘들다. 인산염암 생성에 관한 요즈음의 평가는 제일차적 침전 가설, 속성 작용에 의한 치환과 침전 가설 그리고 기계적인 농집 가설이다. 제 일차적 인산염 침전(primary phosphorite precipitation) 모델은 Kazakov (1937, in Cressman and Swanson, 1964)에 의해서

최초로 제안되었다. 그와 그리고 다른 사람들 (McKelvey et al., 1959; Heckel, 1977)은 저위도의 인을 포함하는 심해 해수의 용승(upwelling)이 인산 염암의 무기적(inorganic) 침전을 위한 환경을 제공한다고 제안하였다. 대륙 붕단과 대륙붕이 그런 퇴적물에 적합한 장소이다. 현생의 인산염 퇴적은 현세의 방사성 동위 원소 퇴적물 나이와 퇴적물과 물의 경계면에서 인산염 퇴적물의 산출에 의해 제시되고 있는 것처럼 아프리카와 페루 해안의 바다쪽에서 산출되고 있는 것 같다(Baturin Merkulova and Chalov, 1972; Manheim, Rowe, and Jipa, 1975).[61] 고지자기 자료는 고기의 인산염암이 비슷한 장소에서 형성되었음을 시사한다.[62] 현생의 석호, 하구 그리고 대륙붕 환경에서 인산염의 침전이 무기적인가 또는 유기적인가는 논란의 여지가 있는 듯하며 미생물의 활동이 침전 작용에 어떤 알려지지 않은 역할을 한다는 증거가 늘어가고 있다(P. J. Cook, 1976; Sheldon, 1980, 1987).[63] 침전은 약간 염기성의 환원 환경을 선호한다(Krum-bein and Garrels, 1952; Manhein, Rowe, adn Jipa, 1975).

인산염암의 발달은 여러 단계 작용이다(P. J. Cook, 1976; G. F. Birch, 1980; Sheldon, 1980, 1987). 인산염은 암석의 풍화와 하천에 의해 바다로 운반되는 작용을 통해 해양에 유입된다. 추가적인 인은 화산 근원으로부터 제공된다. 표층의 해수에 있는 부유생물은 인을 섭취하고 분립 물질로서 깊은 곳의 해수와 해양저에 일부 인을 공급하며, 죽으면 바닥에 떨어져서 인을 심해 깊은 곳에 공급한다. 용해된 인은 심층수가 해류로서 이동하여 적도지역의 표면과 해안을 따라 흘러 올라오는 일종의 수직적인 순환 작용인 용승(upwelling)을 통해 표면으로 다시 이동한다. 용승하는 물은 영양 염류가 많고 플랑크톤이 번창할 수 있는 기회를 제공하여, 인을 집적시켜서 많은 양을 생화학적 침전물로서 천해의 해저면으로 이동시킨다. 일부의 경우에는 인이 직접적으로 하천에서 천해지역으로 운반될 수도 있다(Glenn and Arthur, 1990).

대륙붕 해저면의 많은 유기적 인산염 물질은 표면 퇴적물의 수 cm 깊이까지 스며들어 인이 포함된 물을 형성한다(Glenn and Arthur, 1988). 이 공극수는 교결물과 인산염 어란석 입자로서 콜로페인의 침전을 촉진시키고 어란석 입자, 펠렛, 화석을 포함하는 탄산염 물질의 속성치환 작용을 증진시킨다. 궁극적인 산물은 층리가 발달하거나 단괴상의 인산염암이다.

해류와 파도에 의한 인산염 퇴적물의 재동은 제 2세대의 재동된 기계적으로 집적된 인산염암을 생성한다(Soudry, 1987; Glenn and Arthur, 1990). 렌즈형태의 인산염 모래, 이토 그리고 역암은 운반 주체가 대륙붕을 따라 이전에 형성된 인산염 퇴적물을 집적시키는 지역에 발달할 수 있다.

요약

비탄산염암의 침전암에는 쳐트, 염암, 함철암과 철광층 그리고 인산염암이 있다. 생화학적이고 무기적 침전은 둘다 쳐트와 인산염암의 형성에 기여한다. 이와는 대조적으로 염암과 철함유 퇴적물은 일반적으로 무기적 침전물이다. 이들 침전물의 재동은 유사한 성분의 표생 쇄설성암을 생성한다.

주로 단백석 A, 단백석 CT 또는 여러 형태의 석영으로 구성된 쳐트는 층이나 엽층리가 발달되었거나 단괴상이고 길죽한 헨즈 형태이다. 시간이 지남에 따라 단백석 A는 단백석 CT로 전환되고 그 다음에는 석영으로 전환된다. 단괴상 쳐트는 전형적으로 탄산염암의 치환에 의해 형성된다. 층이 발달한 형태는 무기적 침전, 생화학적 침전과 퇴적, 속성 작용에 의한 층의 분리 그리고 생쇄설물의 재동을 포함하는 다양한 기원을 갖는다. 리본 쳐트는 몇 가지 이들 작용을 통해 형성된다.

증발암과 살리나이트를 포함하는 염암은 염수 용액으로부터 결정화의 결과 제 일차적으로 형성된다. 광물 성분적으로 이들 암석은 탄산염, 중탄산염, 녹니석, 황산염 그리고 붕산염을 포함하는 일련의 흔하지 않은 광물을 포함한다. 증발암은 사막 분지의 플라야, 고온의 연안지역의 사브카 그리고 극도로 순환이 제한된 곳이거나 건조 해안을 따라 고립된 해양 분지(해양 살리나)와 같은 건조 지역에서 형성된다. 살리나이트는 북극이나 알프스 호수의 염수, 반혼합층(층이 발달한) 호수의 심수층, 또는 해양 분지의 염수로부터 결정화된다. 고$MgSO_4$ 증발암 침전물은 해양염수로부터 침전되는 것 같다. 저

$MgSO_4$ 증발암은 $CaCl_2$ 함유 용액과 호수나 분지 물의 혼합에 의해 형성된 유체로부터 생긴다.

함철암과 철광층은 자철석, 적철석 또는 다른 철 함유 광물이 많은 암석이다. 철층은 쳐트와 층상구조를 갖기 때문에 구분된다. 함철암은 흔히 어란상이며 적철석이 속성 작용으로 어란석 여울 퇴적물을 치환하거나 교결시키는 곳에서 형성될 수 있다. 철광층의 기원은 더욱 문제가 많으나 미량 원소 자료는 해수와 열수의 혼합은 철성분이 많은 퇴적물이 퇴적된 용액을 형성한다는 것을 시사한다.

인산염암은 천해 환경에서 생화학적이고 무기적 침전을 통해 발달한다. 용승 해수는 해양의 깊은 수심으로부터 대륙붕이나 연안 석호로 인을 운반시킨다. 많은 인산염암에서 인산염의 높은 함량은 대륙붕이나 석호 퇴적물의 최상부층에서 교결 작용과 치환 작용을 통해 인이 속성 작용적으로 집중되어 형성된다. 대안적으로, 일부 인산염암은 파도나 해류에 의해 쇄설성 인산염이 물리적으로 집적된 증거를 보인다.

주석 ●●

1. Eh와 Ph의 정의를 위해 Krauskopf(1967, P.34 for pH, P.243 for Eh)를 보라. 또한 Garrels and Christ(1965) 그리고 Krumbein and Garrels(1952)을 보라.

2. 살리나이트(salinite)는 여기서 증발암과 대조적으로 비증발 염수 암석을 언급하기 위해 제안되었다. 살리나이트와 증발암은 Shrock(1948)에 의해 정의된 것처럼 둘 다 염암(salinastones)인데, 불특정 기원의 염광물로 구성된 암석이다.

3. 이런 특별한 산출 암석에 대한 더 많은 정보는

Bellamy(1900), Gale(1915), Hicks(1916), Eardley(1938), G. I. Smith(1962), G. Evans et al.(1964), G. I. Smith and Haines(1964), Holser(1966), Kirkland, Bradbury, and Dean(1966), J. R. Butler(1969), C. Kendall and Skipwith(1969), Kinsman(1969), Pettijohn(1975, ch.11), G. I. Smith(1979), G. I. Smith et al.(1983), J. K. Warren and Kendall(1985)과 그곳에 인용된 참고 문헌에서 이용 가능하다. 다른 증발암 층서와 환경은 다음 연구에서 기술 되어 있다: 텍사

스와 뉴멕시코 페름기 Permian Castile and Salado 층 — R. H. King(1942, 1947), J. E. Adams(1944), R. Y. Anderson et al.(1972), W. E. Dean(1975), Presley(1987), Lowenstein(1988); 북해 분지의 페름기 Zechstein 층 — Brunstrom and Walmsley(1969); 알버타, 사스카치완, 그리고 북다코다의 고생대 중기 층-Andrichuck (1965), J. G. C. M. Fuller and Porter(1969); 호주의 MacLeod 증발암 분지 — Klinspor(1969), J. A. Peterson and Hite(1969), Bosellini and Hardie(1973), G.R.Davies and Nassichuk(1975), Cita et al.(1985a, b), Corselli and Aghib(1987), Hovorka(1987), Logan(1987); 중국 서부 — Presley(1987), Lowenstein(1988), Lowenstein, Spencer, and Pengxi, (1989); Southgate et al.(1989), 그리고 Lowenstein and Spencer(1990).

4. 오대호 지역의 철광층은 Leith(1903), Leith et al.(1935), H. L. James(1951), Goodwin(1956), LaBerge(1964), Lepp(1966), G.B.Morey et al.(1972), Bayley and James(1973), E.C.Perry, Tan, and Morey(1973), Lougheed(1983), 그리고 Gair(1975)를 포함한 많은 연구자들에 의해 기술되었다. Labrador Trough의 비슷한 암석은 Dimroth and Chauvel(1973)에 의해 기술되었다.

5. Appalachians 산맥의 함철암은 Alling(1947), B. N. Cooper(1961), Simpson(1965), R. E. Hunter(1970), 그리고 Thomas and Bearce(1986)에 의해 기술되었다.

6. 언급된 산출의 선택된 문헌들은 다음을 포함한다: Franciscan 쳐트 — E. F. Davis(1918a), Taliaferro(1943), E. H. Bailey, Irwin, and Jones(1964), R. W. Murray et al. (1990, 1991); Arkansas 노바큐라이트(novaculite)-W. D. Keller, Stone, and Hoersh(1985), J. Zimmerman and Ford(1988); Gunflint and Biwabik 쳐트 — Leith(1903), Goodwin(1956), W.J.Perry et al.(1973), Floran and Papike(1975), J.D.Miller, Morey, and Weiblen(1987); Monterey 층 — Bramlette(1946), Garrison and Douglas(1981), L. A. Williams and Graham(1982); Fort Payne 쳐트 — Hurst(1953), Cramer(1986), Hasson(1986); Caballeros 노바큐라이트(Novaculite) — McBride and Thompson(1970), E. F. McBride(1988).

7. 해양저 규질 퇴적물의 분포를 위해서 W. H. Berger(1974), T. A. Davies and Gorsline(1976), and Leinen et al.(1986)을 보라.

8. 선캄브리아기 철광층의 논의를 위해 Trendall and Morris(1983), Garrels(1987), R. C. Morris(1987), Dym다 and Klein(1988), Beukes and Klein(1990)과 이 장의 후반부의 토의 부분을 보라.

9. Calvert(1971), Jones and Segnit(1971), R. Greenwood(1973), Kastner et al.(1977), Kastner(1979), Hesse(1988), Maliva and Siever(1988).

10. 옥수는 광학적으로 length-fast 형태와 length-slow 형태의 두 가지로 산출되며, 흔히 쿼친(quartzin)으로 언급된다. 쿼친의 산출은 처음에는 증발 기원의 쳐트에 대한 지시자로 간주되었으나(Folk and Pittman, 1971), 지금은 다른 곳에서 산출되는 것으로 알려졌다(Keene, 1983).

11. 예를 들면 H. Williams et al.(1954,1982), Heinrich(1956), Dietrich, Hobbs, and Lowry(1963), Calvert(1971), Siedlecka(1972), Chowns and Elkins(1974), Floran and Papike(1975), McBride and Folk(1977), Steinitz(1977); Folk and McBride(1978), Crerar

et al.(1982), Jenkyns and winterer(1982), M.Earle(1983), Huebner et al.(1986a), J.R.Hein, Koski, and Yeh(1987), 그리고 Pollock(1987).

12. 규산의 거동 및 용해도에 대한 추가적인 정보는 Siever(1957), Davis(1964), G. W. Morey, Fournier, and Rowe(1964), Aston(1983), L. A. Williams, Parks, and Crerar(1985), Maliva and Siever(1988), Isshiki, Sohrin, and Nakayama (1991)과 Hesse(1988)의 검토에서 찾을 수 있다.

13. 또한 Ernst and Calvert(1969), Lancelot(1973), Folk and McBride(1978), Kastner(1979), Reich and von Rad(1979), L. A. Williams and Crerar(1985), Maliva and Siever(1988)과 Hesse(1988)의 검토에서 찾을 수 있다.

14. 또한 Eugster(1967), McKee(1969), and Surdam, Eugster, 그리고 Mariner(1972)를 보라.

15. Hesse(1988) 그리고 L. A. Williams and Crerar(1985)는 검토를 제공하였다.

16. 중앙 해령에서의 열수 작용은 Wolery and Sleep(1976), Corliss et al.(1979), 그리고 Rona et al.(1983)에 기술 되어 있다. 일부 처트와 처트질 Mn 광상에 대한 열수 기원이나 성분을 지지하는 화학적 증거는 Cerar et al.(1982), Chyi et al.(1984), and K.Yamamoto(1987)에 의해 제공되었다. Chyi et al.(1984)는 일부 규산은 초기에는 생물 기원이고 일부는 쇄설성임을 제안하였다.

17. 이 모델과 부합하는 동위원소 자료를 위해 Weis and Wasserburg(1987)를 보라.

18. Magadi 유형 처트는 케냐의 Magadi 호수에서 명명되었는데, 이 처트의 전신인 마가다이트가 Eugster(1967)에 의해 인식되었다. 또한 B. F. Jones, Rettig, and Eugster(1967), Eugster and Surdam(1971), O'Neil and Hay(1973),

Muraishi(1989), 그리고 Schubel and Simonsen (1990)을 보라.

19. 이 문제들은 Jenkyns and Winterer(1982), D. L. Jones and Murchey(1986), 그리고 J. R. Hein and Parrish(1987)에 의해 검토되었다. 또한 Karl(1984), Iijima, Matsumoto, and Tada(1985), 그리고 Iijima and Utada(1983)를 포함하는 Iijima, Matsumoto, and Utada(1983)에 있는 여러 논문들은 보라.

20. Chipping(1971), Raymond(1974a), Garrison et al.(1975), Folk and McBride(1978), Crerar et al.(1982), Sugisaki, Yamamoto, and Adachi(1982), M. Earle(1983), Chyi et al.(1984), Karl(1984), Iijima, Matsumoto, and Tada(1985), Bustillo and Ruiz-Ortiz(1987), Hein and Koski(1987), Hein, Koski, and Yeh(1987), R. W. Murray et al.(1990), Sedlock and Isozaki(1990), T. Matsuda and Isozaki(1991).

21. 이 검토는 주로 E. F. Davis(1918), Taliaferro(1943), E. H. Bailey, Irwin, and Jones(1964), Raymond(1973a, 1974), Karl(1984), Murchey (1984), D. L. Jones and Murchey(1986), Huebner and Flohr(1990), R. W. Murray et al.(1990)의 연구와 저자의 미출판된 관찰에 근거하였다.

22. A. C. Lawson(1895, pp.423-426) 그리고 Soliman(1965)은 이 견해에 동조하였다.

23. Fairbanks(1895, p.82), Calvert(1971), Garrison (1974), Raymond(1974a), Garrison et al.(1975), McBride and Folk(1979), Murchey(1984), 그리고 관련된 토의를 보라.

24. 예를 들면 M. N. A. Peterson et al.(1970), Pimm, Garrison, and Boyce(1971), Winterer

and Riedel(1971), Winterer et al.(1971), Heath(1973), Lancelot(1973), Garrison et al.(1975), Riech and von Rad(1979), 그리고 Tucholke et al.(1979)를 보라.

25. 점이층리의 논의를 위해 Murchey(1984)를 보라.

26. Chipping(1971), Murchey(1984), Hein, Koski, and Yeh(1987), Raymond (미출판 자료).

27. 이 주장은 Murchey(1984)에 의해 반박되었는데, 그는 Franciscan Complex의 쳐트에 대응되는 쳐트 층은 해양에서 발달된 것이라고 주장하였다(Tucholke et al., 1979).

28. Logan(1987, p.28 & 31)은 쇄설성 석고와 암염을 논의하였다.

29. 증발층서의 구조의 추가적인 기재를 위해 Dellwig and Evans(1969), J. G. C. M.Fuller and Porter(1969), Comite des Techniciens(1980), Collinson and Thompson(1982, Ch.8), Shinn(1983), A. C. Kendall(1984), Logan(1987, p.78ff.), 그리고 Lowenstein(1988)을 보라.

30. 창자처럼 휘어진 층은 불규칙하게 습곡되고, 창자와 같은 형태의 층이며, 치환으로 기인된 층리의 속성 팽창을 통해 생성된다.

31. 티피(tepees)는 단면적으로보아 아메리칸 원주민의 티피와 같은(수 cm의 넓이와 높이에서부터 1m x 1m x m 또는 그 이상의 규모를 갖는) 중간 규모(mesoscopic scale)의 변형된 퇴적층이다. 이 층은 두 개의 서로 마주보는 퇴적층이 티피와 같이 위의 한점으로 모여져서 생기는 것과 같이 열극을 향한 층의 압축에 의해 생긴다. 기재와 예를 위해 J. E. Adams and Frenzel(1950), D. B. Smith(1974), Assereto and Kendall(1977), P. L. H. Worley(1979), and C. Kendall and Warren(1987)을 보라.

32. Braithwaite and Whitton(1987)을 보라.

33. Craig et al.(1974), A. C. Kendall(1984), Sonnenfeld and Perthuisot(1989)

34. Woolnough(1937), Scruton(1953), Schmalz(1969), Logan(1987) and Sonnenfeld(1989)

35. 이 검토는 Kaufmann and Slawson(1950), Dellwig(1955), Alling and Briggs(1961), Dellwig and Evans(1969), Mesolella et al.(1974, 1975), Budros and Biggs(1977), D. Gill(1975, 1977), Huh, Briggs, and Gill(1977), Nurmi and Friedman(1977), 그리고 Cercone(1988)에 근거하였다.

36. Salina 층군에서 경석고의 많은 산출에도 불구하고 Hardie(1990)는 암석의 열수 염수기원을 제안하였다. 이 해석을 지지하는 증거는 현생 해수와는 화학 성분적으로 현저하게 다른 암염 내의 포유물 유체 성분이다. 분지의 중심에서 암염과 함께 존재하는 칼리암염은 증거로서 인용된다.

37. Cercone(1988)에 의해 지적된 것처럼, 일부 연구자들은 Michigan 분지의 염암은 층진 물(예, Sloss, 1969에 의해 기술된)에서 형성된 살리나이트이지 Michigan 분지 바다가 증발에 의해 수위가 내려가서(Droste and Shaver, 1977을 보라)된 증발암이 아니라고 제안하였다. 그러나 주기적인 대기하의 노출과 아주 낮은 수심의 퇴적은 반드시 있었던 것 같다.

38. 이 요약을 위한 배경과 정보을 제공하는 논문은 D. E. Winchester(1923), W. H. Bradley(1931, 1948, 1963, 1964, 1970, 1973, 1974), Picard(1955, 1985), Milton and Eugster(1959), Culbertson(1966), Cashion(1967), Bradley and Eugster(1969), Hosterman and Dyni(1972),

Picard and High(1972b), Roehler(1972, 1974, 1990), Brobst and tucker(1973), Eugster and Surdam(1973, 1974), Cashion and Donnell(1974), Desborough and Pitman(1974), D. C. Duncan et al.(1974), Dyni(1974, 1976, 1987), D. B. Smith(1974), Wolfbauer and Surdam(1974), Eugster and Hardie(1975), Lundell and Surdam(1975), Surdam and Wolfbauer(1975), Buchheim and Surdam(1977), Mauger(1977), R. D. Cole and Picard(1978), Desborough(1978), Smoot(1978), K. O. Stanleyand Surdam(1978), Surdam and Stanley(1979, 1980a, b), Kornegay and Surdam(1980), Moncure and Surdam(1980), Dyni and Hawkins(1981), B. W. Boyer(1982), Sullivan(1985), R. C. Johnson(1981, 1984), R. C. Johnson and Nuccio(1984), R. D. Cole(1985), Dyni, Milton, and Cashiion(1985), Baer(1987), 그리고 MacLachlan(1987)를 포함한다. 층서적 명칭의 개정을 위한 제안을 위해 Roehler(1991)를 보라.

39. 예를 들면 W. H. Bradley(1926, 1963, 1964), Roehler(1972, 1974), Picard and High(1972), 그리고 Surdam and Stanley(1980a)를 보라.

40. W. H. Bradley(1926, 1948, 1964, 1973), Cashion(1967), W. H. Bradley and Eugster(1969), Picard and High(1972), Eugster and surdam(1973), Roehler(1974), D. B. Smith(1974), Desborough and Pitman(1974), D. C. Duncan et al.(1974), Lundell and Surdam(1975), Eugster and Hardie(1975), Buchheim and Surdam(1977), Desborough(1978), Surdam and Stanley(1980a), B. W. Boyer(1982), Picard(1985), and Dyni(1987).

41. 예를 들면 W. H. Bradley(1964), W. H. Bradley and Eugster(1969), Eugster and Surdam(1973), Roehler(1974), Eugster and Hardie(1975), Surdam and Wolfbauer(1975), Surdam and Stanley(1979), Surdam and Stanley(1980a), R. D. Cole(1985), 그리고 Picard(1985)를 보라.

42. W. H. Bradley(1948, 1964), Picard(1955, 1985), Culbertson(1966), Cashion(1967), W. H. Bradley and Eugster(1969), Picard and High(1972), Bobst and tucker(1973), Dyni(1974), Roehler(1974), Eugster and Hardie(1975), 그리고 Lundell and Surdam(1975).

43. 또한 Culbertson(1966), Roehler(1972), Hosterman and Dyni(1972), Brobst and Tucker(1973), Desborough and Pitman(1974), Dyni(1974, 1976), Wolfbauer and Surdam (1974), Milton (1977), R. D. Cole and Picard (1978)를 보라.

44. W. H. Bradley(1964), Picard and High(1972), Brobst and Tucker(1973), Surdam and Wolfbauer(1975), Dyni(1976), Surdam and Stanley(1979), 그리고 R. D. Cole(1985).

45. 이 모델은 D. B. Smith(1974), Desborough(1978), Dyni and Hawkins(1981), R. C. Johnson(1981), and R. D. Cole(1985)에 의해 지지되었다. 원래 이 모델을 제창했던 Bradley and Eugster는 플라야 호수 모델로 돌아섰다. Picard(1985)는 반혼합호와 플라야 호수 모델사이의 논란에 대한 요약을 제공하였다.

46. 플라야 호수 모델은 또한 Wolfbauer and Surdam(1974), Lundell and surdam(1975), Surdam and Wolfbauer(1975), 그리고 Eugster and Hardie(1975)에서 제창되었다.

47. B. W. Boyer(1982) 그리고 Sullivan(1985)의 자

료와 주장은 그와 같은 모델을 지지한다. Picard(1985)는 비록 반혼합호 모델을 지지하지만, 반혼합호와 플라야 호수 측면 두 가지를 갖는 호수 역사와 일치하는 관찰을 요약하였다.

48. H. L. James(1951, 1954, 1966), Heinrich(1956), G. B. Morey et al.(1972), Floran and Papike(1975), Gair(1975), A. E. Adams, MacKenzie, and Guilford(1984), 그리고 E. M. Morris(1987)을 보라.

49. 변성광물학은 Lepp(1972), G. B. Morey et al.(1972) B. M. French(1973), Floran and Papike(1975, 1978) 그리고 Gole(1981)에 의해 논의 되었다.

50. Dimroth and Chauvel(1973)는 이것을 "주상 충격 조직(columnar impingement texture)"으로 언급하였다.

51. Dimroth(1968), Dimroth and Chauvel(1973).

52. 여러 조직의 기재와 예시를 위해 Alling(1947), H. L James(1951, 1954), Dimroth and Chauvel (1973), R. W. Bayley and James(1973), Lougheed(1983), Dym다 and Klein(1988), C. Klein and Beukes(1989), 그리고 Buekes and Klein(1990)을 보라.

53. 또한 H. L. James(1954), Alexandrov(1973), R. W. Bayley and James(1973), Trendall(1973a, b), Gair(1975), 그리고 Lougheed(1983)을 보라. 여기서 사용된 능철석암, 자철석암, 그리고 적철석암은 다음과 같이 정의된다. 능철석암(sider-itestone)은 주성분이 능철석인 퇴적암이다. 이 용어는 석회암과 돌로스톤과 대응된다. 능철석암의 특정한 유형은 능철석 이암, 능철석 와케스톤, 능철석 팩스톤, 그리고 능철석 입자암이다. 적철석암(hematitie)은 적철석이 주된 광

물(가장 많게는 >33% 또는 >50%)인 암석이다. 자철석암(magnetitite)은 자철석이 주된 광물(가장 많게는 >33% 또는 >50%)인 암석이다. 능철석암, 자철석암, 그리고 적철석암은 만일 그들이 규산 교결물이나 쳐트 엽층리를 포함하면 철층을 형성한다.

54. Goodwin(1956), LaBege(1967), Eugster and Chou(1973), Beukes and Klein(1990).

55. 이 주제는 여기서는 간략히 다루어 졌다. 추가적인 토의를 위해서는 Pettijohn(1975, p.420ff.), Trendall and Morris(1983), Boggs(1987, p.94ff.), Garrels(1987), 그리고 E. M. Morris(1987)을 보라 (이 요약이 근거한 주된 연구), 그곳에 있는 참고 문헌, 그리고 Barrett et al.(1988), Dymek and Klein(1988), 그리고 Beukes and Klein (1990)과 같은 비교적 최근의 참고 문헌을 보라.

56. 예를 들면 Barrett, Fralick and Jarvis(1988), Dym다 and Klein(1988), 그리고 Beukes and Klein(1990)을 보라.

57. 이 주제에 대해 H. L James(1966) and G. P. Allen, Laurier, and Thouvenin(1979, p.97)의 견해를 대조하라.

58. 예를 들면 Heinrich(1956, p.147), McKelvey et al.(1956, 1959), Cressman and Swanson(1964), Pettijohn(1975, p.427ff.), Heckel(1977), 그리고 Riggs(1979a, b)를 보라. R. P. Sheldon(1987)은 인삼염암의 산출에 대한 문헌 목록을 제공하였다.

59. 이들과 다른 인산염 광물이 D. McConnell(1950), Heinrich(1956), Manheim and Gulbrandsen (1979), Slansky(1980), 그리고 Nriagu(1984)에서 목록으로 제시되고, 기재되었거나 또는 논의되었다.

60. McKelvey et al.(1959), Cressman and

Swanson(1964), R. J. Parker and Sisser(1972)
G. F. Birch(1980), Slansky(1980), Adams, MacKenzie, and Guilford(1984), Soudry(1987).

61. 또한 Burnett and Veeh(1977), A.O.Fuller(1979), G. F. Birch(1980), Burnett, Veeh, and Soutar(1980), Baturin, Merkulova, and

Chalov(1972), Burnett et al.(1988), 그리고 P. N. Froelich et al.(1988)을 보라.

62. P. J. Cook and McElhinney(1979)

63. G. F. Birch(1980), Porter and Robbins(1981), Soudry(1987), P. N. Froelich et al.(1988), V. P. Rao and Nair(1988).

연습 문제 ••

9.1 (a) 도토질암(porcellanite)(sample 5, 표 9.1)의 화학 성분을 휘발성 성분이 없는 조건에서 다시 계산하라(전체 합계가 100%라고 가정하고 전체합계에서 LOI를 빼고 전체 합계의 분율로서 각각의 백분율을 다시 계산하라). (b) 위의 분석을 분석 2 및 분석 3과 비교하라. 어떻게 다른가? 어떤 광물학적 요인이 주된 화학적 차이를 설명할수 있는가? 표품 5가 취해진 몬테레이(Monterey) 층은 대륙 주변부 단위인데 비해 프란시스칸(Franciscan) 처트는 해양 분지 해저면에 퇴적된 것을 고려한다면, 이 광물학적 차이를 위해 가능한 설명은 무엇인가?

9.2 증발 시스템을 생각하라. (a) 만일 석고의 밀도가 2.32라면 10cm 두께로 5km^{2}를 덮고 있는 석고 증발암층의 질량은 얼마인가? (b) 만일이 석고가 염수 m^3 당 석고 1.7kg을 침전시킬 수 있는 해양 염수의 증발에 의해 형성되었다면, 석고 층을 생성한 원래의 염수량(V_o)은 얼마인가? (c) 증발시스템의 부피감소비(V_{er})는 $V_{er} = (V_o - V_e)/V_o$ 로 주어지며, 여기서 V_o 는 원래 유체 부피, V_e는 증발에 의한 부피 감소이다(Logan, 1987). 만일 석고 침전을 위한 평균 V_{er}이 0.15라면 석고 층을 생성하기 위해 얼마 만큼의 염수가 증발해야 하나?

용어 설명

가상의(pseudomorphic) 새로운 광물이 치환된 광물의 외부 결정 형태를 따르는 광물의 치환을 지칭하는데 사용되는 기재적 용어.

가수 분해(hydrolysis) 용액에서 잉여의 H^+ 또는 OH^-가 생겨지는 화학적 풍화 과정.

가짜 기질(pseudomatrix) 사암에서 원래의 쇄설성 물질과 비슷하나, 변형되었거나 재결정된 암편에서 유래된 세립질의 입자사이의 물질. 위기질.

각력(rubble) 조립의 입자(〉2mm)가 많은 각력질 퇴적물.

각력암(breccia) 사질 또는 역질의 기질과 직경이 2mm 이상의 각이 진 쇄설물로 구성된 퇴적암.

거력질(bouldery) 직경 256mm 이상의 쇄설물이 암석의 25% 미만을 차지하는 퇴적암에 적용되는 용어.

건열(dessication crack) 건조의 결과 퇴적물에 형성된 갈라진 틈.

건열(mudcracks) 건조함으로 인해 이질 퇴적물에 생긴 균열. 건열은 전형적으로 퇴적면 위에서 다각형을 형성한다. 만일 균열된 퇴적물과 다른 퇴적물로 채워져 있으면 건열은 퇴적암에 보존될 수 있고 지층의 상부를 지시할 수 있다.

결핵체(concretion) 흔히 다른 성분을 갖는 화석이나 입자로 이루어진 핵 물질 주위에 교결물의 침전으로 형성된 원형 내지 불규칙한 형태의 풍화에 더 강한 암석으로 이루어진 퇴적 구조.

경석고 증발암(anhydrite evaporite) 염수로부터 증발이나 결정 작용에 의해 형성된 경석고가 풍부한 암석으로, 비현정질 내지 현정질이며 연하고 흔히 충상이다.

경질 기반(hardground) 해저에서 무퇴적 기간 동안에 형성된 수 cm 두께의 견고하고 암석화된 퇴적층.

공과 베개 구조(ball and pillow structure) 구형과 반구형 내지 타원형의 변형된 퇴적물로 구성된 일차적 퇴적 구조.

공극률(porosity) 암석의 입자 사이에 있는 빈 공간의 양.

교결 작용(cementation) 화학적 침전물이 퇴적물이나 퇴적암의 공극에 새로운 결정 형태를 이루며 입자들을 서로 들러붙게 하는 과정.

교결물(cement) 퇴적암에서 골격을 이루는 입자 사이의 공간을 채운 화학적으로 침전된 물질.

구조(structure) 암석에서 입자, 공간, 열극 또는 다른 성질을 갖는 물체의 물리적 배열에 의해 생성된 입자보다 큰, 육안으로 볼 수 있는 양상.

굴착 구조(burrow) 퇴적암에서 관찰되는 생물에 의하여 파인 구멍이 채워진 것을 나타내는 구조로서 불규칙하거나 원통 모양 또는 관 모양을 이룬다.

규산염 파편(silicate fragment) 기존의 규산염 광물이나 암석의 자갈, 모래, 실트 그리고 점토 크기의 파편을 포함하는 쇄설성 또는 육성 기원 입자나 파편.

규조 쳐트(diatomaceous chert) 교결 작용이 양호한 규조암.

규조암(diatomite) 규조(단세포의 식물)로 이루어진 비현정질의 담색의 연한 규질 암석. 교결 작용이 양호할 경우 규조암은 규조 쳐트라고 불린다.

규질 쇄설성 암석(siliciclastic rock) 규산염 광물과 암석 그리고 관련된 입자로 구성된 암석을 위한 일반 용어.

규질 신터(siliceous sinter) 온천이나 간헐천 지역의 지하수 또는 지표수에 의해서 퇴적된 비현정질 내지 세립질의, 전형적으로 층리가 발달하고 다양한 색을 나타내는, 단단하고 공극이 많은 규질 암석.

그레이와케(graywacke) 운모, 녹니석 또는 점토로 이루어진 기질이 암석의 10 또는 15% 이상을 차지하는 사암을 나타내는 잘 사용하지 않는 용어.

근원지(provenance) 퇴적물이 유래된 근원 지역.

근지 환경(proximal environment) 퇴적물 근원지 부근의 퇴적 환경.

근지의(proximal) 퇴적물의 근원이나 다른 기준이 되는 지점 부근을 지칭하는 기재적인 용어.

기계적 운반(mechanical transportation) 부유, 미끄러짐, 퉁김, 구름, 끌림 또는 다른 관련된 작용을 통해 고체 물질이 물리적으로 이동하는 작용.

기질 내 암괴 구조(block in matrix structure) 일반적으로 다른 암석으로 된 세립질 물질에 의하여 둘러싸인 한 가지 이상의 커다란 암괴로 구성된 조립질 쇄설성 퇴적암과 일부 화성암 및 변성암에서 나타나는 구조.

기질 지지(matrix-supported) 기질에 쇄설성 입자를 포함하나 이들이 기질에 의해 분리되고 일반적으로 서로 접촉하지 않는 퇴적물과 퇴적암을 특징짓기 위해 사용되는 기재적인 용어.

기질(matrix) 암석의 조립질 입자 사이에 있는 세립질 물질로서 퇴적암에서 기질은 쇄설성 물질이다. 기질은 흔히 실트 크기의 석영 입자와 다른 광물을 포함하는 점토로 구성되어 있다.

내생 쇄설물(intraclast) 석회암에 포함된 모래 내지 자갈 크기의 준동시성 퇴적물이나 퇴적암 파편.

네펠로이드 층(nepheloid layer) 해저 환경에서 이토가 부유된 혼탁한 저층수 층.

뉴우튼 유체(Newtonian fluid) 강도가 없으며 전단 속도가 증가함에 따라 점성이 변하지 않는 유체.

다이어믹타이트(diamictite) 세립질 기질 내에 직경 2mm 이상의 입자가 25% 이상을 차지하는 퇴적암. 다이어믹타이트는 주로 이토로 이루어진 기질 내에 원마상 입자, 각상 입자 또는 둘 모두를 갖는다.

다져짐 작용(compaction) 일반적으로 위에 놓인 물질의 짐에 의하여 퇴적물 또는 퇴적암이 눌려짐으로써 암체의 부피가 감소되는 과정.

단괴, 퇴적(nodule, sedimentary) 볼록한 표면으로 된, 소규모의 원형 내지는 불규칙한 결핵체.

단백석 A(opal-A) 생화학적 침전물인 비정질 단백석 규산.

단백석 CT(opal-CT) 규산이 준안정 상태로 결정화되어 크리스토발라이트와 트리디마이트가 호층을 이룬 형태.

단위층(bed) 색깔, 조직 및 성분의 차이에 의하여 인접하는 층과 구분되는 퇴적물 또는 퇴적암의 층으로 퇴적암의 가장 특징적인 구조.

대륙대(continental rise) 심해 평원과 더욱 경사진 대륙 사면 사이에 나타나는 해저의 완만한 경사 지역.

대륙붕(shelf) 정상 파도 기저면 아래의 약 124m 수심에 위치한, 대륙 붕단 위의 해저면의 일부.

대지 주변부 퇴적물(peri-platform sediments) 탄산염 사면과 분지 주변부 퇴적물.

돌로마이트화 작용(dolomitization) 암석이 돌로스톤으로 바뀌는 과정으로 치환 작용의 하나이다.

돌로스톤(dolostone) 주로 돌로마이트로 이루어진 비현정질 내지 현정질의 모든 암석을 나타내는 일반적인 용어.

돌로스파라이트(dolosparite) 1/16mm 이상의 돌로마이트 입자로 구성된 암석.

돌로와케스톤(dolowackestone) 세립질 기질에 산재된 큰 입자들로 구성된 이토지지 상태의 돌로마이트가 풍부한 암석.

돌로이암(dolomudstone) 1/16mm 이하의 돌로마이트 입자로 구성된 암석.

돌로입자암(dolograinstone) 입자지지 상태의 커다란 입자들과 5% 이하의 세립질 기질로 이루어진 돌로마이트가 풍부한 암석.

돌로팩스톤(dolopackstone) 입자지지 상태의 큰 입자들과 세립의 기질로 이루어진 돌로마이트가 풍부한 암석.

두석(pisolite) 직경이 2mm보다 큰 구형의 동심원적 엽층리가 발달한 암석. 두석은 퇴적암과 화산 쇄설암에서 산출된다.

등수심 퇴적암(contourite) 수심에 나란하게 경사면을 따라서 흐르는 해류(지형류)에 의해서 바다에 퇴적된 사암의 한 가지 유형.

디스미크라이트(dismicrite) 스패리(sparry) 방해석

으로 구성된 조안 구조를 포함하며 알로켐이 1% 미만인 세립질 석회암.

마운드(mound) 생물에 의해 해저면 위에 형성된, 소규모의 언덕과 같은 퇴적 구조.

마이크로돌로스톤(microdolostone) 주로 은정질 내지 비현정질 입자의 돌로마이트로 구성된 암석.

마이크로스파라이트(microsparite) (1) 직경이 0.004mm에서 0.06mm 사이의 결정질 방해석 입자. (2) 직경이 0.004mm에서 0.06mm 사이의 방해석으로 구성된 암석.

마크로스파라이트(macrosparite) 직경이 0.06mm 이상인 입자를 가진 결정질 탄산염암.

멜란지(melange) 1: 24,000 또는 이보다 작은 지도에 표시할 수 있는 암석체로서, 내부에 연속적인 경계나 층이 결여되어 있고, 세립질의 쇄설성 기질 내에 외부 기원이나 내부 기원의 여러 크기의 암석 덩어리나 파편이 포함되어 있다.

몰드(mold) 퇴적 표면 위의 들어간 곳으로서, 특히 들어간 자국을 남기는 구조나 물체의 표면의 자세한 형태가 남아 있다.

무질서 층(disorganized bed) 내부 점이층리나 층리를 갖지 않는 역암 또는 자갈로 이루어진 지층의 유형.

물체 자국(tool mark) 자갈, 막대기, 조개 껍질, 또는 다른 큰 물체를 운반하는 수류에 의해 만들어진 퇴적물과 물의 경계에서 퇴적층의 상부에 만들어진 홈자국.

미크라이트(micrite) (1) 직경이 0.004mm보다 작은 퇴적 기원 방해석 입자 또는 미정질 연니. (2) 석회 이암, 즉 세립질의 입자들로 구성된 퇴적암.

비중 약층(pycnocline) 산소 함량, 염분, 밀도의 변화에 의해 특징지어지는 물 속의 지대. 또한 산소 결핍층이라고도 한다.

밑짐 운반(bed-load transport) 유수에서 구르기(rolling), 통김(bouncing) 및 순간적인 뜬짐에 의하여 표면 위로 떠있기에는 너무 커다란 입자들의 이동.

바운드스톤(boundstone) 성장하고 교결된 유기적 구조를 갖는 초를 이루는 암석.

박리성(fissility) 암석이 얇은 조각으로 쪼개지는 경향성.

반사구(antidune) 유수나 바람에 의하여 형성된 길죽한 모양의 퇴적층으로 높이는 1m 이하에서 수 10m에 이르며, 하천에서는 수면의 파형과 동일한 형태를 이룬다.

반원양성 이토(hemipelagic mud) 규산염의 육성 기원, 화산, 또는 천해로부터 유입된 5μm 이상의 입자들이 25% 이상을 차지하는 세립질 내지 비현정질의 해양 퇴적물.

방산충 쳐트(radiolarian chert) 주로 규산염 광물로 구성되고 많은 방산충을 포함하는 비현정질 내지 세립질의 퇴적암.

백악(chalk) 연하고, 공극이 많으며 담색인 석회암.

범람원(floodplain) 하곡에 있는 하도와 인접한 곳에 나타나는 범람이 일어나는 평탄한 지형.

보행흔과 파행흔(track and trails) 생물들이 걷거나 기어가거나 또는 퇴적물 위를 가로질러 이동함에 따라 이들 생물에 의해 남겨지게 되는 자국이 보존되어 생성된 화석.

부마 윤회층(Bouma sequence) 저탁암에서 나타나는 것으로 연속된 다섯 가지의 단위층과 엽층으로 구성되어 있는 퇴적 단위로서, 하부로부터 점이층 또는 구조가 없는 단위층, 평행 엽층, 선회층 또는 사엽층, 상부 평행 엽층, 및 이질암층으로 이루어져 있다.

부유 석회암(floatstone) 커다란 쇄설물이 암석의 10% 이상을 차지하는 기질지지 상태의 탄산염암.

분급(sorting) 암석 내에서 입자 크기의 변화와 관련된 쇄설성 암석의 조직을 기술하는데 사용되는 매개 변수. 지질학에서 분급이 양호한 퇴적물은 거의 모두 같은 크기의 입자로 구성된 반면 분급이 불량한 퇴적물은 다양한 크기의 입자로 구성되어 있다. 공학에서는 이 정의가 반대이다.

분지(distributary) 주된 하천이 다시 주류로 들어오지 않는 작은 하천들로 갈라지는 삼각주나 충적 선상지에서 일어나는 하천의 갈라짐.

분해 작용(decomposition) 풍화 작용 동안에 화학적으로 암석 물질이 파괴되는 일반적인 과정.

불꽃 구조(flame structure) 위에 놓인(모래) 층으로 솟아 오른 구부러진 얇은 엽층으로 이루어지고, 바람에 날리는 작은 불꽃 모양을 이루는 연성 퇴적물의 변형 구조.

비뉴우튼 유체(non-Newtonian fluid) 강도가 부족하기는 하나 전단 속도가 증가하거나 감소함에 따라 점성이 변하는 유체.

비엽상규산염 교결물(nonphyllosilicate cement) 판상 구조의 광물로 구성되지 않은, 침전된 입자 사이의 물질. 비엽상규산염 교결물은 방해석, 석영, 돌로마이트, 석고, 적철석, 인산염 광물, 망간 산화물 그리고 불석과 같은 광물로 구성되어 있다.

빙성층(tillite) 표석점토에 대응되는 암석. 큰 입자를 포함하는 이질 또는 세립질 기질물을 포함하는 빙하 다이어믹트.

빙저 환경(subglacial environment) 빙하가 전진하고 후퇴함에 따라 그 저면에서 물질을 퇴적시키는 빙하 아래의 퇴적 환경.

빙하 전면 풍성 환경(proglacial aeolian environ-ment) 바람이 불어 가는 쪽에 발달된 빙하의 퇴적환경으로서 바람이 세립질 퇴적물을 퇴적시킨다.

빙하 전면 하천 환경(proglacial fluvial environment) 빙하 말단으로부터 흘러나온 융빙 하천이 빙하로부터 유래된 퇴적물을 퇴적시키는 퇴적 환경.

빙하 표면 환경(supraglacial environment) 빙하의 측면과 끝을 따라 퇴적 작용이 일어나는 환경.

빙하호수 환경(cryolacustrine environment) 빙하와 직접적으로 수반된 호수로 이루어진 퇴적 환경으로, 그러한 환경의 물리적, 화학적, 및 생물학적 특성으로 특징지워진다.

사교층(cross-beds) 주된 층리면과 일정한 각도로 경사진 퇴적층.

사구(dune) 바람이나 유수에 의해 퇴적된 돔형, 직선형, 별모양, 타원형 또는 불규칙한 형태의 위로 볼록한 퇴적물체.

사브카(sabkha) 정상적인 고조면 위에 위치하나 주기적으로 조석에 의해 영향을 받고 증발암이 형성되는 건조 내지는 반건조의 연안 평지환경.

사암 암맥(sandstone dike) 액화 모래에 의해 절리가 채워지고, 그 모래의 암석화에 의해 형성된 사암으로 된 판상의 구조.

사주(bar) 하천이나 바다의 외안 환경에 쌓인 능선 모양의 선상 퇴적층.

사태(landslide) 토류, 붕락, 암설류, 돌미끄러짐(rockslides), 및 기타 관련된 작용과 구조를 포함한 다양한 현상을 포함하는 사태의 일반적인 범주 또는 이러한 과정에 의하여 형성된 지층.

사행 하천(meandering stream) 뱀과 같이 굽이져서 범람원을 앞뒤로 가로지르는 하나의 주된 하도를 만들며 흐르는 하천.

수소 이온 농도(pH) 용액의 수소 이온 농도의 음의 log 값.

산소 결핍(anaerobic) 산소가 부족한 것.

산소 결핍층(anaerobic layer) 물기둥에서 산소가 부족한 바닥층.

산소 빈곤층(dysaerobic layer) 수주에서 산소가 풍부한 표면층과 산소가 없는 바닥층 사이의 중간층으로, 일정하지 않은 산소의 양, 염분, 및 밀도를 갖는다.

산화 환원 전위(Eh, redox potential) 산화나 환원을 일으키는 용액의 능력.

살리나이트(salinite) 염수의 증발 외의 다른 작용(예를 들면 과포화된 용액으로부터의 화학적 침전)을 통해 형성되는 증발암 같은 암석. 증발암과 비교하라.

삼각주(delta) 하천이 바다나 호수로 흘러 들어가는 곳에서 하천수가 운반하던 짐을 퇴적시킴으로서 형성되는, 그리스 문자의 델타 모양의 퇴적체.

생물 골격(skeleton) 생화학적으로 침전된 생물의 외부 껍질이나 내부지지 물질.

생물 교란 구조(bioturbation structure) 유기물에 의한 굴착 활동이 심한 곳에서 형성되며, 엽층이 심하게 교란되거나 완전하게 파괴된 특징을 갖는 퇴적암의 구조.

생물 교란(bioturbation) 유기물의 활동에 의하여 퇴적물의 엽층과 단위층이 혼합(mixing)되고 파괴되는 퇴적 후 과정.

생물 기원 성분(biogenic element) 생물의 활동에 의하여 형성된 암석의 조직적 성분.

생물 암석 성분(biolithic element) 유기물에 의하여 형성된 생물 암석(biolithite)이나 바운드스톤(boundstone)의 일부분.

생물 암석(biolithite) 생화학적 침전과 생물의 성장에 의하여 제자리에서 형성된 초를 이루는 화석이 풍부한 암석.

생물골격의(skeletal) 무척추 생물의 생화학적 침전으로 껍질이나 단단한 부분의 둥글거나 각진 파편을 지칭하는데 사용되는 기재적 용어. 대부분의 생물 골격 파편은 탄산염 성분을 갖고 있다.

생물상(biofacies) 생물군에 의하여 구별되며, 특정한 환경 조건을 표현하는 퇴적암의 단위.

생화학적 침전물(biochemical precipitate) 생물의 활동의 결과로서 용액으로부터 결정된 물질.

석고 증발암(gypsum evaporite) 염분 용액의 증발로 형성된 암석으로 비현정질 내지 현정질이며, 연하고, 흔히 층상을 이루며 석고가 풍부한 암석.

석호(lagoon) 사주와 같은 작은 장애물에 의하여 바다로부터 분리된 연안을 따라 나타나는 얕은 호수.

석회화(tufa) 샘물에 의해서 형성된 구멍을 갖는 층이 발달한 탄산염암으로 구성된 트래버틴.

선회엽층리(convolute lamination) 1cm 이하의 두께를 가지며 심하게 굴곡되고, 구부러지며, 부스러진 퇴적 구조. 1cm 이상의 층은 선회층(convolute beds)이라고 한다.

세립암의(pelitic) 이질암이나 이질암에서 유래된 암석을 지칭하는데 사용되는 기재적 용어. 세립의 변성암은 전형적으로 운모가 많고 남정석 또는 홍주석과 같은 알루미늄 규산염 광물을 포함하는 알루미늄이 많은 암석이다.

셰일(shale) 엽층리 또는 박리성이 있는 이질암.

속성 작용(diagenesis) 퇴적물이 퇴적암으로 변함으로써 암석의 조직과 광물 성분이 변하게 되는 물리적, 화학적, 및 생물학적인 모든 과정을 나타내는 일반적인 용어.

수화 작용(hydration) 물이 다른 성분과 결합하여 새로운 상을 만드는 화학적 풍화 작용의 과정.

스타일로라이트(stylolite) 탄산염암(드물게는 다른 퇴적암)의 노출된 표면에서 톱날 모양으로 나타나는 어둡고 불규칙한 용해면.

스트로마텍티스(stromatactis) 어두운 탄산염층 사이에 있는, 밝은 결정질 방해석 층으로 구성된 mm 내지는 cm 규모의, 층이 발달되고 평평하거나 위로 볼록한 렌즈 모양의 구조. 이 구조는 퇴적이후 탄산염암에서 발견된다.

스트로마톨라이트(stromatolite) 평평하고 돔 형태이며, 기둥 모양 내지는 원뿔이거나 거의 구 형태를 갖는 직경이 10cm보다 큰, 조류(algae)에 의해 형성된 mm 규모의 비정질 탄산염 층.

스파(spar) 0.004mm보다 큰 결정질 방해석 입자. 표품에서 스파는 0.16mm보다 큰 방해석 입자로 정의될 수 있다.

스파라이트(sparite) 스파(결정질 방해석)로 구성된 탄산염 퇴적암.

신결정화 작용(neocrystallization) 새로운 결정(어떤 암석에 이전에는 존재하지 않았던)이 형성되는 작용. 신결정화 작용은 속성 작용과 변성 작용(neo = 신, 즉 새결정의 형성)시 일어난다.

신형태의(neomorphic) 광물이 재결정되거나 동질 이상으로 변하는 속성 작용을 지시하는 형용사.

실트암(siltstone) 실트 크기의 입자들로 구성된 퇴적암. 실트암은 엽층리와 박리성이 발달한 것과 엽층리와 박리성이 없는 것을 포함하는 다양한 구조의 암석에 적용된다.

심해 평원(abyssal plain) 대륙 사면과 중앙 해령과 같은 경사가 급한 사면 사이에 넓게 분포하는 해저의 평탄하고 깊은 지역.

심해의, 심성의(abyssal) 깊이를 나타내는 용어로서, 심성 화성암은 지각 깊은 곳에서 형성된 것이며, 해양에서 심해는 3~5km 이상의 깊은 부분이다.

아레나이트(arenite) 기질의 함량이 암석의 5% 이하인 사암의 한 종류.

알로리소스트롬(allolithostrome) 해저 사태에 의하여 형성된 퇴적 멜란지의 한 가지 유형으로, 내부 지층이나 경계의 연속성이 없는 암체이며, 세립질의 기질에 원지와 외지의 암편을 포함한다.

알로켐(allochem)　퇴적물 또는 퇴적암에서 다른 장소에서 이미 형성된 화학적 또는 생화학적 침전물의 파편. 이러한 입자들은 그들이 기원된 장소에서 퇴적된 장소로 운반되어진다.

암괴(block)　전형적으로 각이 져 있는 커다란 암석 파편으로, 화산암에서 암괴는 직경이 64mm 이상이다.

암상(petrofacies)　사암의 암석학적 유사함에 근거한 층서학적 구분.

암염 증발암(halite evaporite)　염분 용액의 증발로 형성된 비현정질 내지 현정질의 암염이 풍부한 암석.

암염(rock salt)　비현정질 내지 현정질의 대개는 밝은 색을 띠는, 짠맛이 있는 암염 광물이 많은, 부드러운 암석.

압력 용해(pressure solution)　접촉점에서 용해가 일어나 접촉점으로부터 이온이나 분자가 이동(확산)되어 나가는, 두 입자 사이의 접촉점에 집중된 압력 작용.

어란상(oolitic)　어란석 입자 또는 어란석과 같은 입자를 포함하는 암석에 적용되는 기재적인 용어.

어란석 입자(ooid, oolith)　탄산염 광물이나 치환 광물로 구성되고 직경이 0.25에서 2mm 사이이며 동심원적으로 엽층리가 발달한 구형 내지는 타원의 입자.

어란석(oolite)　(1) 어란석 입자. (2) 주로 어란석 입자로 구성된 암석.

에르그(erg)　모래로 덮힌 거대한 사막 지형.

에피림니온(epilimnion)　밀도가 더 높은 염수 위에 놓인 밀도가 작은 담수로 이루어진 호수에서의

물로 된 층

역암(conglomerate)　직경 2mm 이상의 원마된 입자가 암석의 25% 이상을 차지하는 퇴적암. 입자들은 전형적으로 모래(사암) 또는 자갈(역암)의 기질로 둘러싸여 있다.

역전 점이 무질서층(inverse graded disorganized bed)　하부에서는 위로 갈수록 입자가 커지며, 상부에서는 점이층리나 층리가 나타나지 않는 퇴적층.

역전 점이층(inversely graded bed)　하부에서 상부로 감에 따라 입자의 크기가 점이적으로 커지는 퇴적암층(또는 화산암).

역전-정상 점이층(inversely-normally graded bed)　하부에서 중부까지는 입자의 크기가 점이적으로 커지며, 중부에서 상부까지는 입자의 크기가 점이적으로 작아지는 퇴적층.

역전 점이층리(reverse grading)　입자의 크기가 하부에서 상부로 가면서 증가함을 보이는 층으로 구성된 구조.

연니(ooze)　5μm보다 큰 규질 쇄설성 물질이 25% 이하이나 생물기원 물질이 50% 이상인 점토와 같은 세립질 퇴적물.

연성 퇴적물 단층(soft-sediment fault)　퇴적물이 완전히 암석화 되기 전에 변형을 받는 곳에서 형성되는 퇴적층의 균열.

연성 퇴적물 습곡(soft-sediment fold)　퇴적물이 완전히 암석화 되기 전에 형성되는 퇴적층의 휘어짐.

연안 사주 복합체(barrier beach complex)　석호에 의하여 육지와 격리된 선상의 해빈(및 사구).

연해(epeiric sea)　대륙의 가장자리 내부 또는 가장자리를 따라서 나타나는 크고 얕은 바다.

연흔(ripple marks)　진동하는 물이나 바람 또는 수류에 의해 형성된 일련의 규칙적인 지층면 위의

굴곡 형태.

염습지(salt marsh) 하구나 석호와 인접해 있는 염수에 의해 주기적으로 적셔지는 평평한 초지.

염암(salinastone) 여러 기원의 염광물로 구성된 암석.

엽상 규산염 교결물(phyllosilicate cement) 하나나 그 이상의 녹점토, 녹니석, 혼합층 엽상 규산염 광물, 녹니석-버미큐라이트(vermiculite), 고령토, 셀라도나이트(celadonite), 일라이트 그리고 백운모와 같은 광물로 구성된 침전되거나 재결정화된 교결물.

엽층리(lamination) 1cm 이하의 두께를 갖는 층리.

온콜라이트(oncolite) 생화학적 침전에 의해 퇴적되거나 조류(algae)에 의해 탄산염 이토가 포착되어 형성된 소규모(일반적으로 〈10cm)의 동심원적으로 엽층리가 발달된 구형 내지는 불규칙한 퇴적체.

와상중첩 구조(imbrication) 원반형, 타원형 또는 기타 비입방형의 쇄설물이 층리와 일정한 각도로 경사를 이루며 기와 모양으로 중첩된 퇴적 구조.

와케(wacke) (1) 기질물이 5% 이상인 사암. (2) 기질물이 10% 이상인 사암.

와케스톤(wackestone) 입자의 함량이 10% 이상이고 이토로 지지된 석회암(즉 가장 큰 입자들이 서로 접촉하지 않는다).

왕자갈질(cobbly) 직경이 64mm와 256mm 사이에 있는 입자가 암석의 25% 이하를 차지하는 퇴적암에 사용되는 용어.

용승(upwelling) 적도 지역과 연안 지역에서 심층수가 해로로서 표면으로 올라오는 수직적인 순환 작용.

용액 운반(solute transportation) 이동하는 물에 의해 용액 내에서 운반되는 용존 물질의 이동이 하천에서 일어나는 것.

용해 작용(solution) 화합물이 분해되거나 이온을 방출하는 작용.

우흔(rain print) 빗방울이 이질 표면에 부디치는 곳에 발달된 충격 자국.

원시 기질(protomatrix) 퇴적암에서 기질 또는 점토가 많은 이토로 구성된 쇄설성 입자 사이의 물질.

원양성 점토(pelagic clay) 5μm 이상의 규산염 입자가 25% 이하이고 생물기원 물질이 50% 이하인 이질 해양 퇴적물.

원양성 이토(pelagic mud) 육성기원, 화산 또는 천해에서 유래된 5μm 이상의 규산염 물질이 25% 이상이며 생물기원 물질이 50% 이하인 이질 해양 퇴적물.

원양성 환경(pelagic environment) 심해 아래에 있는 지구조적으로 비활동적인 환경.

원지 환경(distal environment) 퇴적물의 근원지로부터 상당한 거리만큼 떨어진 지표의 퇴적 환경.

원지의(distal) 근원지로부터 상당한 거리만큼 떨어진 장소의.

위로 뜯긴 암편(rip-up) 아래 놓인 층으로부터 침식에 의해 제거된 암석의 파편으로서 위에 놓인 층의 하부에 뚜렷한 형태의 파편으로 보존되어 있다.

유수 퇴적 작용(current deposition) 퇴적물을 운반할 능력을 상실한 유수에 의하여 밑짐이나 녹은 짐이 퇴적되는 과정.

육성 사브카(continental sabkha) 평탄하고 식생이 없는 사막 분지에 있는 간헐적인 호수의 가장자리를 따라 나타나는 암염 평면.

육성 환경(continental environment) 만조시에 완전하게 해수면 위에 놓이며 해양 과정의 직접적인 영향을 받지 않는 지구상의 퇴적 작용이 일어나는 지역.

응회암(tuff) 평균 직경이 2mm 이하의 입자들이 우세한 화산쇄설암.

이암(mudstone) 직경이 0.004mm 이하인 입자가 우세하고 엽층리가 별로 없는 퇴적암

이질암(mudrocks) 직경이 0.06mm 이하인 물질이 우세한 퇴적암

이차적 공극(secondary porosity) 퇴적 후의 작용에 의해서 생성된 공극.

이차적 광물(secondary mineral) 암석이 처음 만들어진 이후 변질 작용이나 풍화 작용을 통해 형성되는 광물.

이회(marl) 점토 광물과 방해석의 양이 비슷한 퇴적물이나 암석. 즉 성분상으로 보아 석회암과 세일의 중간 쯤에 오는, 부서지기 쉬운 이질 석회암이나 석회질 이질암.

이회암(marlstone) 점토광물과 방해석의 양이 비슷한 암석으로, 특히 잘 암석화 되었을 때 사용되는 명칭(이회 참조).

인산염암(phosphate rock) 인회석 교결물을 포함하는 역암, 사암, 이질암으로서 흔히 어둡고 다양한 색을 띤다.

인회석(phosphorite) (1) 50% 이상의 인회석을 포함하며 어란상 내지 엽층리가 발달하거나 단괴상이며 화석을 포함하는 비현정질 내지 현정질의 갈색 내지 검은색 암석. (2) P_2O_5가 19.5% 이상 함유된 퇴적암.

입자 지지(clast-supported) 인접한 여러 입자들과 닿아 있을 정도로 풍부한 입자를 갖는 퇴적암을 기술하는 용어.

입자류(grain flow) 고밀도의 비응집성 모래와 물의 혼합체가 중력의 영향으로 사면을 따라 이동하는 운반 과정(그러한 과정에 의해서 형성된 퇴적층에 주어지는 이름).

입자암(grainstone) 기질이 거의 없이 쇄설성 탄산염 입자로 이루어진 석회암.

입자의 모양(grain shape) 입방체, 판상, 또는 막대 모양으로 분류되어지는 퇴적물 입자의 모양.

자생 작용(authigenesis) 속성 작용 동안에 퇴적물 또는 암석에서 새로운 광물이 결정되는 과정. 신결정 작용 참조.

자생의(authigenic) 제자리에서 형성된(즉, 운반이 아니라 침전된) 광물을 기재하는 형용사.

잔자갈 이암(pebbly mudstone) 이질 기질 내에 있는 둥글고 잔자갈 크기의 입자를 포함하는 암석을 위해 일부 지질학자들에 의해 사용되어지는 암석 명칭.

잔자갈의(pebbly) 25% 이하의 자갈을 포함하는 퇴적암에 적용되는 기재적인 용어.

왕모래(granular) 직경 2~4mm의 입자가 암석의 25% 미만인 퇴적암 특히 사암에 적용되는 용어.

장석질 사암(arkose) 상대적으로 장석이 풍부한 사암.

저면 구조(sole mark) 침식에 약한 하부 층이 침식되거나 제거되었을 때 상부에 놓인 층의 저면(바닥)에 있는 홈(groove)이나 플루트(flute)가 채워진 캐스트.

저서성(benthic) 물의 바닥을 의미하는 용어로서, 물의 바닥에서 서식하는 동물을 저서성 동물(benthic fauna)이라고 한다.

저탁류(turbidity current) 중력에 의해 사면 아래로 이동하는 물(또는 공기)의 흐름. 지질학에서 저탁류는 주위 물보다 큰 밀도를 갖는 퇴적물이 많은 물이 사면 아래로 흐르는 해저 환경에서 발생한다.

저탁암(turbidite) 이동하는 퇴적물이 많은 퇴적물과 물의 혼합체로부터 퇴적된 암석 단위.

전입자 점이(distribution grading) 모든 입자의 크

기가 점이적으로 변하는 단위층 내에서의 입도 변화로 조립 입자 점이와 대조된다.

전면층(foreset) 삼각주의 전면에서 형성되고, 수평으로 된 바닥층과 정상층 사이에 경사진 층으로 이루어진 퇴적층의 한 가지 유형.

전이 환경(transitional environment) 해양과 육성 환경 사이에서 생기고 해양 및 육성 매체(예, 담수 및 염수, 바람과 파도 활동)에 의해 영향을 받는 퇴적 환경.

전초(forereef) 일반적으로 경사가 급한 초의 바다 쪽 사면.

점이 층리 지층(graded stratified bed) 하부는 바닥에서 위로 감에 따라 입자의 크기가 점이적으로 감소하고, 상부는 세립질의 층리가 발달된 퇴적층.

점이 층리(graded bedding) 층의 아래에서 위로감에 따라 입자의 크기가 점차로 감소하는 양상을 보이는 각 층에서의 퇴적 구조.

접시 구조(dish structure) 세립질 물질이 얇게, 타원형 내지 원형을 이루며 위로 오목하게 농집된 사암에서 흔히 나타나는 퇴적 구조.

정기질(orthomatrix) 쇄설성이며 점토가 많은 이토로 구성된 사암 내의 입자 사이의 물질.

정동(vug) 결정으로 내부 벽이 둘러싸인 공극.

정상 점이층(normally graded bed) 하부에는 조립질이 있고 상부에는 세립질이 있는 입자크기가 점이적으로 변하는 퇴적 단위층.

제노토픽(xenotopic) 타형의 결정이 우세한 결정질 퇴적암 조직.

제방 단구(bank benches) 시간이 지남에 따라 하도가 이동함으로써 하천의 제방이나 하천의 가장자리를 따라서 형성된 평탄한 지형.

조간대(tidal flat) 대륙의 가장 자리를 따라 생성되는 습지와 사브카를 포함하는 저지대에 발달하는

거의 수평적인 지형적 양상과 퇴적 환경.

조립 입자 점이(coarse-trail grading) 단위층의 하부로부터 상부로 입자의 크기가 변하는(점이하는) 중립 내지 조립질 쇄설성 퇴적암층의 구조로서, 오직 골격을 이루는 입자나 가장 큰 입자들만 크기가 변한다.

조직(texture) 입자의 크기, 형태, 방향과 분포 그리고 입자 사이의 관계에 의해서 나타나는 현미경적 내지는 소규모의 육안적인 암석의 특징.

중기 속성 작용(mesogenesis) 퇴적물이 암석으로 변하는 중간 단계의 속성 작용으로서 매몰 후 곧바로 일어난다.

증발암(evaporite) 물로 된 용매의 증발에 의하여 농집된 용액으로부터 염의 결정 작용으로 형성된 퇴적암.

질량 퇴적 작용(mass deposition) 여러 유형의 지표에서의 사태, 해저 사태(협의의) 그리고 입자류에 의한 퇴적 작용.

집괴암(agglomerate) 주로 크기가 64mm 이상인 둥근 입자들로 구성된 암편질 화산암.

창문 구조(fenestrae) 탄산염 퇴적물에서 나타나는 조안 구조 형태의 구멍. 고기의 암석에서 창문 구조는 보통 방해석으로 채워져 있다.

철광층(iron formation) 철산화물($FeO+Fe_2O_3$)의 총량이 20% 이상을 차지하는 철이 풍부한 암석으로, 처트질이고 비현정질 내지 현정질이며, 얇은 층리가 발달하고, 전형적으로 적색 내지 흑색인 암석.

처트(chert) 주로 규산질 광물로 이루어져 있으며, 단단하고, 다양한 색깔을 띠며, 밀랍(wax) 내지 입자상의 퇴적암.

초(reefs) 탄산염 퇴적물이 퇴적되는 동안 생화학적으로 탄산염 광물을 침전시키는 생물에 의해서

만들어진 돔 내지는 긴 형태를 갖는 괴상 또는 층리를 갖는 구조나 암석.

충적 선상지(alluvial fan) 하천이 계곡이나 협곡에서 흘러나와 넓은 계곡이나 평지로 들어가는 곳에서 형성된 퇴적물이 전형적으로 반원형(평면)과 쐐기 모양(종단면)을 이루며 집적된 것.

충적(alluvial) 유수에 의하여 퇴적된 퇴적물 또는 그러한 퇴적물과 관련된 구조.

충적층(alluvium) 유수에 의하여 퇴적된 퇴적물.

충(formation) 독특한 암상을 갖고 특유한 층서적 위치를 차지하며 지도에 표시될만한 암체.

충원(member) 뚜렷한 암질의 특징과 층서적 위치에 의해서 구분되어지는 층(formation)의 구성 단위.

충형(bed form) 연흔, 모래파(sand waves), 사구, 및 반사구와 같이 퇴적물과 물의 경계에서 형성된 퇴적 구조.

치환 작용(replacement) 새로운 광물이 원래부터 결정화되거나 퇴적된 광물을 대체하는 현지 속성 작용 또는 변질 작용.

치환 쳐트(replacement chert) 암석에 있는 다양한 형태의 기존 광물을 규산염 광물이 대체하는 속성 작용에 의해서 형성된 쳐트.

칼리치(caliche 또는 calcrete) 백악질의 담색을 띠며 미크라이트 또는 마이크로스파로 이루어진 퇴적암으로, 토양, 퇴적물, 또는 기존의 암석 내에서 방해석의 증발과 침전에 의하여 형성된다.

캐스트(cast) 함몰지나 빈 틈을 채운 퇴적 구조.

케로젠(kerogen) 퇴적암에서 나타나는 수소, 탄소, 산소, 및 질소 등으로 구성된 세립의 갈색 내지 흑색의 불용성 물질.

쿼친(quartzine) 광학적으로 length-slow 형태인 옥수.

킬레이션(chelation) 광물로부터 금속 양이온을 추출하는 과정을 통하여 금속 이온을 포함한 화합물인 킬레이트가 형성되는 풍화 작용에서 중요한 화학 작용.

킬레이트(chelate) 금속 양이온이 유기적인 고리 구조와 결합되고 연결된 화합물.

타형화(allomorphic) 원래의 퇴적상이 다른 결정형의 새로운 상으로 치환되는 속성 치환 과정. 주의: 이 용어에 대한 다른 정의와 사용이 있다(Bate and Jackson, 1987).

탄산염 빌드업(carbonate buildup) 퇴적 작용으로 두꺼워진 화석이 풍부한 탄산염암으로 이루어진 퇴적암체로서, 초와 마운드(mounds) 및 기타 유사한 구조를 포함하는 일반적인 용어이다.

탄산염암(carbonate rocks) 방해석, 아라고나이트, 및 돌로마이트의 탄산염 광물이 50% 이상을 차지하는 퇴적암.

탈출 구조(escape structure) 유기물이나 유체가 아래에 있는 층으로부터 탈출한 통로로서 역할을 한 관(tube)으로 이루어진 작은 원통형의 구조로서 일반적으로 사암에서 모래나 사암으로 채워진 형태로 나타난다.

테일러스(talus) 절벽과 아주 가파른 암석사면의 기저에 쌓인 조립질(〉2mm)의 각진 입자들이 많은 퇴적물.

퇴적 환경(sedimentary environment) 해수면 위나 아래에서 일련의 화학, 물리 그리고 생물학적 특징들에 의해 구분되며 퇴적 작용이 일어나는 암석권의 표면 지역.

퇴적물 낙하(sediment rain) 해수로부터 퇴적 분지나 다른 퇴적 환경의 바닥으로 규질 쇄설성 퇴적물, 알로켐 퇴적물 그리고 침전 퇴적물을 포함하는 퇴적물이 낙하하는 것.

퇴적상(sedimentary facies) 독특한 퇴적 환경을 반영하는 물리적, 화학적, 및 생물학적 성질에 의하여 특징지어지는 퇴적물 또는 퇴적암체.

퇴적암(sedimentary rock) 표면 환경에서 형성되는 암석으로서 (1) 화학적 침전물, (2) 생화학적 침전물, (3) 암석, 광물 그리고 화석의 파편이나 입자로 구성되었거나, (4) 이들 물질이 혼합 퇴적되어 형성된다.

투수율(permeability) 유체가 얼마나 잘 암석을 통과해 흐르는가에 대한 정도.

트래버틴(travertine) 샘에서 솟아 나오는 지하수와 지표수에 의해 퇴적된, 대개는 밝은 색이고 결핵체를 이루는 비현정질 내지는 현정질의 단단한 탄산염암.

티피(tepee) 두 개의 서로 반대되는 아래로 볼록한 층이 아메리카 인디안의 티피 천막처럼 한점으로 모이는 것과 같이, 층의 수축에 의해 생성된 소규모(cm 내지 m 규모)의 각진 배사 구조.

팩스톤(packstone) 석회 이토의 기질물을 포함하고 알로켐(또는 다른 골격 입자)으로 지지된 석회암.

펠렛(pellet) 아주 세립의 석회질 물질(미크라이트)로 구성된 소규모(〈0.2mm)의 둥근 물질. 펠렛은 이토를 섭취하는 벌레, 새우 그리고 다른 생물에 의해 분비되는 배설물인 펠로이드이다.

펠로이드(pelloid) 직경이 1/4mm 이하인 소규모의 둥근 탄산염 알로켐.

포도석(grapestone) 미크라이트에 의하여 포도송이와 같은 덩어리 형태로 고결된 탄산염 입자들의 둥근 집합체로 이루어진 퇴적물 또는 퇴적암.

포이킬로토픽(poikilotopic) 골격을 형성하는 입자들이 교결 물질(예, 방해석)의 큰 결정에 포함된 퇴적암 조직.

표생 기질(epimatrix) 골격을 이루는 입자의 신결정 작용과 변질 작용에 의하여 형성되며, 여러 광물의 혼합체로 이루어진 사암과 역암에서의 입자 간 물질의 한 가지 유형.

표생 쇄설성 조직(epiclastic texture) 표면(epi)에서 형성되는 모든 퇴적 조직에 대한 일반적인 용어로, 원마상 내지 각상의 입자들이 서로 뭉쳐진 집합체로 이루어져 있다.

표석 점토(till) 점토 내지 모래 크기의 암석과 광물 파편으로 구성된, 세립의 기질에 각지거나 둥글고 국지적으로 한면이 깎이거나 줄로 긁힌 조립질의 입자들로 구성되고, 빙하에 의해 퇴적된, 분급이 아주 불량한 퇴적물(다이어믹트).

풍화 작용(weathering) 암석을 토양으로 변형시키는 작용.

플라야 호(playa lake) 플라야 호에서 형성되는 일시적이고 일반적인 아주 낮은 호수.

플라야(playa) 때로는 일시적인 호수를 포함하는 평평하고 식물이 없는 사막의 분지.

플루트(flute) 신장형 내지 로브형의 함몰지나 홈(groove)으로 이루어진 일차적 퇴적 구조. 플루트는 지층의 표면에 나타나며, 표면을 지나가는 교란된 흐름에 의한 침식으로 생긴다. 플루트는 보통 모래로 채워져 위에 놓인 지층의 바닥에 저항이 큰 암체로서 플루트 캐스트를 이루는 경우 암석에서 보존된다.

플리쉬(flysch) 두꺼운 연계층을 이루며, 얇은 층리가 발달된 석회질 사암과 셰일에 대하여 흔히 유럽에서 사용되는 용어. 저탁암은 비석회질인 암석의 연계층에 적용되어온 플리쉬에서 나타난다.

하구(estuary) 바다로 들어가는 강의 넓은 입구로 전형적으로 담수와 해수가 혼합되는 것이 특징적이다.

하도 사주(channel bar) 하도에 있는 사층리가 발달한 퇴적암체.

하도(channel) 하천이 흐르는 오목한 선상의 패인 지형.

하성의(fluvial) 하천과 강에 수반된 구조나 과정을 뜻하는 기재적인 용어.

함철암(ironstone) 철산화물($FeO+Fe_2O_3$)의 총량이 20% 이상을 차지하는 철이 풍부한 퇴적암으로, 비쳐트질이고, 비현정질 내지 현정질이며, 괴상 내지 층상이고, 어란석이 흔하며, 노란색, 적갈색, 은색, 흑색을 띠는 암석.

해빈 전안(beach foreshore) 해빈면 위로 부서진 파도가 타고 올라가는 세파(swash)대를 포함한 고조와 저조 사이의 지역.

해빈 후안(beach backshore) 평균 고조면 위에 다소 평탄한 사질의 해빈 정단과 사구로 이루어진 해빈 뒤의 상조대.

해빈(beach) 바다나 호수의 가장자리를 따라서 형성된 퇴적물.

해빈암(beachrock) 퇴적 직후에 해빈에서 방해석으로 교결된 전안의 입자암 또는 역암.

해양 환경(marine environment) 저조면 아래의 바다 환경.

해저 사면(submarine slope) 대륙 붕단에서 대륙대까지 연장된 해저면의 가파른 부분.

해저 사태 퇴적물(olistostrome) (1) 해저 사태 또는 암설류, 해저 사태류. (2) 해저 사태나 암설류의 다이어믹트 퇴적물.

해저 사태류(olistostromal flow) 이토와 암석 파편으로 구성되고 점착력이 있는 고밀도, 고점성의 속도가 빠른 물질의 해저 사면 이동.

호상 점토(varves) 실트질의 밝은 색으로 된 여름 층과 어둡고 점토 및 유기물이 많은 겨울 층으로 구성된, 각각의 쌍으로 된 층이 일년을 나타내는 윤회적인 퇴적층.

호상 점토암(varvite) 전형적으로 빙하 낙하석을 포함하고 호상 점토를 보이는 엽층리가 발달한 암석. 빙하 호수 환경 퇴적 작용에 대한 지시자이다.

호성의(lacustrine) 호수와 이에 수반된 환경을 나타내는 기재적인 용어.

화산 쇄설암(volcaniclastic rock) 화산 물질의 파편으로 구성된 퇴적암.

화산역 응회암(lapilli tuff) 화산재로 된 기질 내에 화산역으로 구성된 화산 쇄설성 암석.

화산역(lapilli) 직경 2~64mm의 화산쇄설물.

화산재(ash) 직경이 2mm 이하인 입자로 구성된 세립질의 미고결된 쇄설성 화산물질.

화산탄(bomb) 화산으로부터 터져 나온 후 공중에서 선회나 변형의 결과로 형성된 직경이 64mm 이상인 둥근 화산암체.

화석(fossil) 과거 생물의 유해나 활동 흔적.

화학적 침전물(chemical precipitates) 용액으로부터 광물의 무기적 결정 작용에 의하여 형성되고, 일반적으로 세립질 내지 비현정질의 결정질 조직을 이루는 암석을 포함하는 퇴적암의 유형. 일반적으로 용액으로부터 광물의 무기적인 결정 작용에 의하여 형성된 물질.

후기 지표 속성 작용(telogenesis) 이전에 매몰된 암석의 노출 이후에 발생하는 후기의 속성 작용.

영한 용어 목록

cementation 교결 작용

cephalopod 두족류

chalk 백악

channel bar 하도 사주

channel 하도, 수로

chelate 킬레이트

chelation 킬레이션

chert 쳐트

chlorite 녹니석

clast-supported 입자 지지의

clastic textures 쇄설성 조직

coarse-tail grading 조립 입자 점이

coastal deltaic environment 연안 삼각주 환경

cobbly 왕자갈의

coccolithophora 인편모조류(鱗片毛藻類)

collopane 콜로페인

comb texture 빗살 조직

compaction 다져짐 작용

concretion 결핵체

conglomerate 역암

connate water 동생수(同生水)

contact 암석 경계

continental environment 육성 환경

continental rise 대륙대

continental sabkha 육성 사브카

continental wackes 육성 와케

contour currents 등수심류

contourite 등수심 퇴적층

convection flow model 대류 모델

convergent plate margin 수렴판 경계

convolute bed 선회층

convolute lamination 선회 엽층리

coquina 팩각암

crinoids 해백합

cross nicols 직교 니콜

cross-beds 사층리

cryolacustrine environment 빙하 호수 환경

cryptalgal 은조적(隱藻的)

crystalline textures 결정질 조직

current deposition 유수 퇴적 작용

decomposition 분해

dedolomitization 탈돌로마이트화 작용

deep-sea sands 심해 모래

delta 삼각주

deposition 퇴적 작용

desiccation crack 건열

detrital materials 쇄설성 물질

diagenesis 속성 작용

diamictite 다이어믹타이트

diatom 규조

diatomaceous chert 규조질 쳐트

diatomite 규조토

dish structure 접시 구조

disintegration 파괴 작용

dismicrite 디스미크라이트

disorganized bed 무질서층

dispersive pressure 분산 압력

distal environment 원지 환경

distal 원지의

distributary 분지의, 분지 하도의

distribution grading 전입자 점이

dolograinstone 돌로 입자암

dolomite 돌로마이트

dolomitization 돌로마이트화 작용

dolomudstone 돌로 이암

dolopackstone 돌로팩스톤

dolosparite 돌로스파라이트

dolostone 돌로스톤

dolowackestone 돌로와케스톤

dropstone 빙하 낙하석

dune aeolian 풍성 사구

dune barrier 사구 사주

dune 사구

dynamic viscosity 역학적 점성

dysaerobic layer 산소 빈곤층

echinoderms 극피동물

echinoids 성게류

eedox or redox(eh) potential 산화 환원 전위

Eh 산화 환원 전위

endogenetic rocks 내인성 암석

englacial environment 빙하 내부 퇴적 환경

enterolithic 창자처럼 휜

entrained 운송된

eogenesis 초기 속성 작용

epeiric sea 내륙해, 연해

epiclastic texture 표생 쇄설성

조직

epifauna 표생 동물

epilimnion 표수층, 에피림니온

epimatrix 표생 기질물

epitaxial 외연형

equant 입방체, 등경상

equigranular-mosaic texture 등립질-모자이크 조직

equigranular-sutured texture 등립질-봉합 조직

equigranular 등립질의

erg 에르그, 모래 바다

erratics 미아석

escape structure 탈출 구조

estuary 하구

evaporite brine model 증발암 염수 모델

evaporite 증발암

exogenetic rocks 외인성 암석

fabric 조직

fanglomerate 선상지 역암

fecal pellet 분립

feldspathic arenites 장석질 아레나이트

fenestrae 창문 구조(또는 조안 구조)

ferroan calcite 철방해석

fining upward sequence 상향 세립화 연계층, 상향 세립화 층서

flame structure 불꽃 구조

floatstone 부유 석회암

flood tidal delta 밀물 조간대 삼

각주

floodplain 범람원

fluid escape structure 유체 탈출 구조

fluidized(liquidized) flow 액화류

flute 플루트, 홈

fluvial 하성의

flysch 플리쉬

forearc 전호

foreland 전지

forereef 초 전면부(전초)

foreset 전면층

foreshore 전안

foreslope 사면 전면부(전사면)

formation water 층수

formation 층

fossil 화석

fossiliferous 화석을 함유한

framestone 골격 석회암

framework (grains) 골격(입자)

francolite 프랑콜라이트

freshwater phreatic zone 담수 포화대

frost wedging 동결 쐐기 작용

frosted 서리가 낀

fusulinid 방추충

gastropod 복족류

glacial deposits 빙하 퇴적물

glacial environments 빙하 환경

glacial terminus 빙하 말단부

glacial transportation 빙하 운반 작용

glaciomarine 해양 빙하

graded bedding 점이층리

graded stratified bed 점이층

grading 점이층리

grain flow 입자류

grain shape 입자 형태

grain sizes 입도

grainstone 입자암

Grand Canyon 그랜드캐년

granular 입상의

grapestone 포도석

gravitational separation 중력 분리

gravitational shear stress 중력 전단력

graywacke 그레이와케

Great Bahama Bank 대바하마 뱅크

Great Lakes 오대호

groundwater mixing model 지하수 혼합 모델

growth position 성장 위치

gypsum evaporite 석고 증발암

halide 할로겐 광물

halite evaporite 암염 증발암

hardground 경질 기반

hematite 적철석

hemipelagic mud 원양성 이토

high-energy environments 고에너지 환경

hot spring 온천

hydration 수화 작용

hydrolysis 가수 분해

hypolimnion 심수층

oil shales   오일 셰일

Olistostromal diamict   해저 사태 다이어믹트

olistostromal flow   해저 사태류

olistostrome   해저 사태층

oncolite   온콜라이트

ooid   어란석 입자

oolite   어란석

oolith   어란석 입자

oolitic   어란석의

ooze   연니

opal-A   단백석 A

opal-CT   단백석 CT

open system   개방계

organic carbon   유기 탄소

orthomatrix   정기질

ostracoda   개형충류

outwash   융빙 유수층

overbank   범람원

overgrowth   표면연정, 과성장

overwash   해빈 일류

oxidation   산화

packing   집적, 배열

packstone   팩스톤

pebbly mudstone   잔자갈 이암

pebbly   잔자갈의

pelagic basin   원양성 분지

pelagic clay   원양성 점토

pelagic environment   원양성 환경

pelagic mud   원양성 이토

pelecypod   부족류, 이매패류

pelitic   세립암의

pellet   펠렛, 분립

pelletal   펠렛상

pelloid   펠로이드

peloids   펠로이드

penecontemporaneous   준동시적

peri-platform sediments   대지 주변 퇴적물

permeability   투수율

petrography   암석기재학

pH   수소 이온 농도

phosphatic rock   인산염암

phosphorite   인산염암, 인회석

photic zone   광층, 부광대

phyllosilicate cement   층상 규산염 교결물

phyllosilicate   엽상 규산염 광물, 층상 규산염 광물

pinnacle reef   뾰죽한 초

pisolite   두석

plastic   가소성 물질

playa lake   플라야호

playa   플라야

podiform   길죽한 렌즈 형태

poikilotopic   포이킬로토픽의

point bars   우각사주, 곡류사주

polymorph   동질 이상

porcellanite   도토질암

porosity   공극률

precursor   전신, 모체

pressure solution   압력 용해

prodelta   전삼각주

proglacial aeolian environment   빙하 전면 풍성 환경

proglacial fluvial environment   빙하 전면 하천 환경

protomatrix   원시 기질

provenance   근원지, 기원지

proximal environment   근지 환경

proximal   근지의

pseudomatrix   가짜기질

pseudomorphic   가상의

pseudoplastic   위소성적

pteropoda   익족류

pycnocline   비중약층

pyroclastic rock   화산 쇄설암

quartz arenites   석영 아레나이트

radiolarian chert   방산충 쳐트

rain print   우흔

ramp rocks   완사면 암석

reactant   반응물

recrystallization   재결정 작용

redox potential   산화 환원 전위

reduction   환원

reef crest   초 정부

reef flat   초 평지

reef front   초 앞면, 초 전면

reefs   초, 암초

relict structures   잔류 구조

relict textures   잔류 조직

replacement chert   치환 쳐트

replacement   치환

reverse grading   역전 점이층리

rhizolith   라이조리쓰, 근암

rhythmic layering   윤회층

ribbon cherts   리본 쳐트

rip-up   위로 뜯긴 암편

ripple marks 연흔
rise, continental 대륙대
rock salt 암염
rock 암석
rolling 구름
roundness 원마도
rubble 쇄석, 파편, 각력
rudstone 석회 역암, 루드스톤
sabkha 사브카, 건조 조상대
salinastone 염암
salinite 살리나이트
salt marsh 염습지
sand flat 사질 평지
sand sheets 관상 모래
sand wave 모래파
sandstone dike 사암 암맥
sandstones 사암
seamount 해산
secondary mineral 이차적 광물
secondary porosity 이차적 공
  극(률)
sediment rain 퇴적물 낙하
sediment 퇴적물
sedimentary environment 퇴적
  환경
sedimentary rock 퇴적암
sediments 퇴적물
shale 셰일
shear stress 전단력
shelf 대륙붕
shellstone 패각암
shoal 여울
shoestring sandstones 구두끈형

  사암
shoreface 연안면
shoreface 해안면
siderite 능철석
silica 규산
siliceous sinter 규질 신터
siliciclastic conglomerates 규질
  쇄설성 역암
siliciclastic rock 규질 쇄설성
  암석
sill 암상
silt 실트
siltstone 실트암
skeletal 생물 골격의
skeleton 생물 골격
skree 스크리
slide 미끄럼 사태
slope apron 사면 에이프런
slope rocks 대륙 사면 암석
slump 붕락
smectite 스멕타이트, 녹점토
soft-sediment fault 연성 퇴적물
  단층
soft-sediment fold 연성 퇴적물
  습곡
sole mark 저면 구조
sole mark 저흔
solute transportation 용질 운반
  작용
solution 용해 작용
sorting 분급
spar 스파
sparite 스파라이트

sparry calcite 결정질 방해석
spherulitic 구과상의, 구립의
sponge spicule 해면 침골
sponge 해면
strand plain 해안 평원
stratigraphic sequence 층서적
  연계층
stromatactis 스트로마택티스
stromatolite 스트로마톨라이트
stromatoporoid 층공충
stylolites 봉합선 구조, 스타일로
  라이트
subenvironment 소환경
subglacial environment 빙저
  환경
submarine slope 해저 사면
subparallel 약간 평행한
supraglacial environment 빙하
  표면 환경
supratidal 조상대
surf zone 쇄파대
surface free energy 표면 자유
  에너지
surge 쇄도
swash zone 세파대
sylvite 칼리 암염
taconite 타코나이트
talus 테일러스
telogenesis 후기 지표 속성 작용
tepee 티피
terrigenous materials 육성 기원
  물질
texture 조직

thickening upward sequence 상향 후층화 층서

thinning upward sequence 상향 박층화 층서

tidal channel 조수로

tidal flat 조간대

tidal inlet 조수 통로

till 표석점토

tillite 빙성층

tool mark 물체 자국

topset 정치층

tracks 보행흔

trails 파행흔

transitional environment 전이 환경

transport agent 운반 주체, 운반 매체

travertine 트래버틴

tufa 석회화

tuff 응회암

turbidite 저탁암

turbidity current 저탁류

upwelling 용승

varves 호상 점토

varvites 호상 점토암

vegetation 식생

volcaniclastic rock 화산 쇄설 성암

vug 정동

vuggy porosity 정동 공극(晶洞 孔隙)

wacke 와케

wackestone 와케스톤

washover 일류(溢流)

water table 지하수면

wave base 파도 기저면

weathering 풍화 작용

welded tuff 용결 응회암

xenotopic 타형의

yield stress 항복 응력

zeolite 불석

찾아보기

역자 소개

정공수
서울대학교 사범대학 지구과학교육과 졸업
미국 Miami 대학교 박사
현재 충남대학교 지질학과 교수

김정률
서울대학교 사범대학 지구과학교육과 졸업
서울대학교 박사
현재 한국교원대학교 지구과학교육과 교수